U0142158

OLED

作者：
陳金鑫　黃孝文著

Materials and Devices of Dream Displays
·夢·幻·顯·示·器· OLED 材料與元件

SONY

五南圖書出版公司 印行

FOREWORD

Organic electroluminescence (EL) is the phenomenon of light emission from an organic material under electrical excitation. It was observed more than 50 years ago. For a very long time, it has drawn little attention beyond being an interesting subject for basic studies of charge injection, transport, and light emission processes in molecular crystals while the prospect for applications was largely lacking due to insufficient device performance. The advent of organic light emitting diode (OLED) since 1987 has dramatically changed the situation. In essence, OLED is an EL device with a multi-layer, thin-film structure which lends itself for ease of fabrication and only requires a low voltage to operate. These key characteristics make OLED highly desirable for the flat-panel display applications. Thus, an intense research effort worldwide followed almost immediately after its discovery and continued unabated till today, driven by the prospect of producing the display of the next generation, i.e. superior to the LCD.

Tremendous progress has been made in the basic science of OLED, resulting in much needed improvements in several key device parameters: luminous efficiency, operational life, and colors. OLED display can now claim the highest luminous efficiency in terms of lumens per watt among all display technologies, thanks to the development of phosphorescent emitters. The operational life has been improved to a point that is sufficient for most mobile display applications and it is likely that it will eventually meet the requirements for the more demanding applications such as TVs. With various color patterning schemes and the rendition of color by doping technology, the color gamut of OLED displays has been largely extended to approaching

100% NTSC. These critical achievements have been derived through interdisciplinary research in several diverse areas: the chemistry of materials including transport and luminescent materials; OLED device architectures; the physics of interface energetics; contact engineering; and the basic understanding of injection, transport, and recombination phenomena in amorphous organic thin films as well as the device degradation mechanisms.

As expected, a very large body of scientific work in OLED has been generated and many reviews have been written. This book is certainly a valuable addition to the OLED references, as it provides an excellent review of the various aspects of the state-of-the-art science and technology of OLED. It is nonetheless a unique contribution as it is the first in-depth book on OLED ever written in Chinese. No doubt it will preferentially benefit readers skilled in the Chinese language. Regardless of the language, this book is an excellent source of reference for students and researchers interested in OLED. It provides introductory materials as well as the current status of various topical areas completed with detailed references. In particular, the authors describe in considerable details the development of OLED materials and the related chemistry.

Ching Tang (L) and the author co-chaired an OLED session at SID 2005, Boston, Mass.

I want to thank Professor Chin. H. (Fred) Chen and Dr. Shiao-Wen Huang for writing this excellent book. In a personal note, I feel privileged to acknowledge that Professor Fred Chen was a former colleague of mine at the Kodak Research Laboratories, Rochester, New York. We have had a long history of collaboration dating back to the beginning of OLED research. It was in 1989, we jointly contributed to the original work on the discovery of electroluminescence from doped organic thin films which resulted in the development of the doped OLED technology. I am particularly gratified to see that Fred has undertaken the tremendous task of having written a book on OLED in Chinese, as we both share not only a common interest in OLED but also our Chinese heritage.

Ching W. Tang

Kodak Research Laboratories

Rochester, New York

前言

　　有機電激發光（EL）是由電能激發有機材料而放光的現象，它早在 50 年前就已被發現，由於缺乏應用在顯示元件上的功能，長久以來，這種電激發光現象一直都不能引起廣泛的注意，而只能做為一些探討有機分子結晶的電荷注入、傳輸及放光的基礎研究而已。但自 1987 年有機發光二極體（OLED）的誕生以後，這種情況就產生了戲劇性的改變。簡單的說，OLED 是一種由多層有機薄膜結構而產生的電激發光現象，它很容易製作而且只需要低的驅動電壓。這些主要的特徵使得OLED 在滿足平面顯示器的應用上顯得非常突出。所以，當 OLED 發明之後，全世界幾乎同時立刻投入大量的研發資源專注此平面顯示科技的開發，因為它擁有超越 LCD 的顯示特性與品質，極可能成為一個下世代的主流平面顯示器。

　　多年來由於各界的投入與努力，OLED 在基礎科學的知識上已有極大的進展，特別是在幾個關鍵元件顯示特性的改良，如：發光效率、操作穩定度及光色。由於近來有機電激發磷光的急速發展，OLED 平面顯示器現在已可在每單位瓦特流明度（lm/W）的發光功率上獨占鰲頭。在使用穩定壽命上，OLED 也已進展到可以符合攜帶型平面顯示器應用的需求，預計必將廣泛的運用到一些顯示品質高的消費型電子產品，如平面電視。用各種全彩圖案及摻雜調變光色的（doping）技術，OLED 平面顯示器的色幅度（color gamut）已可達到 100% NTSC 的國際電視顯示標準。這些重要的成就應歸功於許多跨領域的研發與合作，其中包括：材料化學，如有機傳輸及發光材料；OLED 元件結構的改良；界面能階物理學；電極接觸工程學（contact engineering）；及有關無晶型有機薄膜的電荷注入、傳輸、再結合與元件衰老機制基礎科學的認知等。

　　如眾所期待的，文獻上已載有許多有關OLED 科技發展的研究報告及回顧

論文。這本書的發行無疑將會是OLED科技界另一本重要的文獻，因為它對目前最新OLED技術與科學有了極詳盡及完整的詮釋與報導。另一個獨特的貢獻是這本書將會是坊間唯一用中文寫的「專業」OLED科普教材，也將是為所有有志從事OLED產學研界的學生及研究員所撰寫最好的參考書，因為它不但深入淺出的介紹了OLED的基礎知識，而且也包含了報導目前許多最新的技術進展與趨勢，特別是本書作者詳盡的敘述了有機電激發光材料的演進，最新發展及相關化學。

在此，我要感謝交大電資中心顯示研究所陳金鑫（Fred Chen）教授及黃孝文博士為我們寫了這一本好書。在私交上，陳教授是我在美國柯達研究實驗室的老夥伴，我們早在 OLED 剛發明的時候就在一起合作。終於在1989年間，一起發現了由有機摻雜色素所導致電激調變顏色的放光現象，這就是目前廣泛應用在OLED平面顯示器上的「摻雜型有機電激發光技術」。我特別高興看到我的老朋友能夠結合黃博士著手撰寫這本中文的OLED鉅作，因為他與我不但對研發 OLED 擁有極大的興趣與熱情，同時我們也愛中國的傳統與文化。

（作者譯）

鄧青雲
美國柯達公司
寫於紐約州羅徹斯特市

序

　　《OLED：有機電激發光材料與元件》自 2005 年初完稿以來，至今已過了二個年頭，出版以後承蒙讀者及各界同好給予我們的支持與鼓勵，先後已付印了三次共達三仟冊，由此可見 OLED 平面顯示技術給台灣產學研界所帶來的期待與吸引力。今年我們還授權北京清華大學出版社用簡體中文印行，以響應中國大陸廣大讀者的需求。

　　但是就如我在初版序所講的，OLED 平面顯示技術的進展，可說是日新月異，往往今年「亮麗耀眼」的成果，到明年已是「黃花落日」，面臨淘汰的命運。有鑑於此，孝文與我決定將這本初版的 OLED 加以全盤翻新，為了達到報導最新資訊的目的，我們加入了近二年來國際資訊顯示學會（SID）及相關研討會的論文，包括一些重要的創新技術將於五月底發表在 SID 2007, Long Beach, CA 的年會裡。在內容方面，我們添加了幾乎所有新興 OLED 材料與元件的進展，這包括新穎材料的發明，元件構造的改良，發光效率與功率的提昇，操作壽命的增長，高生產量的製程，還有高效率白光元件（WOLED），雷射 RGB 轉印技術（LITI, RIST 及 LIPS）及未來的主動（AM）可撓曲式面板等。書中各章新增的參考文獻大約有一百多篇及超過 50 張新的圖表。為了要控制篇幅與成本，有些不適用的文獻、圖表及報導也被汰換。與初版一樣，我們要求五南出版社盡量用彩色印刷，好讓讀者看到有彩色的圖片示意，不但會感受較大的吸引力，它的解讀效果也較好。

　　回顧這二年台灣的 OLED 產業，可說是歷經風風雨雨，大起大落，從二年前的高峯「激發態」，到如今已跌翻在「股」底，大半的能量或資金似乎已被耗盡，而奄奄一息。市面上能聽到的莫不是些負面的消息，從光磊、東元、聯宗、翰立的相繼停產或停售，到悠景的暴發財務危機到重起爐灶，錸寶的減資

重整，加上友達的無限期「暫停」。在台灣現今檯面上還有一點「亮」的，好像只剩下奇晶了。至於他們還能撐多久，有待我們的關心及關注。這些經歷都給我們從事研發及推展 OLED 產業的朋友們無比的危機意識與警惕，面臨 LCD 無止盡的龐大壓力與殺價競爭，OLED 在這惡劣的大環境下，要如何脫困、東山再起、進而發揚光大，是我們大家必須面對的課題。

有趣的是，世界各國投入在 OLED 的研發能量卻有增無減，從 SID 的論文發表數量來看，OLED 與 LCD 已不相上下，在 2006 年甚至還首度超越了 LCD。三星總裁（S. T. Kim）在 IMID 2006 的專題演講中提到，他們從五個國家裡選了一千人來評估比較 AM-OLED 與 TFT-LCD 的整體顯示品質，結果經統計有93%的人覺得 AM-OLED 好（在第一章裡我們會有詳細的比較），所以在三星SDI，他們稱 OLED 為這世紀的「終極顯示器」（The Ultimate Display）。所以我們要怎麼樣把這個訊息傳達給廣泛的消費大眾及展示在顯示市場，同時，還要好好掌握 OLED 最新的科技發展資訊，這是孝文與我在台灣、在交大多年來從事推展 OLED 的熱忱，也是我們重新寫這本書的動機。我們相信一個完美的顯示科技，終會在不久的將來，為大家所接受，因為韓國沒有放棄，日本在OLED 的研發與創新也從無間斷(如 Sony 今年將率先銷售 OLED TV，東芝松下則表示將在 2009 年以前量產大型 OLED 電視)，在歐美，白光 OLED 應用在照明的研究已是進行的如火如荼。

台灣經過這幾年的小挫折，難道我們可以讓這個完美無缺的「夢幻顯示器」坐以待斃嗎？

陳金鑫　黃孝文

謹識於台灣新竹 國立交通大學

電子資訊中心 顯示科技研究所

中華民國九十六年十月

目　錄

前言（Foreword）

序

第一章　有機發光二極體顯示技術簡介

1.1　前言　*3*

1.2　應用與發展　*4*

1.3　「終極顯示」的追求　*7*

1.4　廠商概況　*8*

　　參考文獻　*16*

第二章　有機發光二極體的基礎知識

2.1　有機材料在發光二極體之發展　*18*

2.2　有機材料的特性　*20*

　　2.2.1　吸收和放射　*20*

2.2.2　電荷在有機分子的傳遞　25

2.2.3　有機分子的能態　28

2.2.4　有機分子的能態和與電極界面的能態關係　32

2.3　電激發光元件結構與原理　34

2.3.1　元件電流的限制　35

(A) 注入限制電流（Injection-Limited Current）　36

(B) 空間電荷限制電流（SCL Current）　37

2.3.2　元件的結構　39

2.4　光電特性與量測　43

2.4.1　發光效率　43

2.4.2　發光顏色　47

參考文獻　51

第三章　電荷注入與傳遞材料

3.1　陰極材料　54

3.1.1　慣用金屬材料　54

3.1.2　金屬合金　56

(A) 鎂銀合金　56

(B) 鋰鋁合金　57

3.2　陽極材料　58

3.2.1　導電氧化物　59

3.2.2　陽極的表面處理　60

3.3　電洞注入材料（HIM）　61

3.4　電洞輸送材料（HTM）　64

3.5　電子注入層材料（EIM）　*68*

　　3.5.1　鹼金屬化合物　68

　　3.5.2　電子注入機制　69

　　　　(A) 穿隧效應　69

　　　　(B) 界面偶極（interfacial dipoles）　70

　　　　(C) 水分子存在下降低鋁功函數　70

　　　　(D) 水分子存在下的化學反應　70

　　　　(E) LiF 在 Alq_3、LiF 及 Al 共存下解離　71

　　　　(F) 熱力學可行的解離反應　71

　　3.5.3　n 型摻雜層　73

3.6　電子輸送材料（ETM）／電洞阻隔材料（HBM）　*74*

　　3.6.1　噁唑（Oxadiazole）衍生物和其樹狀物（Dendrimers）　74

　　3.6.2　金屬螯合物（Metal chelates）　78

　　3.6.3　其它唑類化合物（Azole-based materials）　80

　　3.6.4　喹啉（Quinoline）衍生物　81

　　3.6.5　喔啉（Quinoxaline）衍生物　82

　　3.6.6　二氮蒽（Anthrazoline）衍生物　82

　　3.6.7　二氮菲（Phenanthrolines）衍生物　83

　　3.6.8　含矽的雜環化合物（Siloles）　83

　　3.6.9　全氟化的 *p*-(Phenylene)s 寡聚物　86

　　3.6.10　其他有潛力的 ETMs　88

3.7　載子移動率　*90*

　　參考文獻　*103*

第四章　螢光發光材料

4.1 前言　*112*

4.2 紅光材料　*113*

4.2.1　DCJTB 相關的紅色摻雜物　113

4.2.2　多摻雜物系統　119

4.2.3　雙主發光體摻雜系統　121

4.2.4　非摻雜型紅光螢光材料　126

4.2.5　多環芳香族碳氫化合物（Polycyclic aromatic hydrocarbon, PAH）
　　　　130

4.3 綠光材料　*133*

4.3.1　香豆素（Coumarins）衍生物　133

4.3.2　喹吖啶酮（Quinacridone）衍生物之綠光摻雜物　137

4.3.3　多環芳香族碳氫化合物（Polycyclic aromatic hydrocarbon, PAH）
　　　　139

4.3.4　1H-pyrazolo[3,4-b]quinoxaline 類之綠光螢光摻雜物　140

4.3.5　其他類型之綠光螢光摻雜物　141

4.4 藍光材料　*143*

4.4.1　藍光主發光材料　143

(A) 二芳香基蒽（diarylanthracene）衍生物　143

(B) 二苯乙烯芳香族（distyrylarylene, DSA）衍生物　148

(C) 芘（Pyrene）衍生物　153

(D) 新型 Fluorene 衍生物　156

(E) 旋環雙芴基（*Spiro*bifluorene）藍光主發光體　160

(F) 其它芳香族類主發光體系統　161

(G) 雙主發光體系統　163

4.4.2　天藍光摻雜物　165

(A) Tetra (t-butyl) perylene (TBP)摻雜物　165

(B) Diphenylamino-di(styryl)arylene 型摻雜物　167

4.4.3　深藍光摻雜物　170

4.4.4　深藍光元件的改善　171

(A) 電洞阻擋層的加入　171

(B) 混和式電洞傳送層（composite hole-transport layer, c-HTL）的

影響　174

4.5　黃光材料　177

4.6　白光材料　182

參考文獻　186

第五章　磷光發光材料

5.1　三重態磷光　190

5.1.1　發光原理　190

5.1.2　電激發磷光發光機制　192

(A) 能量轉移的方式　192

(B) 載子捕捉（carrier trapping）的方式　193

5.2　主發光體材料　194

5.3　紅色磷光摻雜材料　201

5.4　綠色磷光摻雜材料　207

5.5　藍色磷光摻雜材料　214

5.6　樹狀物磷光發光體　217

5.7　電洞／激子阻擋層材料　220

5.8　磷光元件的穩定度　*224*

　　　參考文獻　*228*

第六章　　有機發光二極體的效率

6.1　影響有機發光二極體效率的參數　*234*

6.2　增進載子平衡的方法　*241*

　6.2.1　增進電子注入效率　241

　6.2.2　良好的電子傳輸材料　243

　6.2.3　元件結構的改善　244

6.3　增進出光率的方法　*247*

　6.3.1　減少不發光模式　247

　6.3.2　減少全反射　248

　6.3.3　減少波導效應　250

　　　參考文獻　*253*

第七章　　OLED 壽命

7.1　簡介　*256*

7.2　非本質劣化因素　*257*

　7.2.1　基板的平整度　257

　7.2.2　微小顆粒的汙染　258

　7.2.3　有機層與電極層間的分層（Delamination）　259

　7.2.4　金屬層的表面微小孔隙（Pinhole）　261

7.3　本質劣化因素　*263*

　　7.3.1　有機膜的穩定性　264

　　7.3.2　陽極與有機層的接觸面　267

　　7.3.3　激發態的穩定性　268

　　7.3.4　可移動的離子雜質　271

　　7.3.5　銦（Indium）的遷移機制　272

　　7.3.6　不穩定的陽離子　274

　　7.3.7　正電荷累積的機制　276

　　7.3.8　再結合區的寬窄　277

7.4　平面顯示器壽命　*278*

　　參考文獻　*280*

第八章　OLED 的元件設計

8.1　穿透式與上發光 OLED 結構　*284*

　　8.1.1　透明陰極的發展介紹　286

　　8.1.2　上發光元件陽極　290

　　8.1.3　無電漿破壞的濺鍍系統　291

　　8.1.4　微共振腔（Microcavity）效應　292

　　8.1.5　陰極覆蓋層　297

8.2　串聯式 OLED 結構　*298*

8.3　可撓曲式 OLED 結構　*301*

　　8.3.1　基板　303

　　8.3.2　主動矩陣式驅動技術　306

8.4　p-i-n OLED 結構　*308*

8.5 倒置式 IOLED 結構 *311*

8.6 白光 WOLED 結構 *312*

   8.6.1 多重發光層（Multiple emissive layers） 313

   8.6.2 多摻雜發光層（Multiply dopants emissive layer） 319

   8.6.3 利用活化雙體和活化錯合物發射的白光 WOLEDs 322

   8.6.4 其它 WOLEDs 結構 324

   參考文獻 *327*

第九章　OLED 顯示器

9.1 前言 *334*

9.2 OLED 全彩化技術 *334*

   9.2.1 紅、藍、綠畫素並置法（Side-by-side Pixelation） 335

   9.2.2 色轉換法（Color Conversion Method, CCM） 337

   9.2.3 彩色濾光片法 339

   9.2.4 微共振腔調色法 340

   9.2.5 多層堆疊法 342

9.3 驅動方式 *343*

   9.3.1 被動矩陣驅動方式 343

   9.3.2 主動矩陣驅動方式 346

9.4 灰階 *353*

   9.4.1 類比驅動：電壓編程與電流編程 356

   9.4.2 數位驅動 357

9.5 對比 *359*

9.6 面板功率損耗 *362*

9.6.1　功率效率的增進　362

9.6.2　顯示畫面的設計　363

9.6.3　顯示模組的設計　363

9.7　OLED 製程　*366*

9.7.1　蒸鍍設備　368

9.7.2　其他鍍膜技術　374

(A) 有機氣相沉積（Organic Vapor Phase Deposition, OVPD）　374

(B) 噴墨列印（ink-jet printing, IJP）製程技術　376

(C) 雷射熱轉印成像技術（Laser-Induced Thermal Imaging, LITI）　379

(D) 雷射熱昇華轉移（Radiation-Induced Sublimation Transfer, RIST）　382

(E)印刷法（Printing）　383

9.7.3　封裝材料與設備　384

參考文獻　*392*

第 1 章

有機發光二極體顯示技術簡介

1.1　前　言

1.2　應用與發展

1.3　廠商概況

　　參考文獻

1-1 前 言

當進入了二十一世紀後，人們需要性能更好、更能符合未來生活需求的新一代平面顯示器，來迎接這個「4C」，即電腦（computer）、通訊（communication）、消費性電子器材（consumer electronics）、汽車電子（car electronics）及「3G」（即第三代行動電話）時代的來臨，如圖 1-1。尤其未來的趨勢是要在輕巧的韌體上傳輸大量的資訊和影像，現今的平面顯示器顯然已不符合需求。

近來有機發光二極體（organic light emitting diode，簡稱 OLED）已成為國內外非常熱門的新興平面顯示器產業，主要是因為 OLED 顯示器具有：自發光、廣視角（達 175° 以上）、反應時間快（～1 μs）、高發光效率、廣色域、低操作電壓（3-10 V）、面板厚度薄（可小於 1 mm）、可製作大尺寸與可撓曲性面板及製程簡單等特性，具有低成本的潛力（預估比 TFT-LCD 便宜約 20%），因此被喻為下一世紀的「明星」平面顯示技術，在 2006 韓國大邱舉辦的國際資訊顯示年會（IMID）中，三星總裁 S. T. Kim 在

1G

Voice:
Phone
Paging
Messaging

2G/2.5G

WAP phones & 2.5G:
Web browser
PDA
Music
Games

3G

Communicator:
Movies, music
Video conferencing
interactive device
shopping

Future

"Wallet" PC
Movies on demand, TV
full office functionality
online device
Flexible displays required

圖 1-1　各代行動通訊的演進

表 1-1　各種顯示技術與 OLED 的特性比較

	CRT	LCD	OLED	LED	PDP	VFD
電壓特性	X	◎	◎	◎	X	△
發光亮度	○	○	◎	△	△	○
發光效率	○	○	◎	△	△	○
元件壽命	◎	○	○	◎	△	△
元件重量	X	◎	◎	△	○	△
元件厚度	X	◎	◎	△	○	△
應答速度	◎	△	◎	◎	○	○
視角	◎	△	◎	X	△	○
色彩	◎	○	◎	△	○	○
生產性	○	○	○	○	△	△
成本價格	◎	○	○	○	X	△

◎:非常好。○:好。△:普通。X:需要改善。

CRT：陰極射線管顯示器。LCD：液晶顯示器。LED：發光二極體顯示器。VFD：真空螢光顯示器。PDP：電漿顯示器

他的keynode演講中，首次稱OLED為未來的『終極顯示器』（The Ultimate Display）[1]。表 1-1 為 OLED 與其它各種主要顯示器之特性及優點比較，OLED 的優勢可以顯而易見，只是與其他技術比起來，OLED 技術尚屬年輕，但隨者技術越來越成熟後，今後有可能得以迅速發展，前景不可限「亮」。

此外，LCD 技術為現今平面顯示之主流，OLED 與 LCD 比較，溫度適應性較佳，LCD於低溫下，應答速度將大幅下降，甚至不能運作，如南北極區。而OLED的操作溫度範圍可在$-40\sim+85℃$之間，足以滿足世界各地消費性產品的需求。雖然OLED顯示器的先天優點的確是比LCD好，但由於 LCD 技術成熟度高，因此各種特性也不斷在改進。

1-2　應用與發展

OLED 的發光是屬於電激發光（electroluminescence, EL），由於它在應

用上的重要性，電激發光的現象一直都是令人極感興趣的一門科學[1]，它曾經被譽為是一種可以產生「冷光」的現象。通常電激發光元件可以被區分為二類：一類是用週期表 III–V 元素（如 ZnS）做成的薄膜式電激發光板（thin-film electroluminescence panel, TFEL）。TFEL 是用高壓、低電流的湧入元件（avalanche device），它的光是由一種高電場激發的過程所產生的。另一類是利用無機的 p 和 n 型半導體製作的發光二極體（LED），它是一種低壓高電流注入元件（injection device），它的光是來自被注入的電荷在 p-n 界面重新結合所產生的。這二種元件都發展得較早，各種顏色也被發展出來，而且多半已可應用在光電及顯示的電子器材上，包括儀器面板、電子板、廣告板。雖然它們的研究已經持續了幾十年，但是這些技術還有一些主要缺陷，譬如 LED 需要在單晶體的基板上成長，且為了要展現高畫質、高解析度，每一畫素的間距要越短越好，而 LED 模組之間的接續處會造成畫素的間距不齊，近距離觀賞時顯示幕整體畫面會產生塊狀切割的影像。而高亮度藍光 LED 發明得較晚，直到 1993 年秋季，日亞化學工業公司才宣佈他們成功開發出以 GaN 化合物半導體製作出 1 cd（燭光）的藍光 LED，外部量子效率為 0.22%，直到最近一般的藍光 LED 外部量子效率才進步到 30%，超高亮度藍光 LED 更可達 60% 以上[3]。而 TFEL 的暫時反應（temporal response）很慢，所以需要幾百伏特的交流電壓，顏色方面也是大問題，因為藍光發光體的效率很低。最終限制這二個技術發展的一大原因是它們不能去製造高解析度的全彩顯示板。

反觀有機電激發光最早是在 1963 年由 Pope 教授所發現，當時他以數百伏特的偏壓施加於蒽（Anthracene）的晶體上，觀察到發光的現象，這是最早的文獻報導。由於其過高的電壓與不佳的發光效率，在當時並未受到重視。一直到 1987 年美國柯達公司的鄧青雲博士（Ching W. Tang）及 Steve VanSlyke 發表以真空蒸鍍法製成多層式結構的 OLED 元件[4]，可使電洞與電子侷限在電子傳輸層與電洞傳輸層之界面附近再結合，大幅提高了元件

的性能。其低操作電壓與高亮度的商業應用潛力吸引了全球的目光，從此開啟 OLED 風起雲湧的時代。而 1990 年英國劍橋大學的 J. Burroughes 及 Richard Friend 等人[5]，成功的開發出以旋轉塗佈（spin coating）方式將高分子應用在OLED上，即高分子發光二極體（亦稱為PLED），對OLED的發展有推波助瀾之效，也使得OLED的未來發展與市場更形寬廣，由於小分子材料發明得較早，而且最早被應用到OLED平面顯示器上，所以目前一般 OLED 多半是指小分子型。OLED 顯示技術理論上是可以滿足各種顯示尺寸的應用，圖 1-2 是韓國三星在 2004 年的 IMID 研討會上做的大膽預測有關顯示器尺寸與解析度的關係圖，其中應用項目包括中小面板的手機、PDA或筆記型電腦，大尺寸的如電視、監視器等。與其他技術比較可以發現，OLED 顯示技術是唯一可以涵蓋如此大範圍應用的顯示技術。

　　顯示應用的多元化，除了利用硬質基板之外，可撓曲式（flexible）有機發光二極體（FOLED）也是目前歐、美、日等國先進的實驗室最熱門的研究課題之一。利用有機材料本身具有良好的可撓曲性，將其製作在耐撞

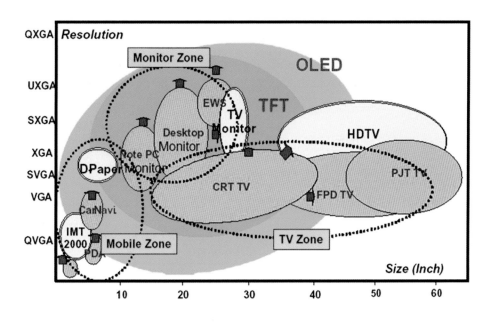

圖 1-2　各顯示技術應用的領域

資料來源：Sumsung SDI, IMID#2004

擊、不易破碎、輕薄、便攜、低價的可撓曲型塑膠基板上，以符合未來攜帶型平面顯示器所需「輕、薄、小、彩、省、美、多（元化）」的特性。許多公司都曾提出這樣的概念，如IBM所發展的「可戴式電腦」（wearable computer）、Olympus鼓吹的「可穿式電視」（wearable TV monitor）—「Eye-Trek」、日本東北先鋒（Pioneer）所發表的穿著式可撓曲顯示器等。美國UDC公司所預測的OLED技術發展進程指出，FOLED是OLED技術未來發展的趨勢歸屬也是其獨特的應用（killer application），未來可捲收型（display on a roll）及窗簾型的顯示幕都將不再是夢想。

如圖1-3所示，我們如果以發光功率效率（流明／瓦）的演進圖來看，OLED技術有如睡醒的雄師，在十年內發展迅速，綠光元件發光效率高達110 lm/W，2007年更提高到了133 lm/W，外部量子效率為30%[6]，已與無機LED相抗衡。白光元件的發光效率也在2006年突破60 lm/W（1000 cd/m^{2}下），並

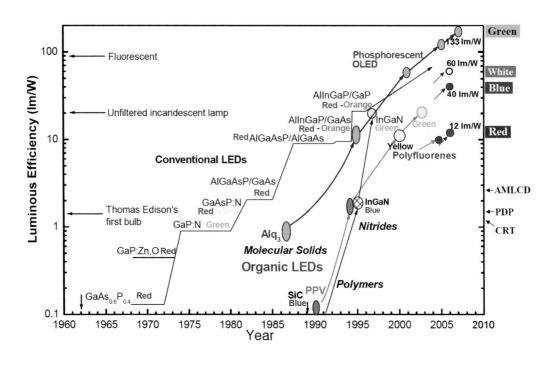

圖 1-3　無機與有機 LED 發展比較

[Updated from J. R. Sheats *et al.*, Science **273**, 884（1996）]

有機會應用成為照明光源。日本的東北先鋒和東北 Device 從 2006 年已開始量產小尺寸的 OLED 背光源，全球最大液晶薄膜製造商柯尼卡美樂達（Konica Minolta）也於 2007 年宣布，將與奇異公司（GE）合作，開發薄型可摺疊照明產品。

1-3 「終極顯示」的追求

現在我們正在見證一個顯示器世代交替的歷史，平面顯示器以一定的速度漸漸的取代 CRT，未來進入高解析度（Full HD）和數位廣播（digital broadcasting）時代後更會加速平面顯示器的成長，觀察現在 LCD 與 PDP 的發展與競爭模式，不斷的以增加產量規模和大尺寸基板投資為方向，努力降低成本來增加競爭力，這也是 OLED 在現在看起來處於劣勢的原因之一。但三星總裁 Kim 認為未來的競爭會不一樣，尤其在中小尺寸產品，誰會在未來的競爭中勝出，取決於誰瞭解顧客的需求，他進一步表示未來重點不在於尺寸或價格，顧客會選擇可以展現「生命力」的顯示器，就如同在現實中感知一個物體一樣，而主動（active matrix, AM）OLED 即具有此終極顯示器的特質，如圖 1-4 所示，其中包括(1)高色域，現有產品已達到 NTSC 100%；(2)低功率消耗，播放動畫的功率消耗約只有 TFT LCD 的三分之一；(3)廣視角，與 CRT 一樣；(4)高對比，現有產品暗室對比達 1 萬：1 以上，在戶外依然清晰 ；(5)體積輕薄、元件結構簡單，面板厚度可不到 0.8 mm；(6)反應速度快，不受溫度影響，動畫播放流暢，產品壽命也達到三萬小時。三星從韓國、中國、英國、德國、義大利五個國家裡選了一千人來評估比較 AM-OLED 與 TFT-LCD 的整體顯示品質，結果有 93% 的人覺得 AM-OLED 較好，也給予較高的價格評價。

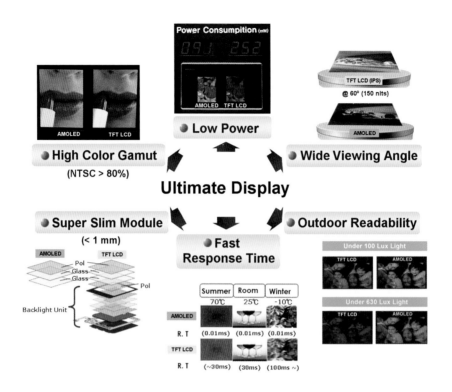

圖 1-4　終極顯示器應具備的特質 [Updated from S. T. Kim, keynote speech, IMID/IDMC 2006]

1-4　廠商概況

　　自從 1987 年美國柯達公司發表具實用潛力的OLED元件至今，許多廠商已經加入此技術之研發，表 1-2 列出亞洲和歐美各國投入小分子和高分子OLED研發或量產的代表公司，以及主要的專利所有人，可以發現從材料的供應、設備的提供到顯示器面板模組及驅動 IC 的設計與開發，日本似乎已經形成一條上中下游的供應鏈，這是因為日本擁有追求新技術的傳統與長久累積下來的開發資源支持。近來由於產業快速變化，一些 OLED 製造商與研究團體為了降低風險，選擇停止甚至無預警地關閉相關投資。

表 1-2　投入小分子和高分子 OLED 開發的公司

公司企業名	位　置	材　料	專　　長
道化學（Dow chemical）	美國	高分子	材料供應商
H.W. Sands 公司	美國	小分子	材料供應商
Sigma-Aldrich 公司	美國	小分子	材料供應商
杜邦（Dupont, 已暫緩）	美國	高分子	材料、顯示器 R&D
Universal Display（UDC）	美國	小分子	材料供應商、持有專利
柯達（Kodak）	美國	小分子	持有專利、R&D
DuPont Displays/Uniax	美國	高分子	顯示器製造
eMagin	美國	小分子	微顯示器製造
Litrex 公司（已被 CDT 及 ULVAC 併購）	美國	inkjet	設備供應商
Kurt J.Lesker 公司	美國	/	設備供應商
Oragnic Photometrix 公司	美國	/	設備供應商
Integral Vision 公司	美國	/	檢測設備供應商
Microfab 公司	美國	inkjet head	設備供應商
Clare Micronix 公司	美國	/	驅動模組
NextSierra 公司	美國	/	驅動模組
ADS（American Dye Source）	加拿大	高分子/小分子	材料供應商
CDT（已被住友化學併購）	英國	高分子	材料供應商、持有專利
MicroEmissive Displys（MED）	英國	小分子	微顯示器製造
Covion（已被 Merck 併購）	德國	高分子	材料供應商
BASF 公司	德國	高分子	材料供應商
西門子	德國	高分子	R&D
德國 IBM	德國	高分子	R&D
NOVALED	德國	小分子	p-i-n　R&D
Osram Opto Semiconductors	德國	高分子	顯示器製造
愛思強（Aixtron AG）	德國	小分子	設備供應商
飛利浦（Philips, 已暫緩並技轉）	荷蘭	高分子	顯示器製造
昱鐳光電	台灣	小分子	材料供應商
機光科技	台灣	小分子	材料供應商

公司企業名	位　置	材　料	專　　長
晶宜科技	台灣	小分子	材料供應商
錸寶（RiTDisplay）	台灣	小分子/高分子	顯示器製造
聯宗（Lightronik Technology, 已暫停）	台灣	小分子	顯示器製造
東元激光（Teco Optronics, 暫停）	台灣	小分子	顯示器製造
中華映管（CPT, 暫停）	台灣	小分子	R&D
友達光電（AUO, 已暫停）	台灣	小分子	顯示器製造
奇晶光電（CMEL）	台灣	小分子	顯示器製造
統寶光電（TPO Displays）	台灣	小分子	顯示器製造（LTPS-TFT）
悠景科技（Univision Technology）	台灣	小分子	顯示器製造
翰立（Delta Optoelectronics, 已暫緩）	台灣	高分子	顯示器製造
凌陽科技（Sunplus）	台灣	/	驅動模組
晶門科技（Solomon Systech）	香港	/	驅動模組
航太上大歐德科技公司（已關閉）	上海	小分子	顯示器研發
精電國際有限公司（Varitronics, 關閉）	香港	小分子	顯示器製造
信利（Truly）	香港/汕尾	小分子	顯示器製造
光陣（Lite Array, 暫停）	香港	小分子	顯示器製造
維信諾科技	北京/昆山	小分子	顯示器製造
五糧液	大陸	小分子	顯示器製造
京東方	大陸	小分子	R&D
上廣電	大陸	小分子	R&D
TCL顯示科技（惠州）有限公司	大陸	小分子	R&D
深圳先科顯示技術公司	大陸	小分子	顯示器製造
LG化學	韓國	小分子	材料供應商
LG電子	韓國	小分子	顯示器製造
三星SDI（Samsung SDI）	韓國		顯示器製造

公司企業名	位　置	材　料	專　　長
三星電子	韓國	小分子	顯示器製造
KOLON	韓國	小分子	顯示器製造
NESS（暫緩）	韓國/新加坡	小分子	顯示器製造
Elia Tech	韓國	/	驅動模組
Leadis	韓國	/	驅動模組
ANS 公司	韓國	小分子	設備供應商
Sunic system 公司	韓國	/	設備供應商
DOOSAN DND 公司	韓國	/	設備供應商
Viatron 公司	韓國	/	設備供應商
STI 公司	韓國	/	設備供應商
McScience 公司	韓國	/	設備供應商
DOV 公司	韓國	/	設備供應商
住友化學（Sumitomo Chemical）	日本	高分子	材料供應商、持有專利
出光興產（Idemitsu Kosan）	日本	小分子	材料供應商、持有專利
佳能（Canon）	日本	小分子	材料供應商、持有專利
智索石油化學（Chisso）	日本	小分子	材料供應商
三菱化學（Mitsubishi Chemical）	日本	小分子	材料供應商、持有專利
Chemipro Kasei Kaisha 公司	日本	小分子/高分子	材料供應商
Taiho 工業株式會社	日本	高分子	材料供應商
新日鐵化學（Nippon Steel Chemical）	日本	小分子	材料供應商
東洋 Ink 製造（Toyo Ink）	日本	小分子	材料供應商
昭和電工（Showa Denko）	日本	高分子	材料開發
精工愛普生（Seiko-Epson）	日本	高分子	顯示器製造
卡西歐（CASIO）	日本	小分子	顯示器製造
Optrex 公司	日本	小分子	顯示器製造
三洋電機（SK Display）	日本	小分子	顯示器製造
東北先鋒（Pioneer）	日本	小分子	顯示器製造
TDK 公司	日本	小分子	顯示器製造

公司企業名	位　置	材　料	專　長
日本精機（Nippon Seiki）	日本	小分子	顯示器製造
Stanley 電氣	日本	高分子	顯示器製造
TOYOTA 汽車	日本	高分子	顯示器製造
SONY	日本	小分子	顯示器製造
東芝松下顯示器科技（TMD）	日本	小分子/高分子	顯示器製造
羅姆電子（ROHM）	日本	小分子	顯示器製造
富士電機	日本	小分子	CCM 顯示器製造
大日本印刷（DNP）	日本	高分子	設備供應商
日本真空株式會社（Ulvac）	日本	小分子	設備供應商
Tokki	日本	小分子	設備供應商
凸版印刷（Toppan Printing）	日本	高分子	設備供應商
Shimadzu 公司	日本	/	設備供應商
EVATECH 公司	日本	/	設備供應商
Anelva Tech nix 公司	日本	/	設備供應商
NHK 公司	日本	小分子	材料與元件研發

　　在 OLED 開發的演進上，我們可以從圖 1-5 中看出，各公司主要還是針對全彩顯示面板研發較有興趣，大面積面板可應用在較大市場的電視或監視器，如 2003 年台灣奇美和日本 IBM 合資的 IDT 公司率先發表了 20 英吋的主動式 OLED 面板，曾轟動一時，之後不久日本的 Sony 公司就發表了用四枚 12 吋 OLED 面板貼合的 24 英吋主動式全彩 OLED 面板。2004 年，精工愛普生更通過將 4 枚 20 英吋低溫多晶矽（LTPS）TFT 底板粘到一起，用最新的噴墨彩色技術試製出了 40 英吋的全彩 PLED 面板。2005 年 5 月，南韓三星電子利用單片 a-Si TFT 底板開發出業界最大尺寸的 40 英吋 OLED 面板。一直到 2006 年，台灣的奇晶光電則發表了由最大 LTPS TFT 底板試製的 25 英吋 OLED 面板，但隨後 Sony 在 2007 年 CES 展上又發表了 27 英吋 micro-crystalline silicon TFT 面板。這都再再顯示 OLED 技術未來製作大面積

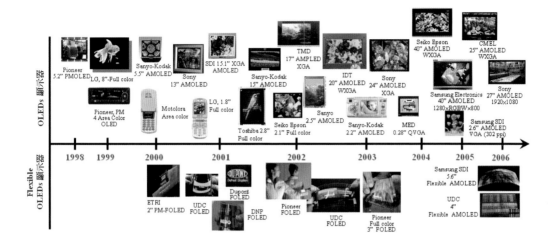

圖 1-5　OLED 顯示器的進展

面板的可能性與潛在商機。在中小尺寸面板上，主要還是應用在手機、PDA與筆記型電腦上，其發展重點在輕薄、高解析度和低功率消耗上，2005 年三星SDI已試製出VGA級的2.6英吋面板，在 2006 年韓國電子展上，三星也發佈了一款 2.2 英吋厚度僅 0.78 mm 的 EL 面板。不只如此，美國 eMagin 公司和英國的創投企業 Micro Emissive Displays Ltd.（MED）也分別開發出超小型小於 1 英吋的有機 EL 微顯示器（microdisplay），解析度達 SVGA（852×RGB×600 pixels），可使用在攝錄影機的取景器或頭帶式顯示器，更讓我們感嘆 OLED 技術是如此的非凡。

就商品上量產的時程來看，1999 年日本 Pioneer 是最早有產品上市的廠商，主要產品是將 OLED 應用在汽車音響上，但面板只是多彩被動式矩陣型，而並不是全彩，之後 Motolora 也曾發售使用 OLED 面板的單色手機，但隨著 LCD 彩色面板在手機、PDA 與監視器廣泛應用後，OLED 全彩化變成必然的趨勢，之後廠商也都以發表被動全彩面板為主，主要尺寸在 2 英吋以下。OLED 全彩主動面板方面，第一個發表的商品是 Kodak 與 Sanyo 合作的數位相機，此面板為 2.2 英吋的主動式 LTPS-TFT 面板，在 2005 年初，此面板也被推廣使用於個人媒體播放器（personal media player, PMP）上，

這也展現出OLED發明人的研發實力。2006年友達光電首次將全彩主動面板用在 BenQ-Siemens S88 手機主面板，而在 Nokia 和三星 SDI 也相繼宣佈將增加 AMOLED 產品後，未來之應用相信將更多元化。

現今有機發光二極體顯示器出貨以韓國、台灣、日本為主，主要廠商為韓國的三星SDI、LG电子，台灣的錸寶科技、悠景科技和日本的Pioneer、TDK。但近來有機發光二極體的參與者開始出現一些微妙的變化，最早開始OLED顯示器大量生產的東北Pioneer，在 2005 年底宣布暫停主動面板的業務推廣，三洋也在這一時刻終止與柯達的合作關係。2007 年，由於面臨LCD降價競爭導致被動面板獲利不佳，台灣的錸寶科技也減資重整後在考慮與韓商 Kolon 合作，東元激光和聯宗光電也往大陸市場尋求機會，許多主動面板廠（如華映與友達）由於量產技術還不成熟也暫緩投資，比較好的消息是據報導奇晶和錸寶在 2007 年打入日本夏普、索尼愛立信、東芝、NEC 等日系手機大廠供應鏈，作為手機次面板之用。日本手機市場一年出貨量約八千萬支，其中有半數次面板使用OLED面板，市場商機龐大，其中最大的供應商就是日商Pioneer，基於成本考量，台廠也有機會打入日本手機供應鏈。

反觀南韓對有機發光二極體產業則有不同的作法，三星SDI一直將有機發光二極體視為下一世代的顯示技術，不管在研發專利的數量、量產技術的改進和產品的推廣上均感受到其企圖心，且在被動面板上已有不錯成績，並宣稱良率可達 97%。2006 年更投資 4 億 7 千萬美元建造一條主動面板之生產線。其它如韓國的LG電子、LPL，台灣的奇晶光電和日本的東芝松下顯示科技（TMD）、SONY，也都宣佈 2007 年開始量產主動面板，因此 2007 年可說是 AM-OLED 起飛的元年。其中 Sony 與 Toyota Industries Corp. 的合資公司 ST Liquid Crystal Display Corp.更將生產 3 釐米厚的 11 英吋 OLED 電視，預計初期每月生產 1000 台。TMD 則希望在 2009 年推出 OLED 電視產品，未來有機發光二極體產業是否因此而更加茁壯，可以讓我們一起來

觀察。

　　夾著市場上對全彩平面顯示器巨大需求的潛力，OLED 擁有良好的特質與應用，但也面對其它顯示技術快速成長的壓力，特別是液晶顯示器。不過世界各國對積極發展有機電激發光這門技術，繼續再求 EL 技術上的突破，一直保有濃厚的興趣。本書在此背景之下，希望針對OLED的發展歷史與原理、材料、元件和製程演進，做一完整及最新的發展介紹，讓更多人瞭解此一技術，並引發更多資源與人力的投入，使此被譽為平面顯示的明日之星能夠早日實現其燦爛的前景。

參考文獻

1. S. T. Kim, the 6th *International Meeting on Information Display and the International Display Manufacturing Conference (IMID/IDMC 2006)*, Keynote Address 1, Aug. 22-25, 2006, Daegu, Korea.

2. R. Mach and G. O. Mueller, *Semicond. Sci. Technol.*, **6**, 305 (1991).

3. (a) S. Nakamura, T. Mukai, M. Senoh, S. Nagahama and N. Iwasa, *Jpn. J. Appl. Phys.*, **32**, L8 (1993). (b) Y. Narukawa, J. Narita, T. Sakamoto, K. Deguchi, T. Yamada, T. Mukai, Jpn. *J. Appl. Phys.*, **45**, L1084 (2006).

4. C. W. Tang, S. A. VanSlyke, *Appl. Phys. Lett.*, **51**, 913 (1987).

5. J. H. Burrououghes, D. D. C. Bradley, A. R. Brown, R. N. Marks, K. MacKay, R. H. Friend, P. L. Burn, A. B. Holmes, *Nature*, **347**, 539 (1990).

第 2 章

有機發光二極體的基礎知識

2.1　有機材料在發光二極體之發展

2.2　有機材料的特性

2.3　電激發光元件結構與原理

2.4　光電特性與量測

　　　參考文獻

2-1　有機材料在發光二極體之發展

　　電激發光現象最早是在 1936 年，Destriau 等人以 ZnS 粉末為發光材料觀察得到[1]，1960 年代末期，當時最早商品化的發光二極體是無機的磷砷化鎵紅色發光二極體，而發光二極體材料一直是一十分重要之光電材料。如今，發光二極體的應用遍及電子、光電及民生等各項產品，未來更有可能取代傳統光源，成為消耗能源低且環保之新光源。從 60 年代至今，商品化的發光二極體材料大部份以無機材料為主，近幾年高亮度無機藍光和白光LED技術更使得發光二極體產業繼續擴大。有機材料的電激發光現象是 1963 年 Pope 等人發現的[2]，利用蒸鍍 5 mm 的單層蒽（anthracene）晶體當發光層，所製作的有機發光二極體元件其驅動電壓必須高達 100 伏以上，發出的也是很微弱的藍光[3]。雖然有機材料的電激發光現象也是在 60 年代發現，相較於無機材料技術的蓬勃發展，有機發光材料的研發似乎沉寂了許久，一直到了 1987 年，才由美國柯達公司的鄧青雲等人，將有機螢光染料以真空熱蒸鍍方式製成雙層元件，在小於 10 V 的電壓下，外部量子效率可達到 1%，使得有機發光材料與元件更具有實用性價值，也激起有機材料應用在此領域的熱潮。1990 年，英國劍橋研究群發表了第一個利用共軛高分子 PPV [poly(phenylenevinylene)]所製作的 PLED 元件[4]，使得高分子材料繼導電高分子之後又向顯示的領域邁進，近年將共軛高分子應用於太陽電池、固態雷射和感測器等元件的研究也陸續出現。

　　選擇有機材料的主要原因，其一是無機發光二極體以不同發光層材料配合不同的磊晶生產技術，如液相磊晶法（LPE）、有機金屬化學汽相沉積法（MOCVD）及分子束磊晶法（MBE）等方式，無法製造高解析度和輕薄的顯示器，反觀有機分子加工性好，並可在任何基板上成膜。其二在於很多有機的色料都具有很高效率的發光性質，特別是在藍光域裡，有些

有機化合物的螢光效率幾乎達到百分之百，譬如像二苯乙烯（stilbenes）、香豆素（coumarins）及蒽等類。其實早期用蒽單晶體在 EL 的研究已達到 5%的發光效率（光子對注入電子比）。有機材料的另一個優越及有趣的地方就是有機材料分子結構的多樣性與可塑性，經由化學結構的設計，我們可以調變有機材料的熱性質、機械性質、發光性質與導電性質，使得材料有很大的改進空間。

但在電激發光的應用方面，有機材料的主要缺點是它本身的絕緣性（如塑膠）。一般只有極少量的電流可以在一定的電場內被注入，可是電激發光是靠注入的電子與電洞再結合所致，所以如果注入的電流太少，電子與電洞再結合的數目將被限制。普通顯示用的發光亮度大概在 100 cd/m^2 就夠了，所以如果一個發光元件它有 1%的外部發光效率，最低限度的電流可以用這個亮度來計算，所需通過的電流密度應該要達到 1 mA/cm^2，對不導電的有機材料來說，這是一個相當大的電流。更糟糕的是這個電流量對於應用在顯示器，還差了十至百倍，一般主動式面板操作的電流密度範圍在 10-40 mA/cm^2，被動式面板更高，電流密度範圍可以達到 10-500 mA/cm^2。所以，有機材料一定要克服這個注入電流量的困難，才可能有所突破。因此經由化學結構的設計，化學家們合成出各種扮演不同功能的有機材料，有些幫助電子或電洞注入，有些幫助電子或電洞的傳遞，有些則又希望阻擋電子或電洞的傳遞，更不用說各種發光顏色的發光材料了。因此有機材料除了在發光二極體中扮演發光的要角之外，已朝功能化的方向發展，一個效率好壽命長的有機發光二極體元件，常常是所有有機材料綜合及 OLED 結構最佳化的貢獻。

2-2　有機材料的特性

2.2.1　吸收和放射

　　有機材料的吸收和發光特性，可分別由紫外光／可見光光譜儀（UV/Vis spectrophotometer）和螢光光譜儀（photoluminescence spectrometer or fluorimeter）來量測。而吸收和放射特性是由分子的軌域來決定，根據 Pauli 理論，每一個分子軌域最多只可填滿兩個電子，而從最低能階開始填完後可以得到一最低能量的電子組態（Aufbau 理論），當電子只填滿最高佔有軌域（HOMO）時，此分子處於所謂的基態，激發態則是指將電子激發到反鍵結（anti-bonding）軌域的狀態。圖 2-1 為分子能階簡圖，分子平常都處在基態（S_0），當激發光的振動頻率與分子某個能階差一致時，分子與光共振（resonance），光的能量才能被分子吸收，使得電子跳到（quantum

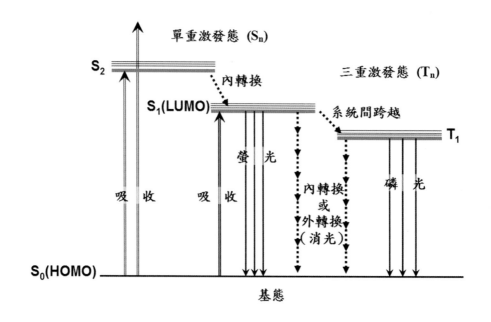

圖 2-1　分子能階簡圖

jump）較高的能階，形成分子的激發態，但一般激發態的電子會很快地經由內轉換或振動鬆弛回到最低能量的反鍵結軌域，簡稱最低未佔有軌域（LUMO）。經由吸收所形成的激發態以單重激發態（singlet excited state, S_n）為主，三重激發態（triplet excited state, T_n）由於涉及電子自旋反轉，從量子力學的計算得到從 S_0 躍遷到 T_n 的機率非常小。一個受激發的分子會經由幾種途徑鈍化（deactivate）回到其基態（ground state），這些途徑互相競爭，如（式 1）所示，最後選擇的途徑受動力學控制。

$$\Phi_f = k_r / (k_r + k_i + k_{ec} + k_{ic}) \qquad （式 1）$$

Φ_f：螢光量子效率

k_r：螢光（$S_1 \rightarrow S_0$）速率常數

k_{isc}：系統間跨越（intersystem crossing）速率常數

k_{ic}：內轉換（internal conversion）速率常數

k_{ec}：外轉換（external conversion）速率常數

　　如果非輻射過程（如系統間跨越、內轉換、外轉換）的速率常數較大時，螢光量子效率（Φ_f）很低，因而此化合物就不適合當作發光材料，另外如果受激電子經由系統間跨越，到能階較低的三重激發態再放光回到基態，所放出的光叫磷光（phosphorescence），只有從單重激發態直接以輻射方式鈍化回到基態，才可得到螢光發射，而發光的波長取決於發光的能量，即是基態和激發態的能量差，也就是能隙（bandgap, $E_g = |E_{HOMO}| - |E_{LUMO}|$），如圖 2-2，有機材料的能隙可以由吸收光譜長波長的起始值（λ_{onset}）帶入（式 2）求得。要改變電激發光的顏色，理論上來說，都可以用不同的有機分子作發光體，或藉由設計有機分子的能隙而得到。事實上，有很多有機發光體，包括新設計合成的，已被成功的用在 OLED 元件去產生不同的顏色。

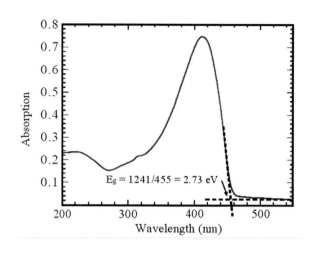

圖 2-2　以 UV/Vis 吸收光譜來估計能隙

$$E_g \, (eV) = h\nu = hc \, / \lambda_{onset} \approx 1241 \, / \lambda_{onset} \, (nm) \qquad （式2）$$

h 為普郎克常數（Planck's const. = 6.63×10^{-34} Js）

ν 為光的頻率（frequency, s^{-1}）

c 為光速（真空下為 3×10^8 m/s）

　　當處於高激發能態的分子，可以把能量傳給低能態的分子，此過程稱為能量轉移（energy-transfer），此機制在多成分摻雜系統時常常發生，含有較高能態的主發光體（host emitter）可以將能量轉移到客發光體（guest emitter），又可叫摻雜物（dopant）中，因此原理，只需要加入少量的客發光體就可以來修改電激發光的顏色。例如 8-羥基喹啉鋁（Alq$_3$）主要是在綠色光域發光的有機分子，它的發光尖峰波長是在 520 nm 左右，可以利用能量轉移原理，將少許的 4-dicyanomethy lene-2-methyl-6-[2-(2,3,6,7-tetra-hydro-1H,5H-benzo[i, j]quinolizin-8-yl)vinyl]-4H-pyran（DCM2 或稱為 DCJ）摻雜物分散在 Alq$_3$ 的主發光體中[4]，圖 2-3 中可以明顯看出隨著 DCM2 濃度增加，發光顏色從 Alq$_3$ 的綠色變成 DCM2 的紅色。藉著直接電激發或者能量轉移來使客發光體發光，除了調色之外，摻雜還可以增加整個 OLED 元

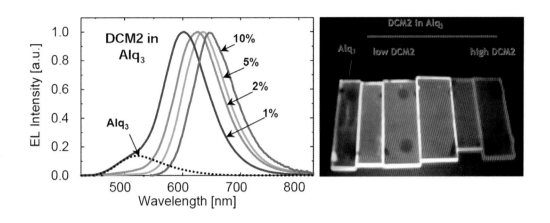

圖 2-3　不同濃度的 DCM2 摻雜在 Alq₃的發光光譜[5]

件的發光效率，因為它可將能量轉移給螢光效率更強的客發光體，甚至還可以增進元件的壽命。

　　能量轉移的機制可分為輻射能量轉移和非輻射能量轉移兩種。輻射能量轉移其中包含放射和再吸收兩步驟，其能量轉移的速率，與主發光體的量子效率、光路徑上客發光體的濃度、客發光體在主發光體發光波長的莫耳吸收度有關，此機構常會造成總螢光量子效率下降，因此需避免此一機制來主導發光。第二種為非輻射能量轉移，而它又可分為二類：(1) Förster 能量轉移，它是分子間偶極-偶極（dipole-dipole）作用所造成的非輻射能量轉移，適合分子間距離達 50-100 Å 之能量轉移。如圖 2-4，此機制電子是由客發光體基態躍遷至激發態，必須遵守電子自旋的一致性，因此最後只能轉移給客發光體的單重激發態。(2) Dexter 能量轉移，它是利用電子在兩分子間直接交換的方式，因此涉及電子雲的重疊或分子的接觸，只適合分子距離大約在 30 Å 以內之短距離能量轉移。電子交換必須符合 Wigner-Witmer 選擇定則[6]，即電子交換前後保留其電子自旋（spin conservation），因此只適用於單重態－單重態和三重態－三重態間的轉移。

　　自從 Kodak 發明了這種摻雜式有機電激發光元件（doped OLED）的技

術後,立時吸引了世界各地,尤其是日本各大公司在這方面研究及開拓市場的興趣,表 2-1 舉出一些公司所發表的各種顏色的主發光體或客發光體,在後面的章節中會有更詳盡的報導。

(a) 輻射能量轉移(放射再吸收方式)

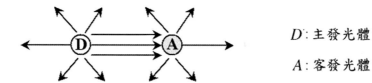

D:主發光體

A:客發光體

(b) Förster 非輻射能量轉移(庫侖作用力方式)

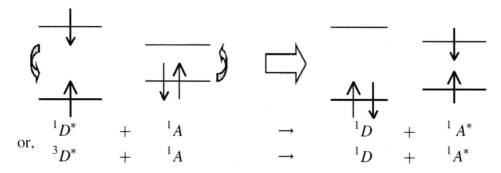

$$
\begin{array}{ccccccc}
& {}^1D^* & + & {}^1A & \rightarrow & {}^1D & + & {}^1A^* \\
\text{or,} & {}^3D^* & + & {}^1A & \rightarrow & {}^1D & + & {}^1A^*
\end{array}
$$

(c) Dexter 非輻射能量轉移(電子交換方式)

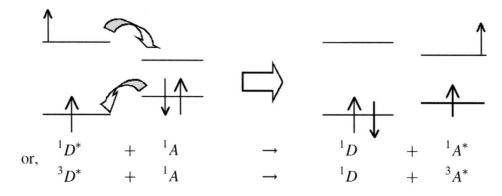

$$
\begin{array}{ccccccc}
& {}^1D^* & + & {}^1A & \rightarrow & {}^1D & + & {}^1A^* \\
\text{or,} & {}^3D^* & + & {}^1A & \rightarrow & {}^1D & + & {}^3A^*
\end{array}
$$

圖 2-4　能量轉移的機制

表 2-1　各公司所發表的主發光體（host）或客發光體（dopant）

	藍	綠	黃	橘	紅
Host	ADN **Kodak** / DPVBi **Idemitsu**	Alq_3 **Kodak**			CBP **UDC (triplet)** / **NCTU** **Alq3/rubrene co-host**
Dopant	TBP **Kodak** / DSA-Ph **Idemitsu NCTU**	quinacridone **Pioneer** / C545T **Kodak**	**Sanyo**	BTX **Mitsubishi**	Btp2Ir(acac) **UDC (triplet)** / DCJTB **Kodak**

2.2.2　電荷在有機分子的傳遞

與無機半導體或結晶材料不同的是，OLED 中的有機薄膜是非晶形的（amorphous），並沒有延續的能帶，有機半導體的結構中都會有去定域化（delocalized）的 π 電子，這些電子比較自由，但也只被侷限在分子之內。因此，跳躍式（hopping）理論是最常被用來說明電荷在有機分子間傳遞的現象[7]，即在一電場的驅動下，電子在被激發或被注入至分子的 LUMO 能階後，經由跳躍至另一分子的 LUMO 能階（如圖 2-5）來達到傳遞的目的。

特別的是，電荷並不只是簡單的以電子或電洞存在於這些有機分子中，而是帶電荷的位置會伴隨化學鍵長和結構的變形，因此，一個電子或電洞加上變形區形成一個單位一起移動，此單位稱為偏極子（polaron）。有機半導體由於電子或電洞的移動往往伴隨著結構的變形（核的運動），

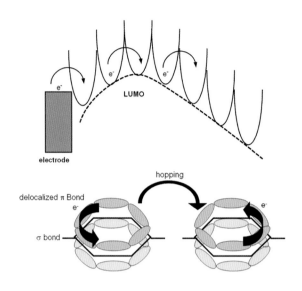

圖 2-5　電子在有機半導體中的傳遞

所以有機半導體中的自由電子或電洞的移動率一般比無機半導體或金屬低。

　　電荷移動率（mobility, μ）一直是光電材料一個重要的特性，因此有機材料電荷移動率的研究是非常重要，但由於有機材料的電荷移動率非常小，因此一般無機半導體所用的方法並不適用於有機半導體，表 2-2 列出四種量測電荷在有機材料中移動率的方法，分別是電荷消散法（charge dissipation method）、瞬間電流法（transient current method）[8]、飛行時間法（time of flight method, TOF）和空間電荷限制電流法（space charge limited current, SCLC method）。四種方法各有優缺點，但最常用的研究方法是飛行時間法，許多有機發光二極體或有機電晶體材料的特性均可利用此方法測得，量測的有機材料可以是非晶形（amorphous）或多晶形的低分子與高分子，除了移動率外還可用來測定光電效應的量子效率，可以得到比較多的資訊。因此，本節以飛行時間法為例，詳細說明其原理與量測方法，如圖 2-6 所示，在透明的 ITO 基板上成長 1 μm 至數個 μm 的有機薄膜，再蒸鍍金屬電極可得到所需的測試元件，隨後用一脈衝雷射光束從 ITO 側照射，因

表 2-2　量測電荷在有機材料中移動率（μ）的方法比較[10]

	Charge Dissipation Method	Transient Current Method	TOF Method	SCLC Method
Specialty	•Depending on the rate of decay of surface potentials	•Analyzing transient current excited non-uniformly in surface layer	•Measuring the drift time of carriers across sample film	•Steady-state current •Thin organic film
Applicable condition	•Decay of surface potentials being originated from exoteric injected charge •Ignoring carrier traps	•Based on the theory of carriers doping model •Ignoring deep traps and carriers drifting decayed primarily by recombination	•Time of carrier formation $\ll t_\tau$ •Thickness of carrier formation layer $\ll L$ •Uniformly distributed electric field •Ohmic contact with electrode	•The current is assumed to be bulk-controlled SCLC •Ohmic contact with electrode
Drawback	•Residual potential and carrier traps leading to inaccurate testing results	•Being difficult to confirm the penetration depth (b) of carriers	•Being difficult to prepare samples and electrode •Apparatus is expensive	•Include some ambiguities due to the presence of contact barriers and carrier trap
Benefit	•Easy operation	•Feasible to ignore space charge effect.	•Accuracy •More information	•Similar to current flow in OLEDs.
Formula	$dV/dt = -0.5\,\mu\,E_0^2$	$\mu = bL/Vt_\tau$	$\mu = L/t_\tau E$	$\log(Jd/E^2)$ is linear dependent on $E^{1/2}$

$E_0 (=V_0/L)$ is initial electric field, E is electric field, V_0 is initial potential, V is bias voltage, L is film thickness, t_τ is time of flight

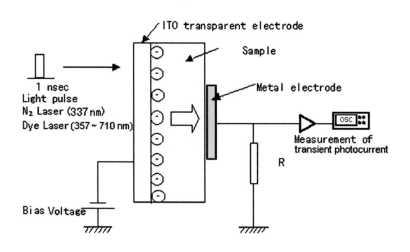

圖 2-6　飛行時間法的量測裝置

而在靠近此界面的薄膜產生光激發的載子，之後，施以一偏壓讓光激發的載子從ITO/有機層的界面移動至金屬電極，記錄光電流於有機層中移動的時間特性，我們可以得到載子從一已知厚度（L）的有機層傳遞所需的時間（t_r），進而根據（式3）算出載子的移動率。

$$\mu = L / t_r E \qquad\qquad （式3）$$

圖 2-7 舉出 1000 nm NPB（N, N'-*bis*-(naphthyl)-N, N'-diphenyl-1,1'-biphenyl-4,4'-diamine）薄膜的光電流（電洞）對時間之結果，圖中明顯看出在 1.96 μs（t_r）時，光激發的電流完全到達對面的電極，光電流開始降低，尾巴的部分屬於自然的載子擴散現象，這是因為載子濃度梯度所造成。將施加的電場 E $= 10^5$ V/cm 帶入（式3），可得電洞在 NPB 的移動率為 5.1×10^{-4} cm²/Vs。

2.2.3　有機分子的能態

循環伏安法（cyclic voltammetry, CV）是有機化學家常常用來量測有機分子 HOMO 和 LUMO 能階的方法，實驗是利用三電極系統於電解質溶液

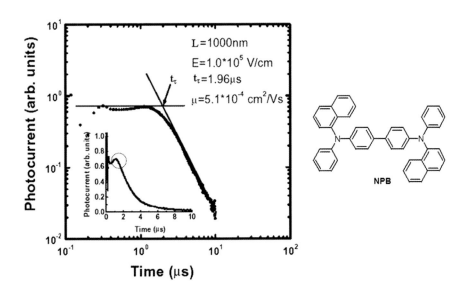

圖 2-7　以飛行時間法量測 NPB 移動率的結果[9]

中測得，此三電極分別為工作電極（working electrode）、參考電極（reference electrode）和輔助電極（auxiliary electrode）。電解質溶液如$(n\text{-Bu})_4 NClO_4$ 的 0.1 M acetonitrile 溶液等，$(n\text{-Bu})_4 NClO_4$ 在此作為支撐電解質（supporting electrolyte），可以避免其他的移動電流與維持溶液的導電性。

　　其原理是隨時間以線性掃描的方式，在兩個電位之間做往復式的掃描（圖 2-8(a)），當施加電壓到達電活性物質的氧化還原電位時，氧化還原反應即在電極表面發生，因此產生氧化還原電流。理想可逆反應的環伏圖譜如圖 2-8(b)，氧化還原電位與電流為完全對稱，但當電活性物質擴散至電極表面的速率比表面反應的速率慢時，此反應為擴散控制，其 CV 的圖，雖然不對稱但所得到的氧化和還原電流一樣（如圖 2-8(c)），此氧化還原反應還是可逆的，可逆的氧化還原特性表示材料在失去或得到電子後，還可以回到原來狀態，這對材料的穩定性非常重要。

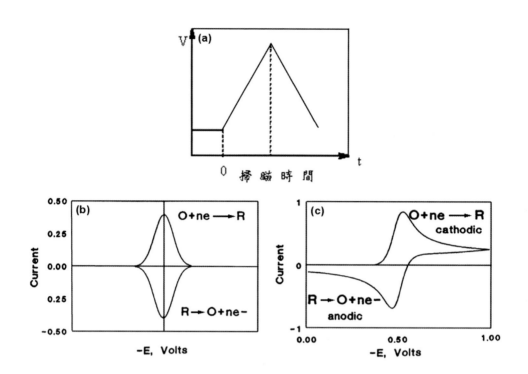

圖 2-8　(a)CV 的掃描的方式　(b)理想的可逆反應 CV 圖　(c)實際的可逆反應 CV 圖

　　循環伏安實驗所得到的並不是材料絕對的能階值，而是需要一個已知能階的標準品如二茂鐵（ferrocene）或飽和甘汞電極（standard calomel electrode, SCE）來標定。所以利用環伏圖譜中還原電流與氧化電流的起始電壓，再以二茂鐵的氧化還原電壓來標定此量測系統之相對電位，進一步則可以推得材料的 LUMO 與 HOMO 能階，文獻中表示二茂鐵之氧化電位與真空帶相距 4.8 eV[11]，圖 2-9 為二茂鐵的 CV 圖，其氧化電位可以由半電位（$E_{1/2}$）求得，所以利用樣品與二茂鐵的相對電位，可以求得材料的 HOMO 或 LUMO 能階，如（式 4）和（式 5）。

$$\text{LUMO 能階} = -e\,(E_{re} - E_{1/2,\,ferrocene}) + (-4.8)\,eV \qquad （式 4）$$

$$\text{HOMO 能階} = -e\,(E_{ox} - E_{1/2,\,ferrocene}) + (-4.8)\,eV \qquad （式 5）$$

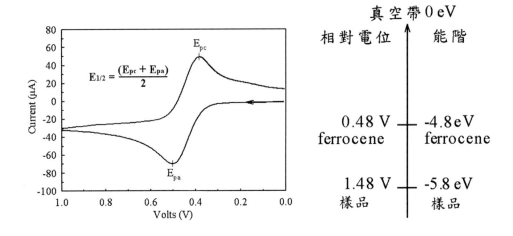

圖 2-9　以二茂鐵標定材料的能階

　　但 CV 是在溶液態下量測，由於有溶劑媒合能（solvation energy）的調節，是否真的可以與實際固態薄膜的狀況符合，值得深入研究。因此以下介紹另外一種在大氣下即可量測薄膜樣品的儀器PESA（photo-electron spectroscopy in air），其原理如圖 2-10(a)[12]，是利用單能量的紫外光在大氣下照射薄膜表面，因此表層的電子會被光子撞擊後射出，電子再被空氣中的氧氣捕獲形成 O_2^- 離子，被電場加速進入偵測器後，電子又再度從氧分子脫離而被計數器記錄。如圖 2-10(b)，當開始有訊號被偵測到時，表示電子克服了原本所處能態的束縛而射出真空帶，因此圖中的起始能量（threshold energy），即代表導體的功函數或是有機材料的 HOMO 能階值。但由於此系統是在大氣下量測，量測的極限範圍為 3.4- 6.2 eV，超過 6.2 eV 的紫外光會被空氣吸收，為改善此一缺點，可以在紫外光入射的路徑上改以氮氣填充，如此可以使量測的極限增加到 7 eV。由於表面的污染會影響量測結果，因此保持樣品表面的穩定與清潔是非常重要，許多文獻中使用由理研計器株式会社（RIKEN KEIKI）開發的 AC-2 或 AC-3 量測設備，即是基於此原理設計。

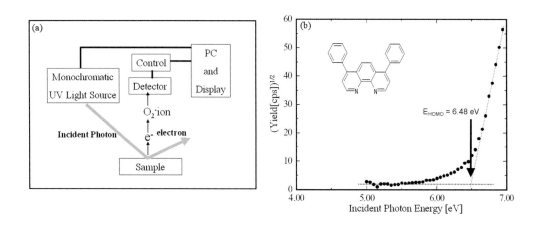

圖 2-10　(a) PESA 原理示意圖　(b) 量測結果與判定

2.2.4　有機分子的能態和與電極界面的能態關係

如之前所說，發光波長是由有機分子的LUMO和HOMO能階差（即能隙）來決定，不只如此，電荷的注入、電荷的傳遞等都與有機分子的LUMO和HOMO能階息息相關，因此有機分子本身和分子與相鄰電極間的能態分佈情形是許多研究者感興趣的地方。

紫外光光電子光譜（UPS）是許多研究者用來瞭解有機分子之間或有機分子與電極界面關係的工具之一，其原理是利用單能量的紫外光在 10^{-9}-10^{-10} torr 的真空下照射薄膜表面，因此表層的電子會被光子撞擊後射出（一般稱射出的電子為光電子），收集這些光電子的能量分佈並加以分析。當紫外光照射金屬表面，電子必須克服原有的束縛能才可射出，因此光電子所帶有的動能（E_k）如（式6），為入射光能量減去束縛能（E_b）。如圖 2-11 所示，當電子位於金屬的費米能階時，所需要克服的束縛能最小，可以得到最大的動能，所以由圖 2-11(a)中最大的動能處可以得到金屬費米能階的資訊（$\Phi_m = h\nu - E_k^{max}{}_{metal}$）。有機材料的最外層電子佔據在 HOMO 能階，因此圖 2-11(b)中最大的動能處可以得到有機材料 HOMO 能階的資訊（$E_{HOMO} = h\nu - E_k^{max}{}_{organic}$），從圖 2-11(c)兩種樣品的最大動能差，即可得到金

屬費米能階（Fermi level）與有機材料的HOMO能階差（ε_v^F），如此可以瞭解電洞注入的容易度。

$$E_k = h\nu - E_b \qquad\qquad （式6）$$

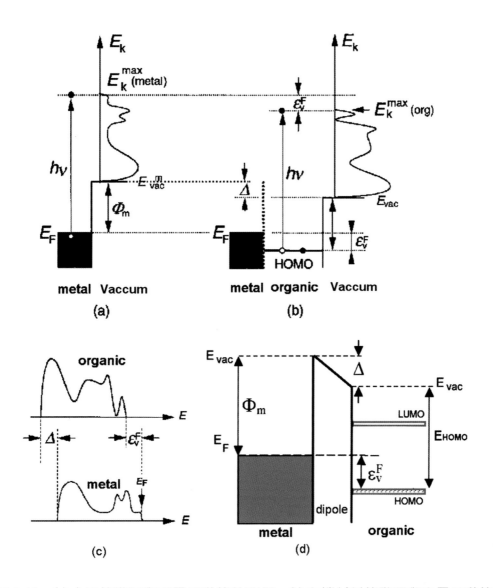

圖 2-11　(a)金屬能階圖與光電子動能的關係　(b)有機材料能階圖與光電子動能的關係　(c)光電子動能圖所能提供的資訊　(d)電極與有機材料界面的能階結構

兩種不同材料的界面，常常會產生偶極（dipole），偶極會使得金屬與有機材料的真空能階（E_{vac}）偏移，此偏移（Δ）也可以從兩方的光電子動能光譜最低動能差得到。因此藉由此分析，可以得到兩種材料界面的能階結構，如圖 2-11(d)。因為能隙為 HOMO 和 LUMO 能階的能量差，因此在知道有機分子的 HOMO 能階和能隙後，即可求得 LUMO 能階。其他如 IPES（inverse photoemission experiments）實驗法[13]，即是直接經由實驗得到 LUMO 能階的方法。

2-3 電激發光元件結構與原理

有機電激發光的原理可以很簡單的三個步驟來說明，如圖 2-12 所示，當施加一正向外加偏壓，電洞和電子克服界面能障後，經由陽極和陰極注入，分別進入電洞傳送層（hole transporting layer, HTL）的 HOMO 能階（類似半導體中所謂的共價帶）和電子傳送層（electron transporting layer, ETL）的 LUMO 能階（類似半導體中所謂的傳導帶）。第二步驟是電荷因外部電場的驅動下，傳遞至電洞傳送層和電子傳送層的界面，因為界面的能階差，使得界面會有電荷的累積。第三，當電子、電洞在有發光特性的有機物質內再結合後，形成一激發子（exciton），此激發態在一般的環境中是不穩定的，能量將以光或熱的形式釋放出來而回到穩定的基態，因此電激發光是一個電流驅動的現象。與上節所述有機分子受光激發不同的是，光激發產生的是單重激發態，但經由電子、電洞再結合所產生的激發態，理論上只有 25% 的單重激發態，其餘的 75% 為三重激發態，將以磷光或熱的形式回歸到基態，這比例是由電子自旋（spin state）的特性組合而來。三重激發態為自旋對稱（spin symmetric），生命期較長，室溫下發光效率較差，但是近年來無可否認的在 OLED 科學及技術上具突破性的關鍵發展之一，是 Forrest 和 Baldo 等人在 1998 年所發表的電激發磷光現象（electrophosphorescence）[14]，它利用了再結合後產生機率較大的三重激發態放光，

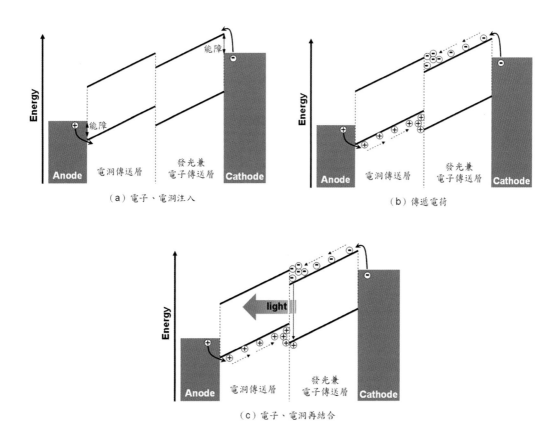

（a）電子、電洞注入

（b）傳遞電荷

（c）電子、電洞再結合

圖 2-12　有機電激發光的三步曲

並發表了一系列高效率的發磷光分子，也打破了一般認為三重激發態發光效率不好的觀念。各種發磷光的分子與元件會在之後的章節做詳細的介紹。

2.3.1　元件電流的限制

　　電流流經有機發光二極體可分為兩個步驟，一是電荷必須由電極注入有機層，然後在有機層內傳遞，因此流經有機發光二極體的電流大小是由接觸面和有機材料本身的特性來限制。當電極與有機層界面注入的能障非常小時，此接觸面稱為歐姆接觸（ohmic contact），最大電流是由空間電荷限制（space-charge limited, SCL），當界面注入能障很大，界面注入的電流遠小於空間電荷限制電流時，最大電流即由接觸面的特性來限制。以下簡

單地對這兩個模式加以討論：

(A) 注入限制電流（Injection-Limited Current）

在有機發光二極體中，許多研究者沿用了無機半導體的兩種注入模式，稱為 Fowler-Nordheim 穿隧理論和 Richardson-Schottky 熱注入理論，如圖 2-13(a)，熱注入理論認為電子或電洞必須擁有足夠的熱能，克服了電極與有機層的能障（ϕ_B）後，才可注入有機層內，因此其電流密度（J）與溫度有關，其關係如（式 7）：

$$J_{RS} = AT^2 \exp\left(-\frac{\Delta - \beta_{RS}\sqrt{E}}{KT}\right) \qquad （式 7）$$

T 是溫度；E 是電場；K 是波茲曼常數；A 是 Richardson 常數（$= 4\pi em^* K^2/h^3$，h 是 Planck's 常數，m* 是有效電子質量。假設 m* 等於自由電子質量 m_0，A=120 A/cm^{2}K^2）；Δ 是在電場為 0 時的注入能障；$\beta_{RS} = (e^3/4\pi\varepsilon\varepsilon_0)^{1/2}$，其中 ε 是有機材料的介電常數，ε_0 是真空的電容率（permittivity）。

在穿隧理論中，電極與有機層的能障圖如三角形的一角，如圖 2-13(b)，因為能障寬是正比於能障高度和反比於施加的電場，當施加電場足夠大

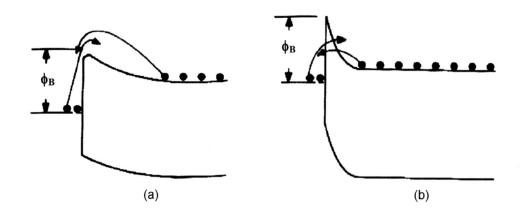

(a)　　　　　　　　　　　　(b)

圖 2-13　(a) Richardson-Schottky 熱注入模式　(b) Fowler-Nordheim 穿隧模式

後，能帶愈傾斜，能障牆愈薄，想像電子可以穿過此一能障牆，從電極的費米能階注入有機層的LUMO能階，與熱注入理論不同的是，其電流密度與溫度無關，其關係如（式8），其中$\alpha = (4\pi/h)(2m_0)^{1/2}$。

$$J_{FN} = \frac{Ae^2 E^2}{\alpha^2 K^2 \Delta} \exp\left(-\frac{2\alpha\Delta^{3/2}}{3eE}\right)$$（式8）

之前說過這兩個理論是沿用了無機半導體的模式，但在有機材料中並沒有延續的能帶，電荷在非晶相的有機材料中傳遞是採跳躍式，平均自由路徑只有分子內的距離大小，因此也有許多學者提出修正[15]，但儘管如此，這兩理論廣泛地被用來討論電極和有機層間的特性[16,17]。要注意的是不管是哪一種注入機制，電流都是電場的函數，而在有機層內的任何位置，電場是一個常數，因此上述的關係式中，在一固定電場下電流是跟厚度無關的。

(B) 空間電荷限制電流（SCL Current）

空間電荷限制指的是當注入的自由電荷比介質中可以接受電荷的位置數目多時，注入將被限制，此特性常常出現在電荷移動率低的材料。與注入限制理論不同的是，在一固定電場下，電流是跟有機層厚度有關的，在沒有電荷陷阱（trap）的有機材料中（所謂的陷阱指的是擁有比母體更容易接受電子或電洞的能階的位置），假設電荷移動率為常數，電流密度與厚度（d）的關係遵循 Mott-Gurney 法則[18]，可以表示為（式9）：

$$J = \frac{j(E)}{d} = \left(\frac{9}{8}\right)\left(\frac{\varepsilon\varepsilon_0 \mu V^2}{d^3}\right)$$（式9）

但一般有機材料的電荷移動率是電場的函數，因為電荷移動採跳躍式機制，加大電場可克服更高的跳躍能障，增加跳躍到另一分子的機率，如

果考慮此一因素，（式 9）可以改寫為（式 10）[19]，其中 μ_0 是電場為零時的移動率；β 是電場影響移動率的參數（或稱做 Poole-Frenkel 參數），μ_0 和 β 都是常數，取決於材料特性和溫度，根據 Poole-Frenkel 法則[20]，移動率與電場的關係可表示為（式 11）。

$$J \sim \left(\frac{9}{8}\right) \varepsilon\varepsilon_0 \mu_0 \frac{V^2}{d^3} \exp\left[0.89\,\beta E^{1/2}\right] \qquad （式 10）$$

$$\mu = \mu_0 \exp\left[\beta E^{1/2}\right] \qquad （式 11）$$

電場影響移動率的參數 β 基本上代表的是散亂度（disorder），特別是材料中電荷可以佔據的能階分佈，較低的 β 值表示的是能階分佈較規則，另外 μ_0 主要與電荷跳躍的距離和頻率有關，由於電荷是靠分子傳遞，所以與分子間的距離有關，因此愈緻密的固態分子堆疊，電荷在其中的移動率愈大。當有機材料中有陷阱存在時，傳導變成由陷阱控制，假設移動率為常數，陷阱位置為指數分佈，電流對厚度的關係變為（式 12）。

$$J = \frac{j(E)}{d^m} \qquad (m>1) \qquad （式 12）$$

在電激發光元件中，假設陰陽二極都具有良好的注入性，則元件內的電流量是靠有多少空間電荷注入於有機體。這個所謂空間電荷的限制電流，可以用理想化的單一帶電荷、無陷阱的有機系統內推算出來。假設一個移動率等於 $1\ cm^2/V\cdot s$ 及介電係數（dielectric constant）等於 3 的有機晶體，在 100 伏特的電壓下，它的最大 SCL 電流只有幾個微安培（μA）。這樣的電流對用在電激發光元件上來講實在太小，顯然有機電激發光元件的結構一定要薄。所以晶體的有機材料是無法用來作 EL 元件的。雖然如此，早期 Helfrich 和 Schneider 在蒽單晶體的研究對有機電激發光的現象及其基本原理的探討[21]，仍有他們不可磨滅的貢獻。

　　雖然從 SCL 的理論來說，有機 EL 元件驅動的電流好像有一個上限，但是最終的限制還是卡在陰陽二個電極的接觸上，所以在一定的電壓下，要有效率的從電極端向有機發光體注入電荷，就一定要降低這個能障。因此為了配合有機分子的 LUMO 能階（2-3 eV），陰極必須是一個低功函數（work function）的金屬，陽極則需要用一個高功函數的材料去配合有機材料 HOMO 能階（5-6 eV）的能位。

2.3.2　元件的結構

　　如果要仔細討論用在 EL 元件裡面的有機材料，首先我們必須要簡單的回顧一下，各型各類的元件內部的組合與結構。真空蒸鍍法製造的OLED元件大致可分成單層和多層兩類。最早Pope的元件結構很原始，就是在陰陽極之間夾一層有機層，最早的高分子發光二極體亦是如此（見圖 2-14(a)），但單層元件常常得不到很好的效率，這是因為很多有機薄膜材料的電荷傳送性質是不均一的，很少電子和電洞的輸送率是均等的，而且它會隨著電場大小而變。這方面的原因至今還沒有人完全瞭解。所以用這種偏一極化（unipolar）的有機膜，其再結合的區域（recombination zone）多半會自然地離某一個電極較近，這全要看電子或電洞哪一個移動得比較快。不管是哪一種型態，電激發光的效率都會相對減低，因為再結合區離電極愈近就愈會被淬熄而失光。但在極薄的薄膜結構中，要平衡電荷的注入與再結合是非常微妙的，因為激發子擴散的距離約為 20 nm[22]，因此即使發光中心在中央，為防止激發子擴散至陰極而淬熄，則必須要加到幾百 nm 才有實質意義。如早期蒽的厚單晶體元件中，因為電子及電洞的遷移率都大，它的再結合區多半是在晶體中間，所以，帶電荷的淬熄區在那裡並不是太重要，以致它發光效率能高達 5%（光子 / 電子）。但如此厚的發光層又會有上述通過電流太小的問題，所以設計一個能讓再結合的地方遠離電極的元件是非常重要的。

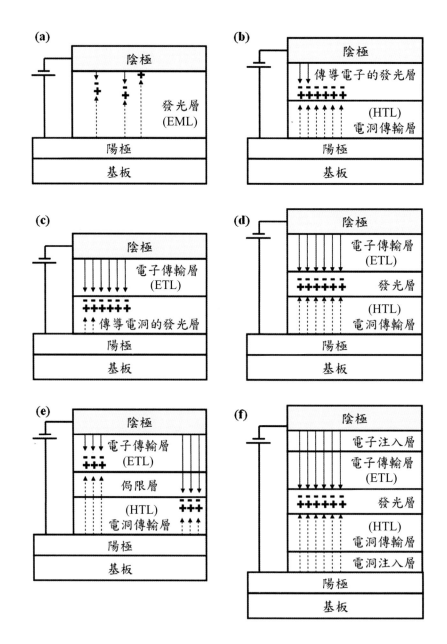

圖 2-14　各種 OLED 元件結構

　　雙層的 OLED 元件是最早由柯達公司發明的，不同處是在基板依序而上為陽極、電洞傳輸層、發光兼電子傳輸層和陰電極（見圖 2-14(b)），其中的電洞傳輸層為芳香胺類化合物、發光兼電子傳輸層是 Alq_3。此方法就是利用多層膜的結構去修正有機薄膜層使其擁有二極化的輸導性，柯達在

這方面做了廣泛的研究，並已經能夠在 1980 年間就創出明亮而且效率提升的電激發光元件。更值得一提的是，這種電激發光只需要小於 10 V 的驅動電壓。文獻已經證明電子與電洞的再結合可以大致被侷限於 ETL/HTL 二層的界面之間，這個界面因為離開接觸電極較遠，所以在電極附近淬熄而失光的或然率可以降低，也只有這樣，有機電激發光的效率才能提高。之後，柯達公司又在靠近 ETL/HTL 界面摻雜其他分子用以改變光色與改進發光效率，由於在這多層化的結構中，每一層的有機分子都可以個別的用設計及合成法使之趨向完美，所以它供給了有機 EL 元件相當多選擇材料的自由度。這種「分部門」或「分功能」法則，英文稱為 Compartmentalization 在工程學裡常用到，是系統整合最佳化、完善化、也最有效率的經典之一。

　　當柯達的專利發表了不久之後，在日本 Kyushu 大學由 Saito 的研究室發現了這種元件也可以由輸送電洞的薄膜發光（如圖 2-14(c)所示）[23]。雖然大同，不無小異，他們還由此獲得不少美國及日本的專利許可，另外他們還證明了當電子和電洞在 ETL/HTL 界面附近再結合所產生的激發子，是可以擴散到全部的電洞輸送層，因為他們發現由圖 2-14(c)結構發出的電激光並不侷限在一定的區域，而是整個的 HTL 層都在發光。後來他們又發表了一個三層式的元件結構，如圖 2-14(d)所示。他們發現發光層（emitting layer, EML）可以薄到像 Langmuir-Blodgett 薄膜一樣，只需二層有機色素分子的重疊厚度就可以限制被產生的激發子在這發光體內而使之產生強烈的光[24]。Kido 再修改了這種構造，把它稱之為幽禁式的結構（如圖 2-14(e)所示）[25]，不同的地方是，這種結構發出來的電激發光可以被控制來自 HTL 或是 ETL，要看中間那層激發子幽禁層（exciton confinement layer, ECL）的厚度而定，如果 ECL 的厚度設計得恰到好處，則它可使電激光從 HTL 及 ETL 二層中同時發出，由此可以將光源混合而得到白光[26]。另外為了幫助電子或電洞從電極注入有機層，科學家又加入了電洞注入層（hole injection layer, HIL）與電子注入層（electron injection layer, EIL），用以改善 HTL 及

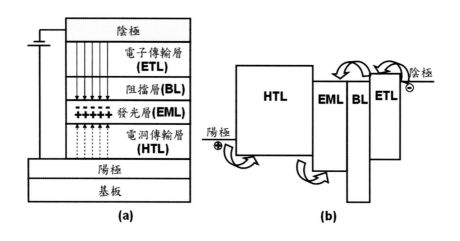

圖 2-15　磷光元件的結構與阻隔層能階示意圖

ETL 與電極的界面（如圖 2-14(f)所示），現今許多高效率的元件都是屬於此一結構，但由於多層元件在量產時比較繁瑣，因此也有學者繼續努力於製作高效率的單層元件。

　　上述所介紹的多半是螢光元件的結構，磷光元件中，由於三重態激發子其激發態的生命期較長，易做長距離的飄移（diffuse），所以在 Forrest 等人提出的磷光元件結構中會加入一層電洞/激發子的阻隔層（blocking layer, BL）。如圖 2-15 所示，所謂電洞阻隔是因為阻隔層的 HOMO 能階比發光層低，因此在 EML 和 BL 間會產生很大的能障，電洞的傳遞會被阻擋在發光層與阻隔層的界面，增加了電洞在界面的濃度，如此可增加電子、電洞在發光層再結合的機率。而這些阻隔層的三重態激發態的能隙也要比發光層大，才可防止能量轉移至電子傳送層而消光，對於電洞阻隔層的功用將在之後磷光材料章節裡會再解釋。

　　不管是上述的哪一種結構，其目的不外乎是為了依照所需光色，得到高效率且穩定的元件，這也是為了達到實用化所必備的。

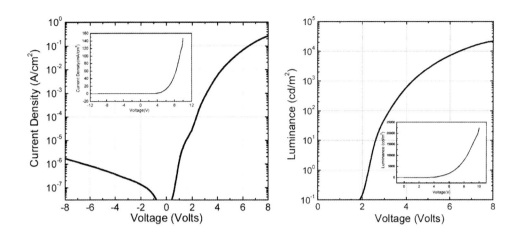

圖 2-16　有機發光二極體電壓對電流和亮度的特性曲線

2-4　光電特性與量測

顧名思義，有機發光二極體的基本特性是如同二極體一般，在施以一順向 dc 偏壓時，開始有電流流經元件，當電壓達到元件起始電壓後，元件開始發光，其典型的特性曲線如下圖 2-16 所示（插圖 X、Y 軸為線性座標軸），當施加為逆向偏壓時，幾乎不會有電流通過，元件也不發光，一般 OLED 的整流比（rectification ratio）約為 10^3-10^7，較大的整流比可以有效防止 PMOLED 中的串擾現象（cross-talk）與增加元件穩定度。

2.4.1　發光效率

一般探討 OLED 效率的規格有兩種。其一是站在工程的角度，把 OLED 當作一種顯示裝置，利用現有技術如液晶顯示器的量測裝置與比較參數來討論，這有助於 OLED 技術的系統整合並考量跟其他技術的比較，但這往往會忽略了技術背後原理的差異性。另外一種是純屬於物理的量測與定義，較無統一性。顯示裝置所要注意的就是必須考慮人眼睛的視覺感受，

表 2-3　光度學與 PL 放射學的對應名稱與單位

放射學（radiometry）		光度學（photometry）	
名　稱	單　位	名　稱	單　位
輻射通量	[W]	光通量	[lm]
輻射度	[W/m²]	照度	[lm/m²] or [lux]
輻射強度	[W/sr]	發光強度	[cd] or [lm/sr]
輻射率	[W/sr·m²]	光強度（亮度）	[cd/m²] or [lm/sr·m²]
輻射效率	[W/sr·A]	發光效率	[cd/A]
功率效率	[W/W]	發光功率效率	[lm/W]

使用的是光度學（photometry）的定義，物理的定義往往是要瞭解光源實際發出的能量，因此採用放射學（radiometry）單位，表 2-3 列出其差異性。

　　由於 OLED 發光是屬於電流驅動（電子、電洞注入後再結合），因此量子效率比較能描述 OLED 內的發光機制好壞，量子效率定義為放出光子數目與注入電子數目的比率，而量子效率又可分為外部量子效率（external quantum efficiency, η_{ext}）和內部量子效率（internal quantum efficiency, η_{int}）。外部量子效率是指在觀測方向，射出元件表面的光子數目與注入電子數目的比率，由於 OLED 元件是多層結構，發光層所發出的光會經由波導效應（waveguide）或再吸收而損失（如圖 2-17），因此內部量子效率是排除此一效應後發光層實際的發光效率，而出光率（light-coupling efficiency, η_c）即為外部量子效率與內部量子效率的比。

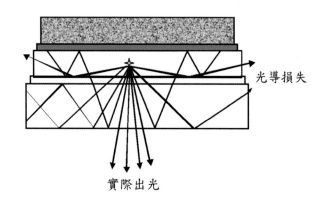

圖 2-17　OLED 元件中出光與光導性質示意圖

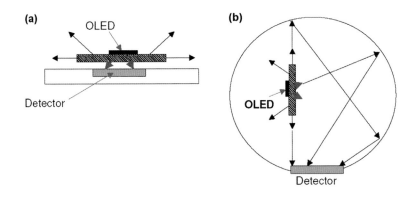

圖 2-18　(a) 外部量子效率　　(b) 內部量子效率的量測機構[27]

　　圖 2-18 表示量測外部與內部量子效率的裝置，如圖 2-18(a)將 OLED 元件直接且緊密地蓋於一光電二極管（photodiode）的偵測器之上，藉由直接量測發出的光子數可得到外部量子效率。唯此方法所需注意的是光電二極管對各波長的靈敏度是不同的，因此需要對各波長校正，且光電偵測器的面積需大於元件發光面積，並將外部的自然光阻絕。而內部量子效率必須收集元件所有發光，因此最常使用的儀器是積分球，如圖 2-18(b)所示，將元件放置於積分球內，積分球可以將所有光收集，並計算出光子數，但此方法的問題除了上述光電二極管對各波長的靈敏度不同外，對於光在元件內的損失（如再吸收）則無法收集。

　　如果應用在顯示技術上，發光效率（luminance efficiency, η_L）又稱電流效率（current efficiency），和發光功率效率（luminous power efficiency, η_P）是較常被使用的，前者注重發光材料特性的考量，為材料與化學家常引用，而後者則注重面板耗電和能量系統設計的考量，為光電工程師常用之單位。其計算方法和換算法可參考表 2-4 或文獻[27]。OLED 發光效率和功率效率的特徵曲線如圖 2-19。對一個 Lambertian 光源來說，兩種效率可以（式 13）互相轉換（如圖 2-20 中的範例）。

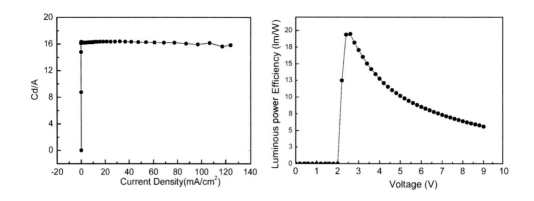

圖 2-19　發光效率（cd/A）和功率效率（lm/W）的特徵曲線

$$\eta_P = \frac{\pi \eta_L}{V}$$　　　　　　　　　　　　　　　（式 13）

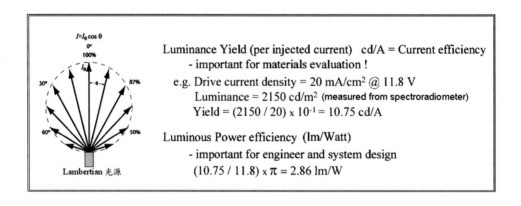

圖 2-20　Lambertian 光源發光效率和功率效率的轉換範例

表 2-4　各種發光效率的定義與表示

Quantity	Symbol	Units	Expression
OLED Efficiencies:			
External Quantum	η_{ext}	—	$\dfrac{q \int \lambda I_{det}(\lambda)\,d\lambda}{hcfI_{OLED} \int R(\lambda)\,d\lambda} = \dfrac{\int \lambda I_{det}(\lambda)\,d\lambda}{fI_{OLED} \int \lambda \eta_{det}(\lambda)\,d\lambda}$
Internal Quantum	η_{int}	—	η_{ext} / η_c
Power	$\eta_{w/w}$	—	$P_{OLED} / I_{OLED}V$
Luminous Power	η_P	lm/w	$L_P / I_{OLED}V = \dfrac{\phi_0 \int g(\lambda) I_{det}(\lambda) / R(\lambda)\,d\lambda}{fI_{OLED}V}$
Luminance	η_L	cd/A	AL / I_{OLED}

Definition of terms: λ = wavelength; $I_{det}(\lambda)$ = photocurrent detected for light incident at wavelengths between λ and $\lambda + d\lambda$: $R(\lambda)$ = incremental detector responsivity wavelengths between λ and $\lambda + d\lambda$; $P_{inc}(\lambda)$ = power incident on the detector wavelengths between λ and $\lambda + d\lambda$; q = electronic charge; h = Planck's constant; c = speed of light in vacuum; f = OLED-to-detector coupling factor (<1); P_{OLED} = total optical power emitted by the OLED; I_{OLED} = OLED current; ϕ_0 = peak photopic response of the eye; $g(\lambda)$ = photopic response shape function; V = OLED drive voltage to obtain I_{OLED}; L_P = OLED luminous power [lm]; L = OLED luminance [cd/m^2]; A = OLED active area.

2.4.2　發光顏色

　　OLED的發光顏色可以用CIE$_{x,y}$色度座標來判別與定義（圖 2-21），CIE$_{x,y}$色度座標是指1931年國際照明委員會（Commission International de l'Eclairage）所訂定的色度座標系統，為以科學化方法標示顏色的基本規範之一，說明一光源的顏色或在給定照明情況下物體表面所反射的光的顏色。在色度座標圖中馬蹄型範圍內為可見光譜的所有顏色，馬蹄型邊緣則為飽合的單色波長。此系統以光色座標（x, y, z）標示，圖上僅有 x 及 y 座標，由恆等式 x + y + z = 1 可導出 z。中央部份通稱白光，因為大部份光源所發出的光皆通稱為白光，如白熾燈的白光其實散發較多的紅與極少的藍光，而冷白色螢光燈則正好相反。為作區分，故以光源的色表溫度或相關色溫度來指稱其光色相對白的程度，來量化白光源的光色表現。根據 Max Planck 的理

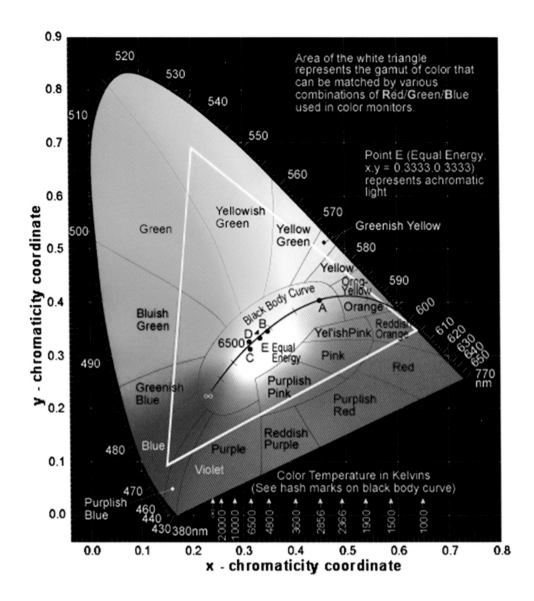

圖 2-21　CIE$_{x, y}$ 1931 色度座標圖

論，將一具完全吸收與放射能力的標準黑體加熱，溫度逐漸升高，光色亦隨之改變，在CIE色度座標上的黑體曲線（black body locus）顯示黑體（如鐵）加熱後，光色由紅→橙紅→黃→黃白→白→藍白的過程。黑體加溫到出現與光源相同或接近光色時的溫度，定義為該光源的相關色溫度，簡稱色溫，以絕對溫度K（Kelvin，或稱開氏溫度）為單位（K＝℃＋273.15）。

因此，黑體加熱至呈紅色時溫度約 800 K，其它溫度影響光色變化如圖 2-21。當以白光 OLED 用來作為光源時，可以此為依據來調變出適合之顏色。圖中也標示出常用的標準光源，如光源 A（$CIE_{x,y}$ = 0.4476, 0.4075）、光源 B（$CIE_{x,y}$ = 0.3485, 0.3517）、光源 C（$CIE_{x,y}$ = 0.3101, 0.3163）和光源 D_{65}（$CIE_{x,y}$ = 0.3127, 0.3291）。

　　在顯示器的應用上，一般會先定義出 R、G、B 三原色在 CIE 色度座標上的位置，如圖 2-22 所示，三角形內灰色的區域即是顯示器可以表現的色彩或稱為色域（color gamut），其好壞可以色彩飽和度來判定，色彩飽和度通常是用顯示器的色域面積除以 NTSC（National Television System Committee）色彩規範定義的色域面積所得到的百分比來表示，數字越高越好。一般 CRT 顯示器約為 72%，液晶顯示器則依照其應用的不同而有不同的色彩飽和度。輝度和 $CIE_{x,y}$ 色座標一般在實驗室中可以利用分光式色度／輝度計如 Photo Research 的 PR-650 或 Minolta CS-100 來量測。

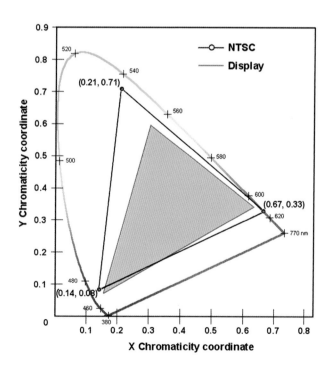

圖 2-22　色彩飽和度的判定

參考文獻

1. G. Destriau, *J. Chem. Phys.*, **33**, 587 (1936).

2. M. Pope, H. Kallmann, P. Magnante, *J. Chem. Phys.*, **38**, 2024 (1963).

3. W. Helfrich, W. G. Schneider, *Phys. Rev. Lett.*, **14**, 229 (1965).

4. C. W. Tang, S. A. VanSlyke and C. H. Chen, *J. Appl. Phys.*, **65**, 3610 (1989).

5. V. Bulovic, A. Shoustikov, M. A. Baldo, E. Bose, V. G. Kozlov, M. E. Thompson, S. R. Forrest, *Chem. Phys. Lett.*, **287**, 455 (1998).

6. M. Klessinger, J. Michl, "Excited States and Photochemistry of Organic Molecules", VCH Publishers, New York (1995).

7. W. D. Gill, *J. Appl. Phys.*, **43**, 5033 (1972).

8. E. Pinotti, A. Sassella, A. Borghesi, R. Tubino, *Synth. Met.*, **122**, 169 (2001).

9. B. Chen, C.-S. Lee, S.-T. Lee, P. Webb, Y.-C. Chan, W. Gambling, H. Tian and W. Zhu, *Jpn. J. Appl. Phys. Part 1*, **39**, 1190 (2000).

10. Y. E. Jian, H. Chen, M. Shi, M. Wang, *Progress in Natural Science*, **13**, 81 (2003).

11. Y. Liu, M. S. Liu, A. K.-Y. Jen, *Acta Polym.*, **50**, 105 (1999).

12. Y. Nakajima, D. Yamashita, A. Endo, T. Oyamada, C. Adachi, and M. Uda, *Proceedings of IDW'04*, p.1391, Dec. 8-10, 2004, Niigata, Japan.

13. I. G. Hill, A. Kahn, Z. G. Soos, and R. A. Pascal, *Chem. Phys. Lett.*, **32**, 181 (2000).

14. M. A. Baldo, D. F. O'Brien, Y. You, A. Shoustikov, S. Sibley, M. E. Thompson, S. R. Forrest, *Naure*, **395**, 151 (1998).

15. U. Wolf, V. I. Arkhipov, H. Bässler, *Phys. Rev. B*, **59**, 7507 (1999).

16. S. Barth, U. Wolf, H. Bässler, P. Müller, H. Riel, H. Westweber, P. F. Seidler, and W. Riess, *Phys. Rev. B*, **60**, 8791 (1999).

17. M. Kiy, I. Biaggio, M. Koehler, and P. Günter, *Appl. Phys. Lett.*, **80**, 4366 (2002).

18. M. A. Lambert and P. Mark, "Current Injection in Solids", New York: Academic, 1970.

19. P. N. Murgatroyd, *J. Phys. D*, **3**, 151 (1970).

20. J. Frenkel, *Phys. Rev.*, **54**, 647 (1938).

21. W. Helfrich, W. G. Schneidner, *Phys. Rev. Letts.*, **14**, 229 (1965).

22. A. L. Burin, M. A. Ratner, *J. Phys. Chem. A*, **104**, 4704 (2000).

23. C. Adachi, S. Tokito, T. Tsutsui and S. Saito, *Japan J. Appl. Phys. Part 2*, **27**, L713 (1988).

24. M. Era, C. Adachi, T. Tsutsui and S. Saito, *Chem. Phys. Lett.*, **178**, 488 (1991).

25. J. Kido, M. Kohda, K. Okuyama, K. Nagai, *Appl. Phys. Lett.*, **61**, 761 (1992).

26. J. Kido, M. Kimura, K. Nagai, *Science*, **267**, 1332 (1995).

27. S. R. Forrest, D. D. C. Bradley, M. E. Thompson, *Adv. Mater.*, **15**, 1043 (2003).

第 3 章

電荷注入與傳遞材料

3.1　陰極材料

3.2　陽極材料

3.3　電洞注入材料（HIM）

3.4　電洞輸送材料（HTM）

3.5　電子注入層材料（EIM）

3.6　電子輸送材料（ETM）／電洞阻
　　　隔材料（HBM）

3.7　載子移動率
　　　參考文獻

3-1 陰極材料

為了將電子或電洞有效注入有機材料，之前已經說明降低注入能障是第一要務，由於大部分應用於電激發光之有機材料的LUMO能階在2.5-3.5 eV，及HOMO能階的能位在5-6 eV。因此，陰極必須是一個低功函數的金屬。同理，陽極則需要用一個高功函數的材料去配合，才可得到最低的注入能障。

3.1.1 慣用金屬材料

由於界面偶極的存在使得金屬功函數與固態有機材料的LUMO能階間能量差與電子注入能障的測量不易，因此許多研究便積極探索陰極功函數對於電子注入的影響程度。Stossel 研究團隊曾針對各種功函數的金屬材料（2.63-4.70 eV），以真空熱蒸鍍在 Alq_3 層之上作為陰極，並對 OLEDs 元件影響做一系列探討[1,2]。如圖 3-1 所示，相較於鎂陰極，當套用電極功函數低於 3.6 eV 的元件，其發光效率並不會比鎂陰極元件有顯著的提升，但降低材料功函數的同時，元件的電流密度確實得到提升。這現象可能是因為 Alq_3 能階受到活性金屬的作用而改變，以致於激發子以非放光的形式（non-radiatively）回到基態的比例增加。在圖 3-1 也顯示出高真空（HV, 9×10^{-6} mbar）條件下製成的元件效率明顯比超高真空（UHV, 5×10^{-9} mbar）條件下的結果來得低。參照於Seki研究的內容，這些差異是因為界面偶極減小[3]，該結果也清楚的驗證出即使電極/有機層界面間存在強烈的作用力，但載子（carrier）注入能障大小仍與電極功函數的大小有關。相同的結果也出現在高分子的發光二極體中，圖 3-2(a)舉出以不同金屬作為陰極時，元件結構為ITO陽極/高分子/金屬陰極的能階圖，可以發現當金屬功函數越小時，與高分子 LUMO 能階的能障愈小，其結果表現在圖 3-2(b)的

I-V特性上，注入能障愈小的元件，其起始電壓愈低。表3-1列出週期表中金屬的功函數（此處需說明的是功函數與金屬的晶面也有很大關係，如Al（111）、Al（100）及 Al（110）晶面的功函數分別為 4.18、4.27 及 3.88 eV[4]），低功函數的如鹼金（alkali）跟鹼土（alkaline earth）族金屬或鑭系元素（lanthanide）都可用來作為有機發光二極體的陰極材料。然而低功函數的金屬在大氣中的穩定性差，抗腐蝕的能力也不好，具有易氧化或剝離的難題。

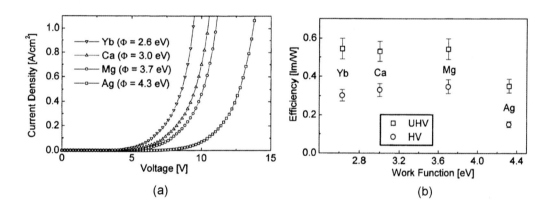

圖 3-1　(a) 以不同功函數金屬陰極製成的元件 J-V 特性　(b) 以不同功函數金屬陰極及不同蒸鍍壓力下製成的元件效率[2]

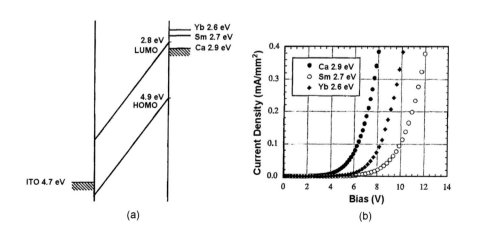

圖 3-2　以不同功函數金屬陰極在高分子發光二極體的影響[5]

表 3-1　各種金屬的功函數

2.9 eV Li	4.98 eV Be													
2.75 eV Na	3.66 eV Mg											4.28 eV Al		
2.3 eV K	2.87 eV Ca	3.5 eV Sc	4.33 eV Ti	4.3 eV V	4.5 eV Cr	4.1 eV Mn	4.7 eV Fe	5 eV Co	5.15 eV Ni	4.65 eV Cu	4.33 eV Zn	4.2 eV Ga		
2.16 eV Rb	2.59 eV Sr	3.1 eV Y	4.05 eV Zr	4.3 eV Nb	4.6 eV Mo	/ Tc	4.71 eV Ru	4.98 eV Rh	5.12 eV Pd	4.26 eV Ag	4.22 eV Cd	4.12 eV In	4.42 eV Sn	
2.14 eV Cs	2.7 eV Ba	3.3 eV Lu	3.9 eV Hf	4.25 eV Ta	4.55 eV W	4.96 eV Re	4.83 eV Os	5.27 eV Ir	5.65 eV Pt	5.1 eV Au	4.49 eV Hg	3.84 eV Tl	4.25 eV Pb	4.22 eV Bi

鑭系元素	3.5 eV La	2.84 eV Ce	2.7 eV Pr	3.2 eV Nd	/ Pm	2.7 eV Sm	2.5 eV Eu	3.1 eV Gd	3 eV Tb	/ Dy	/ Ho	/ Er	/ Tm	2.6 eV Yb

3.1.2　金屬合金

　　為了克服低功函數金屬，如鈣（Ca）、鉀（K）及鋰（Li）等具有高度化學活性的問題，所以利用各種低功函數金屬與抗腐蝕金屬的合金（如 Mg:Ag 及 Li:Al）來應用作為陰極材料，而且此類合金一般具有較好的成膜性與穩定性。以下舉出兩個例子說明這些合金仍足以提供良好的電子注入能力。

(A) 鎂銀合金

　　在最早的元件中，體積比為 10:1 的鎂銀合金是最為常見的陰極材料，而銀的添加除了改善陰極的穩定度外，在蒸鍍過程中也提升陰極在 Alq$_3$ 的附著能力[6]，鎂金屬所做成的元件在電流驅動下也不會發生 Mg 擴散的問題。在研究鎂銀合金的注入特性時發現，glass/MgAg（陽極）/Alq$_3$/MgAg（陰極）的單層元件具有高度非對稱的 I-V 特性，該結果指出相同電壓下從陰極金屬電極所注入的電流比陽極電極大上 10^2-10^3 倍，推測該不對稱行為是因為蒸鍍金屬時（10^{-5} torr）Mg 與有機層相互反應所致，而該缺陷也提升了電子注入。然而隨後的報導中指出，在超真空環境下（2×10^{-9} torr）製作的 glass/MgAg/Alq$_3$/MgAg 元件結構卻具有對稱的 I-V 特性[7]，可能是先

前在 10^{-5} torr 蒸鍍的 MgAg 陽極表面，很快就會有氧化物產生，而影響了隨後的注入界面。

(B) 鋰鋁合金

鋰乃是一種具有低功函數的金屬，且在OLEDs的陰極效能上具有顯著提升功能，然而鋰會與Alq$_3$反應且在大氣下極不穩定，在固定的亮度操作下，使用雙層金屬 Li（0.3 nm）/Al（120 nm）套用在 Alq$_3$ 的元件中作為陰極時，元件在幾秒後便有明顯老化發生[8]，這是因為鋰會擴散到有機薄膜而產生消光性物種所致。解決方法之一是使用較為穩定的鋰鋁金屬合金作為陰極，而摻有鋰的鋁陰極元件也確實改善了電子的注入及操作壽命，然而要在陰極中摻入最佳濃度的鋰（大約 1%）卻不容易，因此便有人以濺鍍的方法在OLED元件上鍍上摻有鋰的鋁陰極，但濺鍍過程中有機材料會因為操作過程受到高能量的撞擊而受損，因此會在濺鍍前鍍上一層 CuPc 緩衝層來降低受損問題[9]。雖然CuPc會產生電子注入能障，然而鋰會從陰極材料擴散到 CuPc 並累積在 CuPc/Alq$_3$ 界面而降低電子注入能障。藉由濺鍍方法將鋰鋁陰極套用於ITO/NPB/Alq$_3$/CuPc/Li:Al 結構製備成的元件中顯現出幾乎與 ITO/NPB/Alq$_3$/MgAg 熱蒸鍍元件相同的特性，這些元件在 20 mA/cm^{2}電流密度下操作具有顯著的穩定性，其半生期遠高過 3800 小時，濺鍍陰極的另一個好處是可以增加產率，極有潛力運用在合金陰極量產製程上 [10]。

Naga等人更系統性地比較將鋁摻雜不同功函數的金屬（Li、Ca 和 Mg），並計算這些低功函數的金屬對降低注入能障（Schottky barrier）的影響。如圖 3-3 所示，以 Al 分別摻雜 5%（原子數比率）的 Li、Ca 和 Mg 為陰極，可以發現摻雜愈低功函數的金屬，其注入能障愈小[11]。

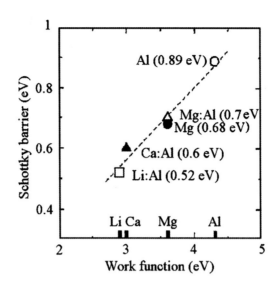

圖 3-3　合金功函數與注入能障（Schottky barrier）的關係

3-2　陽極材料

　　作為 OLED 陽極導電層的陽極材料，其先決條件是(1)好的導電度；(2)好的化學及形態的穩定性；(3)功函數需與電洞注入材料的 HOMO 能階匹配。當作下發光或透明元件的陽極時，另一個必要的條件就是在可見光區的透明度要高。具有上述特性的陽極，可以有效提升OLED 元件的效率及元件壽命。最常被當作陽極的材料主要有透明導電氧化物（transparent conducting oxide, TCO）及金屬兩大類。導電氧化物有 ITO、ZnO、AZO（Al:ZnO）等，導電氧化物通常在可見光區是接近透明的。而金屬一般具有高導電度，但是不透光，高功函數的金屬如 Ni、Au 及 Pt 都適合作為陽極材料，如果要讓金屬電極透光，則膜厚需小於 15 nm，才在可見光區有足夠的穿透度。以下主要針對導電氧化物進行介紹，另外陽極材料常常需要搭配一些表面處理來增加功函數，在此一併介紹。

3.2.1　導電氧化物

　　最常被當作陽極導電體的金屬氧化物是氧化銦錫（Indium Tin Oxide，簡稱為 ITO），ITO 的功函數是在 4.5 eV-4.8 eV 左右[12]，它是相當穩定、非常導電而且透光的材料，因此非常適合用來作為陽極的導電材料，所以在 OLED 的研發中被廣泛地使用[13]。其可見光穿透度接近 90%，而且它的電阻率也很低（1×10^{-3}-7×10^{-5} $\Omega \cdot cm$）。ITO 薄膜的製作方式，一般用的是濺鍍[14,15]、化學氣相沉積（chemical vapor deposition, CVD）[16]、噴霧高溫分解（spray pyrolysis）[17]等方式。ITO 靶材的組成為 In_2O_3 摻雜 10%的 SnO_2，因為 In 具有 3 價，當置換成摻雜的 Sn 時，會產生 n-doping 的效果，降低薄膜的電阻。此外薄膜內氧空陷形成時，每產生一氧空缺便會多出二個電子，因此提高了載子濃度，降低薄膜的電阻。當氧濃度過高時，氧空缺便會減少，因此載子的濃度跟著降低，而造成薄膜的電阻率升高[18,19]。在濺鍍氧化銦錫的同時，對所要濺鍍的基板進行加熱，可促進晶格生長，也可有效降低電阻率。但對低溫製程（<100℃）來說，出光興產所開發的氧化銦鋅（IZO）具有較低的電阻率和較高的功函數[20]，IZO 與 ITO 之比較如表 3-2，IZO 為一非晶形的薄膜，因此基板溫度對其電阻率影響不大，而且功函數也比 ITO 高。其他工作函數更高的透明陽極，如 GITO（$Ga_{0.08}In_{0.28}Sn_{0.64}O_3$）和 ZITO（$Zn_{0.45}In_{0.88}Sn_{0.66}O_3$）[21]，功函數可高達 5.4 和 6.1 eV，已與一般電洞傳送層的 HOMO 能階相當接近。

　　ITO 透明電極用在一般的玻璃基板上，通常是以 215℃ 以上的高溫去生長成膜。如果要在塑膠基板上製作 ITO 電極，在這樣高的溫度下，目前市面上可取得的塑膠基材都不能承受，基板會變形且裂解。所以如何控制製程條件並選擇適合的塑膠基材及透明電極材料來形成低阻值的陽極薄膜，對塑膠基板的 OLED 而言是非常重要的。其中一種方式是利用低溫製程成長 ITO 薄膜。如 pulsed laser ablation[22]及 ion beam assisted deposition[23,24]

表 3-2　IZO 與 ITO 比較

	IZO	ITO	
材料	In$_2$O$_3$:ZnO	In$_2$O$_3$:SnO$_2$	
組成（wt%）	90:10	90:10	
成膜基板溫度	-20～350℃	室溫	200～300℃
膜質	非晶形	部分結晶	結晶
電阻率（μΩ·cm）	300～400	500～800	200 以下
穿透率（%）	81	81	
折射率	2.0～2.1	1.9～2.0	
功函數（eV）	5.1～5.2	4.5～5.1	
特性	•表面平滑性 •低溫成膜性 •具熱安定性	•低阻抗	

等方法，但會有膜的均勻性不佳及製造速率不快等限制。另外如負離子束濺鍍技術（Negative Sputter Ion Beam technology），則是一個可以在低溫下快速成長ITO薄膜的新方法，它是由SKION繼IBM後所發展的一項技術，利用均勻地將少量銫（cesium）蒸氣注入傳統的濺鍍靶材表面，使原為中性的離子束，產生帶負電的機率增加。根據美國Plasmion公司的M. H. Sohn等人在 2003 年所發表的文獻[25]，負離子束濺鍍技術可以在低於 50℃ 的溫度下，得到表面粗糙度RMS＜1 nm，4×10^{-4} Ω·cm的電阻率（resistivity），在 550 nm 的穿透率大於 90%的 ITO 薄膜。

3.2.2　陽極的表面處理

　　為了達到更好的注入效率，陽極表面的前處理也變成與陽極材料相互搭配的製程，文獻指出未處理過的 ITO 表面，功函數只有 4.5～4.8 eV 左右，表面碳氫化合物的污染也會造成功函數的下降[26]。利用氧電漿[27]、紫外光臭氧處理（UV-Ozone）[28]清潔 ITO 表面，發現均可增加 ITO 之功函數至 5 eV 以上[29]，並增進與有機層界面間的接合性質，增加電洞的注入，降

低驅動電壓，更重要的是可以增加元件的穩定性與壽命。在金屬陽極方面，2003 年 Wu 等人利用 UV-ozone 處理過的 Ag 當作上放光元件的反射陽極[28]。經由 XPS 量測，確定 UV-ozone 處理後在 Ag 的表面形成一層薄薄的 Ag_2O，使得功函數上升至 4.8-5.1 eV。

3-3　電洞注入材料（HIM）

雖然 ITO 表面經由 O_2 電漿或 UV-臭氧處理後，可使 ITO 表面的功函數升高至驅近 5 eV，而這值仍低於大部份電洞傳輸材料的 HOMO 能階約 0.4 eV。介於 ITO/HTL 能階之間加入一層電洞注入材料，將有利於增加界面間的電荷注入，最後還能改進元件的效率與壽命。有機的電洞注入材料主要是引入 HOMO 能階與 ITO 功函數最匹配的結構，因此有時會與電洞傳輸層材料混淆，有機的電洞注入材料常常也具有電洞傳輸能力。常見的電洞注入材料如圖 3-4，有 CuPc[30]，星狀的 arylamines 如 4,4',4"-tris-N-naphthyl-N-phenylamino-triphenylamine（TNATA）[31]和 polyaniline[32]。另一種廣泛使用於促進電洞注入的高分子材料 poly(3,4-ethylenedioxythiophene): poly(styrene)（俗稱 PEDT：PSS，或簡稱 PEDOT），常作為 PLED 的電洞注入層，也被發現在混成（hybrid）OLED 結構中相當有用，因為它結合了 PLED 和多層小分子 OLED 的優點[33]。PEDOT 作為電洞注入層，可將 ITO 表面平整化，減少元件短路的機率，降低元件起始電壓，並延長元件的操作壽命[34]。2004 年，韓國 LG 化學開發出一種電洞注入層材料[35]，比較特殊的是它的化學結構是屬於拉電子特性，一般是用在電子傳送材料，但結果顯示它可以幫助低功函數的陽極（如 Al 或 Ag）有效地注入電洞，如圖 3-5 所示，如果是一般的電洞傳送材料 NPB，電洞幾乎無法從 Al 注入 NPB，而相對的即使蒸鍍 2000 Å 的 HAT（hexanitrile hexaazatriphenylene），起始電壓也只有 2.5 V。此種獨特性質使得陽極的選擇更有彈性，這對於上發光元件非常有幫助，且可蒸鍍厚膜有助於防止漏電流發生。

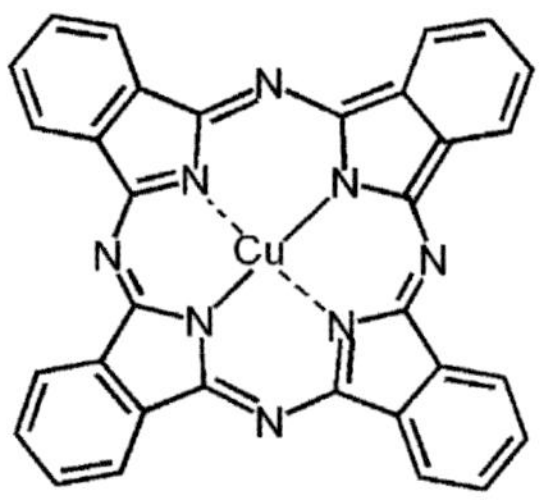

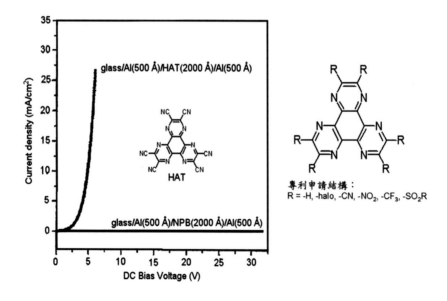

CuPc
HOMO = 4.8 eV

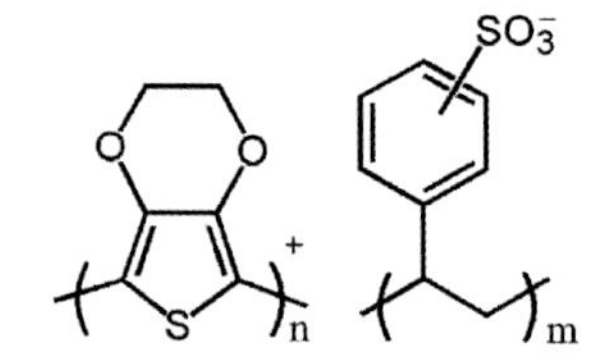

PEDT ： PSS (PEDOT)
HOMO = 5.0 eV

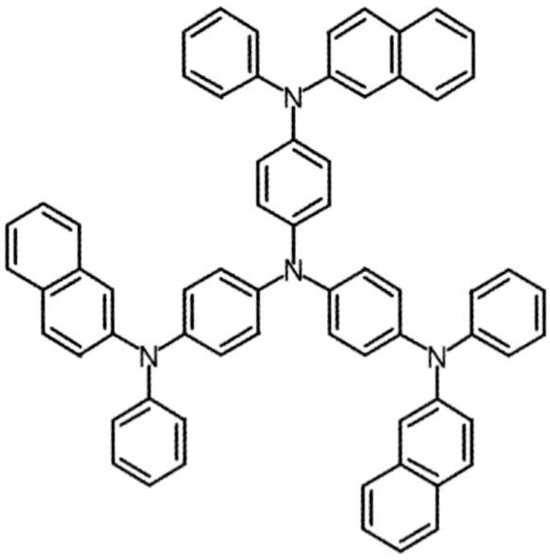

2-TNATA
HOMO = 5.1 eV

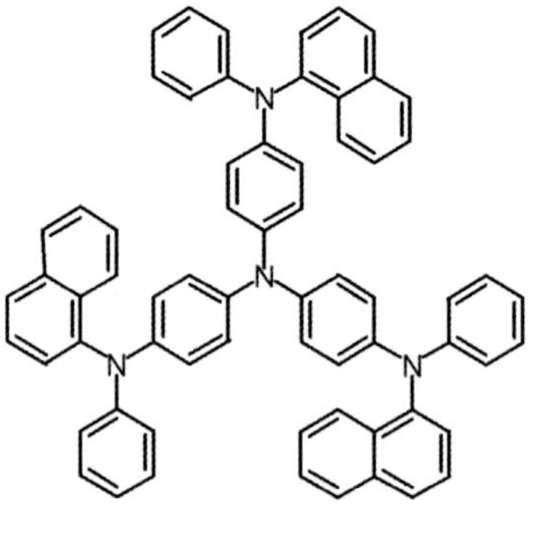

1-TNATA
HOMO = 5.1 eV

圖 3-4　電洞注入材料結構

專利申請結構：
R = -H, -halo, -CN, -NO₂, -CF₃, -SO₂R

圖 3-5　韓國 LG 化學開發出的電洞注入層材料

除了利用能階的匹配外,將電洞傳輸層摻雜氧化劑如SbCl$_5$[36]、FeCl$_3$[37]、碘(iodine)[38]、*tetra*(fluoro)-*tetra*(cyano)quinodimethane（F$_4$-TCNQ）[39]及 *tris*(4-bromophenyl)aminium hexachloroantimonate（TBAHA）[40]可以造成 *p* 型摻雜效果,此 *p* 型摻雜層可以當作有效的電洞注入層。以電洞傳輸材料 NPB 和 F$_4$-TCNQ 摻雜物為例（圖 3-6）,由於 NPB 的 HOMO 能階與 F$_4$-TCNQ 的 LUMO能階相近,因此在HOMO能階的電子可以跳躍至F$_4$-TCNQ的LUMO能階,在電洞傳輸層形成自由電洞,因而增加電洞傳輸層的導電度[41]。而且摻雜會使得能帶彎曲（band bending）,如圖 3-7,使得電洞有機會以穿隧（tunneling）的方式注入,造成近似歐姆接觸[42]。

另一種幫助電洞注入的方法,是於ITO上蒸鍍一層非常薄（0.5-2nm）的絕緣物質,文獻中亦稱作緩衝層（buffer layer）,如 SiO$_2$ [43]、CF$_x$[44]、Teflon[45]、SiO$_x$N$_y$ [46]、LiF[47]等,皆可以改進電洞注入效率降低驅動電壓,但這些緩衝層均有一個最佳厚度,超過此一最佳厚度後,驅動電壓反而會上升。

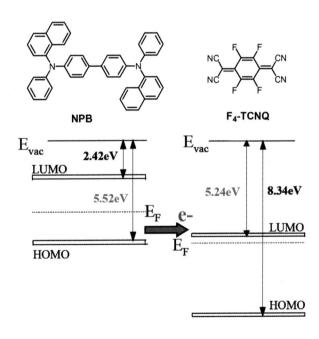

圖 3-6　*p* 型摻雜原理

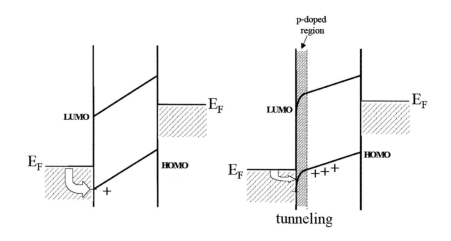

圖 3-7　　p 型摻雜層與電極間的能階示意圖

Zhao 等人提出一個解釋來說明這些現象，如圖 3-8，δ_1 代表原本電洞的注入能障，當絕緣的緩衝層加入後本身會造成一個壓降，此壓降會造成原本 ITO 與 NPB 間的能障縮小為 δ_2（與界面偶極所產生的效果相似），當緩衝層越厚則壓降越大，因此到達最佳厚度時，注入能障最小。但由於電洞通過絕緣層也會有一個障礙（以 Δ 代表），因此當厚度繼續增加時，Δ 愈大，此時（$\Delta+\delta_2$）會大於 δ_1，電洞注入反而不易。他們還提出當原本注入能障越大時，緩衝層的最佳厚度也越大。反觀如果 $\delta_1 < 0.5$ eV，則加入緩衝層將不會有任何增進（$\Delta+\delta_2 > \delta_1$）。

3-4　電洞輸送材料（HTM）

　　有很多電洞傳輸材料被成功的用在有機電激發光的元件上。這些有機材料很多都是早先在發展影印技術（xerography）時發明的三芳香胺（triarylamine）類。三芳香胺這一類的有機化合物用在影印機上多半是混合在高分子裡再塗佈到光導體上，它們的電洞移動率都很高，約有 10^{-3} cm²/Vs。然而用在電激發光元件上，我們除了要求電洞材料有高的移動性

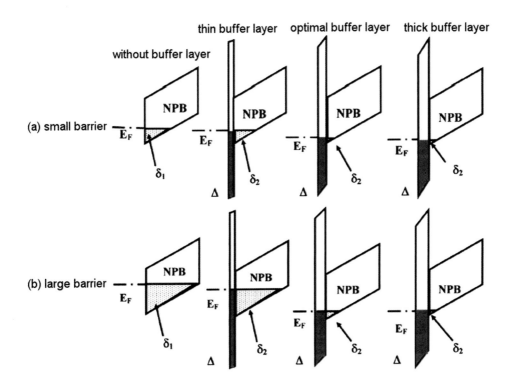

圖 3-8　緩衝層的工作原理[47]

之外，它還要能夠在高真空中被蒸發囤積形成無針孔缺陷的薄膜。現在設計及合成新的電洞輸送材料的重點是放在，要有高的耐熱穩定性，在HTL/陽極界面中要減少能障，及自然形成好的薄膜形態。如果高T_g點的電洞輸送材料能夠在蒸鍍元件過程中形成穩定的非結晶形態，那麼所形成的薄膜將不易產生針孔。下列是由 Shirota 教授在 2002 年所提出的幾項非結晶形分子材料結構設計方針：(1)以非平面分子結構增加分子幾何構形（conformers）；(2)導入巨大及高分子量取代基，藉以提高分子體積及分子量，並達到維持玻璃狀態的穩定性；(3)利用剛硬（rigid）基團或由分子間氫鍵與非平面分子的結合，以提高有效分子量[48]。

　　自從發現以聯苯（*bi*phenyl）為核心的三芳香胺作為電洞傳輸層，可大幅改善 EL 效率及操作穩定度後 [49]，大部份新開發的電洞傳輸材料多半含

括這部份的基團。之前最廣為使用的電洞傳輸材料之一是NPB，它之所以受歡迎的原因之一在於NPB容易合成而且純化也不難，但它的T_g～98℃並不夠高。因此，新電洞傳輸材料設計及合成之研究持續著重在材料的熱性質（提高T_g）及薄膜形態穩定度改良，並尋找控制電荷注入及傳輸的最佳化。這些分子設計的方法可粗略的歸類為聯苯二胺（*biphenyl diamine*）衍生物、交叉結構鏈接（*spiro*-linked）二胺聯苯、星狀（star burst）非結晶形分子等，各類衍生物例子歸納如圖3-9。其中提高 T_g 的方法，可以增加分子的分子量，加入剛硬基團如芴環（fluorene），或是 Salbeck [50]研究團隊曾藉由90°夾角分子構造的交叉（spiro）鏈接中心導入非結晶態的 HTM 以提升熱穩定性。藉由TOF量測中發現交叉鏈接電洞傳輸材料比不具有spiro結構的類似結構分子會稍微降低其電洞移動性[51]，表3-3 列出這類結構分子的熱性質及固態 PL 的比較，雖然熱穩定性改善了，但蒸鍍溫度也明顯變高。

表 3-3　*spiro*-HTM 與 NPB 熱性質及固態 PL 之比較

HTM	NPB	Spiro-NPB	Spiro-TAD
Mol. wt.	588.8	1185.5	985.3
T_g（℃）	98	147	133
T_m（℃）	290	294	276
T_{sublim}（℃）@ 4×10^{-5} mbar	310	430	355
λ_{max} PL film（nm）	440	450	405

近來研究發現含有萘環的 HTM 如 NPB 和 2-TNATA 也具有電子傳送的特性，其電子移動率甚至比電洞的還高，根據 Marcus 理論，電子在 NPB 分子跳躍的速率比在 TPD 快，而且有別於 TPD，NPB 分子 LUMO 能階的位置位於分子兩側的萘環區段，因此萘環在這類分子的電子傳遞扮演重要角色[52]。

(1) 增加分子量

(2) 加入剛硬基團

(3) 星狀非結晶形分子

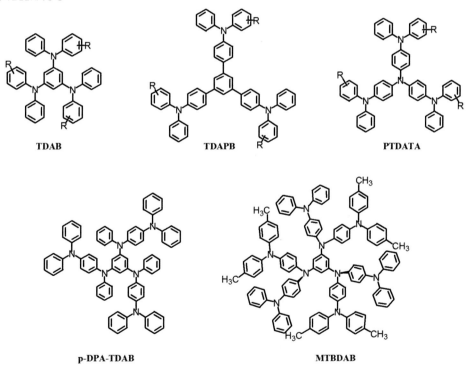

圖 3-9　電洞輸送材料的結構

3-5 電子注入層材料（EIM）

3.5.1 鹼金屬化合物

　　電子注入材料顧名思義就是幫助電子從陰極注入有機層，它的實際功能就是希望使用抗腐蝕的高功函數金屬為陰極，如最常用的 Al 和 Ag。電子注入材料發展至今，種類非常多樣性，包括鹼金屬化合物如氧化鋰（Li_2O）、氧化鋰硼（$LiBO_2$）、矽氧化鉀（K_2SiO_3）或碳酸銫（Cs_2CO_3），藉由最佳化厚度 0.3-1.0 nm，製成的元件能有效的降低驅動電壓及提升元件效率[53]，且相較於熱蒸鍍的 LiAl 合金元件效能再現性更佳，這是因為在蒸鍍時鹼金屬化合物蒸鍍厚度較容易控制。此外，不同的鹼金屬醋酸鹽類（CH_3COOM；其中 M=Li、Na、K、Rb 或 Cs）也具有相似的效果[54]。研究指出，熱蒸鍍時，這些醋酸鹽類會裂解並釋出活性金屬[55]。

　　另一類的電子注入材料屬於鹼金屬氟化物，如 MF（其中 M = Li、Na、K、Rb 或 Cs），與先前的化合物一樣，如果以 Al 當陰極，這些材料的最佳厚度通常小於 1.0 nm。其中最常用的當屬於 LiF。由 $Al/LiF/Alq_3/LiF/Al$ 的元件中研究電子注入及電子傳輸行為[56]，元件的 I-V 特性與 MgAg 或純鋁電極製成的元件比較，以 LiF（0.1-0.2 nm）/Al 作為陰極的元件顯現的電流密度，幾乎達到空間電荷限制電流的理論預測值。顯然電子傳輸速率影響比電子注入速率來得顯著，這意味著 LiF/Al 陰極的 Alq_3 元件具有歐姆接觸特性。當 CsF 取代 LiF 時，實驗中發現含鹼金屬氟化物元件的起始電壓與金屬成份的電負度（electronegativity）有關[57]，在熱力學上 CsF 比 LiF 更容易與 Al 反應釋出金屬，且如果把 Al 換成 Ca，發現可以釋出更多 Cs 或 Li，因此如圖 3-10，CsF/Ca 可以得到最低的起始電壓。

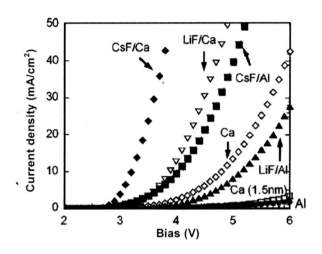

圖 3-10 鹼金屬氟化物搭配不同金屬的電子注入特性[56]

3.5.2 電子注入機制

這些極薄的電子注入材料，其幫助電子注入的機制一直是讓人感興趣的地方，以LiF/Al為例，雖然廣泛被使用於OLEDs，不過它所造成的效應仍不斷被研究中，而且在文獻中也有相關報導，下面我們將對這些機制做一討論。

(A) 穿隧效應

當 LiF 層加入時，驅動電壓因此而下降，這現象是因為電子可直接透過LiF經由Al的費米能階與Alq$_3$的LUMO能階形成穿隧效應所致。此外，薄薄的一層LiF避免了Al和Alq$_3$直接接觸，而有效的消除了界面所造成的能階障礙，這些形成的能障被懷疑是構成純 Al 陰極製備的元件效能變差的原因[58]。

然而，穿隧效應論點不能解釋 LiF 如果與 Al 共蒸鍍成為陰極時，LiF並非是一連續薄膜，因此Al和Alq$_3$之間可以直接接觸，可是兩者的電流—電壓及發光—電流特性幾乎呈現相同的影響[59]。也因此元件效能的改善機

制不單只是觀測到的現象，應該還存在著許多別的影響機制。

(B) 界面偶極（interfacial dipoles）

Al/LiF/Alq$_3$ 及 Al/Alq$_3$ 界面電子結構可由 UPS 分析研究，Alq$_3$ 的 HOMO 能階及真空能階的漂移是由 LiF 所造成，在 Al/Alq$_3$ 界面和 Al/LiF 界面所測得的偶極分別為 1.0 eV 及 1.6 eV[60]，該結果顯示 Al/Alq$_3$ 間的 LiF 可以降低鋁到 Alq$_3$ 電子注入的能障高度，然而在傳統的 OLED 元件中，陰極蒸鍍順序是由鋁或 LiF/Al 蒸鍍在 Alq$_3$ 表面，所以並不能肯定 UPS 獲得的數據是否能正確的套用於解釋實際的元件效能。

(C) 水分子存在下降低鋁功函數

實驗觀察中發現，鋁的功函數會隨著少量 LiF 而戲劇化的下降。可能的解釋之一是在熱蒸鍍過程中因為水分子的存在而使 LiF 解離，並在界面形成 Li-Al 合金。另一解釋則是因為 H_2O 的化學吸附（chemisorptions），使得在 Al/LiF 界面形成大量偶極所致[61]。然而最近的研究中使用高解析度電子能量損失光譜（HREELS）指出，在 LiF/Al 界面並無水分子存在，也沒有 LiF 在鋁界面解離。

(D) 水分子存在下的化學反應

在文獻中提出二次離子質譜儀（secondary ion mass spectroscopy, SIMS）實驗方法來瞭解 LiF 界面層提升電子注入 Alq$_3$ 的機構[62]。SIMS 深度描述 glass/Alq$_3$ (100 nm)/LiF (0.5 nm)/Al (100 nm)元件結構中顯示，當 ^{6}Li 和 ^{7}Li 遍及 Alq$_3$ 層時，^{19}F 隨著 Alq$_3$ 深度的增加而快速下降，研究中更指出氟和鋁反應且游離的鋰擴散到 Alq$_3$ 層，當反應屬於熱力學控制時，水分子的存在被認為是造成鋰從鋁中釋出的主因。

(E) LiF 在 Alq₃、LiF 及 Al 共存下解離

Mason 等人利用 XPS 研究 Alq₃ 與鋰、鈉、鉀、銫、鈣及鎂的電子結構及界面化學[63]，在密度泛函理論（density-functional theory, DFT）的量子化學計算中，Alq₃ 自由基陰離子是因為鹼金屬作用而形成，而陰離子的形成伴隨著氮上 1s 核能階的分裂，並且在先前不允許（forbidden）的能隙中形成新的能態。事實上，相同的光譜也在 Al/LiF/Alq₃ 系統中觀測到，因此假設上認為結構中三成份共存時，Alq₃ 陰離子的形成是因為 LiF 釋出的鋰所造成的，分子軌域計算包括 MNDO（Modified Neglect of Differential Overlap）法及 DFT 法皆指出 Li 是由 LiF 釋出，而 Li 與 Alq₃ 反應形成 Alq₃ 陰離子的可能性最大[64]。

所以 LiF 解離後再與 Alq₃ 形成 Alq₃ 自由基陰離子的解釋便合理化，然而 Li 1s 發放射的離子化截面（cross-section）過低，加上微小金屬團的束縛能漂移，使得 UPS 無法分析實際鋰的化學狀態，因此 HREELS 便被引用於界面反應研究上。在圖 3-11 中，底部的 HREELS 光譜顯示出 Alq₃ 的曲線，當 Alq₃ 表面鍍上 0.26 nm 的 LiF 後，便呈現出 LiF 的特性峰（62 meV），在 Alq₃/LiF 鍍上 0.23 nm 鋁時，HREELS 光譜上便開始發生變化，LiF 的特性峰消失，比較蒸鍍 Al 層前後，LiF 訊號峰驚人的消長提供了一項直接的證據證明 LiF 在 Alq₃、Al 及 LiF 共存下確實有解離現象發生。

(F) 熱力學可行的解離反應

另一個與上述 LiF 解離相互印證的是，利用簡單的熱力學生成熱觀念來瞭解解離反應發生的可能性[63]，LiF 的生成自由能（Gibbs free energy of formation, ΔG_f）為 140.5 kcal/mole，LiF 解離後與 Al 反應釋放出 Li 為吸熱反應，如反應(a)＋(b)，其生成自由能為 80.9 kcal/mole。因此，在 Al 的存在下 LiF 解離所需要的自由能由 140.5 kcal/mole 降為 26.9 kcal/mole。然而密度泛函理論計算出氣相的鉀(k)與 Alq₃ 反應形成離子性的 $K^+Alq_3^-$，ΔH 為 -27

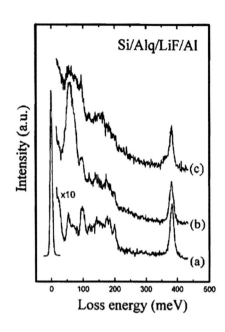

圖 3-11　HREELS 圖譜　(a) Si/Alq (2 nm), (b) Si/Alq (2 nm)/LiF (0.26 nm) and (c) Si/Alq (2 nm)/LiF (0.26 nm)/Al (0.23 nm)

kcal/mole，假設將 K 置換為功函數相近的 Li 對 ΔG_f 影響不大，所以可以進一步推論當 Alq_3、Al 及 LiF 共存下，LiF 解離並與 Alq_3 形成 $Li^+Alq_3^-$ 幾乎不需自由能，如反應(c)。

反應	反應式	ΔG_f（kcal/mole）
(a)	$3LiF \rightarrow 3Li + 3/2F_2$	421.5
(b)	$Al + 3/2F_2 \rightarrow AlF_3$	-340.6
(a)+(b)	$3LiF + Al \rightarrow AlF_3 + 3Li$	80.9
(c)	$3LiF + Al + 3Alq_3 \rightarrow AlF_3 + 3Li^+Alq_3^-$	~ 0

3.5.3　*n* 型摻雜層

如同先前介紹過的 *p* 型摻雜層可以在陽極界面造成近似歐姆接觸，在陰極則可以使用 *n* 型摻雜層來降低注入能障，並可以增加有機層的導電度，*n* 型摻雜主要的摻雜物為鹼金屬如 Li 或 Cs，最早是由 Kido 教授發表，元件結構為 ITO/NPB(40 nm)/Alq$_3$(65 nm)/Li:Alq$_3$(5 nm) /Al，Kido 並以 Alq$_3$ 薄膜與摻雜 Li 之 Alq$_3$ 薄膜比較其 UV-vis 吸收圖譜，發現有摻雜 Li 之薄膜吸收值降低許多，顯示 Li 可能已與 Alq$_3$ 發生反應產生 Li$^+$Alq$_3^-$ 錯合體[65]。但 Li 或 Cs 容易擴散，研究指出 Li 在 CuPc 和 Alq$_3$ 中的擴散距離，分別可以達到 700±100Å 和 300±100Å[66]，如果擴散至發光層將會形成發光的淬熄中心。而且 Li 或 Cs 反應性高，需要特殊的裝料與蒸鍍設備，因此許多研究者試圖尋找替代品，如鹼金屬醋酸鹽，因為熱蒸鍍時會裂解並釋出金屬，因此共蒸鍍後亦會產生 *n* 型摻雜效果[67]。2004 年，日商 Canon 公司發表以碳酸銫作為摻雜物[68]，結果顯示即使是使用 ITO 當作陰極，也擁有良好的電子注入能力。近來許多分子型的 n 型摻雜物被發現，其結構如圖 3-12，由環伏實驗顯示這類分子具有低功函數，〔Ru(terpy)$_2$〕^{0}、〔Cr(bpy)$_3$〕^{0} 和〔Cr(TMB)$_3$〕^{0} 功函數分別為 3.1、3.14 和 2.85 eV，與一般 ETM 分子的 LUMO 能階相匹配[69]。

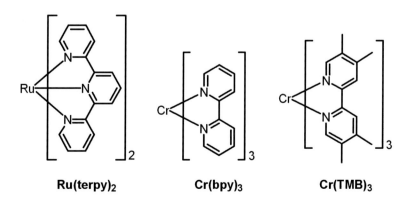

Ru(terpy)$_2$　　　　**Cr(bpy)$_3$**　　　　**Cr(TMB)$_3$**

圖 3-12　分子型的 *n* 型摻雜物

3-6 電子輸送材料（ETM）／電洞阻隔材料（HBM）

　　要設計一個能使 OLED 效率能顯著提昇的電子傳導材料（ETM），需具備以下性質：(1)需要有可逆的電化學還原和夠高的還原電位；這是因為電子在有機薄膜中傳導的過程便是一連串的氧化還原[70]。(2)需要有合適的HOMO 和 LUMO 值，這是為了使電子有最小的注入能障，使起始／操作電壓減少，而且最好還具有電洞阻擋能力。如果 ETM 的 LUMO 能階為 4.0 eV，而發光體 LUMO 能階為 2.7-3.0 eV，則激子分解（exciton dissociation）為熱力學上可行，發光會被淬熄[71]，因此LUMO能階必須合適。而如果想同時具備電洞阻擋能力，則需要一個有大能隙且低HOMO能階（＞6.0 eV）的材料，這樣LUMO能階才會落在發光體附近。(3)需要有較高的電子移動率，這樣才能將電荷再結合區域移到遠離陰極的地方和增加激子產生速率，理想情況下，ETM 的電子移動率應該和 HTM 的電洞移動率相當，然而，實際情況是，大部分有機材料的電子傳導速率是遠小於電洞傳導速率的。(4)必須具備高玻璃轉移溫度（T_g）和熱穩定性，這樣才可避免元件在驅動時所產生的焦耳熱，避免元件壽命減短，特別是在高電場和電流密度下。(5)可經由熱蒸鍍或旋轉塗佈形成均勻、無微孔的薄膜。(6)具有形成非結晶性的薄膜的能力，以避免光散射或結晶所產生的衰變。

3.6.1 噁唑（oxadiazole）衍生物和其樹狀物（dendrimers）

　　利用噁唑分子當電子傳輸材料的 OLED 已被廣泛的研究，其中噁唑分子如 2-(4-biphenyl)-5-(4-*tert*-butylphenyl)-1,3,4-oxadiazole（PBD, **1**）是第一個被用於以三芳香胺衍生物為發光層的雙層式OLED的電子傳輸材料[72]，其HOMO和LUMO能階分別是 6.06 和 2.16 eV[73]，使用PBD的雙層式OLED，其效率是未使用的10^4倍，然而，利用真空熱蒸鍍的PBD薄膜（$T_g \sim 60°C$）

會因元件操作時產生的焦耳熱而結晶，造成元件壽命縮短[74]。

　　為了克服結晶的問題，可將PBD摻混在可旋轉塗佈的poly (methyl meth-acrylate)（PMMA）中。以PPV為主之電激發光高分子摻混入20 wt%的PBD的元件外部量子效率可達到 2-4%[75]。2,5-bis (4-naphthyl)-1,3,5-oxadiazole（BND, **2**），和PBD有類似的電化學特性，也被當ETM使用[76]，PBD和BND有相當的電子傳輸速率，在高電場（$\sim 1\times 10^6$ V/cm）時為 2×10^{-5} cm^2/Vs[77]，這也說明了為何這兩個材料可被當作ETM，而造成這類分子電子移動率高的原因是 2,5-diaryl-1,3,4-oxadiazole 的分子形狀較平，因此分子間作用力會使得分子產生堆疊，而這也在 X-ray 繞射中被證實[78]，但這類化合物（PBD和BND）的缺點是在與高分子材料摻混後，易產生相分離。

　　雙體化的噁唑 **3a-c** 具有較高的玻璃轉移溫度[79]，因此使用在ETM時，可形成穩定的薄膜，而在這種雙體化的衍生物中，因為有兩個共軛的噁唑環，使得此類分子電子親和性（EA）增加，LUMO 能階變為~ 2.8 eV（如 **3a**）[80]。使用 **3a** 當 ETM 和噁唑衍生物當發光材料的 OLED，其亮度可達 1100 cd/m^2，且操作穩定性較以 PBD 當 ETM 來得高，而當 **3a** 用在以 PPV 衍生物為綠光發光層的 OLED，外部量子效率可以達到 1%（能量效率為 6 lm/W）。類似於 **3a** 的材料也被合成並以混雜或雙層方式當成 MEH-PPV 元件的 ETM[81]，而使用 **3c** 當 ETM 的話，雙層式 OLED 的效率會是單層式 MEH-PPV 元件的~ 30 倍，從 X-ray 繞射的數值來看，**3c** 有部分結晶，因此推測，它的電子傳導速率應該會比 **3b** 快，而 **3c** 也因為加了 pyridine 環的關係，它的 EA 值也略比 **3b** 高。

　　樹狀或星狀的噁唑分子（如 **4a-c** 和 **5**）通常具有較高的 T_g（125-222℃），且星狀分子構造也因分子間不易堆疊而有較高溶解性。化合物 **4a** 和 **b** 具有高 T_g（**4b** 的 T_g 為 142℃），HOMO 和 LUMO 能階分別是 6.5 eV 和 3.2 eV，化合物 **4b** 在電場為 7×10^5 V/cm 時，電子移動率可達 1.2×10^{-6} cm^2/Vs[82]，

而使用 **4a** 為 ETM 的多層式 OLED，當亮度為 19000 cd/m² 時，外部量子效率可達 4%[83]，這是因為 **4a** 分子的電子注入／傳導性較佳且具電洞阻擋能力，所以能較有效地提高元件效率。而使用 **4b** 為 ETM 的雙層式 PPV 發光元件的效率高出了單層式元件 30 倍。文獻亦有報導一系列改變核（core）和殼（shell）基團的噁唑類樹狀物[84]，第一代的樹狀物 **4c** 包括了 9 個噁唑基團，且 T$_g$ 高達 222℃，雖然文獻中沒有報導 **4c** 的電化學性質，但推測其 EA 應近似於 **4b**，使用 **4c** 當 ETM 的雙層式 PPV 元件，其外部量子效率為 0.4%，較單層 PPV 元件的 0.001% 高。

在高 T$_g$ 的行列中，以四苯基甲烷（tetraphenylmethane）為基礎的噁唑分子（**5a-c**）[86] 也包含在其中，因為 π 電子只能在四臂中的一臂中共振，因此化合物 **5a-c** 的光和電化學性質和 PBD 是非常類似的，然而，化合物 **5a-c** 的熱穩定性相較於 PBD 卻有很顯著的提升，**5a-c** 的 T$_g$ 在 97-175℃ 之間。元件表現方面，外部量子效率在使用 **5c** 或 PBD 為 ETM，Alq$_3$ 當發光層的元件是相當的，為～0.7%，然而，使用 **5c** 的元件可能會因為它優越的熱性質而有較佳的穩定性，相較於 PBD 在 70-90℃ 時就會結晶，要使 **5c** 結晶則需 200℃ 以上[22]。因為化合物 **4** 和 **5** 都可溶解在有機溶劑中，所以除了真空蒸鍍外，也可利用旋轉塗佈來製作元件。

保土谷化學和信州大學在 2004 年第 65 屆應用物理學會上發表了新的噁唑電子傳輸材料 BpyOXD 和 BpyOXDpy，他們將吡啶基（bipyridyl）導入，由於芳香環並不全在共軛位置，因此這兩個化合物的能隙都超過 3.5 eV，BpyOXD 和 BpyOXDpy 的 LUMO/HOMO 能階分別為 2.92/6.56 eV 和 2.67/6.25 eV，而且電子傳輸能力都比 Alq$_3$ 好，約在 2×10^{-4} cm²/Vs，是很有潛力且被看好的電子傳輸材料[86]。

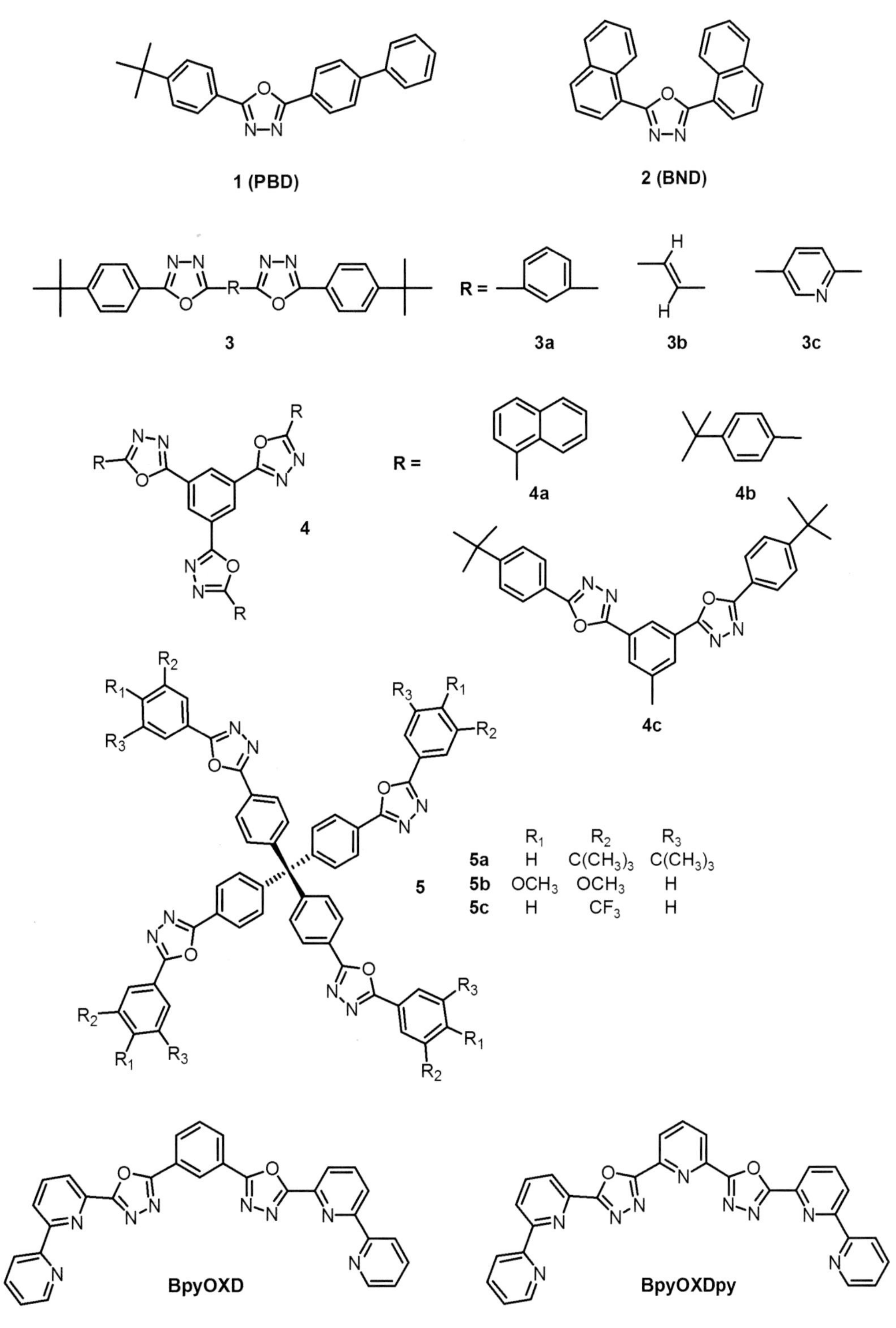

圖 3-13 噁唑衍生物結構

3.6.2　金屬螯合物（metal chelates）

　　因為 Tang 和 Van Slyke 在 1987 年時使用 Alq_3，產生出效率高的有機電激發光，因此，金屬螯合物便被廣泛的開發和應用於OLEDs中，當成電子傳輸層或主發光層。Alq_3（HOMO 和 LUMO能階分別是 5.62 eV 和 2.85 eV）因為具有一些優越的性質[87]，如熱穩定性佳（$T_g \sim$ 172℃），以及在真空下可容易沉積成無孔洞的薄膜，現在仍廣泛被使用。藉著 X-ray 繞射的幫助，Alq_3 已有四種不同形態的單晶被鑑定出，然而，在真空下所沉積的 Alq_3 薄膜是非結晶形的，這是因為 Alq_3 的多形態性，也可能是混合 *mer* 和 *fac* 異構物的關係[88]。除了 Alq_3，另外一些雙配位或三配位的金屬螯合物（**6b** 和 **c**，**8**、**9** 和 **10**）也被當成發光性 ETM 來使用，Alq_3 在固態時的螢光量子效率為 25-32% [89]，然而，Gaq_3（**6b**）和 Inq_3（**6c**）的螢光量子效率卻相對地降低了四倍[90]。在使用 Alq_3 當 OLED 發光層時亮度為 11050 cd/m^2，但換成 Inq_3 則降為 6483 cd/m^2 [91]，不過只用它當作 ETM 時，Inq_3 卻比 Alq_3 更優越，這可能是因為 Inq_3 有較高的 EA（$\sim$ 3.4 eV）和較高的電子移動率（會隨著中心金屬離子而增加），Alq_3 和 Inq_3 在軌域重疊和原子作用上微妙的差異，可由它們的結晶結構來說明並可解釋薄膜狀態時電子傳導性質的不同。

　　Tokito 等人將上節提過的噁唑分子導入金屬螯合物中，結構如 **8**，得到一個發藍光的電子傳送分子[92]，可惜不如Alq_3穩定。2004 年，日本三菱材料（株）在專利中揭露 $FAlq_3$ [93]，將其取代 Alq_3 作為 ETL，不但使得驅動電壓降低及效率提升，更大大增加了元件壽命達三倍之多。另外使用第二族金屬離子（Be^{2+} 和 Zn^{2+}）和具取代的 8-hydroxy-quinoline 的金屬螯合物也被應用於 OLED 中，發黃光的 Znq_2（**9a**）元件相較於發綠光的 Alq_3 有較高的亮度（16200 cd/m^2）[94]，而利用 X-ray 繞射的研究顯示出真空蒸鍍的薄膜中，**9a** 能量最穩定的型態為四聚物，而不似Alq_3因為分子間的作用力較弱，而都是以寡分子存在[95]，相較於 Alq_3 元件，使用 **9a** 當 ETM 的元件有較低的操

作電壓，亦即表示 **9a** 有較佳的電子注入和傳導性質，這是因為它的四聚物型式，使其配位基具較強的 $\pi\text{-}\pi$ 重疊和可延續的電子能態。**9b** 和 **10** 在使用為 OLED 的 ETM 時，其電子傳導速率也被視作比 Alq_3 佳[96]，化合物 **10** 在真空蒸鍍的非結晶性薄膜中是以二聚物存在，且其分子間 $\pi\text{-}\pi$ 作用力最短的距離為 3.7653 Å，使其有潛力成為一個好的電荷傳輸材料，雖然EA值比 Alq_3 高～0.2 eV，但有使用 **10** 為 ETM 的 OLED 效率（1.96 cd/A）仍是明顯的高於沒有使用的元件（1.1 cd/A），證實 **10** 為一個好的電子傳輸層。而使用金屬螯合物來更進一步改善OLED元件效能的方法，可由小心的改變中心金屬離子和配位基的取代來完成，但重要的是這些金屬螯合物往往不夠穩定，因此能夠像 Alq_3 這麼成功的例子不多。

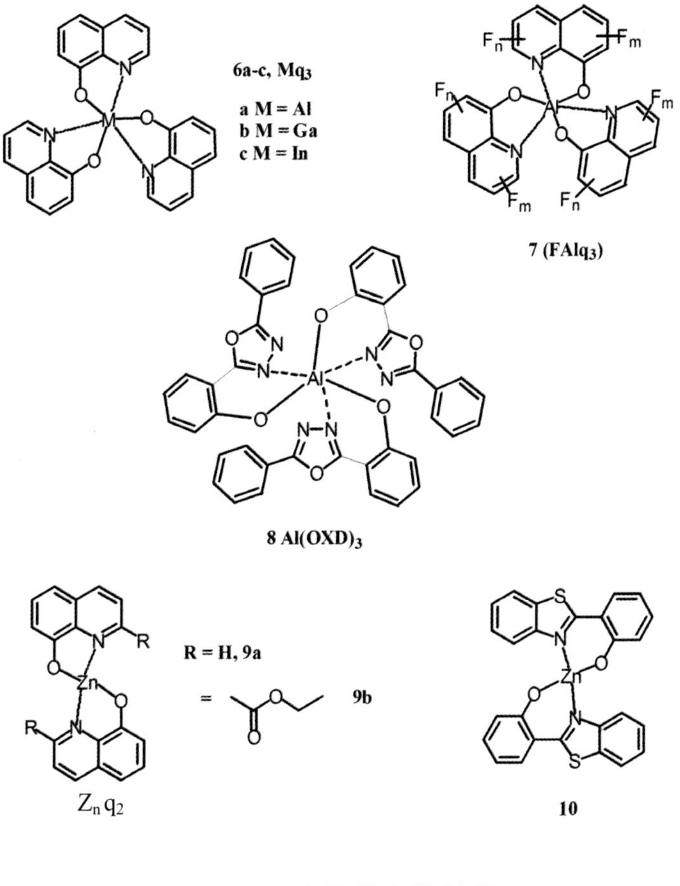

圖 3-14　金屬螯合物結構

3.6.3　其它唑類化合物（Azole-based materials）

唑類化合物除最早被發現的噁唑結構外，其它如三氮唑（triazole）、三氮雜苯（triazine）、咪唑 imidazole、噻唑（thiazole）、苯並噻唑（benzothiazole）和 thiadiazole 衍生物也都相繼被應用在 OLED 當作電子傳送材料。

3-(4-Biphenyl)-4-phenyl-5-(4-*tert*-butylphenyl)-1,2,4-triazole（**11a**, TAZ）在 1993 年時首先被當作 ETM 應用於真空沉積的多層式 OLED 中[97]，循環伏安法測得其還原是可逆的，且 LUMO 值（～ 2.3 eV）介於 oxadiazole（2.16 eV）和 trazine 衍生物（～ 2.5-2.8 eV）之間[98]，而除了可當成 ETM 外，**11a** 也是個比 PBD 較有效的電洞阻擋材料，多層式 OLED 使用 PVK 當發光層，**11a** 為電子傳導/激子阻擋層，Alq_3 為電子注入層可得到高效率的藍光[99]。相同的概念，藉著使用電洞阻擋層 **11b** 來控制多層式 OLED 的再結合區域也可得到亮度為 2200 cd/m^2 的白光[100]。

另一類的 1,3,5-triazines 衍生物，如 2,4,6-triphenyl-1,3,5-triazine（TRZ）比 PBD 和 TAZ 有較高的 LUMO 值（2.71 eV）[99]，因此與陰極間的注入能障會較小，此結構利用循環伏安法所測得的為可逆的還原反應。另外，Inomata 等人在 2004 年發表了一系列 1,3,5-triazine 衍生物的新電子傳輸材料[102]，如 **12b**，並將此材料應用在綠光磷光元件的電子傳輸層及主發光材料，雖然將供電子的咔唑（carbazole）結構導入，但 LUMO 值仍維持在 2.6 eV，且從元件的結果顯示，**12b** 仍保有非常好的電子傳輸效力。其它如 **12c**，其 T_g 為 133℃，蒸鍍後可以得到非結晶的薄膜，並有好的電化學穩定性，電子移動率也可達 8.3×10^{-4} cm^2/Vs（3×10^5 V/cm）[103]。

樹狀分子 1,3,5-tris (*N*-phenyl-benzimidizol-2-yl) benzene（**13**, TPBI）也是早期由 Kodak 所發表[104]，相較於 Alq_3 有較小的 LUMO 值（2.7 eV）和較大的 HOMO 值（6.7 eV）[105]，且因為 TPBI 有較大的能隙，可以被用作藍光

OLED 的主發光體[106]，但 TPBI 因為有很大的 HOMO 值，具有極佳的電洞阻擋能力，因此後來常被用來作為電子傳遞兼電洞阻擋材料，以 TBPI 當電洞阻擋層的磷光 OLED 效率可以達到 55 cd/A[107]，是使用 bathocuproine（BCP）的（～ 25 cd/A）二倍多。近期由 Sanyo 發表的 DBzA，被應用於紅光和綠光元件中，擁有與 Alq3 相同的 LUMO、HOMO 能階，但較高的電子移動率，使得元件電壓下降，量子效率提高[108]。

3.6.4 喹啉（quinoline）衍生物

喹啉為一種缺電子的分子結構，且是一種在 OLED 中被廣泛用作電子

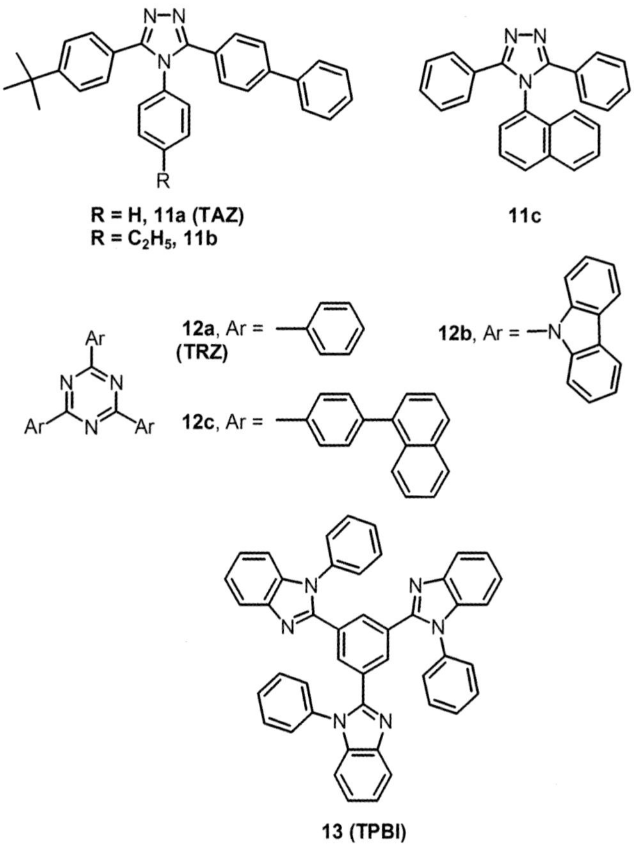

圖 3-15 其它唑類化合物

傳導層的化合物。化合物 **14a** 和 **b** 的單晶結構顯示在最緊密的排列下分子間的距離為 3.6-4.0 Å，且中心苯環和喹啉的夾角很小，約 13-26°[109]，顯示此分子構型接近平面，應有很強的分子間 π-π 作用力，而這類喹啉化合物在不同的芳香族連接基下，利用循環伏安法所測得的 LUMO 值為 2.4 - 2.65 eV[110]，顯示此類化合物有不錯的接受電子性質。

3.6.5　喔啉（quinoxaline）衍生物

相較於喹啉結構，喔啉因為多了個亞胺而有較高的電子親合性[111]，所以推測此類化合物應具有如喹啉優秀的電子注入和傳導特性，以及好的熱穩定和環境穩定性，藉由不同取代基的調整，bis (phenylquinoxaline)（**15**, BPQ）和星狀物 tris (phenylquinoxaline)（**16**, TPQ）衍生物的 T_g 分別是在 95-139℃ 和 147-195℃ 之間[112]，且這類化合物無論是以旋轉塗佈或是真空蒸鍍，所得的薄膜皆是非結晶性的，BPQ 和 TPQ 衍生物的 LUMO 能階在 2.8-3.0 eV 之間，HOMO 能階則在 6 eV 左右。真空下沉積的化合物 **16** 薄膜所呈現的是非分散性電子傳導，而且所測得的電子移動率（$\sim 10^{-4}$ cm^2/Vs at$\sim 10^6$ V/cm）是星狀 oxadiazole 化合物 **4b** 的 100 倍[113]。使用 BPQ 和 TPQ 當 ETM 的 PPV 元件（EQE $\sim$ 0.01-0.11%），所得亮度是單層式元件的 5 倍。

非結晶性的 *spiro*quinoxaline **17**（T_g = 155℃）[111]在高分子元件中也被用作 ETM，化合物 **17** 有和 BPQ 或 TPQ 相當的 LUMO 能階（2.8 eV），及較大的 HOMO 能階值（$\sim$ 6.26 eV），因此，化合物 **17** 應有較佳的電洞阻擋性。

3.6.6　二氮蒽（Anthrazoline）衍生物

多環 anthrazoline 化合物因為結構較剛硬且較平面，所以相較於喹啉和喔啉應有較高的電子親合性和更快的電子傳導速率，diphenylanthrazoline 衍生物 **18a - d** 是發表在 MEH-PPV 元件作為 ETM[115]，此類化合物具絕佳的熱

穩定性，其 T_g 和 T_d 分別超過 300 和 400℃，而化合物 **18b - d** 能溶於氯仿、甲苯和甲酸中，且無論是使用旋轉塗佈或是真空蒸鍍皆能得到非結晶性的薄膜，而 **18b - d** 的 X-ray 單晶結構也顯示出在固態時分子有很好的 π 堆疊，且分子間的距離為 3.4-3.9 Å，利用循環伏安法也測得此類分子具有與 Alq_3 相近的 LUMO 能階（2.9-3.1 eV），HOMO 能階在 5.65 - 5.85 eV 之間，因此，此類分子應是不錯的電子傳導 / 電洞阻擋材料。MEH-PPV 元件中以此類分子當成 ETM，發光亮度可增加 50 倍且外部量子效率可高達 3.1%，這些結果顯示出，在以 MEH-PPV 為主的發光元件中，diphenylanthrazolines 類化合物是比 Alq_3 和 oxadiazoles 還更好的 ETM。

3.6.7　二氮菲（Phenanthrolines）衍生物

低分子量之 bathophenanthroline（**19a**，簡稱 BPhen）和 2,9-dimethyl-4,7-diphenyl- 1,10-phenanthroline（**19b**，簡稱 BCP）的 LUMO 能階在 3.2 eV 左右，HOMO 能階在 6.5-6.7 eV 之間[116]，常被用作 OLED 的激子 / 電洞阻擋層，而 phenanthrolines 也因其剛硬平面的結構，而有較高的電子移動率（5.2×10^{-4} cm^2/Vs @5.5×10^5 V/cm, **19a**）[117]。然而，此類化合物的 T_g 太低（62℃，**19a**）[118]，即使在真空蒸鍍下可形成非結晶性薄膜，但在元件操作時容易衰變，影響元件穩定性。

3.6.8　含矽的雜環化合物（Siloles）

相對於含氮的雜環化合物，含矽的 silole 有位置較低的 LUMO 能階，這是因為 silole 本身特殊的電子結構所造成，而 silole 的 LUMO 能階是由矽原子上的σ*軌域和環上丁二烯（butadiene）部分的 π*軌域所混合而成[119]，在 1996 年時，2,5-diarylsiloles **20a - f** 首先被應用為 OLED 的 ETM，之後，陸續出現其他 silole 衍生物（**21a** 和 **b**，**22a - c**）[120]，真空下所沉積的 **20d** 薄膜在空氣中呈現快速且非分散性電子傳導（$\mu_e \sim 2 \times 10^{-4}$ cm^2/Vs @ 6.4×10^5

V/cm）[121]，由這結果推測，即使在氧氣存在下，**20d**薄膜只產生非常少的電子陷阱，而且 **20d** 的電子傳導速率是 Alq₃ 的 100 倍，因為 Alq₃ 在氧氣誘導下會形成電子陷阱，造成分散性電子傳導，相較於 Alq₃，**20d** 有較大的LUMO值（3.3 eV），在某種程度上，這也說明了 **20d** 為何具有較優異的電子傳導特性。然而，在電化學的研究中，大部分 silole 衍生物都呈現不可逆的氧化和還原[122]，在 LiF/Al 陰極和 Alq₃ 發光層間插入 **20b** 或 **20d** 可將元件 EL 效率提升（1.9 到 2.6 lm/W），然而，**20b** 的 T_m（175℃）和 T_g 皆不高，因此在元件操作期間會結晶而破壞表面型態，而改善T_g的方法（最高到 81℃）則是增加取代基芳香環的個數，如化合物 **20c - e**，雖然 **20c - e** 的T_g比 Alq₃ 低，但使用 **20d** 當 ETM 所製作出的元件在空氣下測試，卻有較好的操作穩定性，這可能是 **20d** 在空氣中有較佳的穩定性所致。Siloles（**20a和 f**）除了可以當作 ETM 外，還可以作為 OLED 的發光材料[123]。

　　Dithienosiloles 化合物（**21a 和 b，22a - c**）可在真空蒸鍍下形成均勻的薄膜，而且也是被當成 ETM 使用[124]，雖然沒有電化學相關的氧化還原數值，但曾有文獻報導 **21a** 的 EA 值是與 Alq₃ 相近的（～ 3.1 eV），當使用 **21a** 和 **b** 當 ETM 時，所製作出的元件在高驅動電壓下效能會衰變，這可能是由於 ETM 熔化或結晶（**21a** 的 T_m ～160℃）所致。而相較於 **21a** 和 **b**，使用 **22b** 為 ETM 的 Alq₃ 發光元件，亮度可達 16000 cd/m²，而這或許是 **22b** 的熱穩定性較佳（T_m = 295℃）的緣故。雖然 silole 衍生物在 Alq₃ 發光元件中為相當不錯的ETM，但這類化合物仍需要更進一步改善它們的熱穩定性，以便完全發揮出它們的潛能。

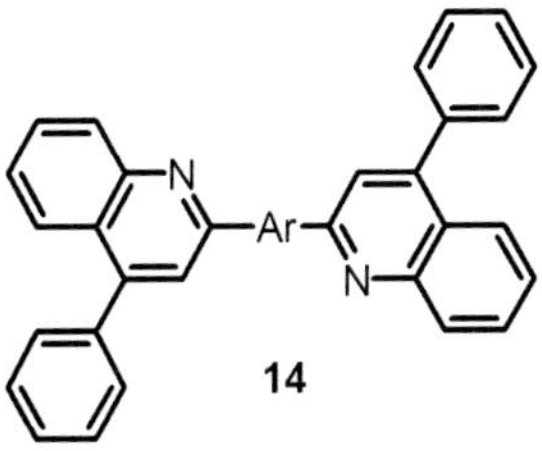

圖 3-16　電子傳輸材料結構

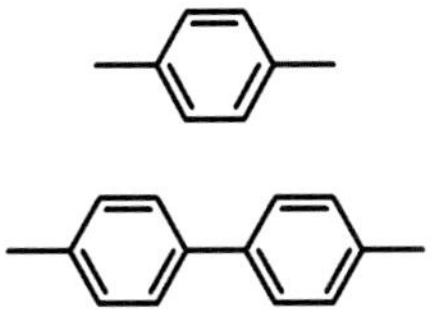

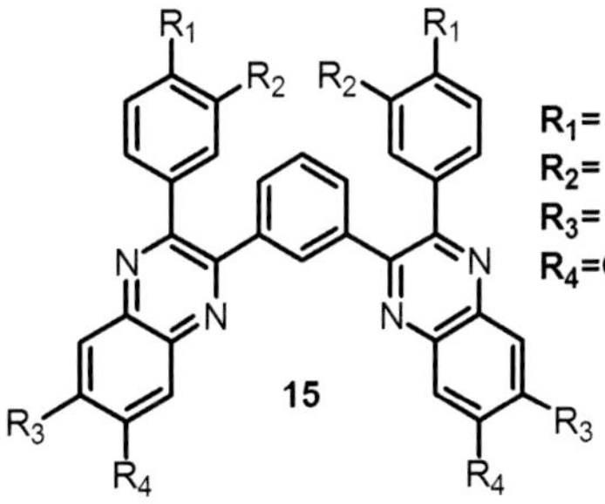

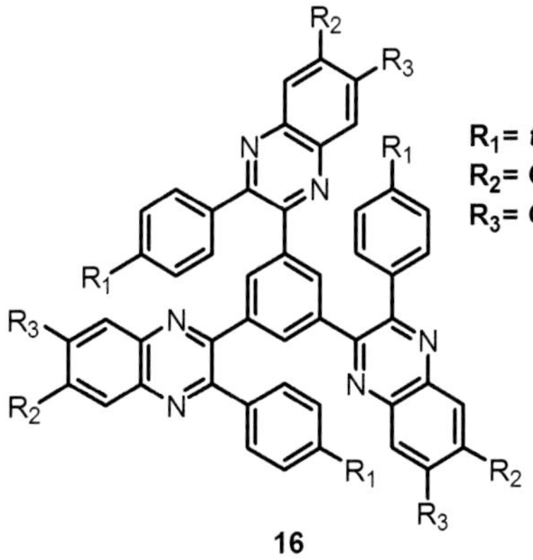

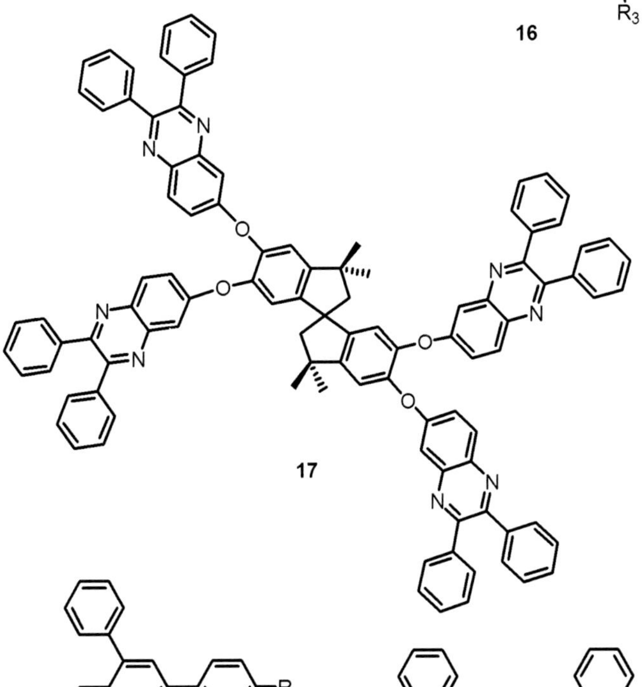

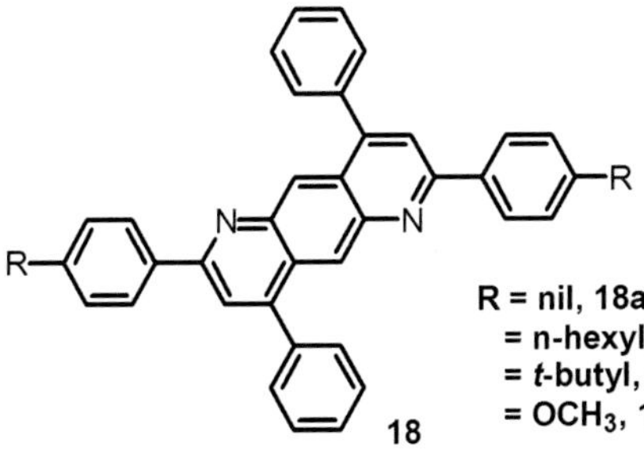

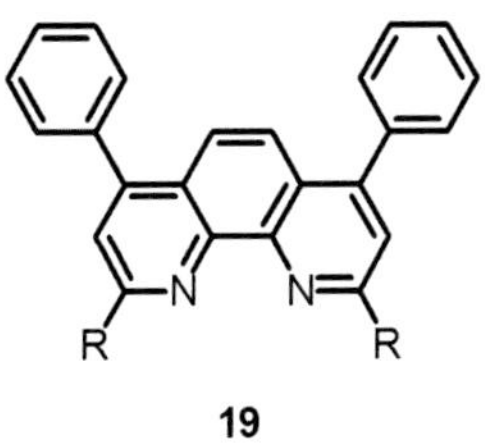

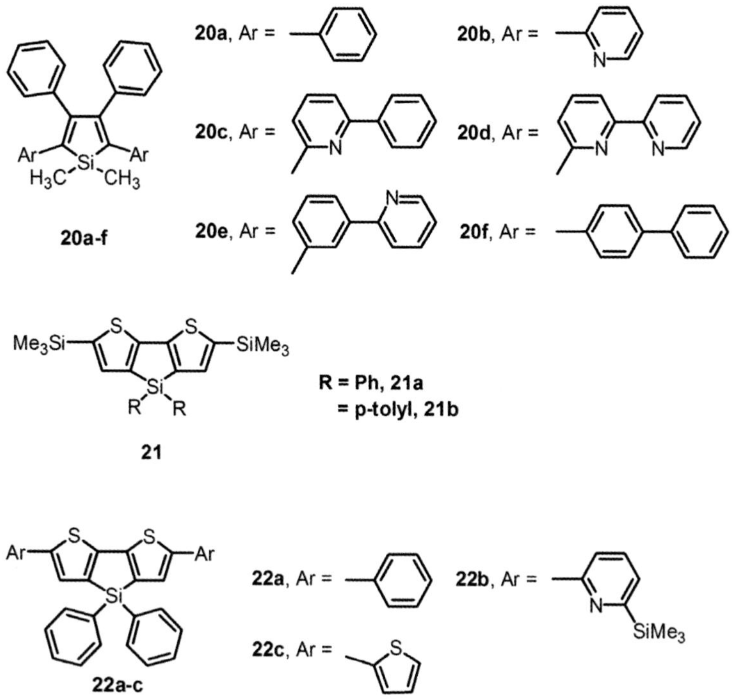

20a, Ar =

20b, Ar =

20c, Ar =

20d, Ar =

20e, Ar =

20f, Ar =

20a-f

R = Ph, 21a
= p-tolyl, 21b

21

22a, Ar =

22b, Ar =

22c, Ar =

22a-c

圖 3-17 含矽的 silole 衍生物

3.6.9 全氟化的 p -(phenylene)s 寡聚物

全氟化的 p -(phenylene)s 寡聚物其中包含直線型（**23a - d, 24**）[125]、分枝型（**25a - c**）[126]和樹狀物（**26a,b**）[127]，都被應用於OLED中當ETM。其中，直線型寡聚物（**23a - d, 24**）不溶於任何有機溶劑，且外觀呈高度結晶狀的固態，不具玻璃轉移點。相較於Alq₃，在真空下所沉積的 **23b** 薄膜呈現高出 100 倍的電子傳輸能力（2×10^{-3} cm²/Vs @ 9.4×10^5 V/cm），故此類化合物有機會成為比 Alq₃ 更好的 ETM，**23a - d** 都成功使用為 ETM 於 Alq₃ 發光元件，而其中使用 **23b** 的元件，其最大發光亮度為 12150 cd/m²。而 perfluoro-2-naphthyl 寡聚物 **24** 也呈現出較 Alq₃ 佳的電子傳輸特性，利用 **24** 所製成的 OLED 在低電壓（10 V）下就能產生 19970 cd/m² 的光。分枝型寡聚物 **25a - c** 可溶於有機溶劑中，且為非結晶性化合物（$T_g \sim 135 - 176$℃），

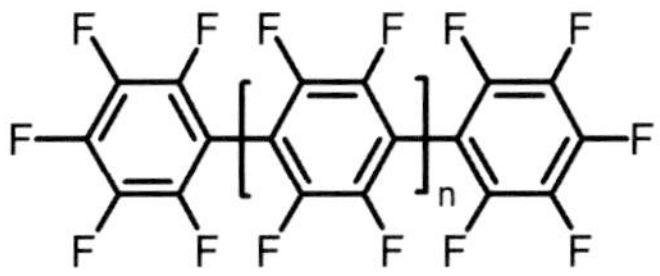

23a n = 3
23b n = 4
23c n = 5
23d n = 6

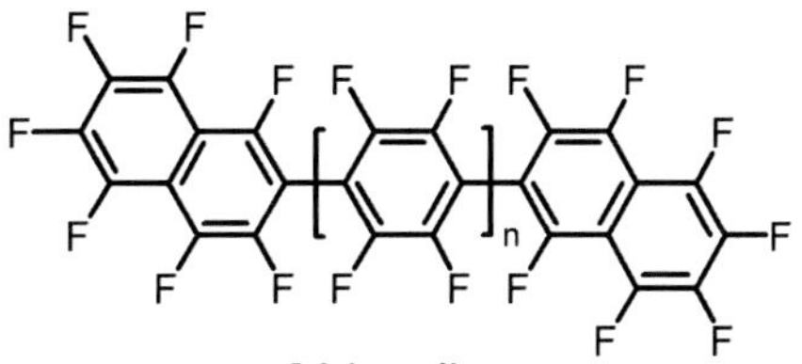

24 (n = 4)

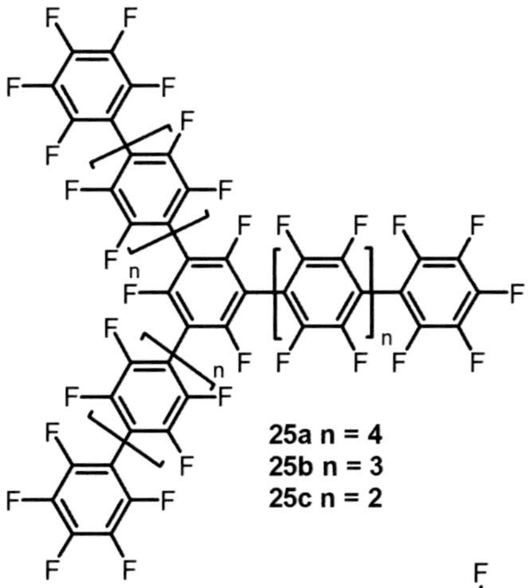

25a n = 4
25b n = 3
25c n = 2

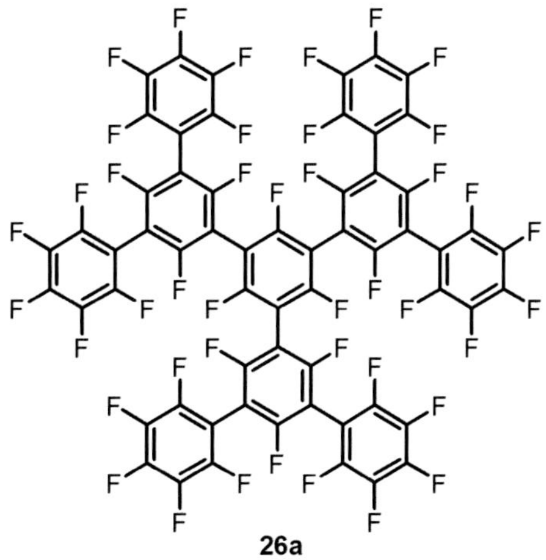

26a

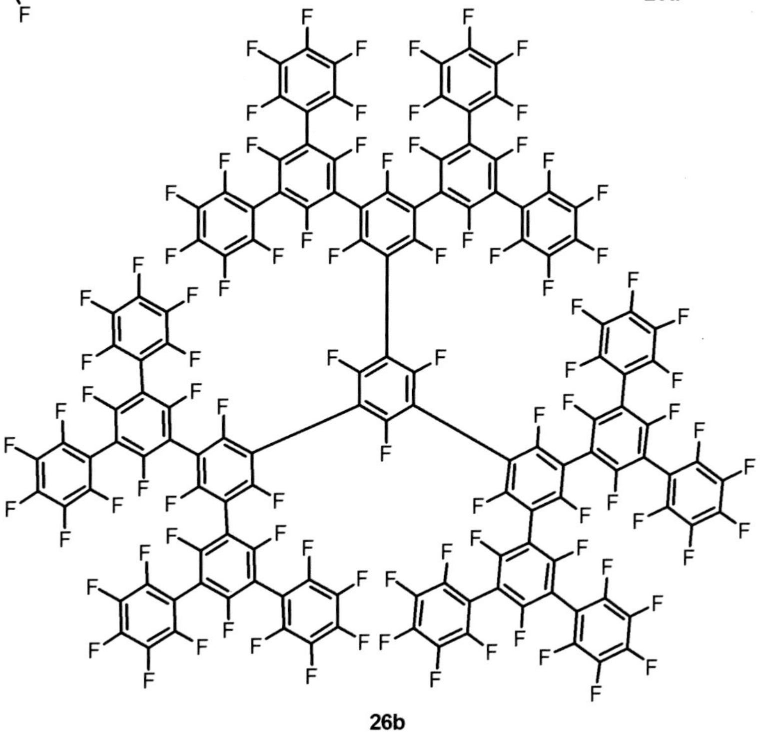

26b

圖 3-18　全氟化的 p-(phenylene)s 寡聚物

π 共軛長度由 **25c** 到 **25b** 到 **25a** 逐步增長，伴隨著電子親合性和 T_g 值也跟著增加，而從最後的結果來看，**25b** 是個比 **25c** 還要好的電子傳輸材料，**25c** 呈現非分散電子傳導，移動率在電場 6.3×10^5 V/cm 時為 2.3×10^{-4} cm^2/Vs，在這類化合物中，**25c** 有寬大的能隙（4.0 eV），HOMO 能階在 6.6 eV，因此 **25c** 應該能成為比 BCP（**19b**）更優越的電洞/激子阻擋材料，而從所製作完成的磷光 OLED 來看，結果也是如此[126]。一般認為，樹狀化合物所具有的分枝結構應能使分子呈現非結晶性，然而，可溶解的樹狀物 **26a** 和 **b** 卻是高度結晶性的（T_m 分別是 227 和 426℃），且在用作 Alq$_3$ 發光元件的 ETM 時，元件的效能不如直線型（**24**）和分枝型（**25a**）的寡聚物，在相當高的電壓（>20 V）時，只能發出微弱的光（～30 cd/m^2），而循環伏安實驗的結果是，**26a** 和 **b** 呈現出不可逆的還原且 LUMO 能階值相當小（～2.2 eV），因為這類全氟化樹狀物的低共軛度（較氫稍大的氟原子的立體障礙所致）和不適合的 LUMO 能階，導致這類化合物的電子傳輸性質較直線型和分枝型結構差。

3.6.10 其他有潛力的 ETMs

用於 OLED 的新型 ETM 仍是持續地被開發。八取代的 cyclooctatetraenes（**27**, COTs）主要是用作藍光 OLED 的 ETM[128]，它們具有可逆的還原和大的能隙（>3.2 eV），且 LUMO 能階值大於 2.45 eV，暗示它們會有高 HOMO 值，有機會成為一個好的電洞阻擋材料，而且也因為此類化合物 T_g 高（～214℃），所以真空下可沉積出非結晶性且熱穩定的薄膜。

另一種新型 ETM 則是以 dimesitylboryl 基團為主的材料，如 **28a** 和 **b**[129]，這類化合物可真空蒸鍍成非結晶性薄膜（T_g 分別是 107℃ 和 115℃），且在電化學實驗中呈現兩根可逆的還原峰，LUMO 能階在 3.05 eV。相對於未使用 **28b** 的 Alq$_3$ 元件（亮度 13000 cd/m^2，外部量子效率 0.9%），使用 **28b** 當 ETM 的元件可得發光亮度 21400 cd/m^2 和外部量子效率 1.1%。

Oligothiophene-*S*,*S*-dioxides (**29**)是將 oligothiophene 中的 thienylene 選擇性去芳香性而得的[130]，在電化學研究中，所有具S,S-dioxide的衍生物都比沒有取代的 oligothiophene 有高的電子親合性（LUMO 值 > 3.0 eV），而且將 thiophene 五聚物中心thienylene的S氧化可增加固態螢光量子效率達 5-20 倍（**29**的固態螢光量子效率為 37%而 *quique*thiophene 只有 2%），使用 **29** 當為發光／電子傳輸材料的摻混型的OLED，可在 7 V的驅動電壓下，發出亮度為～ 200 cd/m^2 的紅光（620 nm）。

近來由日本 Kido 教授團隊發表的高效率元件中，是以 TPyPhB（**30**）系列作為電子傳輸材料，這類材料具有高能隙（～4 eV）、高HOMO值（> 6.6 eV）、高電子移動率（> 1×10^{-4} cm^2/Vs），不需 n 型摻雜，以 LiF/Al 為陰極結構即可得到低電壓元件，只是材料的熱穩定性和元件壽命並沒有被探討，如果材料穩定性佳，肯定是很有潛力的電子傳輸材料[131]。最後，介紹一個沒有使用缺電子雜環和拉電子基，卻能產生高電子傳導能力的非結晶性材料，*ter*（9,9-diarylfluorene）s（**31**）[132]，其電洞移動率與一般三芳香基胺類化合物相當，LUMO 能階也只有 2.4 eV，但電子移動率卻高達 1.2×10^{-3}cm^2/Vs（6.5×10^5 V/cm）。由循環伏安實驗指出這些三聚芴有兩組可逆的氧化還原峰被觀察到，與 9,10-di（2-naphthyl）anthracene（ADN）衍生物一樣具有雙偶極性（ambipolar）[133]，而且此材料發藍光，可製作出高效率的藍光元件[134]。

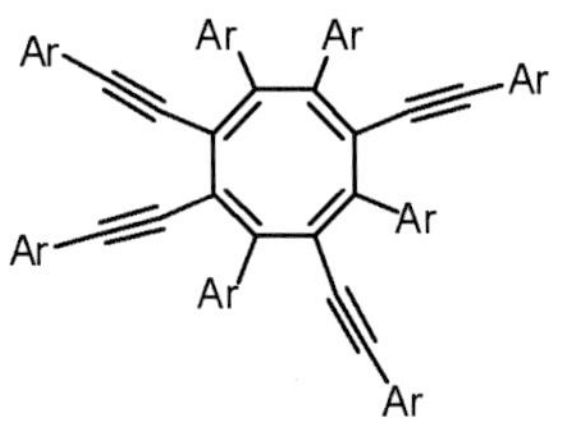

27
Ar = *p*-tolyl

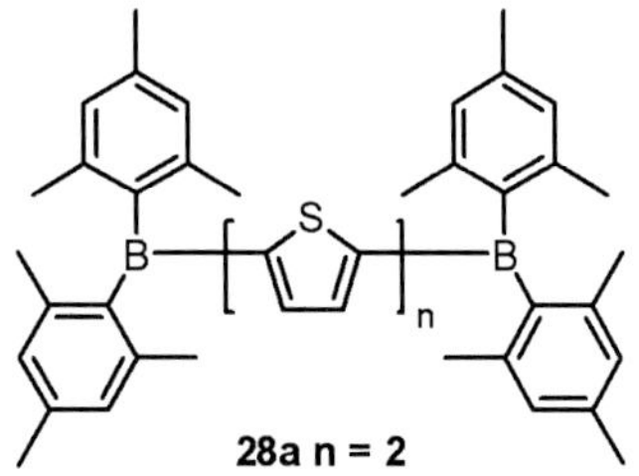

28a n = 2
28b n = 3

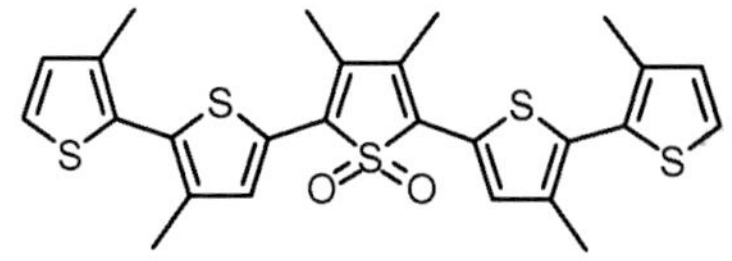

29

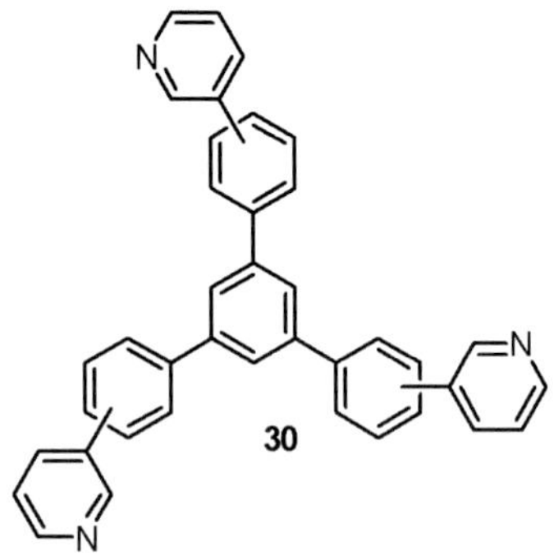

30

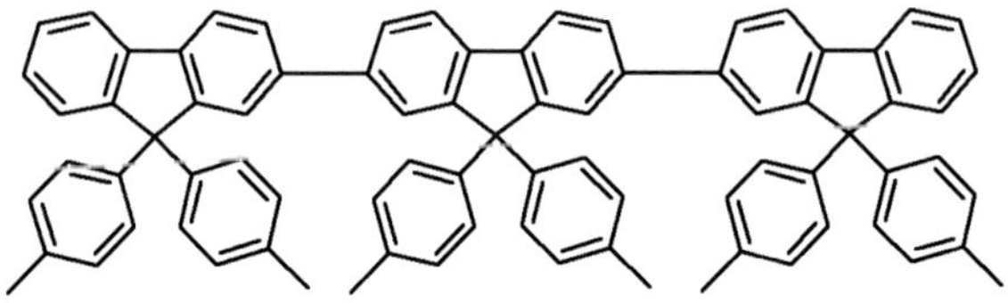

31

圖 3-19　其他有潛力的 ETMs

3-7　載子移動率

電子或電洞傳送材料除了LUMO或HOMO能階必須分別與陰極或陽極功函數匹配之外，電子或電洞的載子移動率也是非常重要的一個參數，從空間電荷限制電流理論也可以瞭解，電流是與載子移動率成正比的關係，因此一般載子移動率愈大，驅動電壓就愈小。表 3-4、表 3-5 列出一些電子或電洞傳送材料的載子移動率，電子傳送材料的移動率在 10^{-6}-10^{-4} cm^2/Vs 之間，電洞傳送材料則在 10^{-5}-10^{-3} cm^2/Vs 之間，只有少數的電子

傳送材料的移動率可以達到 10^{-3} cm^2/Vs。除了本身化學結構的差異性之外，一般堆疊得愈規則的，載子移動率愈大，但如果分子的堆疊會導致二聚體（dimer）或凝集（aggregate）的形成，這對載子移動率也會造成不良的影響，因為有文獻指出這些二聚體往往是載子或激發子的陷阱[135]，尤其是電子對於這些陷阱特別敏感，電子傳送材料應該避免這些二聚體產生。另外分子的極性（dipole）如果太強，則會造成載子與分子偶極的散射效應（scattering）因而降低載子移動率[136]，且極性愈大載子移動率對電場的變化愈敏感。

電子在非晶形的有機薄膜中傳遞，主要是靠電子在各分子間的 LUMO 能階跳躍，而這些能階的分佈，往往如圖 3-20 所示屬於高斯（Gaussion）分佈，分佈半高寬（σ）約在 0.1 eV 左右[137]，在這種情況下電荷傳遞通常屬於非分散的（nondispersive）特性，TOF 量測出的光電流對時間的線性座標圖會表現明顯的扭結（kink）（如圖 3-21 所示），表 3-5 中編號 **11**、**12**、**13** 和 **18** 的化合物均顯現出非分散的傳遞特性。但研究發現並非所有的材料都表現出非分散的傳遞特性，尤其是非晶形材料或摻雜系統。Malliaras 等人觀察到 Alq$_3$ 在純化後才會表現出非分散的電荷傳遞特性[138]，但暴露在大氣後就會變成分散式的電荷傳遞，其光電流對時間衰減，沒有明顯的扭結，也很難定義出 t_τ。1975 年 Scher 和 Montroll 發表出一套理論模式來解釋這種分散式（dispersive）的傳遞現象[139]。他們表示在分散式的傳遞系統，電流對時間的關係如下：

$$I(t) \propto t^{-(1-\alpha)} \quad \text{for } t < t_\tau$$

$$I(t) \propto t^{-(1+\alpha)} \quad \text{for } t > t_\tau$$

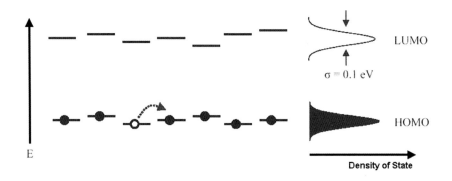

圖 3-20　高斯能階分佈

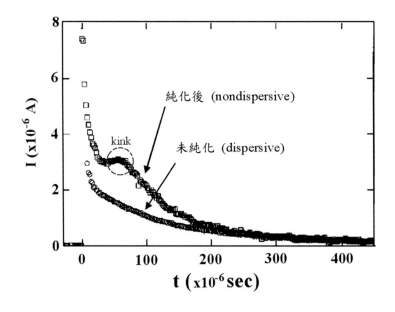

圖 3-21　Alq₃ 的 TOF 觀測結果

　　因此，如果將光電流對時間的關係繪製成對數的座標圖，則斜率改變的時間即定義為 t_τ，且兩斜率相加應等於 -2（如圖 3-22）。後來也證實如果電荷是在具有陷阱的材料中傳遞時（σ會較大），此種電荷傳遞模式也會表現出分散式的特性[140]。所謂的陷阱指的是擁有比母體更容易接受電子或電洞的能階位置，此陷阱可以是材料本質上擁有的，比如說有機材料

本身的不純物，也可以是外來的，例如利用摻雜的方法故意將載子陷阱加入。這對有機發光二極體材料的重要在於可以瞭解材料本身的電荷傳遞特性，及是否擁有陷阱或雜質，這些陷阱或雜質可能是影響發光效率和壽命的因素。

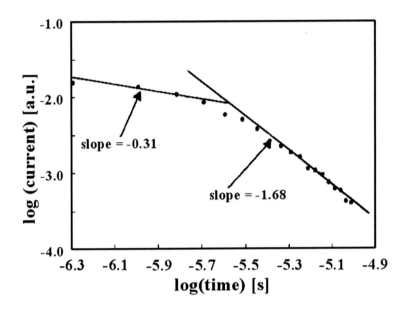

圖 3-22　分散式傳遞系統中 t_τ 的判定[136]

表 3-4　電洞傳送材料的載子移動率

	Molecular strcture	Mobility μ_h [cm^{2}V^{-1}s^{-1}]	E [Vcm^{-1}]	Ref.
1	TPD	1.0×10^{-3}	1.5×10^{5}	142

	Molecular strcture	Mobility μ_h [cm^{2}V^{-1}s^{-1}]	E [Vcm^{-1}]	Ref.
2	BPD	6.5×10^{-4} (o-BPD)	1.0×10^5	143
		5.3×10^{-5} (m-BPD)	1.0×10^5	143
		1.0×10^{-3} (p-BPD)	1.0×10^5	143
3	NPB	5.1×10^{-4}	1.0×10^5	144
4	TAPC	1.0×10^{-2}	4.4×10^5	145
5	FFD	4.1×10^{-3}	1.0×10^5	146

	Molecular strcture	Mobility μ_h [cm^{2}V^{-1}s^{-1}]	E [Vcm^{-1}]	Ref.
6	(TPTE)	8×10^{-3}	2.5×10^5	147
7	R = H R = CH$_3$	2.2×10^{-4} （R = H） 7.0×10^{-5} （R = CH$_3$）	2.0×10^5 2.0×10^5	148
8		1.0×10^{-2}	1.0×10^5	149
9		2.1×10^{-3}	4.0×10^4	150

	Molecular strcture	Mobility μ_h [cm^{2}V^{-1}s^{-1}]	E [Vcm^{-1}]	Ref.
10		2.0×10^{-4}	6.0×10^5	151
11		5.0×10^{-4}	5.0×10^5	152
12	 **TDATA : R = H** *o*-MTDATA : R = *o*-Me *m*-MTDATA : R = *m*-Me *p*-MTDATA : R = *p*-Me	3.0×10^{-5} (*m*-MTDATA)	1.0×10^5	153
13	 **TDAB : R = H** *o*-MTDAB : R = *o*-Me *m*-MTDAB : R = *m*-Me *p*-MTDAB : R = *p*-Me	3.0×10^{-3} (*o*-MTDAB)	2.0×10^5	143

	Molecular strcture	Mobility μ_h [cm^{2}V^{-1}s^{-1}]	E [Vcm^{-1}]	Ref.
14	 *p*-DPA-TDAB	1.4×10^{-4}	2.0×10^5	143
15	 MTBDAB	2.5×10^{-5}	2.0×10^5	143
16	 TDAPB : R = H *o*-MTDAPB : R = *o*-Me *m*-MTDAPB : R = *m*-Me *p*-MTDAPB : R = *p*-Me	1.6×10^{-5} (*m* -MTDAPB)	2.0×10^5	143

	Molecular strcture	Mobility μ_h [cm²V⁻¹s⁻¹]	E [Vcm⁻¹]	Ref.
17	TTA	7.9×10^{-4} (o-TTA)	1.0×10^5	143
		2.3×10^{-5} (m-TTA)	1.0×10^5	143
		8.8×10^{-4} (p-TTA)	1.0×10^5	143
18	BMA-3T	2.8×10^{-5}	1.0×10^5	143
19	BMA-4T	1.0×10^{-5}	1.0×10^5	143

表 3-5　電子傳送材料的載子移動率

	Molecular structure	Mobility μ_e [cm²V⁻¹s⁻¹]	E [Vcm⁻¹]	Ref.
1		4.1×10^{-6} [a]	1.6×10^5	154
2		1.8×10^{-6} [a]	2.2×10^5	155

	Molecular structure	Mobility μ_e [cm^{2}V^{-1}s^{-1}]	E [Vcm^{-1}]	Ref.
3		1.0×10^{-5} [a]	3.6×10^5	156
4		4.8×10^{-4} [a]	1.7×10^5	157
5		4.0×10^{-5} [a]	4.0×10^5	158
6		1.4×10^{-6} [a] 4.7×10^{-6} [b]	4.0×10^5 1.0×10^6	159 160
7	ZnPBO	2.1×10^{-5} [b]	1.0×10^6	160
8		1.2×10^{-6} [a,c]	7.0×10^5	82

	Molecular structure	Mobility μ_e [cm^{2}V^{-1}s^{-1}]	E [Vcm^{-1}]	Ref.
9		8.3×10^{-4} [a]	3.0×10^5	103
10		2×10^{-3} [a]	9.4×10^5	125
11		2.3×10^{-4} [a]	6.3×10^5	126
12		9.0×10^{-5} [a]	9.8×10^5	113

	Molecular structure	Mobility μ_e [cm^{2}V^{-1}s^{-1}]	E [Vcm^{-1}]	Ref.
13		8.0×10^{-5} [a]	9.0×10^5	113
14	BPhen	4.2×10^{-4} [a] 2.4×10^{-4} [b]	3.0×10^5 1.0×10^6	117 160
15	BCP	1.1×10^{-3} [b]	1.0×10^6	160
16	OXD-7	2.1×10^{-5} [b]	1.0×10^6	160
17	PBD	1.9×10^{-5} [b]	1.0×10^6	160

	Molecular structure	Mobility μ_e [cm^{2}V^{-1}s^{-1}]	E [Vcm^{-1}]	Ref.
18	PyPySPyPy	2.0×10^{-4} [a] 2.0×10^{-4} [b]	6.4×10^5 6.0×10^5	121 161
19	PPSPP	5.2×10^{-5} [b]	6.0×10^5	161
20	2PSP	2.4×10^{-5} [b]	6.0×10^5	161
21		1.2×10^{-3} [a]	6.5×10^5	132
22		5×10^{-4} [a] (*m*-TPyPhB) 7×10^{-3} [a] (*p*-TPyPhB)	3.6×10^5	162

[a] Determined from TOF.

[b] Determined from Space Charge Limited Current.

[c] 50% in polycarbonate.

參考文獻

1. M. Stossel, J. Staudigel, F. Steuber, J. Simmerer, A. Winnacker, *Appl. Phys.* A, **68**, 387 (1999).

2. M. Stoβel, J. Staudigel, F. Steuber, J. Blassing, J. Simmerer, A. Winnacker, H. Neuner, D. Metzdorf, H.-H. Johannes, W. Kowalsky, *Synth. Met.*, **19**, 111 (2000).

3. K. Seki, N. Hayashi, H. Oji, E. Ito, Y. Ouchi, H. Ishii, *Thin Solid Films*, **393**, 298 (2001).

4. P. A. Serena, J. M. Soler, N. García, *Phys. Rev. B*, **37**, 8701 (1988).

5. D. Parker, *J. Appl. Phys.*, **75**, 1656 (1994).

6. C.W. Tang, S.A. VanSlyke, C.H. Chen, *J. Appl. Phys.*, **65**, 3610 (1989).

7. C. Shen, I.G. Hill, A. Kahn, *Adv. Mater.*, **11**, 1523 (1999).

8. E. I. Haskal, A. Curioni, P.F. Seidler, W. Andreoni, *Appl. Phys. Lett.*, **71**, 1151 (1997).

9. L. S. Hung, L.S. Liao, C.S. Lee, S.T. Lee, *J. Appl. Phys.*, **86**, 4607 (1999).

10. L. S. Hung, *Thin Solid Films*, **363**, 47 (2000).

11. S. Naga, M. Tamekawa, T. Terashita, H. Okada, H. Anada, H. Onnagawa, *Synth. Met.*, **91**, 129 (1997).

12. T. Ishida, H. Kobayashi and Y. Nakato, *J. Appl. Phys.*, **73**, 4344 (1993).

13. S. Seki, Y. Sawada, T. Nishide, *Thin Solid Films*, **388**, 22 (2001).

14. M. Bender, J. Trube, J. Stollenwerk, *Appl. Phys. A*, **69**, 397 (1999).

15. T. Futagami, Y. Shigesato, T. Yasui, Jpn. *J. Appl. Phys. Part 1*, **37**, 6210 (1998).

16. T. Maruyama, K. Fukui, *Thin Solid Films*, **203**, 297 (1991).

17. V. Vasu, A. Subrahmanyam, *Thin Solid Films*, **193/194**, 696 (1990).

18. M. A. Martinez, J. Herrero, M. T. Gutierrez, *Thin Solid Films*, **269**, 80 (1995).

19. N. Kikuchi, E. Kusano, E. Kishio, A. Kinbara, H. Nanto, J. *Vac, Sci. Technol. A*, **19**, 1636 (2001).

20. S. Masatoshi, I. Kazuyoshi, K. Akira, O. Masashi, US5972527 (1999).

21. J. Cui, A. Wang, N. L. Edleman, J. Ni, P. Lee, N. R. Armstrong, T. J. Marks, *Adv. Mater.*, **13**, 1476 (2001).

22. F. O. Adurodija, H. Izumi, T. Ishihar, *Thin Solid Films*, **350**, 79, (1999).

23. H. J. Kim, J. W. Bae, J. S. Kim, *Surf. Coat. Technol.*, **131**, 201 (2000).

24. J. Matsuo, H. Katsumata, E. Minami, *Nucl. Instrum. Methods Phys. Res. B*, **161**, 952 (2000).

25. M. H Sohn, D. Kim, S. J. Kim, *J. Vac. Sci. Technol. A*, **21**, 1347 (2003).

26. M. Ishii, T. Mori, H. Fujikawa, S. Tokito, Y. Taga, *Journal of Luminescence*, **87**, 1165 (2000).

27. J. S. Kim, M. Granström, R. H. Friend, N. Johansson, W. R. Salaneck, R. Daik, W. J. Feast, F. Cacialli, *J. Appl. Phys.*, **84**, 6859 (1998).

28. S. K. So1, W. K. Choi1, C. H. Cheng1, L. M. Leung, C. F. Kwong, *Appl. Phys. A*, **68**, 447 (1999).

29. M. G. Mason, L. S. Hung, C. W. Tang, S. T. Lee, K. W. Wong, M. Wang, *J. Appl. Phys.*, **86**, 1688 (1999).

30. S. A. VanSlyke, C. H. Chen, C. W. Tang, *Appl. Phys. Lett.*, **69**, 2160 (1996).

31. (a) Y. Shirota, Y. Kuwabara, H. Inada, *Appl. Phys. Lett.*, **65**, 807 (1994). (b) Y. Hamada, N. Matsusue, H. Kanno, H. Fujii, T. Tsujioka, H. Takahashi, *Jpn. J. Appl. Phys. Part 2*, **40**, L753 (2001). (c) D. Heithecker, A. Kammoun, T. Dobbertin, T. Riedl, E. Becker, D. Metzdorf, D. Schneider, H.-H. Johannes, and W. Kowalsky, *Appl. Phys. Lett.*, **82**, 4178 (2003).

32. (a) Y. Yang, A. J. Heeger, *Appl. Phys. Lett.*, **64**, 1245 (1994). (b) Y. Cao, G. Yu, C. Zhang, R. Menon, A. J. Heeger, *Synth. Met.*, **87**, 171 (1997).

33. A. Elschner, F. Bruder, H.-W. Heuer, F. Jonas, A. Karbach, S. Kirchmeyer, S. Thurm, R. Wehrmann, *Synth. Met.*, **111**, 139 (2000).

34. T. M. Brown, J. S. Kim, R. H. Friend, F. Cacialli, R. Daik, W. J. Feast, *Appl. Phys. Lett.*, **75**, 1679 (1999).

35. J.-G. Jang, S.-H. Son, WO2004054326 (2004).

36. C. Ganzorig, M. Fujihira, *Appl. Phys. Lett.*, **77**, 4211 (2000).

37. D. B. Romero, M. Schaer, L. Zuppiroli, B. Cesar, B. Francois, *Appl. Phys. Lett.*, **67**, 1659 (1995).

38. F. Huang, A. G. MacDiamid, B. R. Hsieh, *Appl. Phys. Lett.*, **71**, 2415 (1997).

39. J. Blochwitz, M. Pfeiffer, T. Fritz, K. Leo, *Appl. Phys. Lett.*, **73**, 729 (1998).

40. A. Yamamori, C. Adachi, T. Koyama, Y. Taniguchi, *Appl. Phys. Lett.*, **72**, 2147 (1998).

41. B. Maennig, M. Pfeiffer, A. Nollau, X. Zhou, K. Leo, P. Simon, *Phys. Rev. B*, *64*, 195208 (2001).

42. J. Blochwitz, M. Pfeiffer, T. Fritz, K. Leo, D.M. Alloway, P.A. Lee, N.R. Armstrong, *Org. Electron.*, *2*, 97 (2001).

43. Z. B. Deng, X. M. Ding, S. T. Lee, W. A. Gambling, *Appl. Phys. Lett.*, **74**, 2227 (1999).

44. L. S. Hung, L. R. Zheng, and M. G. Mason, *Appl. Phys. Lett.*, **78**, 679 (2001).

45. Y. Qiu, Y. Gao, L. Wang, and D. Zhang, *Synth. Met.*, **130**, 235 (2002).

46. C. O. Poon, F. L. Wong, S. W. Tong, R. Q. Zhang, C. S. Lee, S. T. Lee, *Appl. Phys. Lett.*, **83**, 1038 (2003).

47. J. M. Zhao, S. T. Zhang, X. J. Wang, Y. Q. Zhan, X. Z. Wang, G. Y. Zhong, Z. J. Wang, X. M. Ding, W. Huang, and X. Y. Hou, *Appl. Phys. Lett.*, **84**, 2913 (2003).

48. Y. Shirota, K. Okumoto, H. Inada, *Synth. Met.*, **111**, 387 (2000).

49. S. A. VanSlyke, C. W. Tang, US 5,061,569 (1991).

50. J. Salbeck, N. Yu, Bauer, F. Weissotel, H. Bestgen, *Synth. Met.*, **91**, 209 (1997).

51. U. Bach, K. D. Cloedt, H. Spreitzer, M. Gratzel, *Adv. Mater.*, **12**, 1060 (2000).

52. S. C. Tse, K. C. Kwok, and S. K. So, *Appl. Phys. Lett.*, **89**, 262102 (2006).

53. T. Wakimoto, Y. Fukuda, K. Nagayama, A. Yokoi, H. Nakada, M. Tsuchida, *IEEE Trans. Electron. Devices*, **44**, 1245 (1997).

54. C. Ganzorig, K. Suga, M. Fujihira, *Mater. Sci. Eng. B*, **85**, 140 (2001).

55. C. Ganzorig, M. Fujihira, *Appl. Phys. Lett.*, **85**, 4774 (2004).

56. M. Stoßel, J. Staudigel, F. Steuber, J. Blassing, J. Simmerer, A. Winnacker, *Appl. Phys. Lett.*, **76**, 115, (2000).

57. T. M. Brown and R. H. Friend, I. S. Millard, D. J. Lacey, T. Butler, and J. H. Burroughes, F. Cacialli, J. *Appl. Phys.*, **93**, 6159 (2003).

58. S.E. Shaheen, G.E. Jabbour, M.M. Morrell, Y. Kawabe, B. Kippelen, N. Peyghambarian, M.-F. Nabor, R. Schlaf, E.A. Mash, N.R. Armstrong, *Appl. Phys. Lett.*, **84**, 2324 (1998).

59. L.S. Hung, R.Q. Zhang, P. He, G. Mason, J. Phys. D: *Appl. Phys.*, **35**, 103 (2002).

60. T. Mori, H. Fujikawa, S. Tokito, V. Taga, *Appl. Phys. Lett.*, **73**, 2763 (1998).

61. R. Schlaf, B.A. Parkinson, P.A. Lee, K.W. Nebesny, G. Jabbour, B. Kippelen, N. Peyghambarian, N.R. Armstrong, J. *Appl. Phys.*, **84**, 6729 (1998).

62. H. Heil, J. Steiger, S. Karg, M. Gastel, H. Ortner, H. Von Seggern, M. Stoßel, *J. Appl. Phys.*, **89**, 420 (2001).

63. M.G. Mason, C.W. Tang, L.S. Hung, P. Raychaudhuri, J. Madathil, D.J. Giesen, L. Yan, Q.T. Le, Y. Gao, S.T. Lee, L.S. Liao, L.F. Cheng, W.R. Salaneck, D.A. dos Santos, J.L. Bredas, *J. Appl. Phys.*, **89**, 2756 (2001).

64. L.S. Hung, R.Q. Zhang, P. He, G. Mason, *J. Phys. D: Appl. Phys.*, **35**, 103 (2002).

65. J. Kido, T. Matsumoto, *Appl. Phys. Lett.*, **73**, 2866 (1998).

66. G. Parthasarathy, C. Shen, A. Kahn, and S. R. Forrest, *J. Appl. Phys.*, **89**, 4986 (2001).

67. 陳怡靜、黃孝文、陳金鑫，*Proceedings of Taiwan Display Conference (TDC'04)*, p.336, June 10-11, 2004, Taipei, Taiwan.

68. T.Hasegawa, S. Miura, T. Moriyama, T. Kimura, I. Takaya, Y. Osato, and H. Mizutani, *Proceedings of SID'04*, p.154, May 23-28, 2004, Seattle, Washington, USA.

69. (a) C. J. Bloom, C. M. Elliott, P. G. Schroeder, C. B. France, and B. A. Parkinson, *J. Phys. Chem. B*, **107**, 2933 (2003). (b) K. Harada, A. G. Werner, M. Pfeiffer, C. J. Bloom, C. M. Elliott, and K. Leo1, *Phys. Rev. Lett.*, **94**, 036601 (2005).

70. (a) P. G. Kepler, *Phys. Rev.*, **119**, 1226 (1960). (b) E. H. Martin, J. Hirsch, *Solid State Commun.*, 7, 783 (1969). (c) M. Pope, C. E. Swenberg, Electronic Processes in Organic Crystals and Polymers; Oxford University Press: New York, 1999. (d) J. M. Warman, A. M. van de Craats, *Mol. Cryst. Liq. Cryst.*, **396**, 41 (2003). (e) G. Horowitz, *Adv. Mater.*, **10**, 365 (1998). (f) A. Babel, S. A. Jenekhe, *J. Am. Chem. Soc.*, **125**, 13656 (2003).

71. (a) X. Zhang, S. A. Jenekhe, *Macromolecules*, **33**, 2069 (2000). (b) S. A. Jenekhe, S. Yi, *Appl. Phys. Lett.*, **77**, 2635 (2000).

72. C. Adachi, T. Tsutsui, S. Saito, *Appl. Phys. Lett.*, **55**, 1489 (1989).

73. J. Pommerehne, H. Vestweber, W. Guss, R. F. Mahrt, H. Bassler, M. Porsch, J. Daub, *Adv. Mater.*, **7**, 551 (1995).

74. C. Adachi, T. Tsutsui, S. Saito, *Appl. Phys. Lett.*, **56**, 799 (1990).

75. Y. Cao, I. D. Parker, G. Yu, C. Zhang, A. J. Heeger, *Nature*, **397**, 414 (1999).

76. S. Hoshino, K. Ebata, K. Furukawa, *J. Appl. Phys.*, **87**, 1968 (2000).

77. (a) H. Tokuhisa, M. Era, T. Tsutsui, S. Saito, *Appl. Phys. Lett.*, **66**, 3433 (1995). (b) T. Yasuda, Y. Yamaguchi, D.-C. Zou, T. Tsutsui, Jpn. *J. Appl. Phys.*, **41**, 5626 (2002).

78. B. Schulz, B. Stiller, T. Zetzsche, G. Knochenhauer, R. Dietel, L. Brehmer, *Chem. Mater.*, **7**, 1041 (1995).

79. (a) Y. Hamada, C. Adachi, T. Tsutsui, S. Saito, Jpn. *J. Appl. Phys.*, **31**, 1812 (1992). (b) D. O'Brien, A. Bleyer, D. G. Lidzey, D. D. C. Bradley, T. Tsutsui, *J. Appl. Phys.*, **82**, 2662 (1997). (c) C. Wang, G. -Y. Jung, Y. Hua, C. Pearson, M. R. Bryce, M. C. Petty, A. S. Batsanov, A. E. Goeta, J. A. K. Howard, *Chem. Mater.*, **13**, 1167 (2001).

80. D. O'Brien, A. Bleyer, D. G. Lidzey, D. D. C. Bradley, T. Tsutsui, *J. Appl. Phys.*, **82**, 2662 (1997).

81. C. Wang, G. -Y. Jung, Y. Hua, C. Pearson, M. R. Bryce, M. C. Petty, A. S. Batsanov, A. E. Goeta, J. A. K. Howard, *Chem. Mater.*, **13**, 1167 (2001).

82. J. Bettenhausen, P. Strohriegl, W. Brütting, H. Tokuhisa, T. Tsutsui, *J. Appl. Phys.*, **82**, 4957 (1997).

83. N. Tamoto, C. Adachi, K. Nagai, *Chem. Mater.*, **9**, 1077 (1997).

84. (a) J. Bettenhausen, P. Strohriegl, *Adv. Mater.*, **8**, 507 (1996). (b) J. Bettenhausen, M. Greczmiel, M. Jandke, P. Strohriegl, *Synth. Met.*, **91**, 223 (1997).

85. H.-C. Yeh, R.-H. Lee, L-H. Chan, T.-Y. Lin, C.-T. Chen, E. Balasubramaniam, Y.-T. Tao, *Chem. Mater.*, **13**, 2788 (2001).

86. K. Kobayashi, T. Kawaguchi, M. Ichikawa, T. Miki, Y. Nakajlma, D. Yamashita, K. Furukawa, T. Koyama, Y. Taniguchi, 第 65 屆應用物理學會稿集, p.1180 (2004).

87. J. D. Anderson, E. M. McDonald, P. A. Lee, M. L. Anderson, E. L. Ritchie, H. K. Hall, T. Hopkins, E. A. Mash, J. Wang, A. Padias, S. Thayumanavan, S. Barlow, S. R. Marder, G. E. Jabbour, S. Shaheen, B. Kippelen, N. Peyghambarian, R. M. Wightman, N. R. Armstrong, *J. Am. Chem. Soc.*, **120**, 9646 (1998).

88. (a) M. Brinkmann, G. Gadret, M. Muccini, C. Taliani, N. Masciocchi, A. Sironi, *J. Am. Chem. Soc.*, **122**, 5147 (2000). (b) L. S. Sapochak, A. Ranasinghe, H. Kohlmann, K. F. Ferris, P. E. Burrows, *Chem. Mater.*, **16**, 401 (2004).

89. J. Kido, K. Hongawa, K. Okuyama, K. Nagai, *Appl. Phys. Lett.*, **63**, 2627 (1993).

90. P. E. Burrows, L. S. Sapochak, D. M. McCarty, S. R. Forrest, M. E. Thompson, *Appl. Phys. Lett.*, **64**, 2718 (1994).

91. B. J. Chen, X. W. Sun, Y. K. Li, *Appl. Phys. Lett.*, **82**, 3017 (2003).

92. S. Tokito, K. Noda, H. Tanaka, Y. Taga, T. Tsutsui, *Synth. Met.*, **111**, 393 (2000).

93. H. Hiroki, JP2004152641 (2004).

94. Y. Hamada, T. Sano, M. Fujita, T. Fujii, Y. Nishio, K. Shibata, J*pn. J. Appl. Phys. Part 2*, **32**, L514 (1993).

95. L. S. Sapochak, F. E. Benincasa, R. S. Schofield, J. L. Baker, K. K. C. Riccio, D. Fogarty, H. Kohlmann, K. F. Ferris, P. E. Burrows, *J. Am. Chem. Soc.*, **124**, 6119 (2002).

96. G. Yu, S. Yin, Y. Liu, Z. Sguai, D. Zhu, *J. Am. Chem. Soc.*, **125**, 14816 (2003).

97. J. Kido, C. Ohtaki, K. Hongawa, K. Okuyama, K. Nagai, Jpn. *J. Appl. Phys. Part 2*, **32**, L917 (1993).

98. M. Thelakkat, R. Fink, P. Posch, J. Ring, H.-W. Schmidt, *Polym. Prepr.*, **38**, 394 (1997).

99. J. Kido, K. Hongawa, K. Okuyama, K. Nagai, *Appl. Phys. Lett.*, **63**, 2627 (1993).

100. J. Kido, M. Kimura, K. Nagai, *Science*, **267**, 1332 (1995).

101. R. Fink, Y. Heischkel, M. Thelakkat, H. -W. Schmidt, C. Jonda, M. Huppauff, *Chem. Mater.*, **10**, 3620 (1998).

102. H. Inomata, K. Goushi, T. Masuko, T. Konno, T. Imai, H. Sasabe, J. J. Brown, C. Adachi, *Chem. Mater.*, **16**, 1285 (2004).

103. K. Yaguma, T. Ishi-I, T. Thiemann, M. Yashima, K. Ueno, S. Mataka, *Proceedings of IDW'03*, p.1347, Dec. 3-5, 2003, Fukuoka, Japan.

104. J. Shi, C. W. Tang, C. H. Chen, U.S. Patent 5646948 (1997).

105. T. D. Anthopoulos, J. P. J. Markham, E. B. Namdas, I. D. W. Samuel, S. -C. Lo, P. L. Burn, *Appl. Phys. Lett.*, **82**, 4828 (2003).

106. (a) Z. Gao, C. S. Lee, I. Bello, S. T. Lee, R. -M. Chen, T. -Y. Luh, J. Shi, C. W. Tang, *Appl. Phys. Lett.*, **74**, 865 (1999). (b) H. -T. Shih, C. -H. Lin, C. -H. Shih, C. -H. Cheng, A*dv. Mater.*, **14**, 1409 (2002).

107. S. -C. Lo, N. A. H. Male, J. P. J. Markham, S. W. Magennis, P. L. Burn, O. V. Salata, I. D. W. Samuel, *Adv. Mater.*, **14**, 975 (2002).

108. (a) K. Okumoto, H. Kanno, Y. Hamada, H. Takahashi, K. Shibata, *Appl. Phys. Lett.*, **89**, 013502 (2006). (b) K. Okumoto, H. Kanno, Y. Hamaa, H. Takahashi, K. Shibata, *Appl. Phys. Lett.*, **89**, 063504 (2006).

109. A. S. Shetty, E. B. Liu, R. J. Lachicotte, S. A. Jenekhe, *Chem. Mater.*, **11**, 2292 (1999).

110. A. K. Agrawal, S. A. Jenekhe, *Chem. Mater.*, **8**, 579 (1996).

111. (a) T. Kanbara, T. Yamamoto, *Macromolecules*, **26**, 3464 (1993). (b) T. Yamamoto, K. Sugiyama, T. Kushida, T. Inoue, T. Kanbara, *J. Am. Chem. Soc.*, **118**, 3930 (1996). (c) A. J. Bard, H. Lund, M. Dekker, Encyclopedia of Electrochemistry of the Elements: New York, 1984; Vol. XV, pp 168-220.

112. (a) M. Jandke, P. Strohriegl, S. Berleb, E. Werner, W. Brütting, *Macromolecules*, **31**, 6434 (1998). (b) J. Bettenhausen, M. Greczmiel, M. Jandke, P. Strohriegl, *Synth. Met.*, **91**, 223 (1997). (c) M. Jandke, P. Strohriegl, S. Berleb, E. Werner, W. Brütting, *Macromolecules*, **31**, 6434 (1998).

113. M. Redecker, D. D. C. Bradley, M. Jandke, P. Strohriegl, *Appl. Phys. Lett.*, **75**, 109 (1999).

114. C. Schmitz, P. Pösch, M. Thelakkat, H.-W. Schmidt, A. Montali, K. Feldman, P. Smith, C. Weder, *Adv. Funct. Mater.*, **11**, 41 (2001).

115. C. J. Tonzola, M. M. Alam, W. Kaminsky, S. A. Jenekhe, *J. Am. Chem. Soc.*, **125**, 13548 (2003).

116. (a) D. F. O'Brien, M. A. Baldo, M. E. Thompson, S. R. Forrest, *Appl. Phys. Lett.*, **74**, 442 (1999). (b) M. A. Baldo, S. Lamansky, P. E. Burrows, M. E. Thompson, S. R. Forrest, *Appl. Phys. Lett.*, **75**, 4 (1999). (c) V. I. Adamovich, S. R. Cordero, P. I. Djurovich, A. Tamayo, M. E. Thompson, B. W. D'Andrade, S. R. Forrest, *Org. Electron.*, **4**, 77 (2003).

117. S. Naka, H. Okada, H. Onnagawa, T. Tsutsui, *Appl. Phys. Lett.*, **76**, 197 (2000).

118. B. W. D'Andrade, S. R. Forrest, A. B. Chwang, *Appl. Phys. Lett.*, **83**, 3858 (2003).

119. (a) K. Tamao, M. Uchida, T. Izumizawa, K. Furukawa, S. Yamaguchi, *J. Am. Chem. Soc.*, **118**, 11974 (1996). (b) S. Yamaguchi, K. Tamao, *J. Chem. Soc., Dalton Trans.*, 3693 (1998).

120. (a) B. Z. Tang, X. Zhan, G. Yu, P. P. S. Lee, Y. Liu, D. Zhu, *J. Mater. Chem.*, **11**, 2974 (2001). (b) S. Tabatake, S. Naka, H. Okada, H. Onnagawa, M. Uchida, T. Nakano, K. Furukawa, *Jpn. J. Appl. Phys. Part 1*, **41**, 6582 (2002).

121. H. Murata, G. G. Malliaras, M. Uchida, Y. Shen, and Z. H. Kafafi, *Chem. Phys. Lett.*, **339**, 161 (2001).

122. (a) S. Yamaguchi, T. Endo, M. Uchida, T. Izumizawa, K. Furukawa, K. Tamao, *Chem. Eur. J.*, **6**, 1683 (2000). (b) J. Oshita, M. Nodono, H. Kai, T. Watanabe, Y. Harima, K. Yamashita, M. Ishikawa, *Organometallics*, **18**, 1453 (1999).

123. (a) L. C. Palilis, A. J. Mäkinen, M. Uchida, Z. H. Kafafi, *Appl. Phys. Lett.*, **82**, 2209 (2003). (b) H. Murata, Z. H. Kafafi, M. Uchida, *Appl. Phys. Lett.*, **80**, 189 (2002).

124. (a) A. Adachi, J. Ohshita, A. Kunai, J. Kido, K. Okita, *Chem. Lett.*, 1233 (1998). (b) J. Oshita, H. Kai, A. Takata, T. Iida, A. Kunai, N. Ohta, K. Komaguchi, M. Shiotani, A. Adachi, K. Sakamaki, K. Okita, *Organometallics*, **20**, 4800 (2001).

125. S. Heidenhain, Y. Sakamoto, T. Suzuki, A. Miura, H. Fujikawa, T. Mori, S. Tokito, Y. Taga, *J. Am. Chem. Soc.*, **122**, 10240 (2000).

126. (a) S. Komatsu, Y. Sakamoto, T. Suzuki, S. Tokito, *J. Solid State Chem.*, **168**, 470 (2002). (b) M. Ikai, S. Tokito, Y. Sakamoto, T. Suzuki, Y. Taga, *Appl. Phys. Lett.*, **79**, 156 (2001).

127. Y. Sakamoto, T. Suzuki, A. Miura, H. Fujikawa, S. Tokito, Y. Taga, *J. Am. Chem. Soc.*, **122**, 1832 (2000).

128. P. Lu, H. Hong, G. Cai, P. Djurovich, W. P. Weber, M. E. Thompson, *J. Am. Chem. Soc.*, **122**, 7480 (2000).

129. (a) T. Noda, Y. Shirota, *J. Am. Chem. Soc.*, **120**, 9714 (1998). (b) Y. Shirota, M. Kinoshita, T. Noda, K. Okumoto, T. Ohara, *J. Am. Chem. Soc.*, **122**, 11021 (2000).

130. (a) G. Gigli, G. Barbarella, L. Favaretto, F. Cacialli, R. Cingolani, *Appl. Phys. Lett.*, **75**, 439 (1999). (b) G. Barbarella, L. Favaretto, M. Zambianchi, O. Pudova, C. Arbizzani, A. Bongini, M. Mastragostino, *Adv. Mater.*, **10**, 551 (1998).

131. S.-J. Su, D. Tanaka, Y. Agata, H. Shimizu, T. Takeda, J. Kido, *MRS 2005 Fall Meeting*, D3.21, Nov. 27-Dec. 2, 2005, Boston, USA.

132. C.-C. Wu, T.-L. Liu, W.-Y. Hung, Y.-T. Lin, K.-T. Wong, R.-T. Chen, Y.-M. Chen, Y.-Y. Chien, *J. Am. Chem. Soc.*, **125**, 3710 (2003).

133. S. C. Tse, S. K. So, M. Y. Yeung, C. F. Lo, S. W. Wen, C. H. Chen, *Chem. Phys. Lett.*, **422**, 354 (2006).

134. K.-T. Wong, Y.-Y. Chien, R.-T. Chen, C.-F. Wang, Y.-T. Lin, H.-H. Chiang, P.-Y. Hsieh, C.-C. Wu, C. H. Chou, Y. O. Su, G.-H. Lee, S.-M. Peng, *J. Am. Chem. Soc.*, **124**, 11576 (2002).

135. P. M. Borsenberger, D. S. Weiss, "Organic Photoreceptors for Imaging Systems", Marcel Dekker, New York **1993**, p.239.

136. R. H. Young, J. J. Fitzgerald, *J. Phys. Chem.*, **99**, 4230 (1995).

137. H. Bässler, *Phys. Stat. Sol. (b)*, **175**, 15 (1993).

138. G. G. Malliaras, Y. Shen, and D. H. Dunlap, H. Murata, Z. H. Kafafi, *Appl. Phys. Lett.*, **79**, 2582 (2001)

139. H. Scher and E. W. Montroll, *Phys. Rev. B*, *12*, 2455 (1975).

140. G. Pfister, H. Scher, *Adv. Phys.*, **27**, 747 (1978).

141. P. Stepnik and G. W Bak, *J. Phys.: Condens. Matter*, **12**, 8455 (2000).

142. M. Stolka, J.F. Janus, D.M. Pai, *J. Phys. Chem.*, **88**, 4707 (1984).

143. Y. Shirota, *J. Mater. Chem.*, **10**, 1 (2000).

144. B. Chen, C.-S. Lee, S.-T. Lee, P. Webb, Y.-C. Chan, W. Gambling, H. Tian and W. Zhu, *Jpn. J. Appl. Phys. Part 1*, **39**, 1190 (2000).

145. P.M. Borsenberger, L. Pautmeier, R. Richert, H. Bässler, *J. Chem. Phys.*, **94**, 8276 (1991).

146. K. Okumoto, Y. Shirota, *Mater. Sci. Eng.*, **B85**, 135 (2001).

147. H. Fujikawa, M. Ishii, S. Tokito, Y. Taga, *Mat. Res. Soc. Symp. Proc.*, **621**, Q3.4.1 (2000).

148. K. Nishimura, H. Inada, T. Kobota, Y. Matsui, Y. Shirota, *Mol. Cryst. Liq. Cryst.*, **217**, 235 (1992).

149. Y. Shirota, S. Nomura, H. Kageyama, *Proc. SPIE-Int. Soc. Opt. Eng.*, **3476**, 132 (1998).

150. M. van der Auweraer, F.C. de Schryver, P.M. Borsenberger, J.J. Fitzgerald, *J. Phys. Chem.*, **97**, 8808 (1993).

151. C. Beginn, J.V. Grazulevicius, P. Strohriegl, J. Simmerer, D. Haarer, *Macromol Chem. Phys.*, **195**, 2353 (1994).

152. S. Grigalevicius, G. Buika, J.V. Grazulevicius, V. Gaidelis, V. Jankauskas, E. *Montrimas, Synth. Met.*, **122**, 311 (2001).

153. S. Nomura, H. Kageyama and Y. Shirota, *76th Annual Meeting of the Chemical Society of Japan*, **1**, p.402, March 28-31, 1999, Kanagawa University, Yokohama.

154. P.M. Borsenberger, H.-C. Kan, W.B. Wreeland, *Phys. Status Solidi A*, **142**, 489 (1994).

155. P.M. Borsenberger, E.H. Magin, M. van der Auweraer, F.C. de Schryver, *Phys. Status Solidi B*, **186**, 217 (1994).

156. P.M. Borsenberger, M.R. Detty, E.H. Magin, *Phys. Status Solidi B*, **185**, 465 (1994).

157. E.H. Magin, P.M. Borsenberger, *J. Appl. Phys.*, **73**, 787 (1993).

158. L.-B. Lin, S.A. Jenekhe, P.M. Borsenberger, *Proc. SPIE-Int. Soc. Opt. Eng.*, **3144**, 53 (1997).

159. R.G. Kepler, P.M. Beeson, S.J. Jacobs, R.A. Anderson, M.B. Sindair, V.S. Valencia, P.A. Cahil, *Appl. Phys. Lett.*, **66**, 3618 (1995).

160. T. Yasuda, Y. Yamaguchi, D.-C. Zou, T. Tsutsui, *Jpn. J. Appl. Phys. Part 1*, **41**, 5626 (2002).

161. L. C. Palilis, M. Uchida, Z. H. Kafafi, IEEE *J. Select. Topics Quantum Electron.*, **10**, 79 (2004).

162. N. Ide, T. Komoda, J. Kido, *Proc. of SPIE*, **6333**, 63330M (2006).

第 4 章

螢光發光材料

4.1 前言

4.2 紅光材料

4.3 綠光材料

4.4 藍光材料

4.5 黃光材料

4.6 白光材料

　　參考文獻

4-1 前　言

　　促成 OLED 平面顯示技術進展的關鍵之一，可歸功於主客摻雜發光體（host guest doped emitter）系統的發明，因為具有優越電子傳輸及發光特性的主發光體材料，可以和各種高度螢光的客發光體結合得到高效率 EL 及各種不同的光色。

　　這種發光系統的主要精髓是用主、客發光體的分子設計，能階與界面之搭配，將載子的輸送、導電功能與其發光機制分開，並個別的改善而使之最佳化，最終的目的是使 OLED 發光體能夠達到最好的電功能與發光效率。就好像在工程學中，我們常把一個複雜的問題，作有系統的分部解析成較小的問題來解決，這種方法論英文叫做 compartmentalization，中文可翻譯成「分進合擊，各個擊破」策略。其中的道理其實很簡單，因為，通常有機分子的構造非常複雜，我們常發現要有機分子導電，就必須要設計分子為扁平型的高共軛電子分佈系統，讓分子間可以有效甚至有次序地堆疊，才能在一定的電場下發揮最佳的載子傳輸與遷移。但是我們又知道，要有機分子在固態下發光，最好是分子與分子間沒有作用或易堆疊的相關性，因為這會導致能量轉換與高濃度下的螢光淬熄，所以在高效率固態螢光分子的設計，有機化學家常將一些剛性的並具有高立體阻礙性的分子基團合成於分子結構中，目的是為了讓分子與分子間的相互影響降到最低以發揮最高的個體分子螢光效率。所以這二種功能在有機分子的設計方面來看是剛好南轅北轍，反其道而行。OLED 的摻雜發光體就是針對這個有機分子設計的困境想出來的解決之道，這也是小分子 OLED 的材料與元件設計，主要不同於高分子的地方，這也是讓小分子 OLED 的面板技術能夠在短時間內進入產品化的關鍵之一。

　　OLED 摻雜發光體的另一個優點，乃是藉由電激發產生的電激子可轉

移到高螢光效率及穩定的摻雜物中放光，以提高元件的操作穩定度，也因此將元件由非發光能量衰退的機率降至最低[1]。目前這類摻雜理論已成功的延伸到高度發磷光材料的開發，並可使材料達到近 100 %的內部 EL 發光效率。在下面的章節中，我們將討論高度螢光紅、綠、藍、黃摻雜物及白光組合材料的發展。

4-2　紅光材料

由於人類的眼睛對可見光的敏感度是非線型的隨著光的波長而改變，就如圖 4-1 所示，其最敏感的波長是在綠光 555 nm。不管往短波長（藍光）或往長波長（紅光）看，眼睛的敏感度都會急遽下降，尤其是紅光，這也是飽和的紅發光材料不易設計的主要原因之一。因為多半有機的紅光摻雜色素，它發光的半波寬（FWHM）都很大（達 100 nm），如果我們將紅光材料的發光波峰調到最飽和的 640 nm 位置，它含有近三分之一的紅光放射在超過 700 nm 肉眼看不到的近紅外線區。對顯示面板的發光效率來說，這是一種能量的浪費。反之，如果發光波峰設計的往短波長 620 nm 移位，則會有一小部份的光落在眼睛最敏感的綠光區，使整個紅光看起來變橘而不夠飽和，這是因為紅光摻綠光會變黃的關係。

4.2.1　DCJTB 相關的紅色摻雜物

在這讓我們先用典型的 DCM 為例子來說明著名的紅光 4-(dicyanomethy-lene)-2-t-butyl- 6-(1,1,7,7-tetramethyljulolidyl-9-enyl)-4H-pyran（DCJTB）摻雜物的發展史，及其化學結構的演進與改良。

Kodak 最早在紅光域中用的客分子是一個很有名的雷射色素，叫 DCM（見圖 4-2），它的光激發光（PL）效率是 78%。光峰在 $\lambda_{max} = 596$ nm，半幅寬達 100 nm。它的電激發光譜及電激發光效率都與其摻雜濃度有密切的

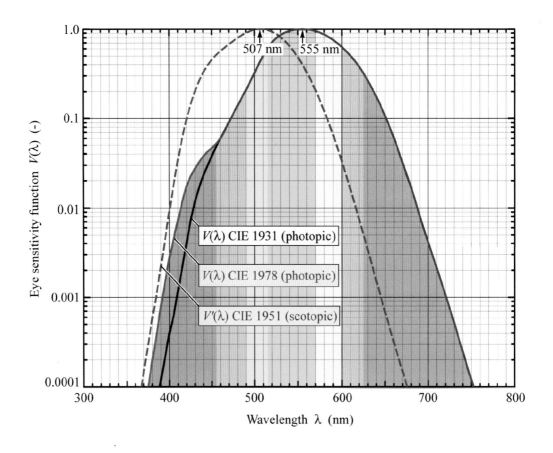

圖 4-1　人類眼睛對可見光域波長的敏感度，其中 photopic 指晝視敏感度曲線，
　　　　scotopic 指夜視敏感度曲線

關連。在最理想的摻雜濃度下（大約 0.5%），EL 的發光率是 2.3% 要比沒
有摻雜的元件效率大一倍。但是，它呈現的紅光偏黃，$CIE_{x,y}$ 色度座標僅
為（0.56, 0.44）。

　　在有機分子構造的設計中，要使色素的發色團（chromophore）往紅位
移，另方面又要考量分子熱蒸鍍的特性，其中最好的方法就是形成環狀剛
性結構（rigidization），最典型的例子就是 julolidine 的雷射色素 DCJ（或稱
DCM2）。當紅光摻雜客分子，它的電激發光元件光峰可紅位移至 630 nm
的紅光領域，但是它的顏色卻會隨濃度而變。換句話說，摻雜的濃度愈

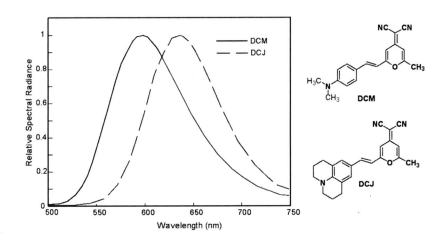

圖 4-2　DCM 和 DCJ 的 EL 光譜比較

高，它呈現的顏色也愈深（bathochromic shift），可是相對的，它的電激發光效率也會降低。當 DCJ 摻入的濃度到 0.35％ 的時候，它已達到最高的放光強度，但是在這個濃度下，Alq_3 主發光體的綠光並沒有完全被淬熄（見圖 4-3）。所以結果所呈現的顏色還是橘紅色，因為它是紅色及少許綠色的混合光。真正達到近「紅」光色（$CIE_{x,y}$ = 0.64, 0.36）要等到 DCJ 摻入的濃度高到大約 3%，但是電激發光的效率到這個濃度時，已經顯著的降低了一半。這種濃度淬熄的現象可以用 Dye 與 Dye 在高濃度的狀況下互相影響的程度來解釋。

　　這種困境後來我們是用分子設計的方法進行合成了 *tetra* (methyl) juloidine 衍生物（DCJT）而去解決的。DCJT 與 DCJ 不同的地方就是在 C-1 及 C-4 的位置共多了四個甲基（methyl group）。由於這些剛性的立體阻礙能減少分子間的堆疊進而能減低在高濃度下摻雜分子間的相互作用[2]，因此抵消了 DCJT 摻入於 Alq_3 所遭遇濃度淬熄的問題（如圖 4-4 所示）。

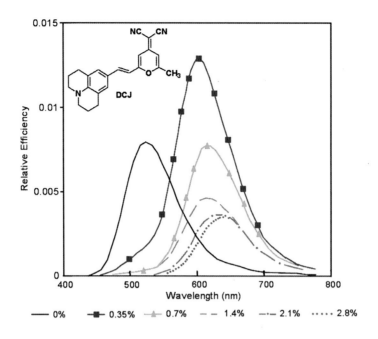

圖 4-3　不同 DCJ 摻雜濃度下的發光光譜與其相對強度

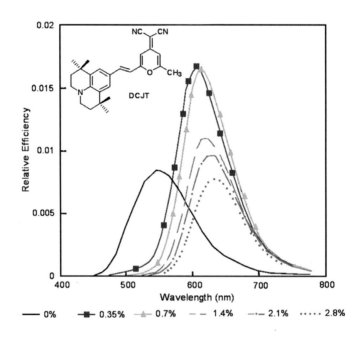

圖 4-4　不同 DCJT 摻雜濃度下的發光光譜與其相對強度

如此，DCJT 摻雜元件的 EL 效率一直可升高到 1% 時才開始回降，而且其降幅也較緩，在 4% 高的濃度下還能維持與未摻雜的 Alq₃ EL 效率一樣。反過來看 DCJ，在 1% 的濃度下它的 EL 效率已經大幅下降，等到 4% 時它的 EL 效率已經只剩 50%了（圖 4-5）。

但在合成 DCJT 的過程當中，pyran 上的甲基會產生化學反應而生成幾乎沒有螢光的 *bis*-DCJT（如圖 4-6），因此在大量製備時沒辦法得到純的 DCJT。為了避免甲基上有α-氫，進而設計並成功合成出異丁基取代的DCJTB（如圖 4-7）。值得一提的是 DCJTB 的穩定性也比 DCJT 好，從圖 4-8 中可以看到，在同樣的真空昇華下（250℃-285 ℃ @ 5.7×10⁻¹ Torr 真空中通微量氬氣），DCJTB 可全部蒸鍍而不留任何的熱裂解殘渣。

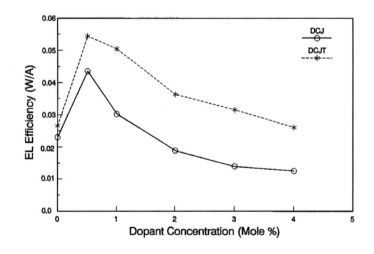

圖 4-5　DCJ 和 DCJT 在不同摻雜濃度下的發光效率比較

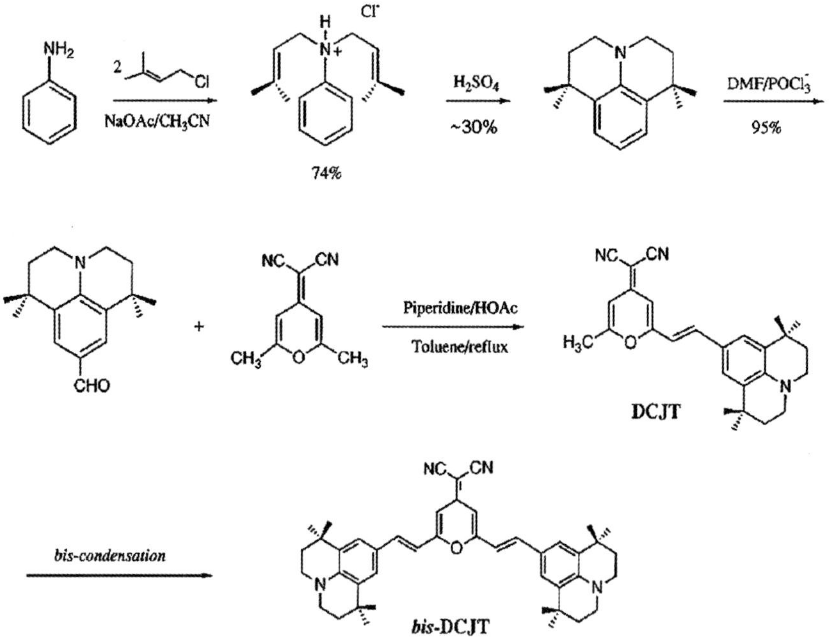

圖 4-6　DCJT 的合成

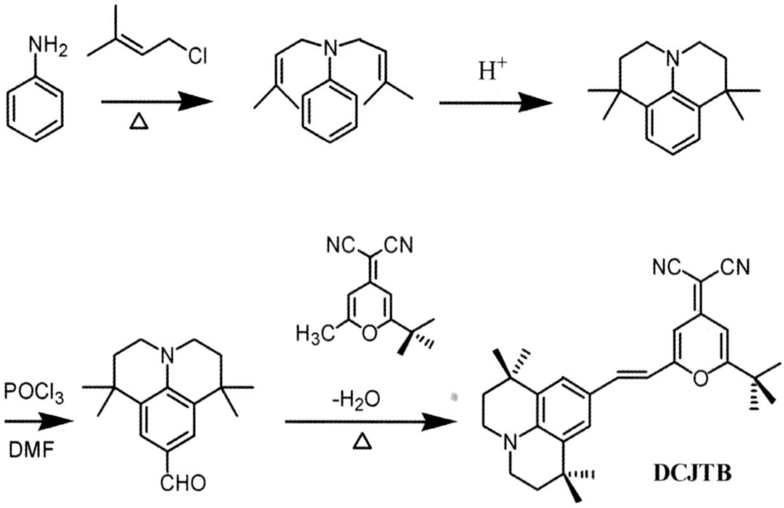

圖 4-7　DCJTB 的合成

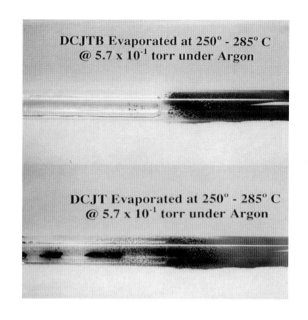

圖 4-8　DCJT 與 DCJTB 真空昇華後比較

4.2.2　多摻雜物系統

　　應用在 OLED 的 RGB 摻雜物中，過去紅光材料是其中發光效率最低的，也是使得主動式矩陣及被動式點矩陣全彩化顯示器遲遲無法順利量產問世的主因之一[3,4]。其實在以往研究紅光材料方面，OLED 業界已訂立出一個相當確切的目標，即材料的發光效率要高於 4 cd/A，$CIE_{x,y}$ 色度座標要接近飽和（x = 0.65, y = 0.35），在固定電流驅動及起始亮度在 300 cd/m^2 的要求下，元件壽命要超過 10000 小時（現在全彩面板要求更高）。過去很少紅光材料能達到上面的訴求，少數接近這些條件的材料之一為業界所熟知的 DCJTB[5]。早在 1999 年 Sanyo/Kodak 發表的文章中提到，DCJTB 在 2.4 英吋 LTPS AMOLED 中的紅色發光效率只有 ～1 cd/A，而此效率僅為綠光的十分之一，如果要達到 RGB 白光均衡的要求，則紅光材料所需消耗的能量可能即佔全部元件的一半以上。

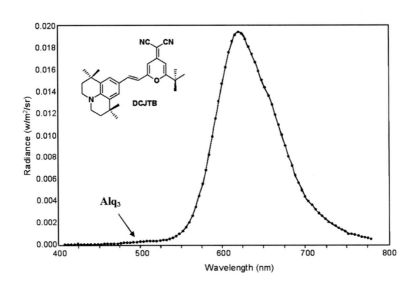

圖 4-9　DCJTB 摻雜 Alq$_3$ 元件的 EL 光譜

　　圖 4-9 顯示即使在最佳的條件下，DCJTB 摻混 Alq$_3$ 元件的電激發光光譜仍然會有小部分的 Alq$_3$ 放光。在稍後的研究中發現加入 rubrene（簡稱 Rb）作為發光輔助摻雜物（emitter assist dopant）時，將會更有效率的將能量由 Alq$_3$ 藉 Rb 的媒介轉移到 DCJ（圖 4-10），並達到更高的發光效率（2.2 cd/A）及紅光飽和度[6]。在最近的報導中，若於元件中的 Alq$_3$ 層內加入（或在 Alq$_3$ 層上加入另一層）載子捕捉摻雜物（如 NPB），更可以調整電荷的平衡，增加元件穩定。因此，Sanyo 用此元件結構已成功的將 DCJTB 的 EL 發光效率提升到 2.2 cd/A 以上，隨後又發表了用 DCJTB 作紅光摻雜物的發光體可達到電激發光效率為 2.8 cd/A 及 1.03 lm/W [7]。從 Sanyo 用的元件構造〔ITO/NPB(150 nm)/ Alq$_3$:2% DCJTB+6% NPB+5% Rb (37.5 nm)/Alq$_3$ (37.5 nm)/LiF/Al (200 nm)〕中，可產生飽和的紅光波峰為 λ$_{max}$ 632 nm，且在 8.5 伏特的驅動電壓下，它的光色 CIE$_{x,y}$ 色度座標為（0.65, 0.36）。因為有 NPB 摻在發光層中用來捕捉過剩的 Alq$_3$$^+$，所以三洋的 DCJTB 紅光元件非常穩定，在起始亮度 600 cd/m^2 下可達 8000 小時的連續操作半壽命。

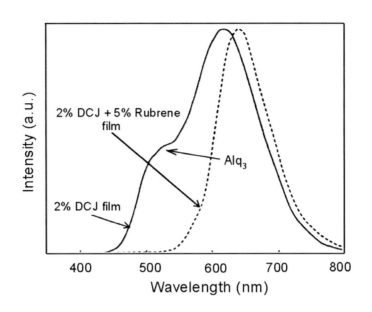

圖 4-10　DCJ 與 rubrene 共摻雜在 Alq₃ 元件的 EL 光譜比較

　　然而，三洋/柯達的三摻雜物元件的 1.03 lm/W 能量效率對於全彩元件的製作而言仍舊不足，且其製作發光層的製程也繁複，一旦實際應用於量產線上，恐怕屆時在產品良率的控制上會出現問題。此外，DCJTB元件的發光效率會隨著操作電流密度的增加而大幅下降[8]，但是在上述各先前技藝中，並無任何一種方法能夠徹底解決DCJTB元件這種因輸入電荷所導致的電流消光機制（current induced quenching），其結果會造成IC設計工程師在控制光輸出時由於電流效率的改變而變得非常複雜，尤其是在被動元件的應用上。

4.2.3　雙主發光體摻雜系統

　　為了克服DCJTB紅光元件的上述問題，作者在交大的研究團隊組合了縮合多環式芳香族化合物及有機金屬鉗合物二種主發光體，創造出一種新型的DCJTB發光系統，命名為雙主發光體系統（co-hosted emitter system, 簡稱CHE）。我們的實驗結果顯示，使用此新型發光系統所製成的DCJTB元

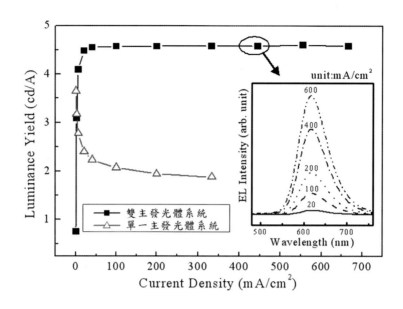

圖 4-11　DCJTB 元件發光效率對輸入電流密度作圖

（■）為雙主發光體元件，其發光層組成為[Rb/Alq$_3$:2%DCJTB]；（△）為單一主發光體元件，其發光層組成為[Alq$_3$:2%DCJTB]。（嵌圖：雙主發光體元件在不同電流密度驅動下之EL 光譜）

件能夠有效抑制因輸入電荷所導致的內部消光機制，如圖 4-11 和圖 4-12 所示，此元件的電流發光效率可維持在 4.5 cd/A 不變至 700 mA/cm^2，且由於操作電壓較低（6.5V），其功率效率也顯著提昇至 2.5 lm/W。更重要的是，元件的操作半生期更因而延長至大於 30000 小時以上（起始亮度 L$_0$ = 100 cd/m^2）。我們也同時發現 DCJTB 紅光的 OLED 元件極易受到微共振腔體（microcavity）光學干涉效應的影響，尤其是電洞傳輸層（NPB）的厚度（圖 4-13），常常由於些微的膜厚因素而導致DCJTB摻雜的元件紅光不夠飽合。我們發現雙主發光體的元件最佳結構為：ITO/CFx/NPB(120 nm)/ Rb/ Alq$_3$ (6/4):2%DCJTB(30 nm)/Alq$_3$ (50 nm)/LiF(1 nm)/ Al(200 nm)。

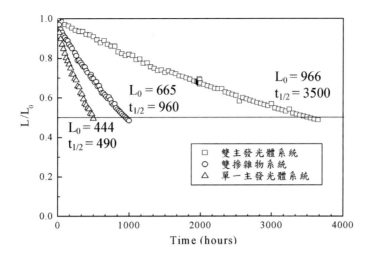

圖 4-12　DCJTB 雙主發光體元件及單一主發光體激發元件在 20 mA/cm^2 驅動下之
　　　　元件亮度衰退比較圖

（□）發光層組成為[Rb:Alq$_3$:DCJTB] = [60:40:2]；（○）[Alq$_3$:Rb:DCJTB] = [100:5:2]；
（△）為單一主發光體元件，其發光層組成為[Alq$_3$:DCJTB] = [100:2]。L$_0$ 的單位為 cd/m^2、
半生期 t$_{1/2}$ 的單位為小時。

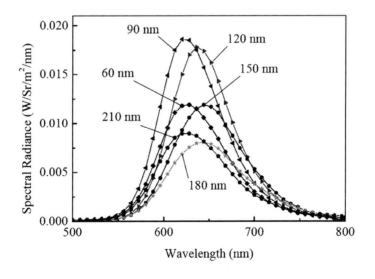

圖 4-13　NPB 膜厚導致的微共振腔效應

　　至於為什麼DCJTB掺在雙主發光體的元件，會在效率、色飽合度及穩定性上有那麼大的改善，可以用圖4-14來解釋。文獻中告訴我們，有機螢光體的 CIE 光色與其週邊環境的極化度（polarity）有很大的關係。因為Alq$_3$是一個金屬錯合物，極化性較高，它的偶極與有機溶劑 1,2-dichloroethane（DCE, μ～1.2D）很像，另Rb的結構上無任何帶極性的取代基又與一般非極性的有機溶劑甲苯（toluene）很像，其偶極很小（μ～0.37D）。由於溶劑所導致的極化效應（solvent-induced polarization effect）[11]，DCJTB 在甲苯中發光偏黃（λ_{max} = 548 nm）而在 DCE 中發光轉紅（λ_{max} = 616 nm）。在一定的組合下，DCJTB可以奇妙的達到發紅光及高效率的雙重效益。至於元件的穩定應歸功於Rb可以補足電洞而使前述能導致元件不穩定的Alq$_3^+$產生可降至最低的原因。

　　此元件的構造及技術，我們曾將其應用在友達光電全彩 LTPS 主動型 OLED 手機面板（1.93 吋，128×RGB×160）的製作上，結果驗證效果很好，除了紅光光色可以調整到CIE$_{x,y}$（0.65, 0.35）外，其餘在省電、增加面

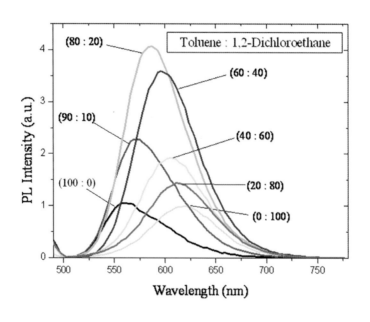

圖 4-14　DCJTB 的螢光光譜與週邊溶劑的極化關係

板操作穩定性都有顯著提升，其手機面板樣品的比較如圖 4-15。

　　另一種相同類型的紅光摻雜物為 *i-propyl* 衍生物 DCJTI [12]，它不但比 DCJTB 容易合成，而且在大量生產時也不會影響到它的 EL 效率及發光團的特性。台灣昱鐳光電在 SID 2004 也發表了類似 DCJTB 的衍生物 ER-53，並利用分子設計及有機合成的方法導入了共 5 個甲基的立體阻礙，用之當紅光摻雜物在同樣的雙主發光的元件（Rb/Alq$_3$ ＝ 6/4）結構中，達到了在 20 mA/cm^2 及 6.7 V 的驅動電流下，5.49 cd/A 及 2.59 lm/W 的發光效率，其紅光顏色的飽合度也可落在CIE$_{x,y}$（0.64, 0.35），且不影響元件的穩定性。

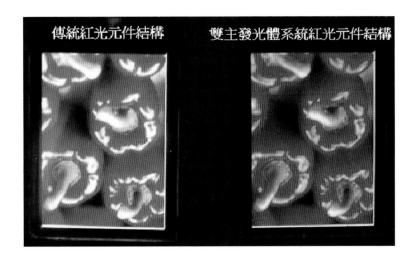

圖 4-15　比較利用雙主發光體系統的友達光電全彩主動型 OLED 手機面板樣品

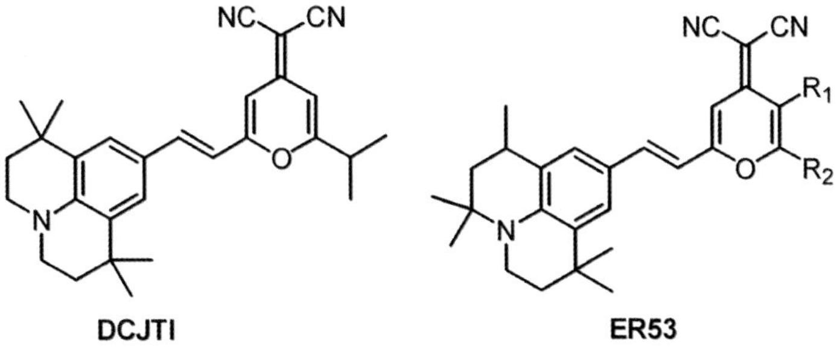

圖 4-16　DCJTI 與 ER-53 的結構

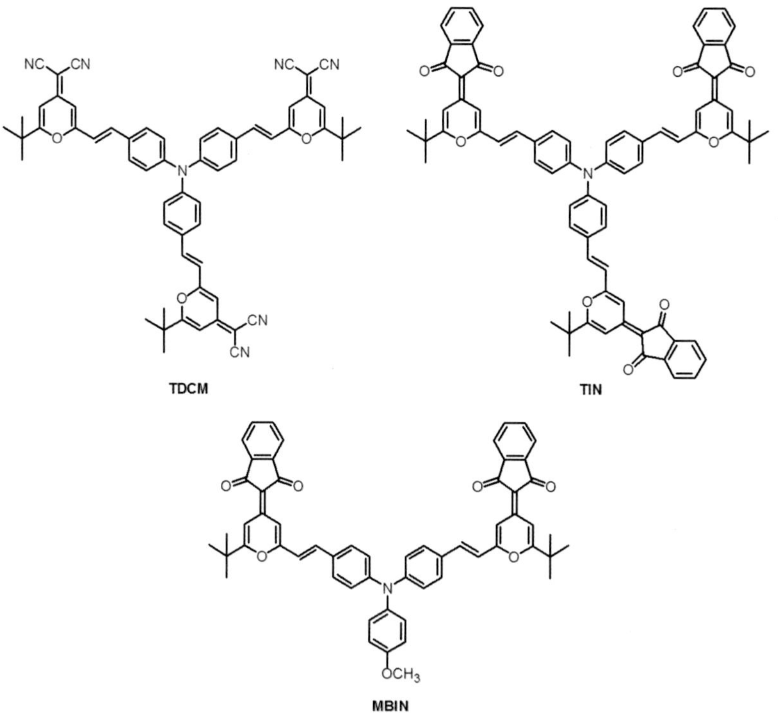

圖 4-17　星狀的 DCM 紅光衍生物

　　2006 年，Yao 等人研發出星狀的 DCM 紅光衍生物 TDCM、TIN 和 MBIN[13]，將 DCM 改良成星狀結構後發現，可大幅提升材料的熱穩定性質（T_g = 193～223℃）。製作成元件後，以 MBIN 的元件效率最佳，在 10 V 電壓驅動下，效率為 6.14 cd/A，色度座標為 $CIE_{x,y}$（0.66, 0.33）。

4.2.4　非摻雜型紅光螢光材料

　　為改善紅光螢光材料常見的高摻雜濃度效率淬熄現象並避免 Kodak 在摻雜系統專利的封鎖，非摻雜型（non-doped）之紅光螢光材料和元件被相繼的報導與合成，此種紅光材料不需另有一客發光體，而是經由電子與電洞在發光材料上直接結合放光，如此可簡化元件製程上精確的摻雜濃度控制[14]。最早提出此概念是由日本 NEC 公司的 Toguchi[15]，他合成出一含有

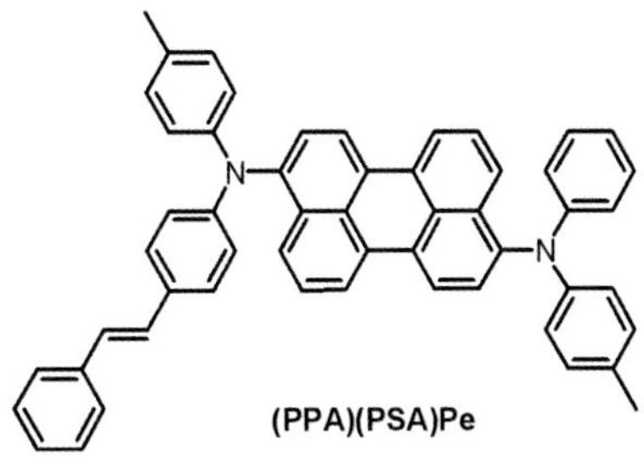

(PPA)(PSA)Pe

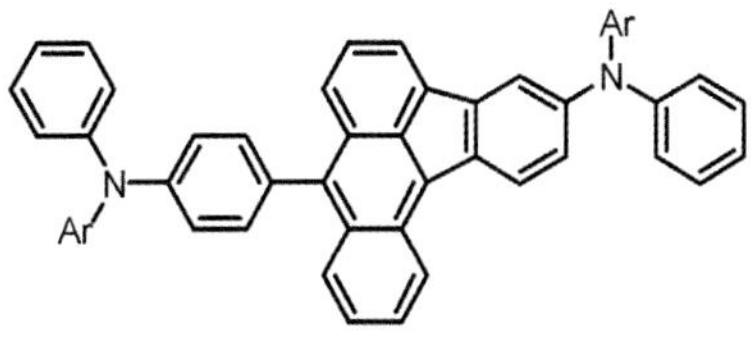

Ar = phenyl　ACEN1
Ar = 1-naphthyl　ACEN2

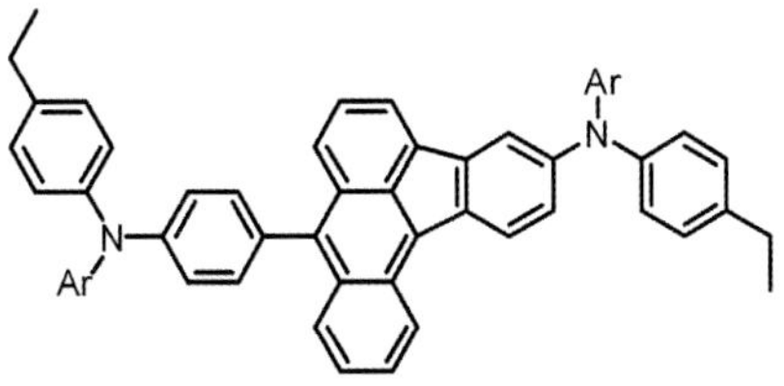

Ar = 4-t-butylphenyl　ACEN3
Ar = 9-anthryl　ACEN4

圖 4-18　多環芳香族非摻雜型紅光螢光材料

perylene 為發光主結構與 styryl 取代之苯胺為電荷轉移區段之多環芳香族化合物，(PPA)(PSA)Pe，如圖 4-18 所示。其元件結構為 ITO/starburst amine/(PPA)(PSA)Pe（發光層）/quinoline metal complex/Mg:Ag，元件最大放光波長為 580 nm，此並不是理想紅光放射波長，但由於發光體本身分子間會產生激發複體（excimer），造成位於長波長 620 nm 處有一波肩產生，使得元件色度座標 $CIE_{x,y}$（0.64, 0.35）仍在紅光元件可接受範圍內，但元件發光效率只有 1 cd/A，不足以使用於顯示器上。

另一種 PAH 型之非摻雜型紅光材料，是以 arylamine 取代之 benzo[a]-aceanthrylene（ACEN）為主體[16]，如圖 4-18 所示。這一系列 ACENs 的衍生物，其玻璃轉移溫度（T_g）皆大於 100℃，且 ACEN3 和 ACEN4 經由示差掃描熱分析儀（DSC）測量並未測得其熔點，代表其分子為非結晶型態，因此符合非摻雜型材料之條件。而其液態放光波長皆位於 630 nm 以上，但液態螢光效率非常差（5-12%）。元件之發光效率皆低於 1 cd/A 色度座標為 $CIE_{x,y}$（0.64, 0.35），不足以使用於顯示器上。

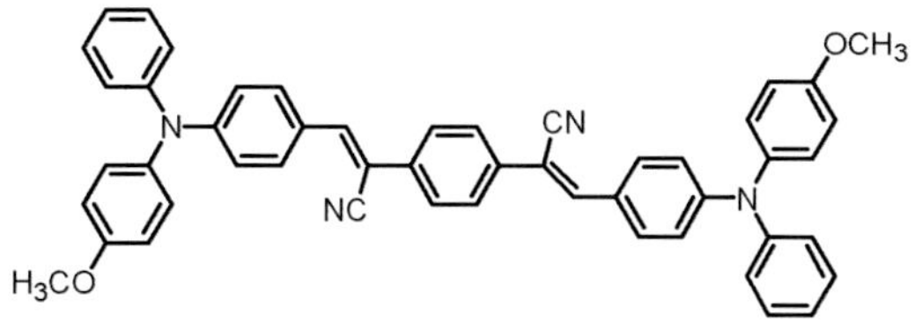

D-CN

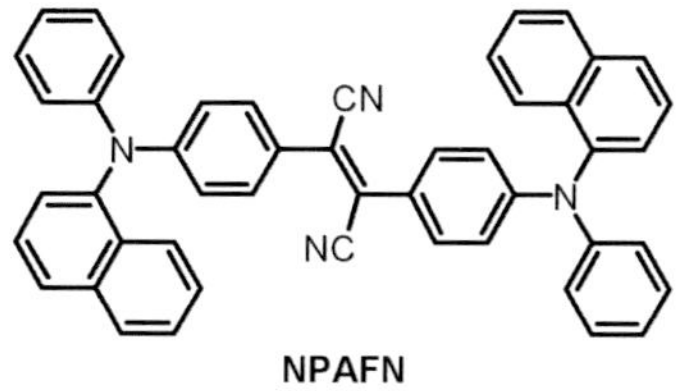

NPAFN

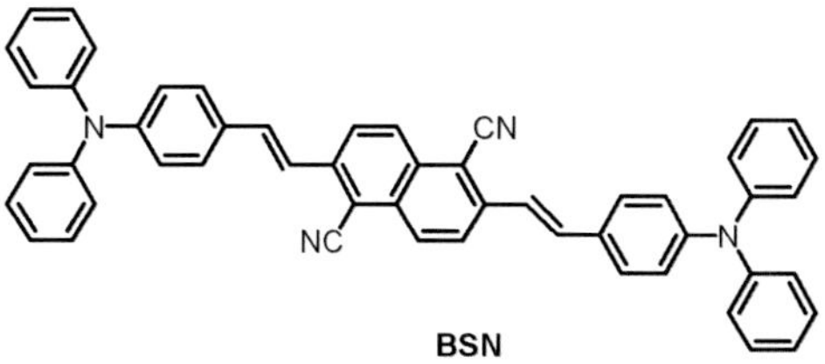

BSN

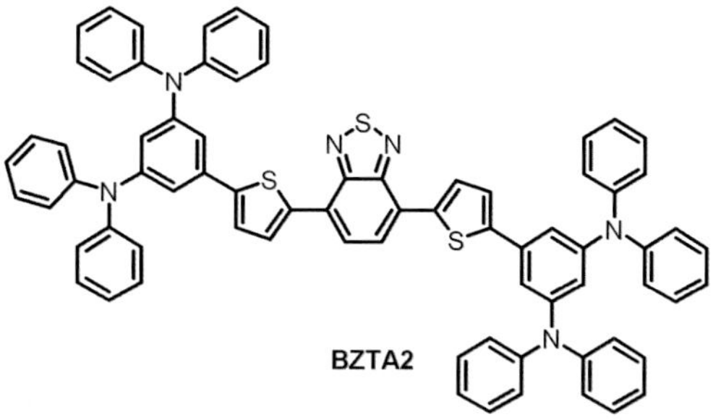

BZTA2

圖 4-19　含 D-A 架構之非摻雜型紅光螢光材料

具有推電子基（D）與拉電子基（A）架構之發光材料，如圖 4-19 所示，也成功被使用為非摻雜型紅光材料。通常這類分子由於具有非常高的極性，所以在固態時分子容易堆疊造成消光的機制，但是由於 D-CN[17]、BSN[18]、NPAFN[19]和 BZATA2[20]這類分子上具有一對相反之偶極矩（anti-parallel dipoles），因此可以降低分子間偶極-偶極作用力所造成的分子堆疊現象。當 D-CN 以元件結構 ITO/DCN/OXD（電子傳輸層）/Mg:Ag 製備時，其發光亮度可達 3290 cd/m^2 於電流密度 100 mA/cm^2 下，而最大外部量子效率為 1%；作者並未提及其色度座標，但其元件最大放光波長為 598 nm，與理想之紅光波長（> 610 nm）仍有些差距。

日本新力（Sony）公司也發表了一非摻雜型之紅光材料 BSN，其固態薄膜下之放光波長為 630 nm 且量子效率高達 0.8，值得注意的是 BSN 具有非常好的熱穩定性質（T_g = 115℃、T_m = 271℃），使得其蒸鍍過程中可形成非結晶型薄膜。由固態光離子化（photo-ionization）方法測出其 HOMO 及 LUMO 能階分別在 2.93 及 5.38 eV，顯然這些特性將使得電子及電洞能更有效率的在發光層中結合，因此在[ITO/2-TNATA/NPB/BSN/Alq_3/Li_2O/Al]

元件中，BSN 在 500 cd/m^2 亮度下發光效率可達到 2.8 cd/A，且其色度座標為 CIE$_{x,y}$（0.63, 0.37），雖然顏色並未理想，但配合 Sony 開發出的上發光微共振腔驅動電流結構，這類紅光材料在 13 英吋 LTPS 主動式全彩上放光型 OLED 顯示器中，進一步的改善了紅光的鮮豔度而達飽和（CIE$_{x,y}$ = 0.66, 0.34）。

還有一篇報導中，提到含有 *bis* (styryl) 的類似紅光材料 D-CN 可以藉由 1,4-phenylenediacetonitrile 和兩當量的 4-formyl-4'-methoxytriphenylamine 經 *bis*-Knoevenagel 縮合反應合成[21]；此外，具有六個 2-[2-(4-cyanophenyl)ethenyl]-8-quinolinolato 雙芽配位基的[Zn$_3$ (2-CEQ)$_6$][22]，其固態 PL 的最大放射波長已可達 600 nm 激態生命期為 2.4 ns 及 0.32 的量子效率，如果這類含有重金屬的錯合物能夠運用在熱蒸鍍上，則將會成為另一種適用於紅光摻雜物的發光體材料。

NPAFN 其分子具有非平面之 arylamine 取代，可以避免固態下分子堆疊所造成的消光機制，所以 NPAFN 與其他一般紅光材料於固態下反而比液態具有更好的亮度。其固態薄膜下之放光波長為 616 nm，且具有非常好的熱穩定性質（T$_g$ = 109℃、T$_m$ = 260℃），並經由示差掃描熱分析儀（DSC）作多次升溫降溫測試，發現 NPAFN 只於第一次升溫過程測得其熔點，且於多次降溫過程中並未測得其結晶點（T$_c$），如此可以顯示 NPAFN 其具有非常良好之薄膜穩定性。其元件結構為 ITO/NPAFN/BCP（電洞阻隔層）/TPBI（電子傳輸層）/ Mg:Ag，元件最大發光效率為 2.5 cd/A 且色度座標為 CIE$_{x,y}$（0.64, 0.36），NPAFN 不僅有不錯之元件效率與顏色，且分子合成路徑只需兩個步驟，比起其他紅光材料簡單許多。

另一種非摻雜型之紅光材料，BZTA2，是以 benzo[1,2,5]thiadiazol 為中心而周圍以雙 arylamine 取代，此種分子設計也使得分子有非常好的熱穩定性（T$_g$ = 117℃、T$_m$ = 269℃）和薄膜穩定性，BZTA2 之液態放光波長為 632 nm，

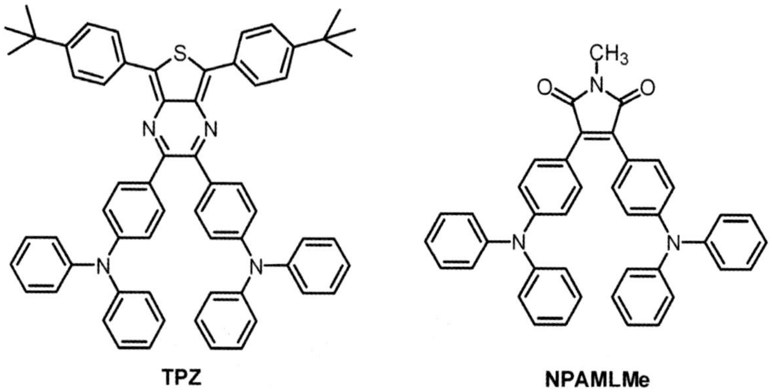

圖 4-20　含 D-A 架構之非摻雜型紅光螢光材料

量子效率為 0.5，當元件以 ITO/BZTA2/TPBI/Mg:Ag，其發光效率可達 2 cd/A 與色度座標為 $CIE_{x,y}$（0.63, 0.35）。

　　第三類有關非摻雜型之紅光材料，如圖 4-20 所示，屬於具有推電子基與拉電子基架構之發光材料，而不同處在於 TPZ 和 NPAMLMe 分子內偶極矩的配向（alignment）與上述分子有所不同[23]。TPZ 和 NPAMLMe 也都因具有非共平面之 arylamine 的取代，所以皆可製成非結晶性之薄膜。當 TPZ 以 ITO/TPZ/TPBI/Mg:Ag 為元件結構，其發光效率為 0.34 cd/A² 而色度座標為 $CIE_{x,y}$（0.65, 0.33），元件效率不好可能是因為 TPZ 本身液態量子效率只有 0.27。而 NPAMLMe 以 ITO/NPAMLMe/BCP/TPBI/Mg:Ag，其發光效率為 1.5 cd/A 而色度座標為 $CIE_{x,y}$（0.66, 0.32）。雖然此兩個分子可以不需經由摻雜方式製備，且元件也具有飽和之紅光色純度，但元件效率卻不足以使用於顯示器上。

4.2.5　多環芳香族碳氫化合物（Polycyclic aromatic hydrocarbon, PAH）類材料

　　在一般的紅光元件中，發光效率通常隨著電流密度的增加會有明顯下降的趨勢，這現象使得這類材料非常不適合被使用在被動式的有機電激發

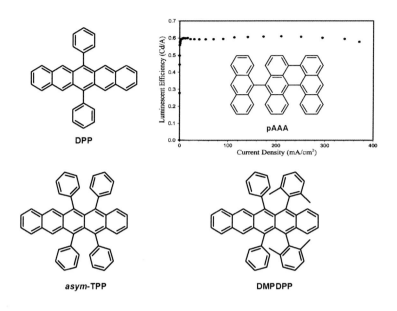

圖 4-21 多環芳香族碳氫化合物之紅光螢光材料

光元件中。然而以多環芳香族碳氫化合物類之紅光材料，DPP[24]和 PAAA[25] 其結構如圖 4-21 所示，其元件卻可以抑制因操作電流增加導致發光效率下降的現象。當 DPP 以 ITO/TPD/ Alq₃:0.55% DPP /Alq/Mg:Ag 元件結構下，發光效率為 1.2 cd/A 而色度座標為 $CIE_{x,y}$（0.63, 0.34）；但是 DPP 分子間容易堆疊造成濃度淬熄的問題，使得在元件製程上需小心控制摻雜的濃度。而 pAAA 以 2%摻雜於 Alq₃ 中，元件結構為 ITO/NPB/ Alq₃:2% pAAA /Alq₃/Mg: Ag，元件發光效率為 0.6 cd/A 而色度座標為 $CIE_{x,y}$（0.63, 0.36）；雖然元件發光效率並不高，但其電流密度對發光效率呈一定值是很少見於一般的紅光元件中。2006 年，Jang 等人設計出不對稱 pentacene 的衍生物 asym-TPP 和 DMPDPP[26]，放光波長分別為 625 nm 和 650 nm。這兩個材料與 Alq₃ 混摻製成薄膜後可發現與 Alq₃ 間有良好的 Förster 能量轉移，且固態薄膜的量子效率可達 20%。asym-TPP 的元件色度座標為 $CIE_{x,y}$（0.60, 0.38）；DMPDPP 的元件色度座標為 $CIE_{x,y}$（0.67, 0.32），十分接近 NTSC 的標準紅光座標 $CIE_{x,y}$（0.67, 0.33），元件的外部量子效率約為 1%。

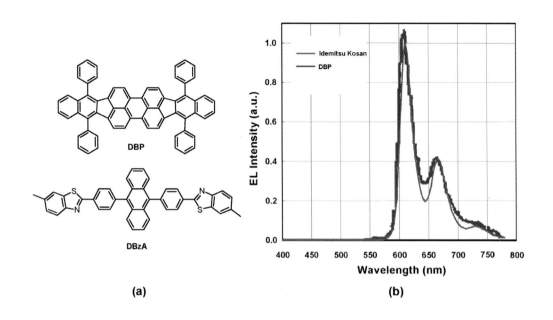

(a)　　　　　　　　　　　　　　**(b)**

圖 4-22　(a) DBP 與 DbzA 結構 (b) Sanyo 與出光的紅光元件 EL 光譜比較

　　同年 Sanyo 研發團隊發表了另一類多環芳香族碳氫化合物類之紅光材料 DBP [27]，元件中也使用新的電子傳輸材料 9,10-bis[4-(6-methylbenzothiazol-2-yl)phenyl]anthracene（DBzA），結構如圖 4-22(a)。實驗中發現當 DBP 摻雜在 Rubrene 中的時候，可大幅降低元件的驅動電壓，元件在 3.2 V 電壓驅動下，效率可達 5.4 cd/A 和 5.3 lm/W，色度座標為 $CIE_{x,y}$（0.66, 0.34），外部量子效率可達 4.7%。

　　2006 年日本出光興業公司在 SID'06 國際顯示器會議上，發表結合三井化學的螢光紅色摻雜物和出光的螢光主發光體，可得到發光效率 11 cd/A，外部量子效率高達 8.4%，壽命（半衰期，L_0=1000 nits）長達 16 萬小時的紅光元件，實現了業界最高水準的紅色螢光效率和壽命[28]，而且色度座標為 NTSC 的標準紅光座標 $CIE_{x,y}$（0.67, 0.33），元件在不同電流密度下，性質非常穩定。由圖 4-22(b)EL 光譜推測，此摻雜物應屬於多環芳香族碳氫化合物類。

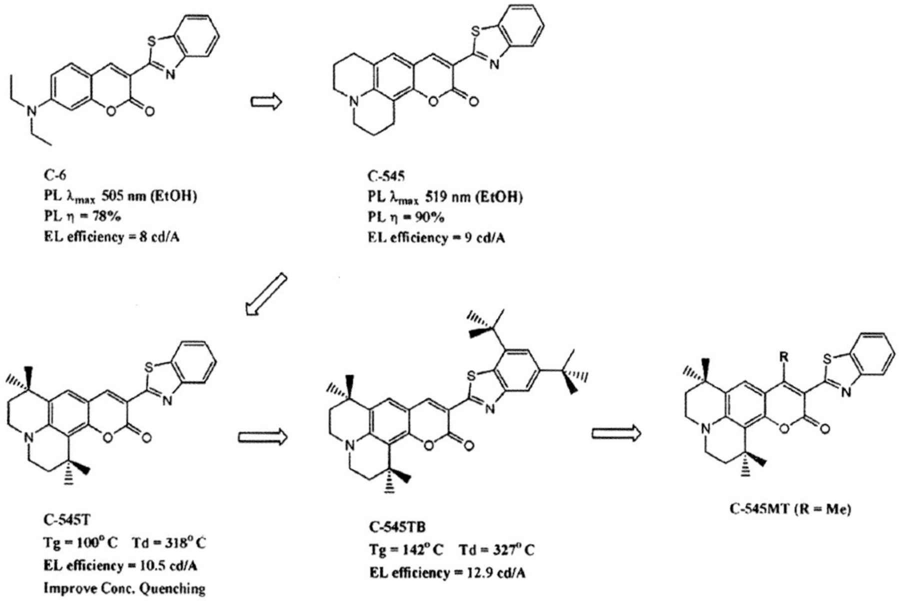

圖 4-23　高螢光性香豆素衍生物的演進

4-3　綠光材料

4.3.1　香豆素（Coumarins）衍生物

　　綠色螢光摻雜物是R、G、B三者中首先在商業上成功商品化的例子，也是具有最佳螢光效率的摻雜物。最好的綠色螢光摻雜物之一為 10-(2-ben-zothiazolyl)-1,1,7,7-tetramethyl-2,3,6,7-tetrahydro-1*H,5H*,11*H*-[*l*]-benzopyrano-[6,7,8-*ij*]quinolizin-1-one，即為市場上熟知的 C-545T[27]，它屬於高度螢光類的香豆素雷射染料，如圖 4-23，coumarin 6（C-6）是一般常見的有機雷射染料，C-545T 即是由 coumarin 6 這個分子演變而來。

　　藉由位於 7 號碳位置的 julolidine 推電子基與氮原子的 p-軌域排列結構共平面的特性，並與苯環上的 π 軌域重疊以提高整體結構的共軛性，這結果使得 C-545 的螢光相對量子效率提升到大於 90％。量子效率的提升相信

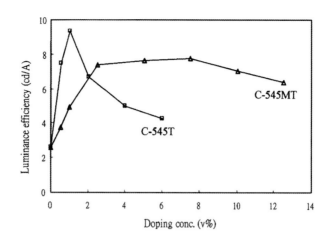

圖 4-24　C-545T 和 C-545MT 摻雜濃度對發光效率之比較

是由於分子鍵的相對運動減少，使得非放光性激態的能量衰退機率減低所致，而且從熱力學來看，C-N單鍵在這類分子中的鍵結也較弱，因此julolidine系統除了提升它的共軛性，也同時改善了此螢光色素的熱穩定性[30]。在C-545T中，含四個取代在策略性位置上的甲基具有舉足輕重的作用，因為它們的立體效應使得此類螢光色素在高濃度下分子間的作用力降至最低。隨後 Kodak 研究團隊又發現，在 benzothiazolyl 環上加入 *t*-butyl 取代基（即C-545TB[31]），在不改變螢光體的發光色性下，濃度淬熄問題可以進一步的得到抑制，且熱性質也大幅的提升（T_g 由 100℃ 提升到 142℃）。

　　作者在交大 OLED 團隊的研究中，發現另一個有趣的綠光摻雜物乃是C-545MT [32]，C-545MT 在結構上與 C-545T 主要的不同點在於 C-4 位置多了一個甲基，當它摻雜到 Alq_3 元件時，它能更有效的防止濃度淬熄的問題，且在大範圍的摻雜濃度下（2-12％）依舊可以維持EL高的發光效率（～7.8 cd/A），而這最佳濃度是 C-545T（圖 4-24）的十倍以上。由比較摻雜物晶形單晶 X-ray 繞射（XRD）晶格透視圖中觀察（圖 4-25），這些摻雜後的現象差異與分子堆疊的方式及單體分子密度（unit cell molecular density）顯然有關，且 C-545MT 扭曲的分子幾何形狀被 C-4 上取代的甲基所改變，而

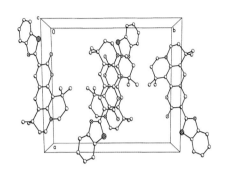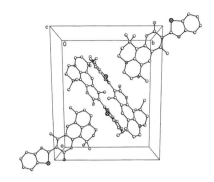

圖 4-25　比較 C-545T 與 C-545MT 分子在晶格堆疊的構形

使的 C-545MT 在高濃度下較不容易形成分子堆疊（aggregation），因此可降低濃度淬熄的發生。

　　另外一個有趣的設計有別於 C-545T，是在 julolidine 不同的位置上取代了五個甲基，其中有二個甲基團是用有機合成的方法放在氮原子的旁邊。從分子設計的觀點來看，這種不對稱的剛性立體障礙，有助於防止高濃度分子間的堆疊。果然經由實驗證明，在 ITO/CuPc(15 nm)/NPB(60 nm)/ Alq$_3$: 1% dopant (37.5 nm)/Alq$_3$ (37.5 nm)/LiF(1 nm)/ Al(200 nm)的元件結構下，C-545P 在 20 mA/cm^2 電流密度的驅動下，可達 11.3 cd/A 的發光效率，比 C-545T 的 10.4 cd/A 高 10%，而且它的顏色 CIE$_{x,y}$（0.31, 0.65）不變。在圖 4-26 中，我們看到 C-545P 的發光效率在不同的驅動電流下，不但能保持不變而且一路都比 C-545T 高，尤其是在低電流密度（<10 mA/cm^2）的驅動下 C-545P 很快就能達到極高的效率。這類特性正是被動矩陣型顯示器所需要的，因為這可使顯示器在低電流下達到瞬間高亮度[33]，並有助於灰階（gray scale）的切割。

　　但是用 C-545T 當綠色摻雜物的弱點是它的元件還不夠穩定，在摻雜於 Alq$_3$ 的元件構造中及 100 cd/m^2 的起始亮度，它在 20 mA/cm^2 的電流密度驅動下（5.9 V, 12.5 cd/A），半壽命是 19500 小時。若將一種易捕捉電洞的藍

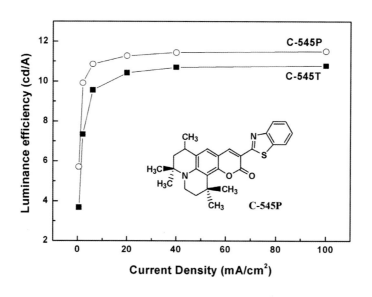

圖 4-26　在不同電流密度下 C-545T 與 C-545P 的發光效率比較

光材料（MADN，其材料特性詳見後述）以 3:7 的比例與 NPB 共蒸鍍混合當作電洞傳輸層，由於 MADN 可以有效的抑止未接合的電洞注入到 Alq_3 層而產生能使綠光淬熄的陽離子 Alq_3^+，元件的壽命（$t_{1/2}$）因此可增加三倍達 52000 小時，此時的驅動電壓、電流密度、發光效率及發光顏色分別為 5.9 V、20 mA/cm^2、12.9 cd/A 及 $CIE_{x,y} = (0.31, 0.64)$ [34]。

上述綠光元件都以 Alq_3 為主發光體，但近來有越來越多的藍光主發光體應用在綠光元件中，2006 年，Sanyo 研發團隊發表了高效率 C545T 的綠光元件，外部量子效率可接近 10% [35]。元件結構中使用 9,9',10,10'-tetraphenyl-2,2'-bianthracene（TPBA）作為 C545T 的主發光體材料，TPBA 的放射圖譜與 C545T 的吸收圖譜幾乎完全重疊（圖 4-27），可預期兩個材料間的能量轉移效率很好，另外元件中也使用新的電子傳輸材料 DBzA，在 20 mA/cm^2 下，效率高達 29.8 cd/A 和 26.2 lm/W，色度座標為 $CIE_{x,y}$（0.24, 0.62），在高起始亮度 23900 cd/m^2 下，元件壽命半衰期為 71 小時。

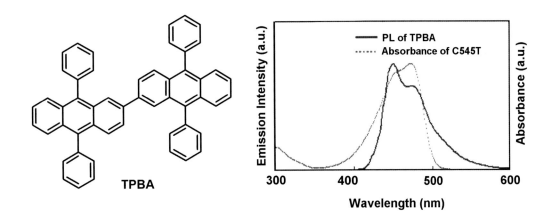

圖 4-27　TPBA 的結構與其放射圖譜

4.3.2　喹吖啶酮（Quinacridone）衍生物之綠光摻雜物

　　Quinacridone（QA），如圖 4-28 所示，為 Pioneer 公司的專利[36]，QA 在固態時看不到什麼螢光，可是當其被分散在 Alq$_3$ 的主發光體中，螢光效率卻很高，其放射波長在 540 nm 的綠光範圍。另外，在 Pioneer 的報告中，當 QA 以 0.47% 的摻雜濃度時，在 1 A/cm^2 的電流密度下其發光效率可高達 68000 cd/m^2。但是 QA 分子中具有亞胺基（imino）和羰基（carbonyl）的架構，使得分子間易經由氫鍵（hydrogen bond）形成激發雙體（excimer）或是與 Alq$_3$ 形成激發錯合物（exciplex），造成非放光的消光機制。因此，Wakimoto 等人利用在 QA 中亞胺基旁邊接上異丙基（isopropyl）取代的 QD5[37]，如圖 4-28 所示，藉由立體阻礙效應來防止氫鍵的產生，經由元件半生期測量結果，以 QD5 所製程的元件的確比 QA 來得穩定。

　　另外，美國柯達公司發表了 N,N-dimethylquinacridone（DMQA）[38]，利用甲基取代 QA 分子中亞胺基上的氫，使得 DMQA 分子間不會因氫鍵生成激發雙體或激發錯合物，如此增長了 DMQA 元件的穩定性。當 DMQA 以 0.8 %的濃度摻雜在 Alq$_3$ 時，元件具有最佳的發光效率 7.3 cd/A，而元件的壽命在電流密度 20 mA/cm^2，起始發光亮度 1400 cd/m^2 下，半生期可達 7500

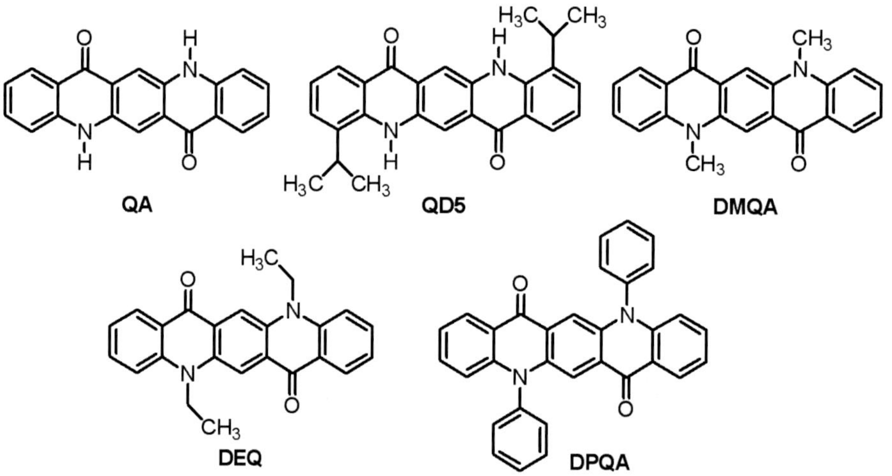

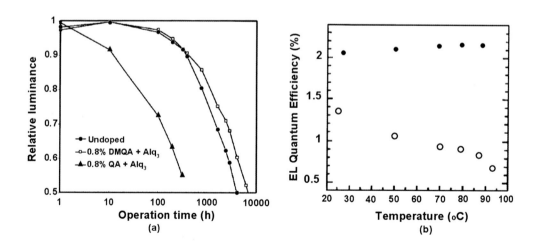

圖 4-28　QA 類之綠光摻雜物分子結構

小時，其元件穩定性遠比 QA 來得好許多，如圖 4-29 所示。另外，Murata 等人利用 N,N-diethylquinacridone（DEQ）為綠光摻雜物[39]，元件結構為 ITO/1-TNATA/NPB/Alq$_3$:DEQ/Alq$_3$/Mg:Ag，發現元件的發光效率並不會隨著操作溫度的上升而有所下降。雖然 QA 類之綠光摻雜物其色度座標與發光效率皆不如 coumarin 類的衍生物出色，但其分子具有高度穩定性與元件操

圖 4-29　(a) QA 與 DMQA 元件穩定性比較　(b) DEQ 元件操作溫度與外部量子效率（實心圓為摻雜 DEQ 元件，空心圓為未摻雜之 Alq$_3$ 元件）

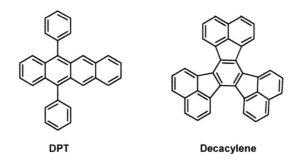

DPT　　　　　　　　Decacylene

圖 4-30　PAH 類型之綠光螢光摻雜物分子結構

作穩定性，柯達專利中也揭露 QA 分子中亞胺基上的氫如果以苯環取代，所得之 DPQA 摻雜物可以兼顧顏色〔$CIE_{x,y}$ (0.33, 0.64)〕、穩定性和效率上之要求[40]，使得 QA 類之綠光螢光摻雜物早被考慮應用於商業化之有機電激發光元件中。

4.3.3　多環芳香族碳氫化合物（Polycyclic aromatic hydrocarbon, PAH）

　　日本三菱化學（Mitsubishi Chemical）公司，發表一 PAH 類型之綠光螢光摻雜物 5,12-diphenyl-tetracene（DPT）[41]，如圖 4-30 所示。DPT 其最大放光波長為 540 nm 且發光效率為 0.8，當以 ITO/CuPc/NPB/ Alq_3:1.6%DPT /Mg:Ag 為元件結構，在發光亮度 100 cd/m^2 下，其元件發光效率約為 2.5 lm/W，而元件色度座標為 $CIE_{x,y}$（0.30, 0.64），但當 DPT 摻雜濃度高於 2％時，元件的發光效率即開始下降，主要因為 DPT 分子間形成雙聚合物所造成，而且隨著雙聚合物的產生造成載子陷阱也使得操作電壓隨之增加，但摻雜 DPT 之元件穩定性較未摻雜時來得穩定許多。

　　另外，日本三洋（Sanyo）公司也提出一 PAH 類之綠光螢光摻雜物，*tri*-peri-naphthylenebenzene（Decacyclene）[42]，如圖 4-30 所示，其液態螢光最大放射波長為 511 nm，當元件結構為 ITO/MTDATA/ $Zn(OXZ)_2$:Decacyclene /

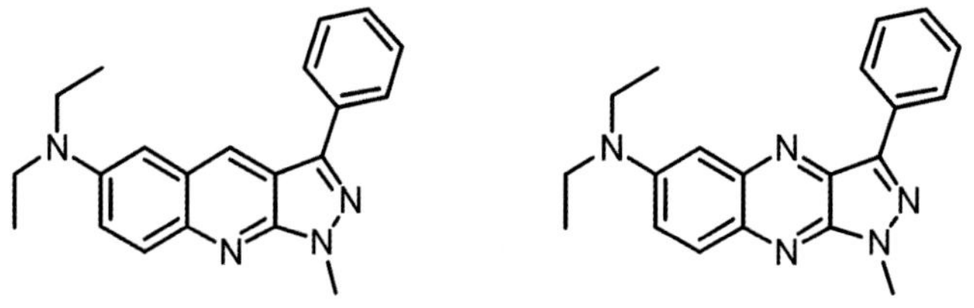

圖 4-31　PQ 類型之綠光螢光摻雜物分子結構

Mg:In，元件放射波峰在 519 nm，在發光亮度 100 cd/m^2 下發光效率為 1.9 cd/A，而元件色度座標為 $CIE_{x,y}$（0.24, 0.58），但將 Decacyclene 摻雜於電洞傳輸層（TPD）時，ITO/MTDATA/ TPD:Decacyclene /BeBq$_2$ /Mg：In，元件有較佳之發光效率（4.7 cd/A）與穩定性，主要是因為 Decacyclene 之 HOMO 能階（5.31 eV）相較於 TPD（5.37 eV）和 Zn(OXZ)$_2$ (5.6 eV) 來得小所造成的。

4.3.4　1H-pyrazolo[3,4-b]quinoxaline 類之綠光螢光摻雜物

　　6-N,N-dimethylamino-1-methyl-3-phenyl-1H-pyrazolo[3,4-b]-quinoline（PAQ-NEt$_2$）的元件[43]與一般綠光元件（以 Alq$_3$ 為主發光體）最大不同之處，在於它是以 NPB 為主發光體材料，主要是因為 PAQ-NEt$_2$ 之吸收光譜與 NPB 之放射光譜重疊性較好，所以會有較好之能量轉移效率。當元件結構為 ITO/NPB/NPB:PAQ-NEt$_2$ /TPBI/Mg:Ag，摻雜濃度為 16 ％時，元件放射波峰為 530 nm，半高寬 60 nm，元件發光效率為 4.8 cd/A，而元件色度座標為 $CIE_{x,y}$（0.33, 0.62）。另一系列 1H-pyrazolo[3,4-b]quinoxaline 之化合物也被用來當綠光螢光摻雜物[44]，這一系列之化合物其液態放光波長為 520-540 nm 且具有相當於 100% 之螢光效率，其中 PQ2，如圖 4-31 所示，當其以 ITO/NPB/Alq$_3$:0.7%PQ2/Alq$_3$ /Mg:Ag 元件結構下，元件發光效率可高達 9.6 cd/A 而其放光波峰為 540 nm。

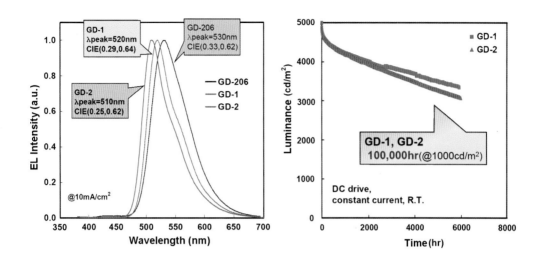

圖 4-32　出光興業之綠色元件 EL 光譜及穩定測試

4.3.5　最新綠螢光摻雜物資訊

　　日本出光興業（Idemitsu Kosan）公司於 2004 年國際顯示器資訊年會（SID）上[45]，發表了一新型之綠光螢光摻雜物GD-206 搭配其一藍光主發光體（BH-140），元件之發光效率可高達 19 cd/A 和長時間之操作穩定性佳（在起始亮度 1000 cd/m^2 下達 26000 小時），據其報導此元件操作穩定性是以 C-545T 為摻雜物於 Alq$_3$ 主發光體元件之 5 倍。另外如圖 4-32 所示，出光興業於 2006 年發表其新開發的摻雜物 GD-1、GD-2，當搭配一新型之藍光主發光體（BH-215）效率分別為 21cd/A 和 16cd/A，元件之操作穩定性更可長達 100000 小時（起始亮度 1000 cd/m^2）[28]。但是由於出光興業一向對外不公佈其確實的材料結構式，因此其結果無法進一步驗證，但如果這個數據是正確的，這的確是一個好消息，同時也間接證明了要得到穩定的元件，必須要有『系統化』考量，而不僅僅是改變摻雜物而已。

　　日本佳能（Canon）公司也於2004年日本第11屆國際顯示研討會（IDW）上[46]，發表了三個綠光螢光摻雜材料，基本的物理特性如表 4-1 所示，值

表 4-1　佳能綠光螢光材料之物理性質

Green dopant	T_g/T_m (℃)	LUMO/ HOMO (eV)	UV, λ_{max} (nm) in toluene	FL, λ_{max} (nm) in toluene	Relative (Q.Y.) in toluene	FL, λ_{max} (nm) film	Relative Q.Y. film	Hole mobility (cm²/Vs) at 0.3 MV/cm
C-GEM1	215/394	3.06/5.49	450	516	1	534	1	2×10^{-3}
C-GEM2	191/224	3.00/5.48	448	514	1.52	519	1.27	5×10^{-3}
C-GEM3	210/390	2.97/5.49	448	512	1.54	513	1.82	2×10^{-3}

得注意的是這類綠光摻雜物具有相當好的電洞傳輸能力，且具有相當好的熱穩定性與綠光飽和度，C-GEM2 和 C-GEM3 溶液態和薄膜的光譜非常相近，表示分子間作用力降低，因此可以高濃度摻雜。當這類材料搭配上一具有高電子傳輸能力（1×10^{-3} cm²/Vs）的藍光材料（DPYFL01）為主發光體（結構如後節圖 4-46 所示）。而以 35%摻雜於 DPYFL01 時，功率效率可達 20 lm/W（@10 mA/cm²）。C-GEM2 的上發光元件於發光亮度 1600 cd/m² 下發光效率可高達 33.6 cd/A（其外部量子效率為 8%），且具有高色純度座標為 $CIE_{x,y}$（0.29, 0.70），而元件之操作穩定性可達 25000 小時（起始亮度 1600 cd/m²）。

　　從這兩篇報導可以發現幾項共同的結論：第一、以藍光主發光體來激發紅藍綠之摻雜物材料，一方面可以簡化全彩化元件製程，二方面可以提升元件的穩定性（由於 Alq_3 帶正電之化合物為不穩定之分子）。第二、所使用之發光材料，需配合其電子與電洞傳輸的能力，才能使元件具有好的電荷平衡得到最佳之元件效率。

4-4　藍光材料

4.4.1　藍光主發光材料

許多穩定的藍色主發光體材料已經公開在文獻報導中，而這些材料結構粗略可歸類成下列幾類：diarylanthracene[47]、di(styryl)arylene（DSA）[48]、fluorene（芴）[49]及 pyrene（芘）[50]。但不幸地，並非所有主體發光分子結構的詳細資訊都揭露於公開的文獻中，而絕大多數的材料分子仍然處在於公司商業機密，且這些研發團體傾向於封鎖這些資訊，甚至在這項智慧財產權及專利保護過期後亦然。有些研發團隊則傾向於釋出他們最好的元件效能而故意不展示「相對」材料的正確化學結構，或頂多僅提出結構批號而已。甚至有些團隊僅在發表刊物中展示出部分的結構通式及最好的 EL 效能，而不願意談到化學結構對元件效能的影響。最差勁的是那些提出『誤導性』的結構以及發佈錯誤訊息者。雖然我們好像常常看到令人驚喜的創新與突破，但對於 OLED 科學研究界而言，長遠的衝擊乃是那些過於誇大的專利內容及令人懷疑的化學結構及真實性，若是可行卻又無法證實的話，勢必造成相關的改善及研究更加困難。這時，人們便不禁會懷疑這樣的策略是否有助於促進 OLED 技術的成長，或是阻礙或傷害這項科技的永續發展。

(A) 二芳香基蒽（diarylanthracene）衍生物

Anthracene 可說是應用於有機電激發光元件的始祖材料。早在 1963 年，Pope 等人就以 Anthracene 單晶通入 400 V 的操作電壓而觀察到發光現象。美國柯達的 OLED 研究團隊於美國專利中首次發表了以 9,10-*di*(2-naphthyl)anthracene（ADN）為主體的衍生物，ADN 在液態和固態均有相當好的螢光效率，目前已成為 OLED 元件中被廣泛應用的藍光主發光材料之一。2002年，石建民及鄧青雲博士首度將柯達公司使用的藍光主發光體材料 ADN 發

ADN
TBP
Relative Luminance
Voltage (V)
Operational Time (hour)

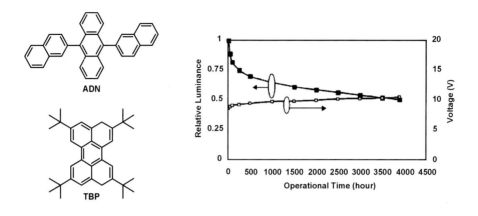

圖 4-33　ADN 和 TBP 結構與元件壽命檢測圖

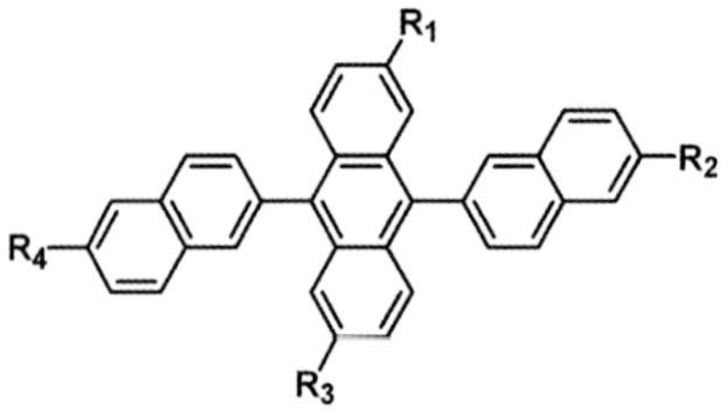

R1, R2, R3, R4= H (ADN)
R1= t-butyl, R2, R3, R4= H (TBADN)
R1, R2= t-butyl, R3, R4= H (DTBADN)
R1, R2, R3, R4= t-butyl (TTBADN)
R1= methyl, R2, R3, R4= H (MADN)

圖 4-34　ADN 衍生物結構

表於期刊上，在此論文中將不同濃度的 tetra(t-butyl)perylene（TBP）摻雜於 ADN 中，在元件結構為 ITO(35 nm)/CuPc(25 nm)/NPB(50 nm)/ADN:TBP(30 nm)/ Alq_3 (40 nm)/Mg:Ag(200 nm) 中，可得到藍光元件[51]。未摻雜 TBP 的元件 $CIE_{x,y}$ 座標為（0.20, 0.26），摻雜 TBP 後元件 EL 圖就呈現 TBP 的波形。顯見兩者間可以有很好的能量轉移，由於半波寬變窄，元件光色變為 $CIE_{x,y}$（0.15, 0.23），發光效率更提升為 3.5 cd/A。未摻雜元件壽命在起始亮度為 384 cd/m^2 下可達 2000 h，摻雜 TBP 後元件壽命在起始亮度為 636 cd/m^2 下可達 4000 h（圖 4-33），在當時公開發表的期刊中可算是最穩定的一個藍光發光體。

但在我們進一步研究 ADN 藍光主發光體材料（圖 4-34）時發現，在長時間電場操作下或升溫（95℃）回火（annealing）程序中，該材料的薄膜

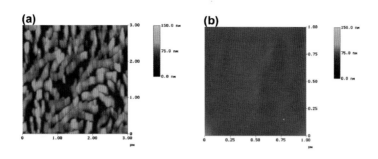

圖 4-35　95℃ 回火一小時後 ADN (a) 和 MADN (b) 的 AFM 圖

型態相當不穩且易結晶，而其光色亦略顯偏綠（$CIE_{x,y} = 0.20, 0.26$）[52]。因此 Kodak 團隊曾在歐洲專利提出含 *tert*-butyl 取代基的衍生物，2-(*t*-butyl)-9,10-*di*(2-naphthyl)anthracene（TBADN）來改善這些問題[53]，在文獻中利用相同摻雜物及元件架構，TBADN 可以發射出深藍光，其 $CIE_{x,y}$ 為（0.13, 0.19），但效率上卻低了些，可惜的是，該報導中並未揭露該薄膜的表面型態及元件穩定度的資料。

作者在交大的 OLED 團隊藉由系統性的研究 ADN 在 C-2 烷類取代基效應中發現，穩定 ADN 薄膜形態的最好方法乃是在 anthracene 的 C-2 位置導入甲基——即 2-methyl-9,10-*di*(2-napthyl)anthracene（MADN），在合成製備上根據已知的方法，經由 2-methyl-9,10-dibromo-anthracene 與 2-(napthyl)boronic acid 進行 Suzuki 偶合反應獲得[54]。藉由電腦模擬我們發現，在空間群（space group）中的 ADN 對稱性及分子堆疊受到甲基的破壞而增加分子間的距離，

表 4-2　ADN 衍生物的發光和熱性質

Compound	Relative η_f	Peak（nm）	T_d（℃）	T_m（℃）	T_g（℃）
ADN	1	427	396	388	-
TBADN	1.2	430	408	291	128
MADN	1.2	430	397	255	120

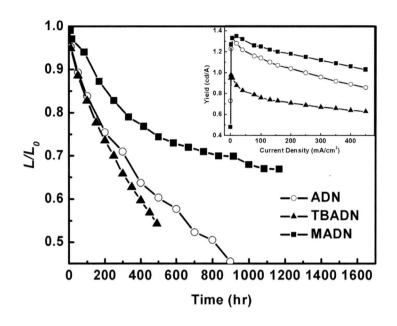

圖 4-36　ADN、TBADN 和 MADN 元件的壽命和效率比較

並使得 MADN 在回火前後（圖 4-35）顯現的 AFM 薄膜形態影像比 ADN 好。 而結構中的甲基取代基似乎也稍微影響了 ADN 原來的 LUMO/HOMO 能階（2.5/5.5 eV），而能隙為 3 eV。在甲苯溶液中，含各種取代基的ADN 衍生物的液態螢光及其熱性質比較分別列在表 4-2，在它們的液態螢光及 相對量子效率比較上，MADN 及 TBADN比ADN具有更佳的效率。在低溫 PL 研究中也顯示MADN及TBADN皆具有不同的振盪能階（vibronic levels）， 而使得它們的發光位置有明顯的位移，並造成它們的CIE色度座標趨向深 藍色，也因此它們在深藍光 OLED 的應用極具潛力 [55]。

　　在最佳化元件結構〔ITO/CF$_x$/NPB (70 nm)/*blue host* (40 nm)/Alq$_3$ (10 nm)/ LiF(1 nm)/Al (200 nm)〕中的 EL 效能比較上顯示，MADN 最佳發光效率可 達 1.4 cd/A，比 TBADN（1.0 cd/A）好， 且在 20 mA/cm^{2}下最低驅動電壓為 6.2 V 以及可達非常藍的色度座標 CIE$_{x,y}$（0.15, 0.10）。在圖 4-36 中的三個 不含摻雜物之元件穩定度數據，再次確認 MADN 的確在 diarylanthracene- type 的藍光主發光體中具有相當突出的表現，因為其元件在 100 cd/m^{2}初始

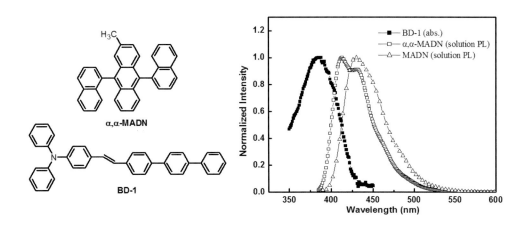

圖 4-37　α, α-MADN 結構和其發光光譜與 MADN 之比較

亮度下的半衰期（$t_{1/2}$）大約為 7000 小時，而這個數值大約分別是 TBADN 壽命的 7 倍及 ADN 的 3 倍之久。隨後我們又發現 MADN 的異構物 α, α-MADN 具有更藍的發光光譜，元件光色為 $CIE_{x,y}$（0.15, 0.08），因此與深藍光的摻雜物吸收光譜會有較好的重疊（如圖 4-37），而達到較好的元件效率，在深藍光的摻雜元件中證實，同樣摻雜 3%BD-1 的元件[ITO/CF$_x$/ NPB (50 nm)/ host:3% BD-1 (40 nm)/Alq$_3$ (10 nm)/LiF (1 nm)/Al (200 nm)]，效率由 MADN 的 2.2 cd/A 增加到 α, α-MADN 的 3.3 cd/A，且壽命一樣[56(a)]。

另外，Kim 等人開發出以 anthracene 為主結構，於 9, 10 位置上以 1,2-di-phenylstyryl 和 triphenylsilylphenyl 為取代基，合成出 BDSA 和 BTSA 兩個材料[56(b)]。經由模擬計算可發現這兩個結構在立體空間上並非平面，可抑制材料分子之間的堆疊，進而提升元件的效率與光色純度。BDSA 的元件效率在 6.6 V 驅動下可達 3.0 cd/A 和 1.43 lm/W，色度座標為 $CIE_{x,y}$（0.14, 0.10）；而 BDSA 的元件效率在 6.7 V 驅動下為 1.3 cd/A 和 0.61 lm/W，色度座標為 $CIE_{x,y}$（0.14, 0.09）。

(B) 二苯乙烯芳香族（distyrylarylene, DSA）衍生物

藍光 OLED 發展至今，日本出光（Idemistu）公司的藍光系統是目前

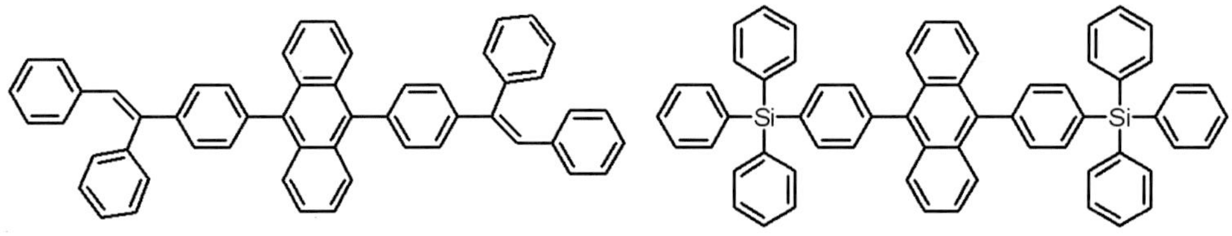

BDSA   BTSA

圖 4-38

被公認為最好的藍光系列之一，在元件穩定性、光色純度和發光效率的表現上均有突出的成果，其最主要的藍光材料係以 DSA 系列之相關衍生物為主，雖少有公開的論文著作，但出光公司對藍光 OLED 的貢獻卻大幅影響著產業及學術界的相關研究，以下將其歷年所發表之成果，做進一步的整理。

在 OLED 中藍光材料的分子結構設計通常必須明確地考量能隙及分子本身 LUMO/HOMO 能階是否與元件中搭配的材料切合。針對全彩化 OLED 顯示器的需求[57]，將藍光目標設定在 CIE 色度座標（x ～ 0.15，y < 0.15），且發光效率在 5 cd/A 以上。在相關的文獻中不難發現有些相似色度座標及效率的藍光材料，但它們的元件操作壽命都不夠長或都未經過嚴密的驗證[58]。在商業界，使用在 OLED 中最好的藍光材料乃是日本出光公司專利中的 distyry larylene（DSA）主發光體結構[59]，它的基本構造式為 $Ar_2C=CH-(Ar')-CH=CAr_2$。用分子設計的方法，他們所合成的 DSA 中，乙烯鍵都是三芳香環取代，由於立體阻礙的原因，底端二個苯環必須要轉到一個不同平面的位置[60]。如圖 4-39 所示，用電腦計算出來的立體圖，比較其中典型的 DPVB 與平面型的 1,2-disubstituted styryl 衍生物（DSB），可以明顯的看出 DSVB 的構形（conformation）較穩定，乙烯鍵上的苯環亦可以防止照光引發的 *cis-trans* 異構化反應的發生。

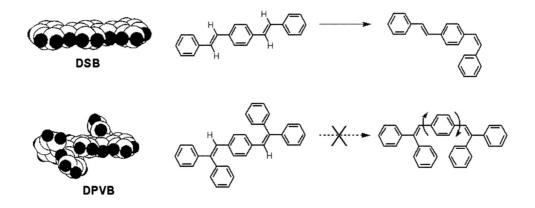

圖 4-39 日本出光公司的藍光主發光體設計

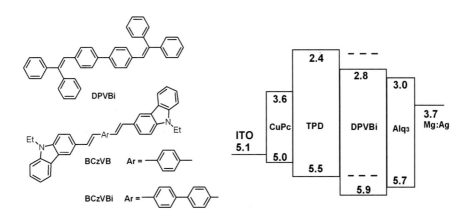

圖 4-40 DPVBi 與 BCzVBi 之結構與能階位置圖

　　1995 年 Hosokawa 等人首度揭露以 DSA 為主體結構的主發光體 DPVBi 及摻雜物 BCzVBi[61]，主發光體材料 DPVBi 係非平面的分子結構，具有良好的薄膜穩定性，它的 LUMO/HOMO 能階在 2.8/5.9 eV，並有與 ADN 相似的能隙（3.1 eV）。當運用能階吻合的 BCzVBi 摻雜入主發光體後，經過能量轉移的發光機制，使得結構為 ITO/CuPc (20 nm)/TPD (60 nm)/DPVBi:DSA-amine (40 nm)/Alq$_3$/Mg:Ag 的元件（如圖 4-40 所示），在電流密度 8.28 mA/cm^2 下效率達 1.5 lm/W，其外部量子效率為 2.4%。最大亮度在操作電壓為 14 V

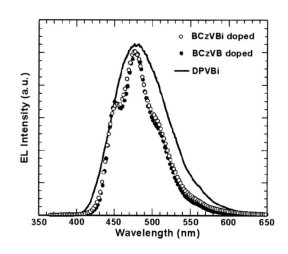

圖 4-41　實線為 DPVBi 之元件光譜，實圓線為 BCzVB 摻雜在 DPVBi 之元件光譜，與 BCzVBi 摻雜在 DPVBi 之元件光譜

時可達 $10000\,cd/m^2$。發光範圍在藍光區域，根據圖 4-41 所顯示，應在淺藍光色的範圍。並可以發現由於加入具有高效率能量轉移的摻雜物，使得電子、電洞再結合的效率提升，讓原本主發光體DPVBi的放光幾乎可以完全轉移到 BCzVBi。

　　在所有公開的文獻發表中，具有優越 EL 效能的分子結構中大都含有聯苯（biphenyl）結構（圖 4-42），但經交大研究團隊系統化的研究後發現，DPVBi 在甲苯中的相對量子效率卻僅有38%，而這樣差的特性必會大大降低系統中的Förster能量轉移效率，也使得我們懷疑此公佈的DPVBi 分子結構不可能成為優越的藍色主發光體材料，我們也無法想像日本出光公司的意圖。這個分子結構之謎直到最近舉辦的SID 2004 會議中，才由 eMagin 公司在演講中揭露了DPVPA的結構，其中以二苯基蒽（diphenylanthracene）取代了 DPVBi 中間的 biphenyl 核心，才供給了大家一個合理的線索[62]。審慎針對 DPVPA 與 DPVBi 在藍色主發光體材料的運用潛力作一比較與分析[63]，果然，DPVPA 在甲苯中的螢光λ_{max}為 448 nm，且量子效率要比 DPVBi 高約 2.6 倍，且因為延伸結構中的共軛鍊長而使得螢光波長大約往綠偏移了 20

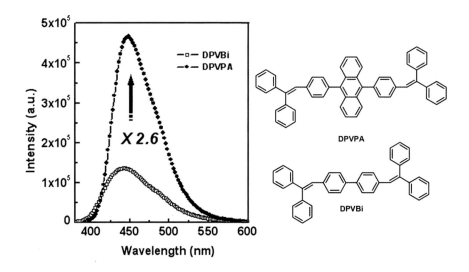

圖 4-42　DPVBi 和 DPVPA 的結構和發光光譜比較

nm（圖 4-42），合理的懷疑是日本出光公司近十年來的DPVBi分子的真正構造式，很可能就是 DPVPA。

　　與 MADN 比較，在相同元件結構且不含摻雜物的 EL 效能中 [ITO/CFx/ NPB (70 nm)/*blue host* (40 nm)/Alq3 (10 nm)/LiF (1 nm)/Al (200 nm)]，我們發現 DPVPA 的外部量子效率為3%，比 MADN（η_{ext} ～1.5%）更有效率，但色度座標為 $CIE_{x,y}$（0.14, 0.17）光色偏綠。在元件 EL 效能比較中，我們發現 MADN的驅動電壓比 DPVPA元件卻相對低了約 20%，藉由圖 4-43 的 J-V 曲線推測，這現象是因為 MADN 的載子傳輸特性較佳所致。 在相同初始亮度（L_0 = 100 cd/m^2）下的元件穩定度表現上，MADN 元件的外插半衰期（$t_{1/2}$）為 7000 小時，而這確實比 DPVPA 的 5600 小時好許多。

(C) 芘（Pyrene）衍生物

　　傳統上，最具代表性的藍光發光體結構是架構在多環芳香族化合物上。但是具有高螢光效率（η_f = 0.90），而且發光位置在深藍光區域（420

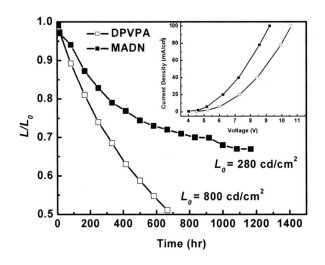

圖 4-43　MADN 和 DPVPA 元件的壽命與 J-V 特性比較

nm）的 1,3,6,8-*tetra*(phenyl)pyrene（TPP）卻鮮少有研究的相關報導[64]，其主因在於此化合物具有高對稱性，在鍍成薄膜時容易產生活化雙體，使得放射峰紅位移，這會使得其發光效率大幅度的降低，同時也限制了 TPP 在藍光 OLED 元件應用在主發光體的價值。

富士通研究所（Fujitsu Laboratories Limited）在 2003 年 SID 會議曾提出以 TPP 和其衍生物作為客發光體結構[65]，摻雜在 4,4'-bis(9-carbazoyl)biphenyl（CBP）的主體中，可以成功的產生飽和度良好之光色，其發光效率為 1.87 cd/A，$CIE_{x,y}$ 達到（0.17, 0.09），然而 TPP 所具有的能階（band gap）優勢在此發表中卻沒有表現出來。

2004 年交通大學 OLED 研究團隊在 SID 會議上進一步發表[66]一系列以 Pyrene 為主體之衍生物的藍光主發光體材料 TPP、TOTP 及 TMTP，我們發現將甲苯基以 *ortho-* 和 *meta-* 位置導入 Pyrene 主體，可有效增加分子量及分子間立體阻礙，仍能保有 TPP 的高螢光效率，同時改善薄膜的穩定性。利用半經驗（semi-empirical）的量子分子軌域計算法（quantum MO calculation CAChe v. 5.02）可以得到 TMTP 和 TOTP 最佳的分子空間構形如圖 4-44，並

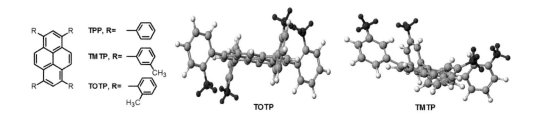

圖 4-44　TPP、TMTP 和 TOTP 的化學結構與分子空間構形

發現甲基取代基的位置在分子的構形上有很大的影響。TMTP中 *meta-*位置的甲基取代，因為立體障礙的影響使得四個甲基都朝向同一個方向，也因此使 *m*-toyl 基團與中心 pyrene 平面存在一個扭角。在 TOTP 的例子中，由於*ortho-*位置的甲基取代立體障礙更大，*o-tolyl* 基團幾乎是於 pyrene 平面垂直，如圖顯示四個甲基呈 pseudo-C_{2h} 對稱，與 *m*-toyl 取代基的分子立體構形截然不同。

　　由於 TMTP 有較少的立體障礙，其固態的發光光譜比 TOTP 來得紅位移，並有長波長的肩峰，這可能是 TMTP 薄膜存在活化雙體（excimer）所致。相反的，TOTP 在 435 nm 展現出較尖銳的發光波峰（圖 4-45），這足以證明利用分子設計可以解決活化雙體形成的問題。

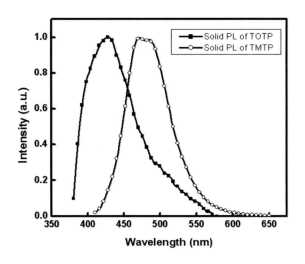

圖 4-45　TMTP 和 TOTP 薄膜的發光光譜

表 4-3　TOTP、ADN 及 TBADN 為藍光主發光材料之元件效能

Device		Voltage (V)	η_L (cd/A)	η_{ext} (%)	η_p (lm/W)	CIE$_x$	CIE$_y$
TOTP	undoped	6.5	1.09	1.26	0.53	0.15	0.07
	doped	7.1	8.64	4.32	3.82	0.15	0.28
TBADN	undoped	7.5	1.32	1.36	0.55	0.15	0.11
	doped	7.1	9.08	4.56	4.01	0.15	0.33
ADN	undoped	6.8	1.58	1.16	0.73	0.15	0.16
	doped	6.6	8.08	3.94	3.82	0.15	0.35

表 4-3 以 ITO/NPB(70 nm)/EML(40 nm)/Alq$_3$ (10 nm)/LiF(1 nm)/Al (200 nm) 的元件結構，分別比較利用藍光主發光材料 TOTP、TBADN 及 ADN 摻雜 3% DSA-Ph，發現利用 TOTP 摻雜 DSA-Ph 可以得到最好的元件效果，在 20 mA/cm^{2}的電流密度下，我們可以得到CIE$_{x,y}$ 色度座標（0.15,0.28）的光色、8.64 cd/A 的元件效率。

(D) 新型 Fluorene 衍生物

佳能公司在 2004 年發表新的藍光系統[67]，以 DPYFL01 之衍生物為藍光主發光體，具備高熱穩定性，其 T$_g$ 為 146℃，搭配以 BDT3FL 之衍生物為藍光客發光體，其材料結構如圖 4-46。

其藍光摻雜物之物理性質如表 4-4，由於摻雜物之結構都由堅硬的茀環構成，因此可以預期其 Stokes shift 都很小，增加中間的茀環個數會造成吸收和發射強度的增加，而分子的LUMO/HOMO能階則可以藉由不同芳香胺取代基來調整。以中間有三個茀環的摻雜物為例，在氯仿溶液中發光波峰在 438 到 448 nm 之間，CIE$_{x,y}$ 色度座標為（0.15, 0.08-0.12），都還在深藍光範圍。

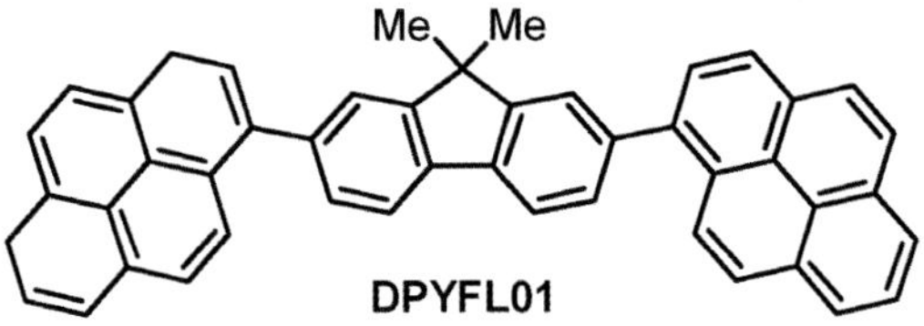

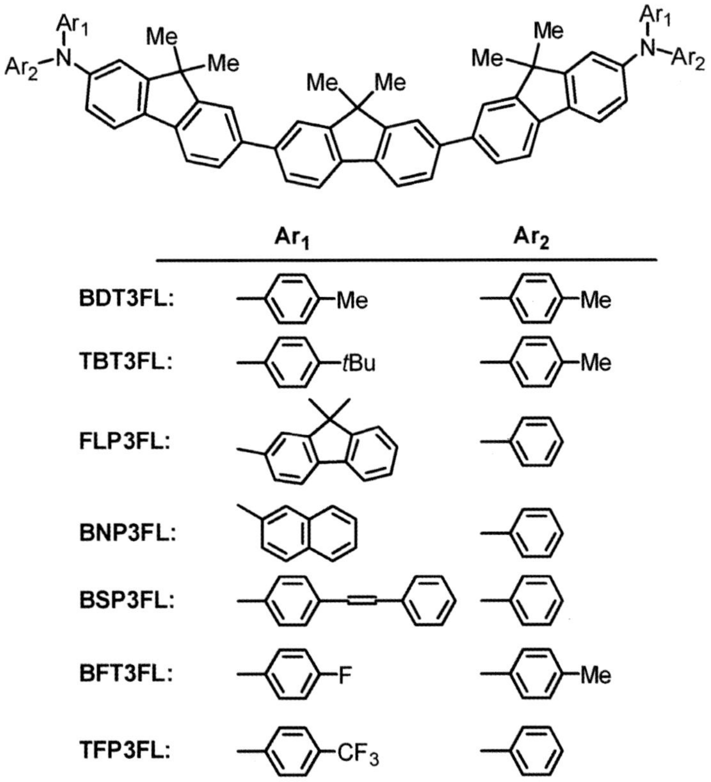

圖 4-46　佳能公司發表的藍光主發光體與摻雜物的結構

　　這一系列藍光元件的性質如表 4-5，其元件結構為 ITO/DFLDPBi (11 nm)/
EML (20 nm)/C-ETM (40 nm)/Al-Li (5 nm)/Al，其中 DFLDPBi 與 C-ETM 分別
為佳能公司的電洞與電子傳輸材料。可以發現以 BNP3FL 為客發光體在電
壓為 3.2 V 時，元件發光效率為 2.9 lm/W，外部量子效率為 3.1%，$CIE_{x,y}$ 色
度座標為（0.15, 0.11），與其他元件相較之，有較好的色彩飽和度。

表 4-4　2004 年佳能公司發表的藍光摻雜物之物理性質

materials	T_g T_m (℃)	HOMO LUMO (eV)	UV λmax^a (nm)	PL λmax^b (nm)	PL λmax^c (nm)	CIE^a (x, y)
BDT3FL	163 406	5.31 2.39	389	448	442 465(s)[d]	0.15, 0.12
TBT3FL	168 350	5.26 2.40	389	448	440 454(s)	0.15, 0.12
FLP3FL	163 292	5.41 2.53	394	446	441 462(s)	0.15, 0.11
BNP3FL	152 267	5.45 2.50	389	438	439 461(s)	0.15, 0.08
BSP3FL	179 270	5.39 2.47	397	448	445 472(s)	0.15, 0.12
BFT3FL	157 378	5.44 2.56	386	438	438 460(s)	0.17, 0.12
TFP3FL	149 315	5.85 2.91	377	424 445(s)	430 455(s)	0.15, 0.06

a. CHCl$_3$ solution $(1\times10^{-5}$ mol/l)　b. CHCl$_3$ solution $(5\times10^{-7}$ mol/l)

c. spin-coating films　d. (s): shoulder peak

表 4-5　佳能公司發表的藍光元件性質

Materials	η_{ext} (%)	η_p (lm/W) @ 200 cd/m^2	$CIE_{x,y}$
TBT3FL	3.8	4.3（3.4 V）	0.15, 0.15
BFT3FL	4.0	4.8（3.2 V）	0.15, 0.15
BNP3FL	3.1	2.9（3.2 V）	0.15, 0.11

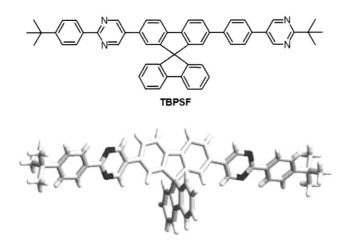

圖 4-47　TBPSF 結構圖與 TBPSF 分子空間構形圖

(E) 旋環雙芴基（*Spiro*bifluorene）藍光主發光體

在藍光 OLED 的發展過程中，元件的穩定度一直是個很大的問題，為了得到良好穩定度的藍光元件，藍光發光材料的設計便朝向改良材料熱性質及薄膜穩定度發展。將分子接上一個龐大立體阻礙基團是最常用的方式，9,9'-*spiro*bifluorene便是一個立體阻礙非常大的基團，兩個fluorene平面幾乎是呈現90度的正交，也因此有許多藍光發光材料就利用接上 9,9'-*spiro*bifluorene來改善材料的熱性質及薄膜穩定度。2002年台灣大學的吳忠幟、汪根欉教授等人以 TBPSF 為主發光體[68]，ITO/PEDT-PSS (30 nm)/NCB (45 nm)/TBPSF:perylene (30 nm)/Alq$_3$ (20 nm)/LiF (0.5 nm)/Al的元件結構製作最高亮度高達 80000 cd/m^{2}的藍光元件。值得注意的是，TBPSF 的玻璃轉移溫度（T$_g$）高達 195℃、固態薄膜的螢光量子效率高達 80 %，顯見材料的確擁有非常好的熱性質及良好的成膜性，由於這些優良特性，TBPSF 的元件更能承受高達 5000 mA/cm^{2}的操作電流密度。

之後其團隊又發表了一系列和 9,9'-*spiro*bifluorene 有關的衍生材料[67]，如圖 4-48(a)。這一系列材料的固態螢光量子效率均高於 66 %、玻璃轉移溫

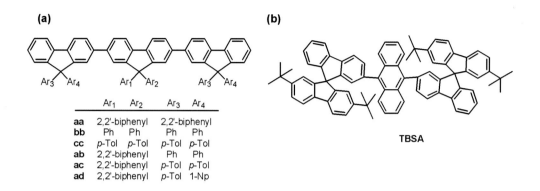

(a)

	Ar₁	Ar₂	Ar₃	Ar₄
aa	2,2'-biphenyl		2,2'-biphenyl	
bb	Ph	Ph	Ph	Ph
cc	*p*-Tol	*p*-Tol	*p*-Tol	*p*-Tol
ab	2,2'-biphenyl		Ph	Ph
ac	2,2'-biphenyl		*p*-Tol	*p*-Tol
ad	2,2'-biphenyl		*p*-Tol	1-Np

圖 4-48　(a) *ter*(9,9-diaryfluorene)系列材料的結構圖　(b) TBSA 分子結構

度也在189℃至231℃，是相當高的溫度範圍，更重要的是他們發現 *ter*(9,9-diaryfluorene) 系列材料有很好的熱性質及成膜性。將這系列材料以 ITO/PEDT-PSS (30 nm)/ter(9,9-diaryfluorene) (50 nm)/TPBI (37 nm)/LiF(0.5 nm)/Al 的結構製成元件，在 100 cd/m² 亮度下，元件操作電壓在 6V 左右，可說是相當低的操作電壓，元件最大亮度也達 5000 cd/m²。

2001 年 Yun-Hi Kim 等人曾將 anthracene 9 和 10 號位置接上龐大的立體阻礙基 2",7"-di-*t*-butyl-9',9"-*spiro*bifluorene 製成 TBSA 以增進材料的成膜性及熱穩定性[70]。TBSA 的玻璃轉移溫度（T_g）高達 207 ℃，以 ITO/CuPc (20 nm)/NPB (50 nm)/TBSA (200 nm)/Alq₃ (100 nm)/LiF(1 nm)/Al 的元件結構，在元件亮度為 300 cd/m² 時 $CIE_{x,y}$ 色座標為（0.14, 0.08），這是非常接近 National Television Standards Comittee（NTSC）標準值的飽和藍光。

(F) 其它芳香族類主發光體系統

其它由芳香環構成的主發光體系統如鄭建鴻教授發表的 biaryl 系統，其元件特性如表 4-6 所示，以 Ia-1 為發光層之元件可得到 $CIE_{x,y}$ 色座標為（0.15, 0.10），效率達到 3.1 cd/A，Ia-2 在結構上只多了兩個甲基，顏色與 Ia-1 相近但效率卻只有其三分之一。在 bistriphenylenyl 中間加入苯環之結構為 IIa-1，但元件顏色也隨著共軛增加使得 CIE y 值增加至 0.2 [71]。

表 4-6　biaryl 系統之元件特性

EML	亮度 cd/m² (volt)	最大效率 cd/A (volt)	CIE$_{x,y}$ (@ 6 V)
Ia-1	21215 (13.5)	3.1 (6.0)	0.15, 0.10
Ia-2	3945 (12)	1.1 (7.0)	0.14, 0.11
IIa-1	44507 (13.4)	6.9 (7.9)	0.14, 0.20
元件結構：ITO/CuPc (10 nm)/NPB/EML/TPBI (40 nm)/Mg:Ag (10:1)			

　　另外 Canon 公司也發表過苯環上三芳香族與四芳香族取代的化合物如圖 4-49，材料特性列於表 4-7，T$_g$ 都在 130℃以上，其中相對螢光強度以淺藍的 TPB3 和深藍的 TFB4 最高，但 TFB4 的 HOMO 能階較低，使得摻雜物 LUMO 能階可能高於 TFB4 的 LUMO 能階，而不利摻雜物捕捉電子[72]。

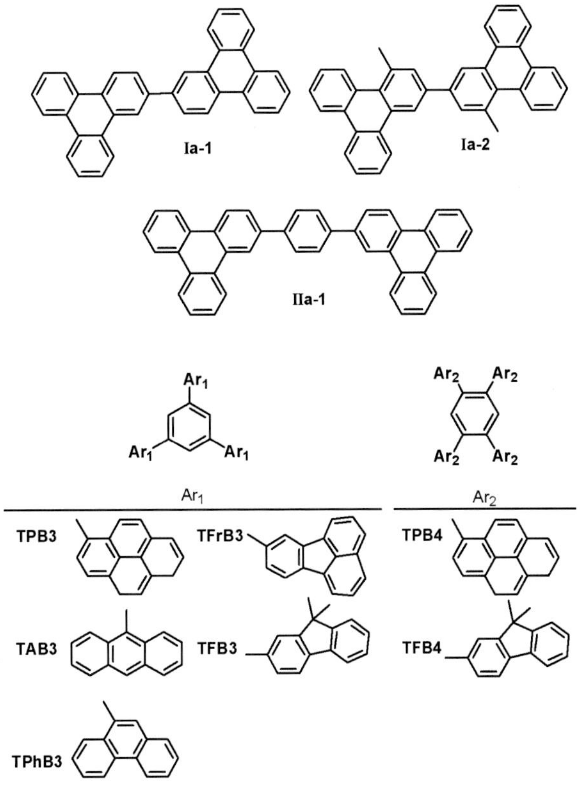

圖 4-49　芳香族類主發光體系統

表 4-7　Canon 公司發表之主發光體特性

	T_g/T_m (℃)	HOMO (eV)[a]	UV peak (nm)	PL	
				peak (nm)	Intensity[b]
TPB3	165/266	5.72	357	479	3.05
TAB3	ND/405	5.74	396	456	0.32
TPhB3	148/279	6.03	306	401	0.43
TFrB3	174/237	5.99	379	478	2.14
TFB3	136/337	6.01	317	373	2.34
TPB4	262/419	5.70	352	576	0.92
TFB4	ND/349	5.95	317	420	4.49
a by AC-1					
b Based on Alq3 (= 1)					

(G) 雙主發光體系統

1999 年 Hosokawa 等人曾發表以混合式的發光層提高元件效率[73]，以 Alq$_3$ 及 DSA 製備混合式的發光層元件，在 5 V 電壓下，效率為 5.4 cd/A，比傳統的多層式元件結構增加兩倍的效率。同時提出 DPVBi 的電洞移動率為 $2\sim4\times10^{-3}$ cm^2/Vs，和 TPD 有相同的電洞傳輸能力。

2003 年日本出光公司發表了一篇美國專利[74]，專利中是以含有氮的 styryl 衍生物和 anthracene 衍生物以 1:99 至 99:1 的範圍共蒸鍍以形成有機發光層，根據先前所述 DSA 衍生物擁有傳導電洞的能力而 anthracene 衍生物有傳導電子的能力，所以適當調整兩者的比例後，便可以使載子平衡、使元件發光效率增加、操作電壓下降、半衰期增長，在專利中具體實施例的天藍色元件發光效率都在 7.7 cd/A 以上，最高達 13.2 cd/A（但顏色為藍綠色）。在 10 mA/cm^2 的電流密度驅動下，元件半衰期都在 850 小時以上，最長達 2400 小時。

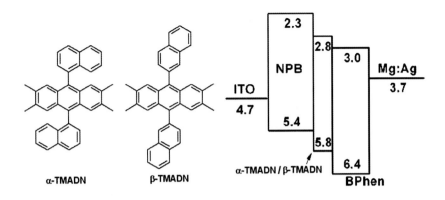

圖 4-50　TMADN 的分子結構與元件能階圖

　　2004 年中國北京清華大學發表架構在 ADN 的新型藍光材料 2,3,6,7-tetra-methyl-9,10-dinaphthyl-anthracene（TMADN）[75]。這個材料具有良好的成膜性質，並由 AFM 量測平均粗糙度（Ra）為 2.0 nm。同年亦發表架構在 ADN 系列的衍生物，2,3,6,7-tetramethyl-9,10-(1-dinaphthyl)-anthracene（α-TMADN）以及 2,3,6,7-tetramethyl-9,10-(2-dinaphthyl)-anthracene（β-TMADN）[76]。作者利用 α-TMADN 及 β-TMADN 相互混合以提升發光效率，元件結構為 ITO/NPB (50 nm)/α-TMADN 或 β-TMADN (15 nm)/BPen (15 nm)/Mg:Ag，α-TMADN 的元件效率達 3 cd/A，$CIE_{x,y}$ 色度座標為（0.15, 0.21）。β-TMADN 的元件效率達 4.5 cd/A，$CIE_{x,y}$ 色度座標為（0.16, 0.22），而混合式發光層的元件效率達 5.2 cd/A，$CIE_{x,y}$ 色度座標為（0.15, 0.23）。元件效率的提升，起因於四個甲基的取代破壞了 ADN 分子的高度對稱性，降低分子堆疊的機率，而提升元件效率。而作者也發表了 TMADN 經過薄膜蒸鍍後的表面分析，經由 AFM 的檢測，證明甲基的取代的確改善了薄膜的穩定性。

4.4.2　天藍光摻雜物

　　當一個穩定的藍光主發光體選定後，剩下的工作就是選擇一個高螢光性的摻雜物，來調整適當的藍光顏色，並進一步增加其發光效率與穩定

性。高效率的藍光摻雜物其發光光譜往往包含一些綠光的成份，因此肉眼看起來像天藍色，它們雖然不是飽和的藍光，但因為可以與黃或黃橘光配合成為二波段型白光，所以也格外重要。白光元件對於未來作為照明、LCD顯示器的背光源、或全彩OLED面版等應用都有一定的潛力（之後章節將有詳述）。

(A) *Tetra* (t-butyl) perylene (TBP)摻雜物

以結構來看，TBP是最穩定的藍光摻雜物之一，它不包含任何對化學、對熱和對光敏感的官能基（圖4-51），因此，TBP是第一個被Kodak用來作為藍光摻雜物的化合物。不幸地，因為TBP的堅硬和平面結構，使得它的Stoke shift較小（1852年，Stoke第一個發現到螢光光譜的波長均會比吸收光譜波長來得紅位移，稱做Stoke shift），而且容易有濃度淬熄現象。如表4-8中，最好的元件效能可以從 0.5% v/v 的 TBP 摻雜在 MADN 中得到，在 20 mA/cm^2（6.3 V）時，發光效率為 3.4 cd/A，發光的 CIE$_{x,y}$ 色度座標為（0.13, 0.20），在初始亮度 680 cd/m^2 之下，元件壽命（$t_{1/2}$）可達 5000 小時。但由於在 perylene 上缺乏官能基，因此不能隨意地去改變發光體並調整顏色。

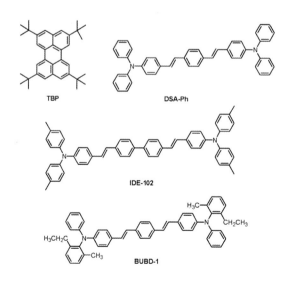

圖 4-51　天藍光摻雜物結構

表 4-8　以 MADN 和 DPVPA 為主發光體的元件效能比較

Host	device	Voltage (V)	η_L (cd/A)	η_P (lm/W)	CIE	
					x	y
MADN	Undoped	6.2	1.4	0.7	0.15	0.10
	TBP（0.5%）	6.3	3.4	1.7	0.13	0.20
	DSA-Ph（3%）	5.7	9.7	5.5	0.16	0.32
DPVPA	undoped	7.3	4.0	1.7	0.14	0.17
	DSA-Ph（3%）	6.7	10.2	4.8	0.16	0.35

(B) Diphenylamino-di(styryl)arylene 型摻雜物

其他穩定的天藍光摻雜物如佳能公司成員所揭露的 IDE-102[72]，其結構如圖 4-51 所示，這類的發光體非常容易利用分子設計與合成來改變分子末端的 di(aryl)aminostyryl 基團或是中心的芳香環。日本出光公司的 Hosokawa 等人對於此摻雜物的元件效能有過很多報導，但從未發表過其結構[77]。2001 年 Hosokawa 等人持續運用 DSA 系列化合物[78]，加入新型的電洞傳送層，進一步改進元件穩定性，以淺藍光色而言，發光效率為 10.2 cd/A，CIE$_{x,y}$ 色度座標為（0.174, 0.334），操作電壓只有 4.8 V，壽命為 10000 小時。深藍光色方面（CIE$_{x,y}$ = 0.146, 0.166），發光效率為 4.7 cd/A，操作電壓5.5 V，壽命為 10000 小時。

交通大學 OLED 研究團隊利用一個相似但結構更簡單的 *bis*(diphenyl)aminostyryl benzene 摻雜物，結構如圖 4-51 中的 DSA-Ph，它的最大吸收波長為 410 nm，發光波峰在 458 nm（半高寬為 54 nm），LUMO/HOMO 能階在 2.7/5.4 eV，能隙為 2.7 eV。如圖 4-52，DSA-Ph 摻雜物的吸收與主發光體 MADN 和 DPVPA 的螢光光譜都有重疊，但由於 MADN 與 DSA-Ph 的重疊較大，因此可預期其 Förster 能量轉移比 DPVPA 有效率。

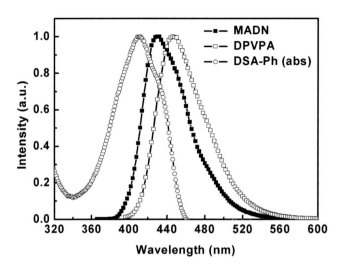

圖 4-52　在甲苯溶液中 MADN 和 DPVPA 的發光圖譜與 DSA-Ph 吸收重疊情形

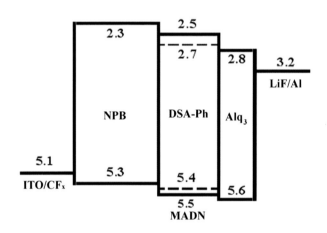

圖 4-53　DSA-Ph 摻雜 MADN 元件的能階圖譜

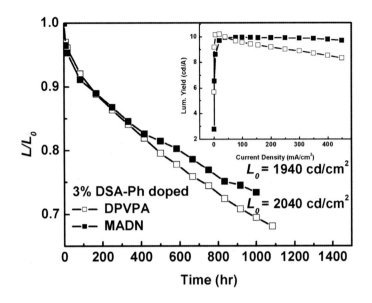

圖 4-54 以 MADN 和 DPVPA 為主發光體的 DSA-Ph 摻雜元件之壽命和效率比較

　　元件效能列於表 4-8，將 3% 的 DSA-Ph 摻雜在 MADN 中，在 20 mA/cm^2（5.7 V）下，可以得到 9.7 cd/A 的發光效率，色度座標為 CIE$_{x,y}$（0.16, 0.32），功率效率達 5.5 lm/W。但如果摻雜在 DPVPA 主發光體，在 20 mA/cm^2（6.7 V）下，發光效率為 9.7 cd/A，但 CIE$_{x,y}$ =（0.16, 0.35），功率效率只有 4.8 lm/W。較低的操作電壓顯示 MADN 比 DPVPA 有更好的電荷傳遞性質，從圖 4-53 的能階圖譜顯示 DSA-Ph 可以提供一個較適合的路徑，讓電子、電洞注入發光層並再結合[79]。觀察圖 4-54，我們發現 DSA-Ph 摻雜在 MADN 的系統也可以抑制高電流誘導淬熄效應（current-induced quenching），而且此種元件非常穩定，在初始亮度 100 cd/m^2 時，壽命可達 46000 小時。

　　而 Lin 等人則是改良了 DSA-Ph 的結構，開發出新材料 BUBD-1[80]，結構如圖 4-51，其放光光色較 DSA-Ph 藍，搭配 MADN 作為主發光體製成元件後，在 6.7 V 的電壓驅動下，元件效率高達 13.2 cd/A 和 6.1 lm/W，色度座標為 CIE$_{x,y}$（0.16, 0.30），在起始亮度 2640 cd/m^2 下，元件壽命半衰期為 1815 小時。

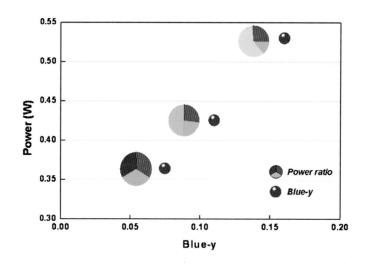

圖 4-55　CIE$_{x,y}$色度座標的 y 值對功率消耗的關係圖

4.4.3　深藍光摻雜物

除了天藍光摻雜物之外，深藍光元件也是非常重要且值得研究的[81]，因為在應用到全彩顯示器時，深藍光元件可以降低顯示器的功率消耗，並可以應用在色轉換技術上。圖 4-55 顯示 CIE 色度座標的 y 值對功率消耗的關係。圖中顯示當 CIE 色度座標的 y 值小於 0.15 後，可以更有效地節省功率消耗。

因為要使 TBP 的發光產生藍位移是非常困難，從化學的結構來考量，由 DSA-Ph 發光體的改良來得到更深藍的摻雜物較為容易，此外，DSA-Ph 衍生物在 MADN 主發光體中也有較好的效率和跟 TBP 一樣的壽命。從分子設計和合成的觀點，最直接的解決方法是縮短發光團的共軛長度，由二苯乙烯苯縮減為單苯乙烯苯的基本結構，其一般化學結構如圖 4-56，藉由改變氮上的取代基 R_1 和 R_2，還可以調整發光體的顏色，圖 4-56 顯示深藍光摻雜物 BD-1、BD-2、BD-3 和 DSA-Ph 在甲苯溶液中的發光光譜及顏色比較，BD-1、BD-2、BD-3 的發光波峰在 430 到 450 nm 之間（半高寬約 60 nm），比 DSA-Ph 藍位移了 20 nm。圖 4-57 顯示主發光體 MADN 未摻雜和

BD-1 摻雜元件的 EL 光譜，主發光體 MADN 的發光波峰在 440 nm，摻雜後的元件發光波峰則在 452 nm（半高寬約 60 nm），$CIE_{x,y}$色度座標為（0.15，0.11），在 3%的最佳摻雜濃度下，可以得到發光效率為 2.2 cd/A，外部量子效率為 2.3%，在 20 mA/cm^2 時操作電壓為 6.1 V[82]。

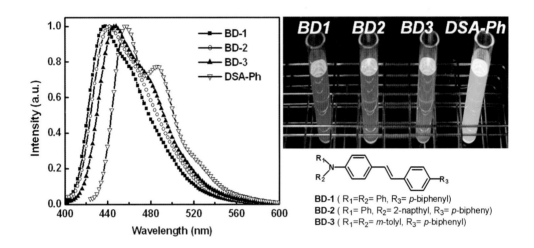

圖 4-56　深藍光摻雜物 BD-1、BD-2、BD-3 和 DSA-Ph 在甲苯溶液中的發光光譜及顏色比較

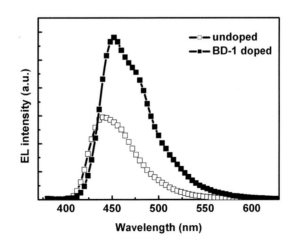

圖 4-57　主發光體 MADN 未摻雜和 BD-1 摻雜元件的 EL 光譜

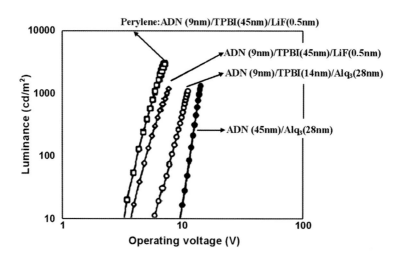

圖 4-58　電洞阻擋層 TPBI 對元件亮度和起始電壓的影響

4.4.4　深藍光元件的改善

(A) 電洞阻擋層的加入

2002 年石建民博士等人將 ADN 元件結構進行改良[83]，並提出利用電洞阻擋層以增加光色純度及發光效率的方法。由於主發光體 ADN 的 HOMO 位置與 Alq_3 相同，造成部份電子、電洞在 Alq_3 層結合而放出綠光。雖可利用增加膜厚的方式以改善光色純度，但操作電壓會大幅上升，因此 Kodak 團隊提出了電洞阻擋層的概念，在發光層和電子傳輸層之間加入一電洞阻擋層，即可有效的阻止電洞進入 Alq_3 層結合並將載子結合區侷限在藍光發光層中。比較電洞阻擋層 BCP 與 TPBI 的電子傳輸能力，TPBI 由於具有較佳的電子傳輸能力，使得以 ADN 摻雜 Perylene 的元件結構，在 20 mA/cm^2 的電流密度下，元件亮度為 680 cd/m^2，操作電壓 5.5 V，最大元件發光效率達 3.6 cd/A，$CIE_{x,y}$ 色度座標為（0.15, 0.14）。而 TPBI 自此被廣泛的使用在電洞阻擋層之中，以提升元件的光色純度，但由於分子結構在陰極界面的不穩定，以此作為元件均無法得到良好的穩定性。

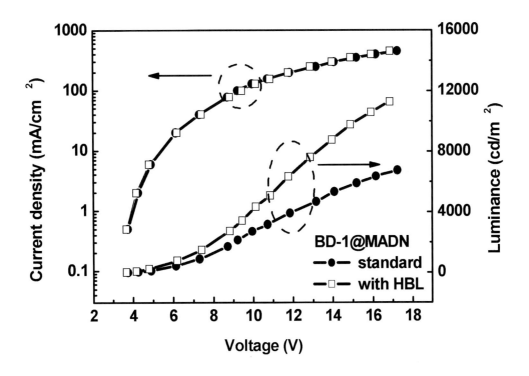

圖 4-59　加入和未加入電洞阻擋層的 BD-1 摻雜元件之 B-J-V 特性

　　BD-1 摻雜 MADN 的元件也顯示出同樣的特性，比較加入和未加入 BCP 電洞阻擋層（HBL）的元件效能發現，有電洞阻擋層的元件其發光效率可以增加近一倍。在 7% 的最佳摻雜濃度下，可以得到發光效率為 3.9 cd/A，$20\,mA/cm^2$ 時操作電壓為 6.2 V，$CIE_{x,y}$ 色度座標為（0.15, 0.13）。由於 BCP 將電洞和激發子侷限在發光層造成較窄的發光區域，使得效率顯著提升，但在一般的文獻中，加入 BCP 電洞阻擋層往往會使得操作電壓上升，可是圖 4-59 中加入和未加入電洞阻擋層元件的 *J-V* 特性幾乎一樣，可能是芳香胺的 BD-1 摻雜物有很高的電洞移動率和介於 NPB 與 MADN 之間的 HOMO 能階，它提供一個有效的途徑讓電洞由 NPB 直接注入 BD-1 再結合，而不是注入 MADN 後再經由激子能量轉移給摻雜物，也因此說明為什麼最高的元件效率是發生在較高的 BD-1 濃度之下。

表 4-9　BD 型分子結構與其摻雜元件效率比較表（@ 20 mA/cm^2）

Dopant	Voltage (V)	1931 CIE		η_L (cd/A)	η_{ext}（%）
		x	y		
Undoped MADN	6.0	0.15	0.08	1.2	1.7
BD-1	6.2	0.15	0.13	3.9	3.6
BD-2	6.1	0.14	0.16	5.1	4.1
BD-3	5.7	0.14	0.17	5.6	4.2
元件結構：ITO/NPB (50 nm)/EML (20 nm)/BCP (10 nm)/Alq$_3$ (20 nm)/LiF(1 nm)/Al					

其它深藍光摻雜物 BD-2 和 BD-3 的元件特性列於表 4-9[84]，雖然 CIE 色度座標的 y 值稍稍比 BD-1 大，但是可以得到較高的效率，超過 4%的外部量子效率也已接近螢光 OLED 元件的理論極限。

(B) 混和式電洞傳送層（composite hole-transport layer, c-HTL）的影響

另一個由交通大學 OLED 研究團隊所研發來增加深藍光元件效率的方法，是加入一個混和式電洞傳送層使得電子、電洞的平衡增加，此 c-HTL 是利用 CuPc 和 NPB 共蒸鍍，夾在 CF$_x$ 電子注入層和 NPB 之間，其元件結構如圖 4-60 所示，兩元件的電流-電壓特性如圖 4-61(a)，加入 c-HTL 後明顯地操作電壓上升，這是因為 c-HTL 中的 CuPc 降低了電洞的移動性。

元件的發光效率如圖 4-61(b)，與 HBL 一樣，c-HTL 的加入提升了發光層中的再結合使得效率增加，然而兩者的機制是完全不同的，在 HBL 的例子中，電洞是累積在 EML/HBL 界面造成狹窄的再結合區域，c-HTL 是將電洞的移動性降低造成發光層中的再結合區域是較寬廣的，結果也證明較寬廣的再結合區域對於效率的增加是較有利的，因為可以降低激發態被偏極子（polarons）淬熄的機率[85]。這兩種增加深藍光效率的元件結果列於表

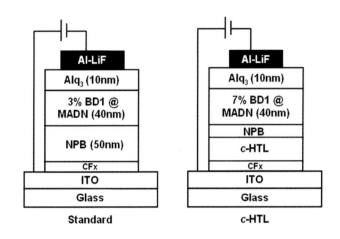

圖 4-60　標準 BD-1 摻雜元件和加入 *c*-HTL 的元件結構圖

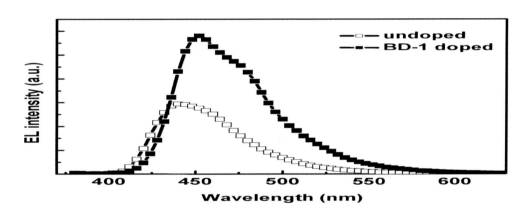

圖 4-61　(a) 加入 *c*-HTL 前後的元件 J-V 特性比較　(b) 加入 *c*-HTL 前後的元件效率比較

4-10，加入 *c*-HTL 可以比 HBL 得到更高的發光效率，使得深藍光元件的效率從 3.9 cd/A 增加到 5.4 cd/A，而且發光顏色沒有改變，外部量子效率更可提升到 5.1%。最新的測試結果顯示，含 *c*-HTL 的交大深藍光 OLED 元件壽命也很好（如圖 4-62），在起始亮度 100 cd/m^2 操作下，t$_{1/2}$ 達 9700 小時[86]。

　　圖 4-63 整理出我們利用 *c*-HTL 在 MADN 的 BD-1、TBP 和 DSA-Ph 藍光摻雜物元件上所得到的效率增益。在天藍光元件上甚至可以得到 17 cd/A 的高效率。圖 4-64 標示出了 2000 年至 2006 年世界主要的藍光研究團隊

Idemtsu、Kodak、Canon 公司和交通大學在藍光 OLED 元件上的進展史。2004 年 Hosokawa 等人曾發表藍光元件之穩定性的發展[87]，文中提及當色度趨近深藍光區域，由主發光體藉由能量轉移至摻雜物的機制變得困難，必須適當調整苯乙烯胺的結構，才能有效提升深藍光色的效率。在 2006 年中，Idemitsu 針對藍光主發光體和深藍光摻雜物進行新結構開發，在起始亮度為 1000 cd/m^2 下，壽命已達 10000 小時以上。CIE$_y$ 值為 0.22 的淺藍光元件壽命也已達 23000 小時[28]。

表 4-10　不同結構的深藍色 MADN:BD-1 元件比較

Device	Voltage (V)	1931 CIE		η_L（cd/A）	η_{ext}（%）
		x	y		
Standard	5.8	0.15	0.14	2.8	2.4
HBL	6.3	0.15	0.13	3.9	3.6
c-HTL	6.8	0.14	0.13	5.4	5.1

@ 20 mA/cm^2

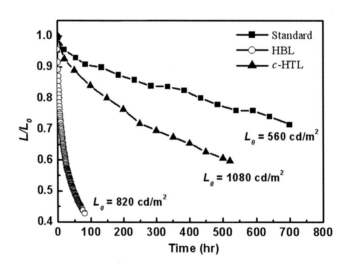

圖 4-62　不同結構的深藍色 MADN:BD-1 元件之壽命測試

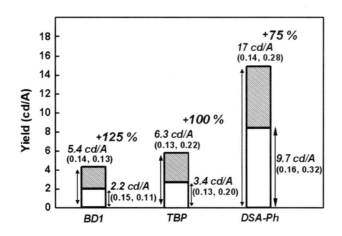

圖 4-63　交大 OLED 研究團隊使用 *c*-HTL 在藍光 OLEDs 的進展

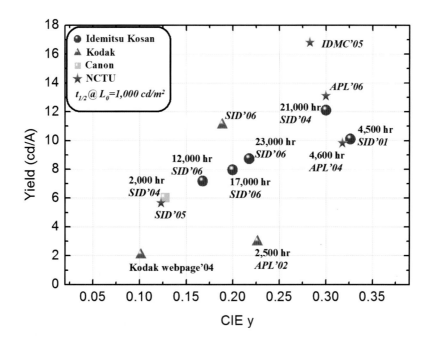

圖 4-64　2000～2006 年世界主要的藍光研究團隊在藍光 OLED 元件上的進展史

　　總結來說，在全彩 OLED 顯示器的應用上，除了元件的效率和穩定性外，顏色也是非常重要。為了達到最大的效能，必須要『系統化』的調整元件內每一層有機層的功能，不只是發光層而已，因為元件內許多材料都

對電子和電洞的注入、傳遞、再結合扮演重要和互補的角色。根據本章節中舉出的螢光藍光材料與元件發展判斷，我們相信藍光螢光材料已經逐漸成熟到可以進入全彩OLEDs量產的階段，並在可預見的未來，對於顯示市場扮演重要的角色。

4-5 黃光材料

在中國古時候，黃色是代表富貴與皇室，但在顯示科技中，黃色卻是個「組合」的顏色，它並不是 RGB 三原色之一，它是等量紅光與綠光的組成光色，所以在顏色學中黃光是白光濾掉藍光，亦常稱為藍光的輔助光色。

然而根據市場的調查與統計，在被動式矩陣型的多色 OLED 顯示板商品中，顧客喜愛的仍是柔和的天藍與黃色的組合面板，這也是最近我們在熱門的 MP3 中常看到 OLED 的顯示商品。另在高解析度全彩的主動 OLED 面板發展趨勢中，白光加彩色濾光片是目前極為看好的量產技術，因為它不需要用到諸多麻煩的對位遮罩，且適用於大型基板。而日本三洋柯達（SKD）所用的 OLED 白光光源就是一種天藍加黃光的簡易組合，並可達到高效率及高穩定性的商品要求。所以在 OLED 研發的發光材料中，黃光雖然不是原色，但它卻有一定的重要性。這裡我們用一點篇幅簡單敘述幾個重要的黃光材料及演進。

從 $CIE_{x,y}$ 色度座標來看，黃光應落在（0.5, 0.5）的附近，在元件製作上，最容易的方法就是用少量摻雜的方法，如在Alq_3 的綠色主發光體中摻雜少量的（～0.2%）DCM 橘色或 DCJTB 紅色摻雜體。從分子結構來觀察，其實黃光的發光材料並不難設計與合成，因為只要將綠光的發色團加長或紅色的發色團縮短即可。舉例來說，如 DCJTB 系列的 DCJP，其差別只是將 tetramethyljulolidyl 基團改為 triphenylamine 基團而已，因推電子基強度變

弱，故發光顏色由原本的紅光變為黃光。此分子的特性有：(1)具高螢光效率（94％）；(2)其紫外-可見光吸收光譜和螢光發射光譜的重疊度小，故相對有較小的自我吸收（self-absorption），這可能是此分子螢光效率高的原因之一；(3) HOMO/LUMO 能階為 5.61 eV/3.34 eV，而 Alq_3 為 5.62 eV/2.85 eV，因此 DCTP 的能階是介於 Alq_3 中，有利於激子捕捉及能量轉換，而減低 Alq_3 發光峰殘留的可能性（即完全能量轉移）。DCTP 的結構和一些光譜性質如圖 4-65，以元件結構為：ITO/TPD (80 nm)/ Alq_3:2wt% DCTP (60 nm)/ Alq_3 (30 nm)/Mg:Ag (200 nm)的發光元件，元件的發光波峰在 567 nm，$CIE_{x,y}$ 色度座標為（0.47, 0.51），在 20 V 時達最大亮度 19383 cd/m^2，在 20 mA/cm^2 （11 V）時之電流效率為 5.3 cd/A。

5,6,11,12-Tetraphenylnaphthacene（Rubrene，簡稱Rb），是一被廣泛研究且經常使用的黃光摻雜物，根據一些研究文獻報導[88]，可知該化合物有以下特點：如幾乎 100%的螢光量子效率、抗濃度淬熄可維持到高達 7%的摻

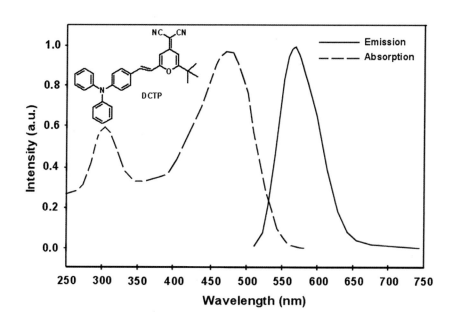

圖 4-65　黃光摻雜物 DCTP 的結構與其吸收和放射光譜

雜濃度[89]、具雙偶極性[90]，且可增加元件穩定性與壽命等。在OLED中，Rb 最重要的應用之一，是協助主發光體 Alq₃ 更有效率將能量轉移到紅光摻雜物 DCJTB 上（即 Sanyo 的發光共摻雜物系統），而發展出顏色更飽和且發光效率更高的紅光元件（詳見前節紅光材料）。近來 Rb 也被用來作為一些雙極性紅光摻雜物（如 Kodak 的 RD-3 和 Idemitsu 的 P-1）的主發光體。

由於 Rb 可作為 OLED 黃光元件之摻雜物或是紅光元件之協助摻雜物（assistant dopant），且在以往的文獻中，除了 Rb 本身外，還未有人利用 Rb 之衍生物製作過 OLED，因此，作者在交大的研究團隊試著改變 Rb 的取代基而發展出一種更高發光效率之新型黃色摻雜物 *tetra*(*t*-butyl)rubrene (TBRb)，以期能進一步提升 Rb 衍生物的發光效率[91]。為了不影響原來的光色，因此採取將無共軛性且具立體障礙的異丁基（t-butyl）取代基導入，利用半經驗的量子分子軌域計算法（quantum CAChe v. 5.02）可以得到最佳的異丁基取代基為四個，分別在 TBRb 的 2,8-和 5,11-的位置，其分子空間

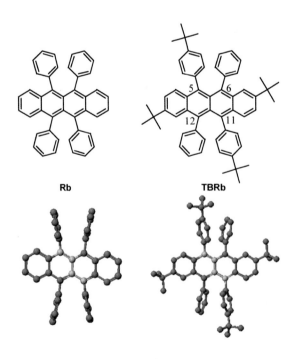

Rb   TBRb

圖 4-66　Rb 和 TBRb 的分子結構與分子空間構形

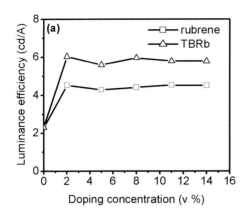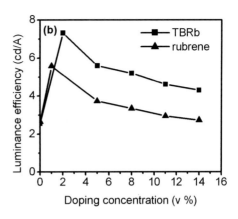

圖 4-67　Rb 與 TBRb 摻雜於 NPB (a) 及 Alq₃ (b) 之發光效率對摻雜濃度關係

元件 **A**: [ITO (170 nm)/CuPc (15 nm)/NPB (40 nm)/NPB:v% dopant (20 nm)/Alq₃ (75 nm)/LiF (1 nm)/Al (200 nm)]。元件 **B**：[ITO (170 nm)/CuPc (15nm)/NPB (60 nm)/Alq₃ :v% dopant (37.5 nm) /Alq₃ (37.5 nm)/LiF (1 nm)/Al (200 nm)]

構形如圖 4-66（為了使圖示更清楚而將氫原子省略），從圖中可看出，在 TBRb 相鄰苯基（即 5 和 6 號位置上的苯基或 11 和 12 號位置上的苯基）上的對-異丁基取代會造成 Rb 分子順著熔合兩萘環的中央化學鍵（C5a-C11a）相互扭轉而稍微偏離共平面。TBRb 的 LUMO/HOMO 能階位於 3.20/5.38 eV，與 Rb 有相同的能隙為 2.18 eV，然而 Rb 的 LUMO/HOMO 能階卻相對提升為 3.31/5.49 eV，與 TBRb 稍有不同。由於加入具立體障礙的異丁基，因此 TBRb 的電洞移動率比 Rb 稍微降低，在室溫下非晶形的 Rb 薄膜移動率與電場有關，約為 $7\text{-}9 \times 10^{-3}$ cm²/Vs，而 TBRb 的移動率為 2×10^{-3} cm²/Vs，在不同電場下幾乎不變[92]。

　　圖 4-67 顯示將 Rb 與 TBRb 分別摻雜於 NPB（元件 **A**）及 Alq₃（元件 **B**）之元件發光效率對摻雜濃度關係，在元件 **A** 中，濃度從 2%到 14%時，效率不變，TBRb 的發光效率比 Rb 提高了 34%。但當以 Alq₃ 為主發光體時，Rb 和 TBRb 的摻雜濃度分別超過 1%和 2%後，效率即開始下降，驅動電壓也較高，且在此低濃度下，還是有些 Alq₃ 的發光沒有完全被轉移，摻

表 4-11　5% Rb 和 TBRb 摻雜於 NPB（元件 **A**）及摻雜於 Alq₃（元件 **B**）之
　　　　元件效能比較

Dopant		Voltage (V)	Luminance (cd/m²)	Lum. Yield (cd/A)	Efficiency (lm/W)	CIE$_{x,y}$	EL Peak (nm)	FWHM (nm)
元件 **A**	Rb	6.86	857	4.28	1.96	0.46, 0.53	560	60
	TBRb	6.91	1117	5.59	2.51	0.47, 0.51	564	64
元件 **B**	Rb	9.34	748	3.74	1.26	0.50, 0.49	568	64
	TBRb	8.84	1120	5.60	1.99	0.51, 0.48	572	68

@ 20 mA/cm²

雜濃度一直要到 5% 後，才可得到飽和的黃光，此系統中，我們發現 TBRb
的發光效率比 Rb 也提高了 50%。詳細的元件資料列於表 4-11。

4-6　白光材料

　　最近，白光 OLED 元件搭配彩色濾光片已經變成製作全彩化顯示器的
主要方法之一，且越來越受重視，這主要是基於成本和量產難易上的考
量。具白光放射的小分子發光材料不多（如圖 4-68），因為要肉眼能看到
白光，這個螢光分子的發色團必須要有一個極寬廣的螢光光譜，它幾乎需
從 450 nm（藍）一直要延伸到 650 nm（紅）。文獻中勉強算是有較寬 EL
光譜的單分子結構是 Zn(BTZ)₂，它是由日本三洋電機所發表[93]，但還是偏
綠，因為紅光部份不夠。其他單分子要發白光都要先有天藍光並借助在固
態薄膜由分子堆疊所導致而形成的 exciplex〔如（mdppy）BF 與 NPB 界面〕
或 excimer（如 i-Bu-FPt triplet Pt complex）來形成多波段的 EL 光譜[94]。這些
激子複合物的形成也是它們 EL 發光效率低或元件不穩定的原因之一。專
利中也曾揭露以 9,9'-bianthry-10,10'phenanthrcene (BAPA) 分子為發光層的元
件[ITO/NPB (60 nm)/BAPA (40 nm)/ Alq₃ (20 nm)/LiF/Al]，可得到雙波長之白
光，CIE$_{x,y}$ 色度座標為 (0.30, 0.36)[95]。另一個奇特的例子是利用分子在室溫可

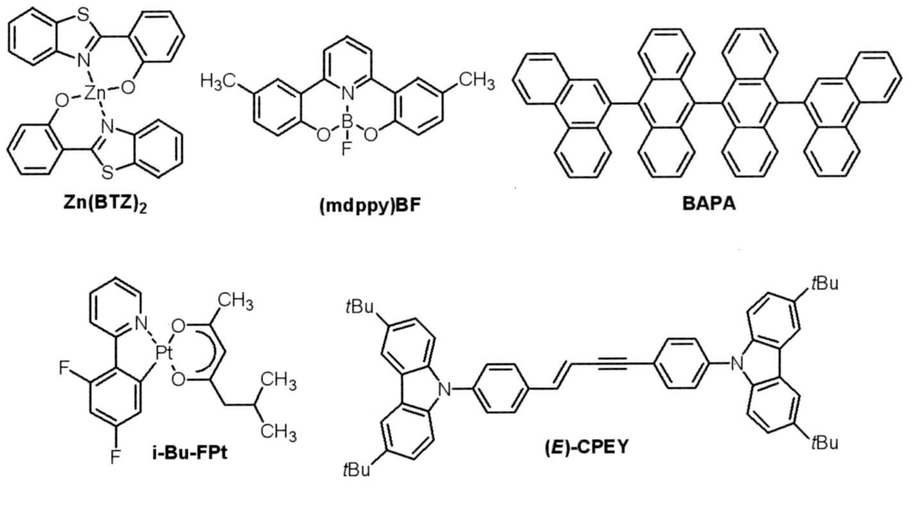

圖 4-68　Zn (BTZ)₂、(mdppy)BF、i-Bu-FPt、BAPA 和(E)-CPEY 的化學結構

同時放射藍色螢光和黃色磷光來合成白光，如由 Canon 公司所發表的 triazine-carbazole 衍生物 PTC，圖 4-69 中列出 PIPTC 分子的固態發光光譜，與 CBP 分子比較，由於 PIPTC 分子在室溫下也可觀察到黃色磷光放射，因此與本身的藍色螢光互補，但元件效率不高，30 mA/cm² 下，亮度只有 80 cd/m² [96]。其它如高分子藉由將各發光分子聚合及不完全的能量轉移，可以得到三波段的白光，色度座標為 $CIE_{x,y}$（0.31, 0.34），但效率只有 1.59 cd/A [97]。

　　所以要達到高效率及高穩定度的 OLED 白光發光元件，一般都是引用多層各自發光的混合法，如天藍加黃橘光（二波段）或紅加綠加藍光（三波段）的白光組合。而目前尤以二波段的組合最為成熟而且元件的製程也最簡單，經由三洋柯達公開發表以後，已可算為白光螢光材料組合的主流，其效率已高達 15 cd/A 且元件穩定度也很好，並可商品化，唯一的缺點是此白光的光色中，缺乏肉眼最敏感的綠光，導致發光效率無法再大幅提升，而且如果再經彩色濾光片來作全彩化，所展示的 RGB 光色的色域（color gamut）較小，這也促使現在 OLED 白光的研發趨勢改向 RGB 三波段組成之主因。此外，磷光材料也可應用在白光元件，因為新穎材料的合

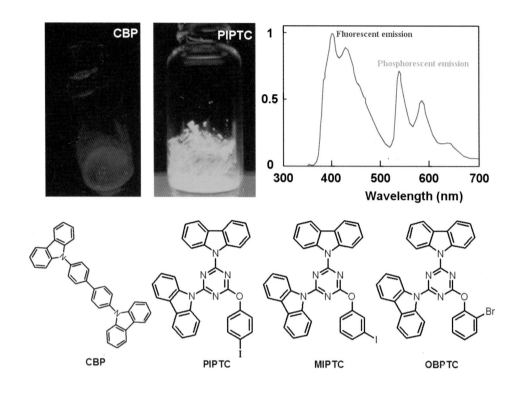

圖 4-69　PIPTC 分子的固態發光光譜（上）與 PTC 衍生物之結構（下）

成和元件結構的改善，及所能達到的高能源效率，目前白光磷光發光體也有機會被當成擴散型面光源用來作照明用[98]。

用二波段的白光組合材料的選擇，在此介紹一種極為方便的方法。可以由圖 4-70 來說明，在 $CIE_{x,y}$ 色度座標圖中分別標示出 TBP 和 DCJTB 發光顏色的 $CIE_{x,y}$ 色度座標，$CIE_{x,y}$ ＝（0.14, 0.21）為天藍色和 $CIE_{x,y}$ ＝（0.56, 0.41）為橘紅色，若這兩點連線可通過白光區域，則可預測利用此兩光色調配必可合成出二波長白光，這兩種顏色稱之為互補色（complementary color）。圖 4-70 也顯示出 TBP 和 DCJTB 在甲苯溶液中的發光光譜，經由 2% TBP 和 0.25% DCJTB 摻雜在透明的 PMMA（poly-methyl methacrylate）高分子中，確實證明可以得到 $CIE_{x,y}$ ＝（0.32, 0.32）的白光光譜。因此可以瞭解如果藍光變得越深藍，則只需黃橘光搭配，如果藍光越偏藍綠，則需要更

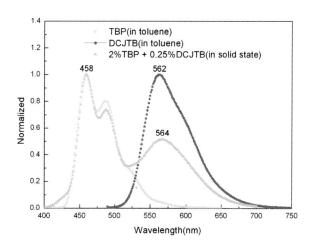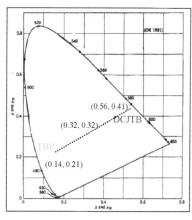

圖 4-70　尋找互補色組合白光之方法與材料

紅的紅光材料才可達到白光組合的需求，依此類推，如果兩種顏色不是互補色，不管以什麼摻混比例都無法達到 $CIE_{x,y}$ 接近（0.33, 0.33）的白光。

　　早期的文獻中，最早是由 Kido 等人以 TPD 為藍光發光體、Alq_3 為綠光發光體、Alq_3:Nile Red 為紅光發光體[99]，p-EtTAZ 為電洞阻擋層來控制各顏色激發子產生的比例，實際的元件結構為[ITO/TPD (40 nm)/p-EtTAZ (3 nm)/Alq_3 (5 nm)/Alq_3 : 1%Nile Red (5 nm)/Alq_3 (40 nm)/Mg:Ag (9:1) 100 nm]，但 TPD 為一個不穩定的藍光發光體，因此白光元件也不夠穩定。第一個穩定的白光元件是由 TDK 所發表，他們利用 diphenylanthracene（DPA）衍生物為藍光發光體，Rb 為黃光發光體，元件結構為[ITO/TPD/ TPD:Rb /DPA/Alq_3 /Li:Al/Al]，可以得到 $CIE_{x,y}$ 色度座標（0.32, 0.35）的白光，在初始亮度 7500 cd/m^2 下元件壽命為 650 小時，而且只會產生 3%的色度座標偏移。此種具電子傳送性的藍光發光層和 Rb 摻混的電洞傳輸發光層的雙發光層白光結構，後來也被 Sanyo/Kodak 所應用來達到高發光效率白光元件。

　　要利用單一材料發白光兼顧效率和壽命是不容易的，因此利用多種顏色之發光材料搭配適合的主發光體材料，是兼顧顏色、效率與壽命的主要

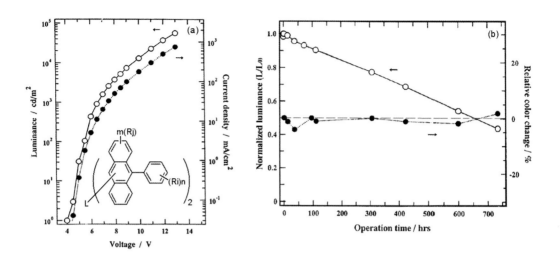

圖 4-71　(a) TDK 白光 OLED 元件的 B-I-V 特性（插圖為 DPA 的結構）　(b) 白光
　　　　OLED 元件的壽命測試

方法，上述各節中不同顏色的摻雜材料和主發光體均可利用於製作白光元件[100]，在此不加詳述，許多白光元件的結構與特性會在第八章進一步討論。

參考文獻

1. J. Shi and C. W. Tang, *Appl. Phys. Lett.*, **70**, 1665 (1997).

2. C. H. Chen and C. W. Tang, *Chem. of Functional Dyes, Vol.* 2, Z. Yoshida and Y. Shirota (ed.), Mita Press, Tokyo, Japan, 536 (1993).

3. G. Rajeswaran, M. Itoh, M. Boroson, S. Barry, T. K. Hatwar, K. B. Kahen, K. Yoneda, R. Yokoyama, T. Yamada, N. Komiya, H. kanno, H. Takahashi, *Proceedings of SID'00*, p. 974, May 18, 2000, California, USA.

4. Y. Fukuda, T. Watanabe, T. Wakimoto, S. Miyaguchi, M. Tsuchida, *Synth. Met.*, **111**, 1 (2000).

5. C. H. Chen, J. Shi, K. P. Klubek, US 5,908,581 (1999).

6. N. Komiya, R. Nishikawa, M. Okuyama, T. Yamada, Y. Saito, S. Oima, K. Yoneda, H. Kanno, H. Takahashi, G. Rageswaran, M. Itoh, M. Boroson, T. K. Hatwar, *Proc. of 10th Int. Workshop on Inorg. and Org. EL (EL'00)*, p.347, Dec. 7-4, 2000, Hamamatsu.

7. Y. Hamada, H. Kanno, H. Fujii, T. Tsujioka, H. Takahashi, *ACS Poly Millennial 2000 Abs.*, 167 (2000).

8. R. H. Young, C. W. Tang, and A. P. Marchetti, *Appl. Phys. Lett.*, **80**, 874 (2002).

9. (a) T.-H. Liu , C.-Y. Iou , Chin H. Chen, *Appl. Phys. Lett.*, **83**, 5241 (2003). (b) T.-H. Liu , C.-Y. Iou , Chin H. Chen, Current *Applied Physics*, **5**, 218 (2005).

10. V. Bulovic, A. Shoustikov, M. A. Baldo, E. Bose, V. G. Kozlov, M. E. Thompson, S. R. Forrest, *Chem. Phys. Lett.*, **308**, 317 (1999).

11. (a) P. Jacques, *J. Phys. Chem.*, **90**, 5535 (1986). (b) S.-W. Hwang, Y. Chen, *J. Polym. Sci., Part A: Polym. Chem.*, **38**, 1311 (2000).

12. C. H. Chen, C. W. Tang, J. Shi, K. P. Klubek, *Thin Solid. Films*, **363**, 327 (2000).

13. Y. S. Yao, J. Xiao, X. S. Wang, Z. B. Deng, B. W. Zhang, *Adv. Funct. Mater.*, **166**, 709 (2006).

14. C. T. Chen, *Chem. Mater.*, **16**, 4389 (2004).

15. S. Toguchi, Y. Morioka, H. Ishikawa, A. Oda and E. Hasegawa, *Synth. Met.*, **111**, 57 (2000).

16. T. H. Huang, J. T. Lin, Y. T. Tao and C. H. *Chuen, Chem. Mater.*, **15**, 4854 (2003).

17. D.U. Kim, S. H. Paik, S. H. Kim and T. Tsutui, *Synth. Met.*, **123**, 43 (2001).

18. L. S. Hung and C. H. Chen, *Mater. Sci. Eng.*, **R39**, 143 (2002).

19. H. C. Yeh, S. J. Yeh and C. T. Chen, *Chen. Commun.*, 2632 (2003).

20. K. R. J. Thomas, J. T. Lin, M. Velusamy, Y. T. Tao, and C. H. Chuen, *Adv. Funct. Mater.*, **14**,

83 (2004).

21. D. U. Kim, S. H. Paik, S.-H. Kim, T. Tsutsui, *Synth. Met.*, **123**, 43 (2001).

22. J. Zhang, R.-G. Xiong, Z.-F. Chen, X.-Z. You, G.-H. Lee, S. M. Peng, *Chem. Lett.*, **676** (2001).

23. (a) K. R. J. Thomas, J. T. Lin, Y. T. Tao and C. H. Chuen, *Adv. Mater.*, **14**, 822 (2002). (b) W. C. Wu, H. C. Yeh, L. H. Chan and C. T. Chen, *Adv. Mater.*, **14**, 1072 (2002).

24. L. C. Picciolo, H. Murata and Z. H. Kafafi, *Appl. Phys. Lett.*, **78**, 2378 (2001).

25. B. X. Mi, Z. Q. Gao, M. W. Liu, K. Y. Chan, H. L. Kwong, N. B. Wong, C. S. Lee, L. S. Hung and S. T. Lee, *J. Mater. Chem.*, **12**, 1307 (2002).

26. B. B. Jang, S. H. Lee, Z. H. Kafafi, *Chem. Mater.*, **18**, 449 (2006).

27. K. Okumoto, H. Kanno, Y. Hamada, H. Takahashi, K. Shibata, *Appl. Phys. Lett.*, **89**, 013502 (2006).

28. T. Arakane, M. Funahashi, H. Kuma, K. Fukuoka, K. Ikeda, H. Yamamoto, F. Moriwaki, C. Hosokawa, *Proceedings of SID'06*, p.37, June 4-9, 2006, San Francisco USA.

29. (a) J. L. Fox and C. H. Chen, US 4,736,032 (1988). (b) T. Inoe and K. Nakatani, JP 6,009,952 (1994). (c) J. Ito, JP 7,166,160 (1995).

30. T. G. Pavlopoulos and P. R. Hammond, *J. Am. Chem. Soc.*, **96**, 6568 (1974).

31. C. H. Chen, C. W. Tang, J. Shi, K. P. Klubek, US 6,020,078 (2000).

32. C. H. Chen, C.-H. Chien, T.-H. Liu, Abs. *Intern. Conf. Mater. Adv. Tech. (ICMAT)*, p.221, 2001, Singapore.

33. M.-T. Lee, C.-K. Yen, W.-P. Yang, H.-H. Chen, C.-H. Liao, C.-H. Tsai, C. H. Chen, *Org. Lett.*, 6, 1241 (2004).

34. C.-H. Tsai, C.-H. Liao, M.-T. Lee, C.-H. Chen, *Proceedings of SID'05*, p.822, May 22-27, 2005, Bostom, USA.

35. K. Okumoto, H. Kanno, Y. Hamaa, H. Takahashi, K. Shibata, *Appl. Phys. Lett.*, 89, 063504 (2006).

36. R. Murayama, US 5,227,252 (1993).

37. T. Wakimoto, Y. Yonemoto, J. Funaki, M. Tsuchida, R. Murayama, H. Nakada, H. Matsumoto, and S. Yamamura, *Synth. Met.*, **91**, 15 (1997).

38. J. Shi and C. W. Tang, *Appl. Phys. Lett.*, **70**, 1665 (1997).

39. H. Murata, C. D. Merritt, H. Inada, Y. Shirota and Z. H. Kafafi, *Appl. Phys. Lett.*, **75**, 3252 (1999).

40. L. Cosimbescu, J. Shi, US20040265634 (2004).

41. Y. Sato, T. Ogata, S. Ichinosawa and Y. Murata, *Synth. Met.*, **91**, 103 (1997).

42. T. Sano, H. Fujii, Y. Nishio, Y. Hamada, H. Takahashi and K. Shibata, *Synth. Met.*, **91**, 27 (1997).

43. Y. T. Tao, E. Balasubramaniam, A. Danel, B. Jarosz and P. Tomasik, *Appl. Phys. Lett.*, **77**, 1575 (2000).

44. P. F. Wang, Z. Y. Xie, O. Y. Wong, C. S. Lee, N. B. Wong, L. S. Hung and S. T. Lee, *Chem. Commun.*, 1404 (2002).

45. C. Hosokawa, K. Fukuoka, H. Kawamura, T. Sakai, M. Kubota, M. Funahashi, F. Moriwaki and H. Ikeda, *Proceedings of SID'04*, p.780, May 23-28, 2004, Seattle, Washington, USA.

46. K. Ueno, A. Senoo and S. Okada, *Proceedings of IDW'04*, p.1289, Dec. 8-10, 2004, Niigata, Japan.

47. J. Shi and C. W. Tang, *Appl. Phys. Lett.,* **80**, 3201 (2002).

48. C. Hosokawa, H. Higashi, H. Nakamura, and T. Kusumoto, *Appl. Phys. Lett.*, **67**, 3853 (1995).

49. A. Saitoh, N. Yamada, M. Yashima, K. Okinaka, A. Senoo, K. Ueno, D. Tanaka, and R. Yashiro, *Proceedings of SID'04*, p.150, May 23-28, 2004, Seattle, Washington, USA.

50. C. C. Yeh, M. T. Lee, H. H. Chen, and C. H. Chen, *Proceedings of SID'04*, p.788, May 23-28, 2004, Seattle, Washington, USA.

51. J. Shi, C. W. Tang, *Appl. Phys. Lett.*, **80**, 3201 (2002).

52. W. J. Shen, B. Banumathy, H. H. Chen, C. H. Chen, *Proceedings of the International Display Manufacturing Conference*, p.741, Feb. 18-22, 2003, Taipei, Taiwan.

53. J. Shi, EP 1,156,536 (2001).

54. M. T. Lee, Y. S. Wu, H. H. Chen, C. T. Tsai, C. H. Liao, and C. H. Chen, *Proceedings of SID'04*, p.710, May 23-28, 2004, Seattle, Washington, USA.

55. K. F. Li, K. W. Cheah, K.-T. Yeung, Y.-K. Cheng, Y.-S. Wu, and C. H. Chen, *Proceedings of IDMC'05*, p.136, Feb. 21-24, 2005, Taipei, Taiwan.

56. (a) M.-H. Ho, Y.-S. Wu, S.-W. Wen, M.-T. Lee, and T.-M. Chen, Chin H. Chen, K.-C. Kwok, S.-K. So, K.-T. Yeung, Y.-K. Cheng, and Z.-Q. Gao, *Appl. Phys. Lett.*, **89**, 252903 (2006). (b) Y. H. Kim, H. C. Jeong, S. H. Kim, K. Yang, S. K. Kwon, *Adv. Funct. Mater.*, **15**, 1799 (2005).

57. C. W. Tang, C. H. Weidner and D. L. Comfort, US 5,409,783 (1995).

58. Y. Sato, *Semicond. Semimetals*, **64**, 209 (2000).

59. C. Hosokawa, S. Sakamoto, T. Kusumoto, US 5,389,444 (1995).

60. H. Tokailin, M. Matsuura, H. Higashi, C. Hosokawa, T. Kusumoto, *Proc. SPIE*, 1910, 38 (1993).

61. C. Hosokawa, H. Higashi, H. Nakamura, T. Kusumoto, *Appl. Phys. Lett.*, **67**, 3853 (1995).

62. T. A. Ali, G. W. Jones, and W. E. Howard, Proceedings of SID'04, p.1012, May 23-28, 2004, Seattle, Washington, USA.

63. M. T. Lee, H. H. Chen, C. H. Tsai, C. H. Liao, and C. H. Chen, *Proceedings of IMID'04*, p.265, Aug. 23-27, 2004, Daegu, Korea.

64. B. Berlman, *Handbook on Fluorescence Spestra of Aromatic Molecules.*(Academic Press, New York, 1971).

65. W. Sotoyama, H. Sato, M. Kinoshita, T. Takahashi, A. Matsuura, J. Kodama, N. Sawatari, H. Inoue, *Proceedings of SID'03*, p.1294, May 20-22, 2003, Baltimore, Maryland, USA.

66. C.-C. Yeh, M.-T. Lee, H.-H. Chen, C. H. Chen, *Proceedings of SID'04*, p.788, May 23-28, 2004, Seattle, Washington, USA.

67. A. Saitoh, N. Yamada, M. Yashima, K. Okinaka, *Proceedings of SID'04*, p.150, May 23-28,

2004, Seattle, Washington, USA.

68. C. C. Wu, Y. T. Lin, H. H. Chiang, T. Y. Cho, C. W. Chen, K. T. Wong, Y. L. Liao, G. H. Lee, S. M. Peng, *Appl. Phys. Lett.*, **81**, 577 (2002).

69. K. T. Wong, Y. Y. Chien, R. T. Chen, C. F. Wang, Y. T. Lin, H. H. Chiang, P. Y. Hsieh, C. C. Wu, C. H. Chou, Y. O. Su, G. H. Lee, S. M. Peng, *J. Am. Chem. Soc.*, **124**, 11576 (2002).

70. Y. H. Kim, D. C. Shin, S. H. Kim, C. H. Ko, H. S. Yu, Y. S. Chae, S. K. Kwon, *Adv. Mater.*, **13**, 1690 (2001).

71. (a) H. T. Shih, C. H. Lin, H. H. Shih, C. H. Cheng, *Adv. Mater.*, **14**, 1409 (2002). (b) C. H. Cheng, H. T. Shih, K. C. Wu, US 6,861,163 (2005).

72. K. Suzuki, A. Seno, H. Tanabe, and K, Ueno, *Synth. Met.*, **143**, 89 (2004).

73. H. Nakamura, H. Ikada, H. Kawamura, H. Higashi, H. Tokailin, K. Fukuoka, C. Hosokawa, *Proceedings of SID'99*, p.446, May 16-21, 1999, San Jose, USA.

74. C. Hosokawa, H. Higashi, K. Fukuoka, H. Ikeda, US 6,534,199 B1 (2003).

75. Y. Kan, L. Wang, Y. Gao, L. Duan, G. Wu, Y. Qiu, *Synth. Met.*, **141**, 245 (2004).

76. Y. Kan, L. Wang, L. Duan, G. Wu, Y. Qiu, *Appl. Phys. Lett.*, **84**, 1513 (2004).

77. C. Hosokawa, M. Matsuura, M. Eida, K. Fukuoka, H. Tokailin, T. Kusumoto, *Proceedings of SID'98*, p.7, May 17-22, 1998, Anaheim, USA.

78. C. Hosokawa, S. Toshio, K. Fukuoka, H. Tokailin, Y. Hironaka, H. Ikada, M. Funahashi, and T. Kusumoto, *Proceedings of SID'01*, p.522, June 5-7, 2001, San Jose, USA.

79. M. T. Lee, H. H. Chen, C. H. Liao, C. H. Tsai, and C. H. Chen, *Appl. Phys. Lett.*, **85**, 3301 (2004).

80. M. F. Lin, L. Wang, W. K. Wonga, K. W. Cheah, H. L. Tam, M. T. Lee, C. H. Chen, *Appl. Phys. Lett.*, **89**, 121913 (2006).

81. Y. Kijima, N. Asai, and S.-i. Tamura, *Jpn. J. Appl. Phys. Part 1*, **38**, 5274 (1999).

82. M. T. Lee, C. H. Liao, C. H. Tsai and C. H. Chen, *Adv. Mater.*, 17, 2493 (2005).

83. Y. Li, M. K. Fung, Z. Xie, S. T. Lee, L. S. Hung, J. Shi, *Adv. Mater.*, **14**, 1317 (2002).

84. M.-T. Lee, C.-M. Yeh, C. H. Chen, *Proceedings of IDW'04*, p.1315, Dec. 8-10, 2004, Niigata, Japan.

85. C. T. Brown, D. Kondakov, *Journal of the SID*, **12**, 323 (2004).

86. M.-T. Lee, C.-H. Liao, C.-H. Tsai, C. H. Chen, *Proceedings of SID'05*, p.810, May 22-27, 2005, Bostom, USA.

87. (a) C. Hosokawa, K. Fukuoka, H. Kawamura, T. Sakai, M. Kubota, M. Funahashi, F. Moriwaki, and H. Ikeda, *Proceedings of SID'04*, p.780, May 23-28, 2004, Seattle, Washington, USA. (b) T. Sakai, C. Hosokawa, K. Fukuoka , H. Tokailin, Y. Hironaka, H. Ikeda, M. Funahashi, and T. Kusumoto, *Journal of the SID*, **10**, 145 (2002).

88. Y. Sato, T. Ogata, S. Ichinosawa, Y. Murata, *Synth. Met.*, **91**, 103 (1997).

89. Z. H. Kafafi, H. Murata, L. C. Picciolo, H. Mattoussi, C. D. Merritt, Y. Iizumi, and J. Kido, *Pure Appl. Chem.*, **71**, 2085 (1999).

90. (a) Y. Hamada, T. Sano, K. Shibata, K. Kuroki, *Jpn. J. Appl. Phys. Part 2*, **34**, L824 (1995). (b)

Y. Sato, *Semiconductors and Semimetals.*, **64**, 209 (2000).

91. Y. S. Wu, T. H. Liu, C. Y. Iou and C. H. Chen, *Proceedings 11th International Workshop on Inorganic and Organic Electroluminescence & 2002 International Conference on the Science and Technology of Emissive Displays and Lighting*, p.273, 2002, Ghent, Belgium.

92. H. H. Fong, S. K. So , W. Y. Sham, C. F. Lo, Y. S. Wu, C. H. Chen, *Chem. Phys.*, **298**, 119 (2004).

93. H. Yuji, S. Kenji, S. Kenichi, JP8315983 (1996).

94. (a) Y. Wang, *Angew. Chem. Int. Ed.*, 47, 182 (2002). (b) V. Adamovich, J. Brooks, A. Tamayo, A. M. Alexander, P. I. Djurovich, M. E. Thompson, C. Adachi, B. W. D'Andrade, S. R. Forrest, *New J. Chem.*, **26**, 1171 (2002). (c) Y. Liu, M. Nishiura, Y. Wang, and Z. Hou, *J. Am. Chem. Soc.*, **128**, 5592 (2006).

95. T.-S. Lin, W.-C. Huang, US20050079383 (2005).

96. K. Suzuki, K. Ueno, A. Tsuboyama, S. Yogi, US20060051616 (2006).

97. J. Liu, Q. Zhou, Y. Cheng, Y. Geng, L. Wang, D. Ma, X. Jing, and F. Wang, *Adv. Mater.*, 17, 2974 (2005).

98. B. W. D'Andrade, S. R. Forrest, *Adv. Mater.*, **16**, 1585 (2004).

99. J. Kido, *Science*, **267**, 1332 (1995).

100. T. H. Liu, Y. S. Wu, M. T. Lee, H. H. Chen, C. H. Liao, and C. H. Chen, *Appl. Phys. Lett.*, **85**, 4304 (2004).

第 5 章

磷光發光材料

5.1　三重態磷光

5.2　主發光體材料

5.3　紅色磷光摻雜材料

5.4　綠色磷光摻雜材料

5.5　藍色磷光摻雜材料

5.6　樹狀物磷光發光體

5.7　電洞／激子阻擋層材料

5.8　磷光元件的穩定度

　　　參考文獻

5-1 三重態磷光

近年來無可否認的在 OLED 科學及技術上具突破性的關鍵發展之一乃是電激發磷光現象（electrophosphorescence）的發現，它使得一般常用於元件的摻雜物的內部量子效率可由 25% 提升至近 100%。

5.1.1 發光原理

當電子、電洞在有機分子再結合後，會因電子自旋對稱方式的不同，產生兩種激發態的形式（圖 5-1）。一種是非自旋對稱（spin-anti-symmetry）的激態電子形成的單重激發態形式，會以螢光的形式釋放出能量回到基態。而由自旋對稱（spin-symmetry）的激態電子形成的三重激發態形式，則是以磷光的形式釋放能量回到基態。因為在二重激發態中，激態電子的自旋方式是空間不對稱的（spatial anti-symmetry），所以電子與電子間的排斥力較單重激發態的激態電子來得小，導致三重激發態的能量會比單重激發態的能量小。從量子力學的角度來看，電子由單重激發態回到基態的過程是可允許的，故電子待在單重激發態的時間較短，約為 10 ns 左右，所以一般較常看到分子產生螢光。但從三重激發態回到基態的過程，會在基態產生一對自旋方向相同的電子，便違反了「鮑利不相容原理」（Pauli Exclusion Principle）——在同一層能階中的電子對自旋方向必須是相反的，而無法順利回到基態，使得電子停留在三重激發態的時間較長，可長達數毫秒（ms）以上。電子在三重激發態的期間，分子易藉由分子鍵的旋轉、伸縮或分子間相互碰撞的形式，將能量轉換成熱，也就是以非發光機制（non-radiative decay）來釋放出能量，所以常溫下很難觀察到磷光。

有機發光二極體是利用電子與電洞再結合所產生的激子而發光。根據理論推測，由電荷的再結合而引起的單重激發態與三重激發態的比例為

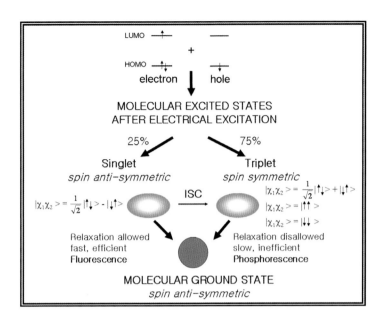

圖 5-1　電子、電洞再結合所產生的激發態

（摘自 Prof. Forrest workshop notes at IDMC 2003）

1：3。所以使用小分子螢光材料時，能用於發光的比率僅為全部 25% 的能量，其餘的 75% 的能量則在三重激發態藉由非發光機制而損失掉，故一般認為螢光材料的內部量子效率的極限為 25%。但最近有關高分子發光機制的研究報導中指出，在高分子材料中，特別是 polyfluorene 藍光高分子，單重激發態佔的比例可達 57%[1]，所以藍色螢光的 polyfluorene 高分子元件，目前最高的外部量子效率是 12%，遠比小分子的 5% 高得多。

　　雖然磷光放射速率慢且效率低，但三重態激子的結合卻佔了絕大部分（～75%），因此如何將被激發到三重激發態的能量轉換成以光的形式放出，來提升元件的量子效率，是有機發光二極體近來的研發重點之一。1998 年，Princeton 大學的 Baldo 和 Forrest 教授等人發現三重態磷光可以在室溫下被利用[2]，並將原本內部量子效率上限只有 25% 的螢光元件大大的提昇，甚至可趨近至 100%。因為磷光具有可以利用 75% 的三重態激子能量的優勢，所以毫無疑問的提升了發光效率。而三重態磷光體常常都是由

重金屬原子（heavy atom）所組成的錯合物，利用重原子效應，強烈的自旋軌域偶合作用（spin-orbital coupling）造成單重激發態與三重激發態的能階互相混合，使得原本被禁止的三重態能量緩解可以磷光的形式放光。如此一來，單重激發態和三重激發態的激子能量都可以被利用在放光的形式上，量子效率也隨之大幅提升，進而可以利用在高效率的有機發光二極體元件上。

5.1.2　電激發磷光發光機制

目前有機發光二極體元件中的發光層，幾乎都使用主客發光體系統的結構[5]，即是在主發光體材料中摻雜客發光體材料，由能量較大的主發光體材料傳遞能量給客發光體材料來發光，所以元件的光色可由選擇不同的客發光體材料來調控，並提升元件的效率。而在磷光元件的主客發光體系統中，有以下兩種發光機制：

(A) 能量轉移的方式

先前已介紹過能量轉移又可分為兩種方式，分別是 Förster 能量轉移以及 Dexter 能量轉移。Förster 能量轉移是藉由較長距離的偶極-偶極感應的方式來傳遞能量，如果主發光體的放射與客發光體的吸收可以重疊，且兩者的躍遷是被允許的，則主客發光體間將產生快速且不放光的能量轉移。

Dexter 能量轉移則是由較短距離的電子交換的方式來傳遞能量，而電子轉移時須遵守 Wigner-Witmer 選擇定則，也就是兩者的電子自旋參數在轉移過程前後是保持固定的，因此只發生在單重態對單重態和三重態對三重態間的能量轉移，也因為此機制只與較鄰近的分子有作用，因此此程序是較緩慢的。

所以在磷光元件的發光層中，主發光體的單重激發態與三重激發態的

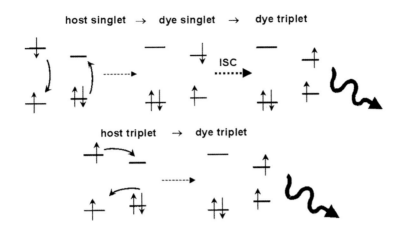

圖 5-2　磷光元件中主客發光體間能量轉移的示意圖[3]

能量可分別藉由 Förster 能量轉移和 Dexter 能量轉移傳遞到磷光發光體的單重激發態和三重激發態中,再經由磷光發光體內部快速的系間跨越(intersystem crossing)將單重激發態的能量轉換到三重激發態,進而放出磷光,因此內部量子效率可接近 100%(圖 5-2)[3]。

(B) 載子捕捉(carrier trapping)的方式

　　激發的能量除了藉由主發光體轉移到客發光體的方式外,也可能經由載子捕捉的方式來激發客發光體,就是電子與電洞直接在客發光體上再結合形成 Frenkel 形式的激發子(Frenkel 激發子是指電子電洞對是在同一個分子內),進而激發客發光體來放光。此機制會發生在當客發光體摻雜在能隙較大的主發光體中,且客發光體的 HOMO 與 LUMO 能階都被包含在主發光體的 HOMO/LUMO 能階內。尤其當主發光體的能隙過大時,電子與電洞不易注入到主發光體,而容易直接注入到客發光體上進行再結合使得客發光體放光[4]。如果 HOMO 或 LUMO 能階只有其中一個包含在主發光體的 HOMO/LUMO 能階內,則需瞭解客發光體 Frenkel 激發子是不是處於較低的能態,如果是則傾向於形成客發光體激發子而放光,如果不是則會形成主客發光體間的電子電洞對,因而不利放光。

通常能量轉移與載子捕捉這兩種方式是同時存在的，只是依照情況的不同，某一機制會成為主要的發光機制。在目前發展的深藍色磷光系統中，因為磷光材料本身的能隙就比較大，所以也就需要搭配更大能隙的主發光體材料，但這樣會造成主客發光體間的能量轉移關係變差，使得載子捕捉成為元件的主要發光機制[5]。一般來說，在高摻雜濃度或是低電流密度下，載子捕捉會是主要的發光機制。

5-2　主發光體材料

一般來說，主發光體的能隙需比摻雜物來得大，即能量是由主發光體傳遞給摻雜物，使摻雜物被激發而放出光來，磷光元件的系統也不例外。不過因為磷光牽涉到是由生命期較長的三重態激發態放光，磷光元件和螢光元件的不同處在於前者需要在發光層和電子傳輸層之間加入一層激子阻擋層，如 BCP 和 BAlq，以防止生命期較長的三重態激子擴散到電子傳輸層放光，影響磷光元件的光色及效率。

Yang 等人將不同的磷光材料摻雜在高分子 poly-[9,9-bis(octyl)fluorene-2,7-diyl]（PF）中[6]，發現雖然 PF 的 HOMO 和 LUMO 能階可以涵蓋住各個磷光材料，但能量轉移的情況及元件的效率會隨著磷光材料的三重激發態能階高低而有所不同。當磷光材料的三重激發態能量比主發光體的三重激發態能量高的時候，能量很容易會從摻雜物的三重激發態能階回傳到主發光體的三重態能階，使元件的效率降低。所以磷光主發光體材料的三重態能隙也必須要高於摻雜物的三重態能隙，才能將磷光材料的三重態激子侷限在發光層中，以能達到高效率的磷光元件。Thompson 等人也做了類似的實驗證明當磷光材料摻雜在三重激發態能量較低的主發光體中時，磷光較容易被淬熄[7]。

現今常用的磷光主發光體材料的化學結構中幾乎都含有咔唑（carbazole）

基團，而且咔唑基團的衍生物都具有電洞傳輸的特性[8]。最常被使用的主發光體材料為 4,4'-bis(9-carbazolyl)-biphenyl（CBP），CBP 也被報導具有雙偶極傳輸的性質[9]，使用 CBP 的綠光、黃光和紅光的磷光元件內部量子效率可達 60-80%[10]，外部量子效率可高於 10%。不過 CBP 的三重激發態能量只有 2.56 eV，若是摻雜具有高三重激發態能量（>2.65 eV）的藍色磷光材料時，會發生將能量回傳給主發光體的現象〔此過程為放熱（exothermic）反應〕，使元件的外部量子效率降為只有（5.7±0.3）%[11]。

後來陸續發展出各式含有咔唑基團的衍生物作為磷光元件的主發光體材料，較有名的有 4,4',4''-tris(9-carbazolyl)triphenylamine（TCTA）[12]，採用星狀電洞傳輸材料 TCTA 當作主發光體，再利用星狀 $C_{60}F_{42}$(CF-X) 作為電洞與激子阻擋層，摻雜 Ir(ppy)$_3$ 的元件，在 3.52 V 的驅動電壓下，外部量子效率可以提升到 19.2%。

而為了提升藍色磷光元件的效率，就必須使用高三重激發態能量的主發光體材料，於是發展出 N,N'-dicarbazolyl-2,5-benzene（mCP）[13]，此材料是將 CBP 的共振系統縮短，改將兩個咔唑基團取代在苯環的間位（meta-position）上，使 mCP 的三重激發態能量上升為 2.9 eV，而且兩個咔唑基團也會因為彼此的氫原子與氫原子間的排斥力（H-H repulsion）而交錯開來，不在同一個平面就可以減少因為摻雜物堆疊而產生濃度淬熄現象。mCP 摻雜三重激發態能量為 2.65 eV 的 Iridium bis(4,6-di-fluorophenyl)- pyridinato-N,C²')picolinate（FIrpic）藍光摻雜物，元件外部量子效率可提升至（7.8±0.8）%。

接著，4,4'-bis(9-carbazolyl)-2,2-dimethyl-biphenyl（CDBP）又被發展出來，此材料的設計構想是在 CBP 的聯苯結構上加入兩個甲基團將聯苯的兩個苯環錯開，破壞原本共平面的結構來縮短共振系統，以提升三重激發態的能量，也可避免摻雜物的濃度淬熄現象。經過實驗測量，CDBP 的三重激發態能量高達 3.0 eV。摻雜 Firpic 的藍光元件，η_{ext} 可提升至 10.4%[14]。

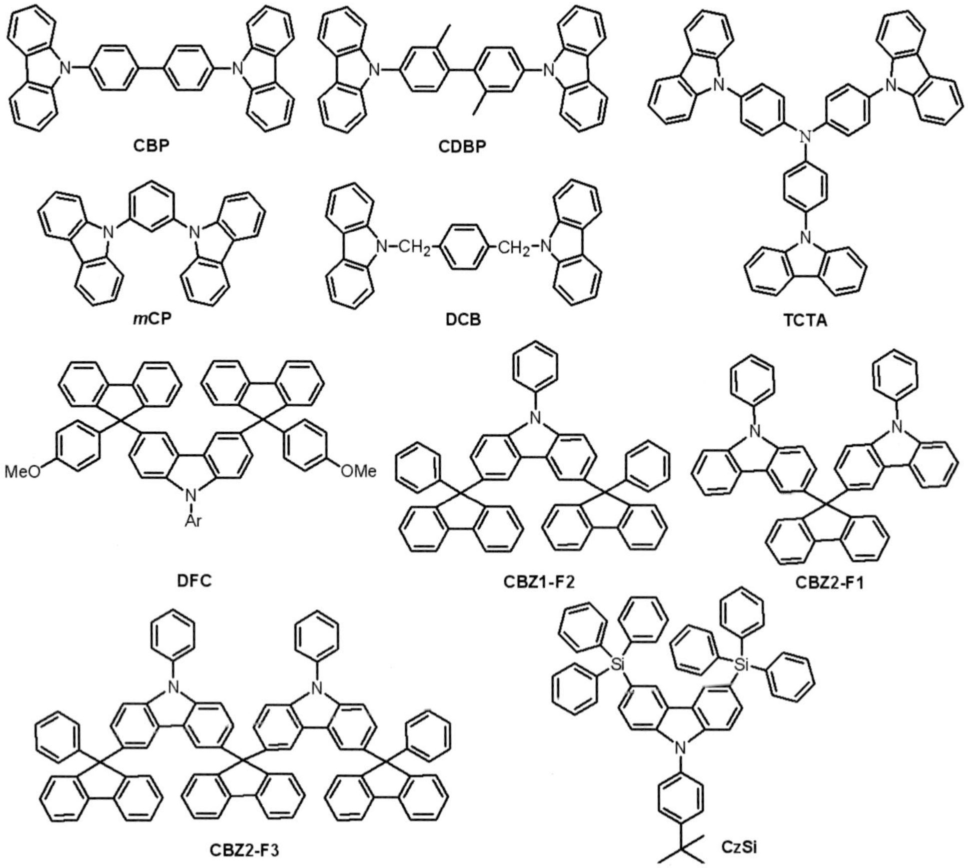

圖 5-3　含咔唑基團的主發光體材料

　　其他含有 carbazole 基團的衍生物如 *m*CP 的衍生物 *N,N*'-dicarbazolyl-1,4-dimethene-benzene（DCB）[15]，當摻雜藍光材料 FIrpic 時，最高元件效率及最大外部量子效率為 9.8 cd/A 和 5.8%。Langeveld 等人也合成了一系列的咔唑寡聚物（oligomer）[16]，研究後發現可藉由在咔唑的 3、6、9 號位置上加入取代基，來調控材料的 HOMO 能階，也注意到材料的三重激發態能量會隨著材料中的 poly（*p*-phenyl）鏈長增加而變小。上述兩點提供高三重激發態能量的主發光體設計方向，而 HOMO 能階可以經由在咔唑的特定位置上加入取代基團的方式來控制。

　　為了提升磷光主發光體材料的熱穩定性，近來許多研究團隊開發出以結合 fluorene 跟 carbazole 為主結構的新式材料。2005 年，Wong 等人研發出新材料 DFC [17]，DFC 的結構設計就是將兩個 fluorene 基團跟一個 carbazole 基團兩種剛硬的結構連結在一起，使 DFC 的玻璃轉移溫度（T_g）高達 180℃，而三重激發態能量為 2.53 eV，因此可作為綠色跟紅色的磷光材料的主發光體。當摻雜 $Ir(ppy)_3$ 和 $Btp_2 Ir$（acac）時，元件的外部量子效率在低電流密度下可達 10%。2006 年，Shih 等人則是改將一個 fluorene 基團跟兩個 carbazole 基團連結在一起，開發出一系列的衍生物（CBZ series）[18]，這系列的材料同樣具有比 mCP 高的玻璃轉移溫度（108～231℃），三重激發態能量達 2.88 eV，因此可以作為藍色磷光材料的主發光體。當摻雜 FIrpic 時，元件外部量子效率可達 9～10%。而 Tsai 等人則是設計出連接 carbazole 基團和 triphenyl silane 基團的新磷光主發光體 CzSi [19]，三重激發態能量更高達 3.04 eV，摻雜 FIrpic 的元件效率為 30.6 cd/A 和 26.7 lm/W，外部量子效率最高為 16%。

　　除了使用具電洞傳輸性質的咔唑衍生物作為主發光體材料外，也有文獻試著使用具電子傳輸性質的材料作為主發光體材料。首先 Forrest 等人將 $Ir(ppy)_3$ 分別摻雜在 3-phenyl-4(1'-naphthyl)-5-phenyl-1,2,4-triazole（TAZ）、2,9-dimethyl- 4,7-dimethyl-phenanthroline（BCP）和 1,3-bis(N,N-t-butyl-phenyl)-1,3,4-oxadiazole（OXD7）中做元件效果的探討 [20]。這些材料除了有電子傳輸的性質，也可兼作磷光元件中的激子阻擋層。實驗結果發現，若是只有單層發光層而無激子阻擋層的元件，其元件的效率會隨著發光層的厚度改變，因此將發光層厚度最佳化後，可將激子侷限在發光層中，而得到最佳的效率（15.4±0.2）%。不過由於這些材料的薄膜性質並不穩定，所以元件壽命並不長。

　　2002 年，Adachi 等人開發出 1,8-naphthalimide 系列的材料[21]，其中以 N-2,6-dibromophenyl-1,8-naphthalimide（niBr）的性質最好，因 HOMO 能階很低（7.3 eV），也可以當作電洞阻擋層，不過因三重激發態能階較低（～2.3

eV），且和 Ir(ppy)₃ 會產生活化錯合物（exciplex），所以只適合作紅光元件的主發光體，外部量子效率僅為 3.2%。2004 年後，Adachi 等人又使用了 1,3,5-triazine 系列的化合物作為磷光元件的主發光體[22]，其中以 2,4,6-tricarbazolo-1,3,5-triazine（TRZ）的性質最好，三重激發態能量比 CBP 高（2.81 eV），摻雜 Ir(ppy)₃ 的元件外部量子效率可達 10.2%，發光功率效率為 14 lm/W。

最近 Pioneer 也發表了使用具電子傳輸性質的 BAlq 當作紅色磷光元件的主發光體材料兼激子阻擋層[23]，以簡化磷光元件的結構，元件效率可達 8.6%，而且 BAlq 的薄膜性質與熱穩定性較佳，所以元件壽命非常穩定，可超過 30000 小時。其它如 Burrows 的研究團隊於 2006 年開發出結構中具有 diphenyl phosphine oxide 基團的新式材料來做為磷光元件中的主發光體材料，而且這類材料同時也具有傳輸電子的性質。首先是 Padmaperuma 等人設計出 2,7-bis(diphenylphosphine oxide)-9,9-dimethylfluorene (PO6) [24]，其中 phosphine oxide 的部份可分隔 fluorene 和苯環之間的電子共軛，使材料具有短波長的放光波長（339 nm），三重激發態能量為 2.72 eV。當摻雜 FIrpic 時，元件在低電流密度下效率為 21.5 cd/A 和 25.1 lm/W，外部量子效率為 8.1%。接著 Burrows 等人又發表了 4,4'-bis(diphenylphosphine oxide biphenyl) (PO1) [25]，PO1 與 PO6 的材料性質類似，三重激發態能量同樣為 2.72 eV。摻雜 20% FIrpic 後，外部量子效率達 7.8 %。之後又發表了在二苯駢呋喃（dibenzofuran）上接上兩個 diphenyl phosphine oxide 基團的新材料，三重激發態能量為 3.1 eV。摻雜 20% FIrpic 後，外部量子效率可高達 10.1%[26]。但此系列材料的缺點為容易結晶。

近來，OLED 材料已逐漸發展到深藍光的系統，但隨著深藍光材料的開發，也就越難找到合適的主發光體材料。因為當摻雜物的能隙變大，主發光體材料的能隙也必須跟著變大，才能有效的將能量轉移給摻雜物。而即使找到合適能隙的材料作為主發光體，但應用在 OLED 元件裡面時，也

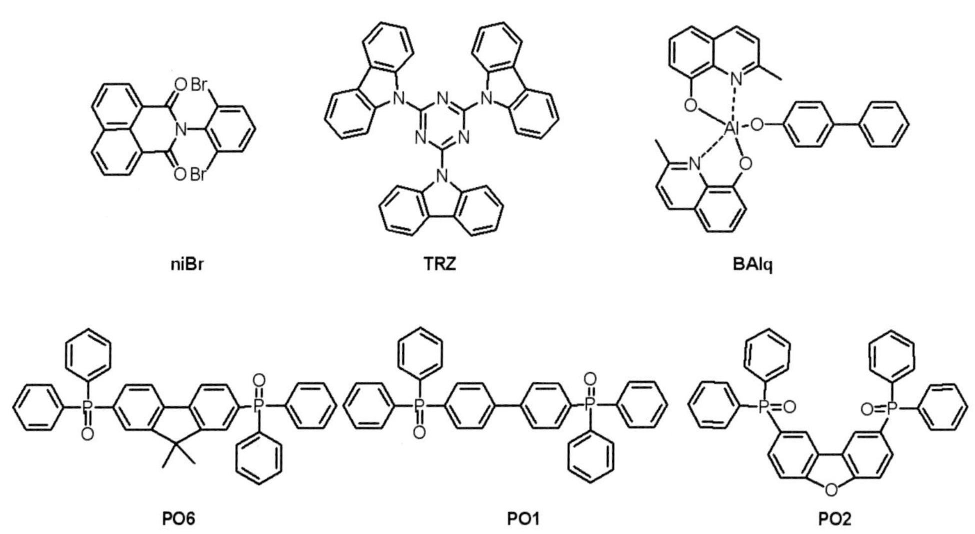

圖 5-4 具電子傳輸性質的主發光體材料

會發生因為能隙過大造成電子或電洞不易由相鄰層的材料注入進發光層的問題。為了解決這個問題,於是 Thompson 等人提出當主發光體的能隙過大,使得電子、電洞無法有效注入來激發主發光體時,電子、電洞將會直接注入到摻雜物上並加以激發而放出光來的觀念。雖然主發光體不被激發,但因為是應用在磷光元件中,所以主發光體材料還是需要具有高三重激發態能量,避免能量回傳的現象發生。

　　他們也開發一系列 *tetra*(aryl)silane 的材料,稱為 UGHx[5],這系列材料的化學結構中,利用矽原子將每個苯環隔開,將共振系統縮到最小,所以能隙都很大(～4.3 V),也具有很高的三重激發態能量(～3.15 eV)。不過也因為UGHx 的能隙過大,所以元件必須加入一層*m*CP在電洞傳輸層與發光層之中,幫助電洞的注入及防止電子由發光層跑到電洞傳輸層,使發光層達到電荷平衡。其中以 *p*-bis(triphenylsilyly)benzene(UGH2)的元件效果最好,當摻雜新式的藍色磷光材料 Iridium(III)bis(4',6'- difluorophenylpyridinato) tetrakis(1-pyrazolyl)borate(FIr6)時,元件 η_{ext} 效率可達(11.6±1.2)%和η_P

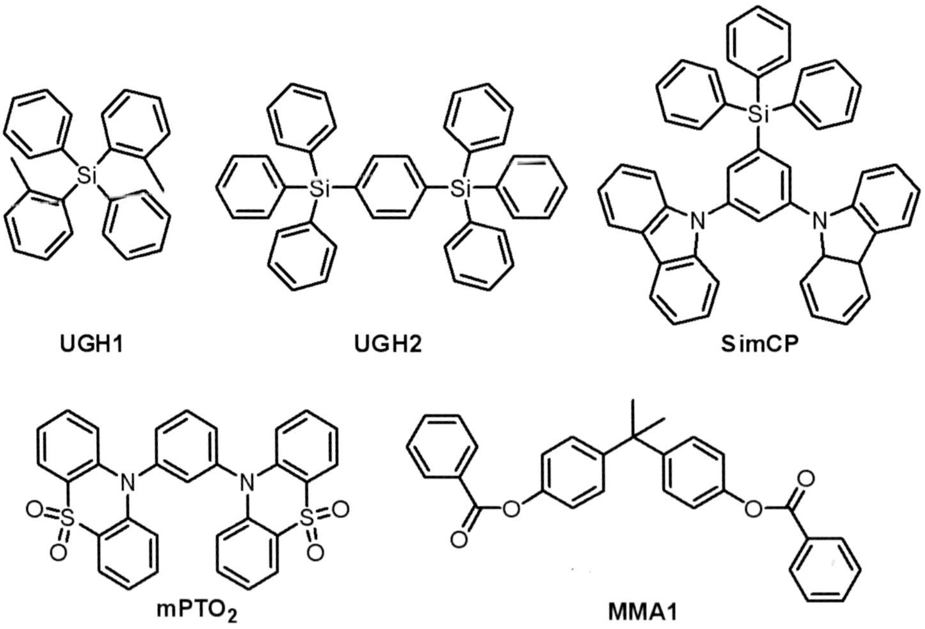

圖 5-5　高能隙磷光主發光體材料

為（13.9±1.4）lm/W，CIE$_{x,y}$ 色度座標為（0.16, 0.26）。德國 BASF 公司也發表高能隙（＞2.8 eV）的 mPTO$_2$ 和 MMA1，用於製作深藍光元件〔CIE$_{x,y}$(0.15, 0.15)〕的主發光體[27]，與低極性的 UGH1 或 mCP 相比，mPTO$_2$ 和 MMA1 似乎與摻雜材料有較好的相容性，而降低了摻雜物的凝集（aggregation）。

　　然而前述各式應用在藍色磷光元件的主發光體材料，都為了得到大的能隙與高三重激發態能量，所以分子量都比較小，導致熱穩定性不佳，如 mCP 的玻璃轉移溫度（T$_g$）為 65℃，而 UGHx 系列只有 30-50 ℃。為了解決這個問題，中央研究院陳錦地研究團隊合成出 3,5-*bis*(9-carbazolyl)tetraphenylsilane（SimCP）[28]，化學結構類似 mCP 與 UGHx 系列的綜合體，將玻璃轉移溫度提升至 101℃，使熱穩定性質變好，而三重激發態能量也與 mCP 相近（～2.9 eV）。SimCP 摻雜 FIrpic 的元件，效率高達 14.4% 和 11.9 lm/W。

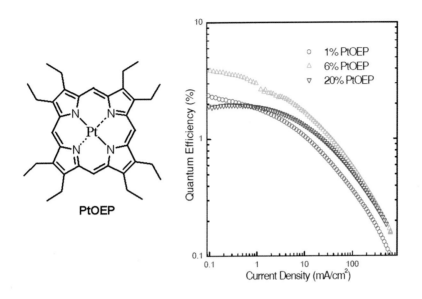

圖 5-6 PtOEP 化學結構與 Alq₃: PtOEP 元件的外部量子效率對電流密度表現圖[2(a)]

5-3 紅色磷光摻雜材料

1999 年，Forrest 等人發表了最早被用來製成 OLED 元件的三重態磷光材料是以鉑（Pt）為中心金屬的紅色磷光體 2,3,7,8,12,13,17,18- *octa*(ethyl)-12*H*, 23*H*-porhine platinum(II)（PtOEP）。利用共蒸鍍的方式摻雜在主發光體 CBP 中，元件的最大外部量子效率可以達到 5.6%，$CIE_{x,y}$ 色度座標為（0.7, 0.3）[2(b)]。但是因為 PtOEP 的磷光生命期過長（∼80 μs），因此在高電流密度下，易造成三重態與三重態之間的自我毀滅現象（triplet-triplet annilation）[10(d)]，使得元件的量子效率大幅下降（如圖 5-6）。

緊跟著 PtOEP 的發現之後，另一個新的以銥（Ir）為中心原子的紅色磷光材料 *bis*-2-(2'-benzo [4,5-*a*] thienyl)pyridinato-N,C³')iridium(acetylacetonate) [Btp₂Ir(acac)] 也隨之聞名[2(c)]。摻雜於主發光體 CBP 的磷光元件，最大外部量子效率可以達到（7.0±0.5）%。相較於 PtOEP，Btp₂Ir(acac)具有較短的磷

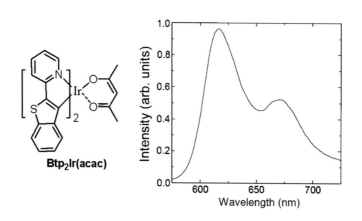

圖 5-7　紅光三重態摻雜物 Btp$_2$Ir(acac)的化學結構與放射光譜

光生命期（～4 μs），所以在 100 mA/cm^{2}的高電流密度下，其外部量子效率可以達到 2.5%。在光色方面如圖 5-7 所示，Btp$_2$Ir(acac)的最大放射波長為 616 nm，在 670 nm 和 745 nm 有較弱的放射峰。CIE$_{x,y}$ 色度座標為（0.68,0.32），非常接近國際顯示器標準的飽和紅色。

2002 年，Canon 的研發團隊發表了一系列新的紅色磷光材料[29]，並提出設計高效率紅色磷光材料的觀念，其想法如下：(1)設計具有推拉電子系統的配位基來減小能隙，使光色變紅；(2)材料的激發態形式必須是金屬-配位基電荷轉移（metal-to-ligand charge transfer, MLCT）的形式，而不是以^{3}π-π* 的形式，如此可得到較高的效率；(3)配位基的 HOMO/LUMO 電子雲密度差異不要太大，可得到較高的效率；(4)結構堅固，避免因為材料分子本內部的轉動而損失能量。一系列的化合物中，以 *tris*[1- phenyl isoquinolinato-C2,N] iridium(III) [Ir(piq)$_3$] 的性質最好，最大放射波長為 656 nm，且具有比 Btp$_2$Ir(acac)更短的磷光生命期（3.5 μs）及高熱穩定性（熱裂解溫度為 384℃）。摻雜於主發光體 CBP 的磷光元件的最大亮度可達 11000 cd/m^2，在 100 cd/m^{2}下，效率為 8.0 lm/W 和 10.3%，CIE$_{x,y}$ 色度座標為（0.68,0.32）。

Ir(piq)$_3$被發表之後，接著國立清華大學劉瑞雄研究團隊發表了一系列

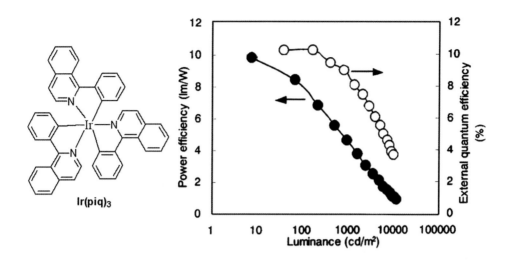

Ir(piq)3
Power efficiency (lm/W)
External quantum efficiency (%)
Luminance (cd/m²)

圖 5-8　Canon 的 $Ir(piq)_3$化學結構與元件性質表現圖[22(b)]

Ir(piq)2(acac)
Ir(piq-F)2(acac)
Ir(m-piq)2(acac)
Ir(DBQ)2(acac)
Ir(MDQ)2(acac)
(nam)2Ir(bbz)CF3

圖 5-9　各式紅色磷光體摻雜材料

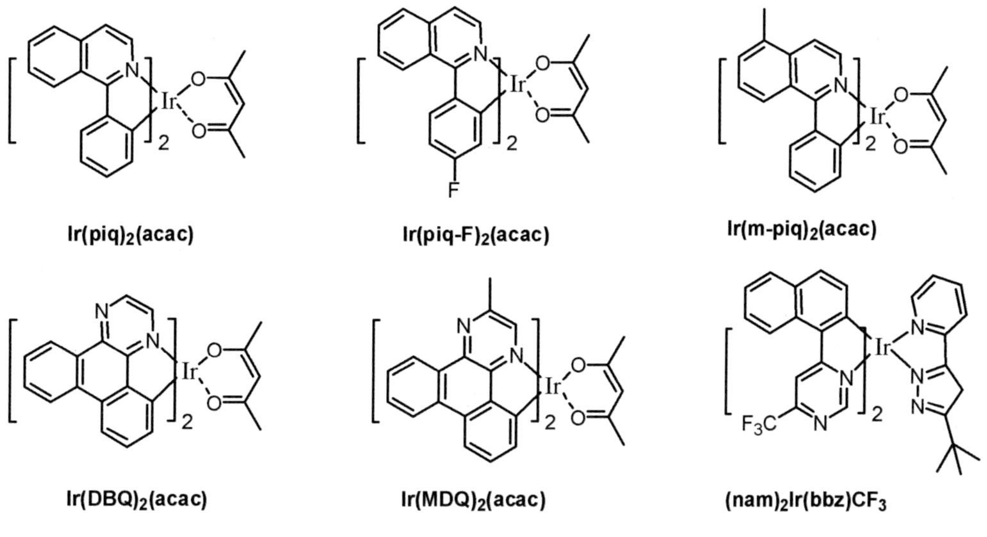

以 1-(phenyl)isoquinoline 為主體的紅色磷光材料[30]，他們在 1-(phenyl)isoqui-noline 上加入了氟原子來調整材料的放光光色，且不影響材料放光的效率。放光波長在 595- 630 nm 之間，而磷光生命期都相當的短（1.2-2.5 μs）。其中以 Ir(piq)$_2$(acac) 和 Ir(piq-F)$_2$(acac) 的元件性質較佳，在 20 mA/cm^2 下，外部量子效率分別為 8.46% 和 8.67%，CIE$_{x,y}$ 色度座標分別是（0.68, 0.32）和（0.61, 0.36）。而 Sun 等人則是在 1-(phenyl)isoquinoline 的 5 號位置加入甲基團，合成 Ir(m-piq)$_2$(acac) [24]，放光波長為 623 nm。或是將 isoquinoline 1 號位置上的苯環改成萘環（naphthalene），合成 Ir(1-niq)$_2$(acac) 和 Ir(2-niq)$_2$(acac)，放光波長分別為 664 nm 和 633 nm。元件效率以 Ir(m-piq)$_2$(acac) 最好，最大亮度可達 17164 cd/m^2。

2003 年，清華大學鄭建鴻研究團隊將 dibenzo[f,h]quinoxaline 當作配位基，合成出放橘紅光的磷光材料 Ir(DBQ)$_2$(acac) 和 Ir(MDQ)$_2$(acac) [25]，放光波長為 610 nm 左右。元件效率及 1931CIE$_{x,y}$ 色度座標分別為 11.9%、（0.62, 0.38）和 12.4%、（0.60, 0.39）。接著，清華大學季昀教授等人又合成出銥金屬為中心原子的紅光材料 (napm)$_2$Ir(bppz)CF$_3$ [26]，配位基是含有三氟甲基（trifluoromethyl）的 pyrimidine 基團，放光波長為 638 nm，以旋轉塗佈的方式摻雜在高分子主發光體 PF-TPA-OXD 中，外部量子效率可達 7.9%，最大亮度為 15800 cd/m^2，CIE$_{x,y}$ 色度座標為（0.65, 0.34）。

在 2005 年召開的日本電子資訊通信學會中，三洋電機與大阪大學平尾研究室發表了高色純度紅色發光有機 EL 元件的發光層磷光材料。公開的紅色磷光材料為 diphenylquinoxaline-Iridium 化合物，包括 Q$_3$Ir 和 (QR)$_2$Ir(acac) 等幾種衍生物（圖 5-10），均可發出波長為 653 nm-675 nm 的光。三洋電機表示此類材料的光色可稱得上是終極紅色。亮度為 600 cd/m^2 時，Q$_3$Ir 的色度在 CIE$_{x,y}$ 色度圖座標中相當於（0.70, 0.28）。根據 CIE 色度圖，x 座標值越接近 0.73，y 座標越接近 0.27，紅色純度就越高。過去作為高純度紅色磷光材料而廣泛使用的 Btp$_2$Ir(acac) 之色度座標為（0.68, 0.32）。新材料可在

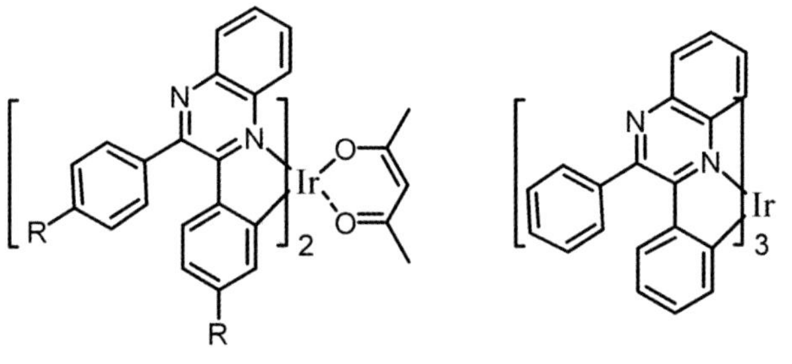

(QR)₂Ir(acac)
R=H, Me, MeO, F

Q₃IR

圖 5-10　三洋電機在 2005 年發表的新式紅色磷光體材料

高亮度、高效率下進行發光，而且色度穩定性高。新材料的絕對量子效率為 50%～79%。三洋電機在這次發表中並沒有公佈此材料的元件壽命，不過 Q_3Ir 在激發狀態下的發光時間為 1 μs，僅為 $Btp_2Ir(acac)$的 1/5。眾所周知，這個時間越短，效率就越高，材料的壽命就越長。因此這類新材料在元件壽命方面的表現十分值得期待。

　　磷光材料除了常見的銥錯化合物之外，在相關文獻中銪（Eu）也被用作中心金屬原子。因為銪具有 f 軌域，所放射的光是 f 軌域之間的過渡（transition），所以放射峰的半波寬都非常的窄，如圖 5-11，但是放光強度不強。Zheng 等人就利用銪為中心金屬原子及 1,1,1-trifluoroacetylacetonate 為配位基合成紅色磷光發光材 $Eu(TFacac)_3phen$ [34]，並利用電洞傳輸性質良好的 PVK 當作主發光體，以旋轉塗佈的方法製作發光元件[ITO/PVK/PVK:$Eu(TFacac)_3phen$:PBD/PBD/Al]，驅動電壓為 8 伏特，在電壓 25 伏特時，最大亮度為 63 cd/m²。此外，Nigel 等人也利用相似結構的銪金屬錯合物 $Eu(TTFA)_3(phen)$ 並以旋轉塗佈的方法製成元件[35]。元件結構除了以摻有 PBD 的 PVK 當作電子傳輸材料，另外再蒸鍍了一層 BCP 層作為電洞阻隔層。該雙層結構元件在 25 V 驅動電壓下，電流密度為 175 mA/cm² 時亮度可達到 417 cd/m²。

　　除了銥及銪錯合物，韓國 Jiang 等人曾以鋨（Os）作為錯合物中心原

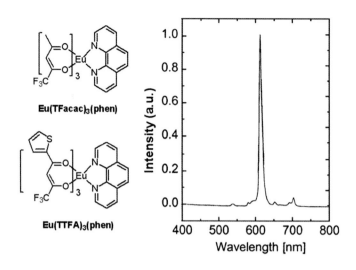

圖 5-11　含銪金屬錯合物的結構與 Eu(TTFA)$_3$(phen)元件的 EL 光譜

子，並合成出一系列化合物 [36]，可由改變配位基的方式來調整放光的光色（620-650 nm），這類錯合物的磷光生命期約 0.6-1.8 μs。在元件製程上是以旋轉塗佈的方式成膜，結構為 ITO/PVK:PBD:Os 錯合物/Ca。實驗結果發現 Os 錯合物能有效的捕捉電子與電洞，使電子與電洞能夠直接在錯合物中結合放光，最佳化條件下的亮度及外部量子效率分別為 970 cd/m^2 及 0.82%，而 CIE$_{x,y}$ 色度座標為（0.65, 0.33）。其它如 Shu 等人則是將 Os 錯合物摻雜在同時具有電子與電洞傳輸性質的高分子主發光體 PF-TPA-OXD 中，使電子電洞可以達到平衡，並有效地將能量轉移給 Os 錯合物，元件效率可達 2.1% 和 2920 cd/m^2 [37]。近來，清華大學季昀教授等人開發出新的 Os 錯合物紅光材料 Os(fppz)$_2$(PPh$_2$Me)$_2$ [38]，以 3-(trifluoromethyl)-5-(2-pyridyl)pyrazole(fppzH)當作配位基，再加上兩個 phosphine 的施體（donor）以平衡 Os 原子的正電荷，形成穩定的立體八面體結構（octahedral coordination），其最大放射波長為 617 nm，磷光生命期約為 0.8 μs。同樣是以旋轉塗佈的方式製作元件 ITO/PVK:Os /PBD/LiF/Al。元件效率可提升到 3276 cd/m^2 及 4 cd/A。

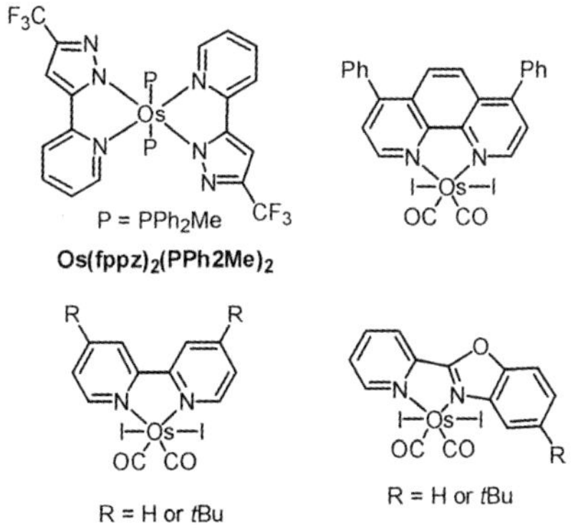

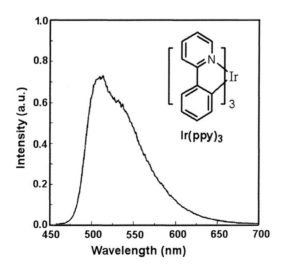

圖 5-12　Os 錯合物結構

另一方面，Chen 等人也設計出新式的紅光 Os 錯合物[39]，如圖 5-12，錯合物的結構簡式為〔Os (N^N) (CO)₂ I₂〕，放光波長介於 583nm～650nm 間。

5-4　綠色磷光摻雜材料

最早發現的綠光磷光材料之一是 *fac tris*(2-phenylpyridine) iridium [Ir(ppy)₃] [2(d)]。摻雜於CBP主發光體中，最大外部量子效率可達到 8.0%（28 cd/A），

圖 5-13　Ir(ppy)₃化學結構與其 EL 光譜

功率效率為 31 lm/W。在驅動電壓 4.3 V，亮度為 100 cd/m² 時，外部量子效率可以達到 7.5%（26 cd/A），且功率效率為 19 lm/W。Ir(ppy)₃ 最大放射波長為 510 nm，CIE$_{x,y}$ 色度座標為（0.27, 0.63）。Watanabe 等人進一步將材料純化及元件結構最佳化[10(t)]，當 Ir(ppy)₃ 摻雜濃度為 8.7% 時，在 100 cd/m² 的亮度下，外部量子效率可以達到 14.9%，發光功率 43.4 lm/W，量子效率和發光功率皆提升兩倍左右。要達到高效率磷光元件的關鍵是要將三重態激子侷限在發光層中，lkai 等人為了改善主發光體 CBP 對電洞傳輸的效果，因而採用星狀電洞傳輸材料 TCTA 當作主發光體[12]，再利用星狀 C₆₀F₄₂ 作為電洞與激子阻擋層，摻雜 Ir(ppy)₃ 的元件，在 3.52 V 的驅動電壓下，外部量子效率可以提升到 19.2%。即使在 10-20 mA/cm² 的高電流密度下，外部量子效率仍然可以超過 15%，比照明用的螢光管更亮。2.4 V 的低壓電激發光及 72 lm/W 的發光功率，使 OLED 可能成為下一代低耗電量的顯示器元件及照明用的均勻散射光源（diffusive illuminating light source），如此優良的性能主要歸功於主發光體的單重態與三重態都能有效的轉移給 Ir(ppy)₃ 而達到極高的外部發光效率。另外 bis(2-2-phenylpyridine) iridium(III) acetylacetonate [(ppy)₂Ir(acac)] 摻雜在 phenyl-4-(1'-naphthyl)-5-phenyl-1,2,4-triazole（TAZ）中，也被證明可以達到 19± 0.5% 的外部量子效率及 60±5lm/W 的元件功率效率[20(b)]。Novaled 在最新的一篇報導中，宣稱如果使用 p-i-n 元件結構，最高的綠色磷光元件功率效率已突破 110 lm/W[40]。

Ir(ppy)₃ 除了量子效率高之外，另一個優點就是具有小於 1 μs 的磷光生命期。這項優點使得磷光體在高驅動電流下的飽和機率下降。為了能充分利用銥金屬磷光體的三重激發態能量，整個能量也可藉由 Förster 能量轉移的方式而將激子能量轉移到螢光材料，所以相關文獻報導，fac-Ir(ppy)₃ 也可以當作磷光增感劑（phosphorescent sensitizer）[10(d)]。將單重激發態與三重激發態的能量都用來激發單重態的螢光分子，有效的提昇螢光色素的量子效率。以高濃度的磷光增感劑 Ir(ppy)₃ (5-10%) 和螢光材料 DCM2（∼1%）

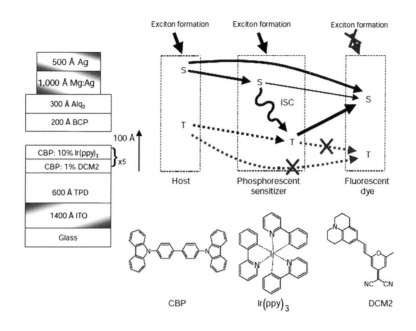

圖 5-14　利用磷光增感劑製成的有機發光元件及預測的能量轉換機制（其中虛線部份代表 Dexter 能量轉換，實線代表 Förster 能量轉換，打叉代表能量損失的程序）[10(d)]

掺雜在主發光體 CBP 裡所製成的元件，在 0.01 mA/cm² 電流密度下，外部量子效率高達 9±1%，在 10 mA/cm² 下，效率仍高達 4.1±0.5%。與不掺雜 CBP 的 Ir(ppy)₃發光元件效率是一樣的。這些實驗證實了在磷光增感劑 Ir(ppy)₃和 DCM2 之間的 Förster 能量轉移效率將近 100% [41]。因為掺入DCM2 後，快速的Förster 能量轉移減少了三重態之間的能量損失。因此在高電流密度下，量子效率下降的程度有所趨緩。

　　所有的有機金屬銥化合物都可以由IrCl₃·H₂O和適當C^N 配位基反應來合成。這些反應會先形成以氯原子為鍵橋的雙體 [C^N₂] Ir(μ-Cl)₂Ir [C^N₂]。再利用與 acetylacetone 或是其他β-diketone 反應，來轉換成各種不同以八面體鍵結的銥錯合物 [C^N₂] Ir(LX)。藉由 C^N 配位基的適當改變，(C^N)₂Ir(LX) 錯合物的放射光色可以在綠至紅光間轉換 [10(a)]。

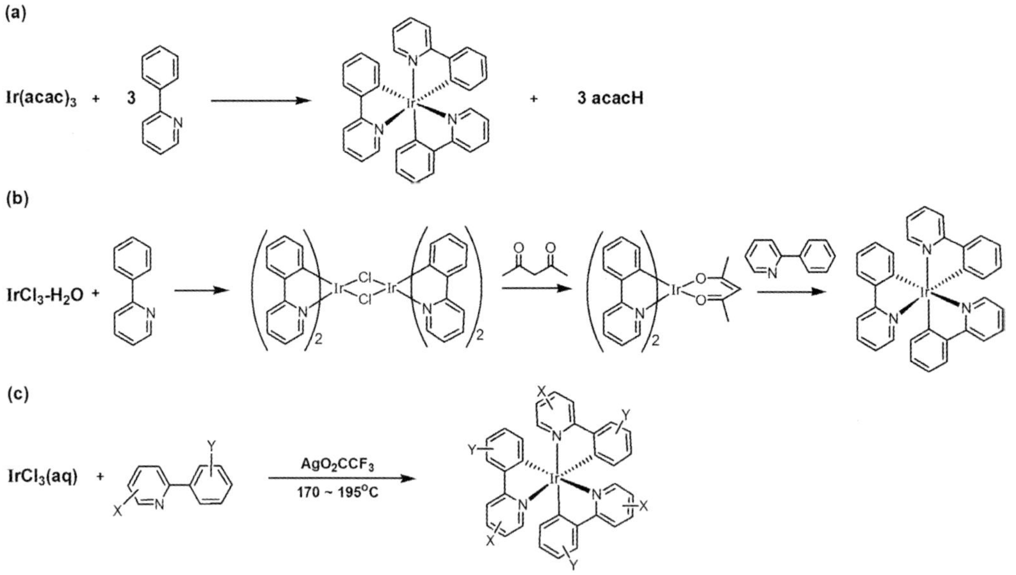

圖 5-15　有機金屬銥錯合物的合成方法

　　近來 DuPont 研究團隊發現只需要一步就可以合成有機金屬銥化合物的新方法。該方法是在少量的三氟醋酸銀（AgO_2CCF_3）的催化下，將 $IrCl_3 \cdot H_2O$ 和過量的 C^N 配位基反應，即可得到單一 *facial* 型態的三螯合（tris-chelated）錯合物[42]。藉由該合成方法，DuPont 合成出各種氟化（fluorinated）及三氟甲基化（trifluoromethylated）的銥錯合物，藉由改變配位基上各個取代位置，這類化合物的放射波長在 500 nm 至 595 nm 之間。他們對分子設計的概念也提出將 C-H 置換成 C-F 鍵後，具有下列的優點：(1) C-F 鍵可以減少因為 C-H 鍵造成的非光輻射衰退；(2) 生成的錯合物更容易昇華，有利於元件的製作；(3) C-F 鍵或是 CF_3 基團可以減少自我淬熄的現象；(4) 氟成分的加入有時可以增進錯合物電子的流動性；(5) 藉由氟化改變化合物的 HOMO-LUMO 能階位置，進而調整其發光顏色。

　　以 *fac*-tris[5-fluoro-2-(5-trifloromethyl-2-pyridinyl)phenyl-C,N] iridium (Ir- 2h) 當作發光層為例，其放射波長在 525 nm，發光效率為 20 cd/A，最大亮度為 4800 cd/m^2。與 Ir(ppy)$_3$ 不同的是，Ir-2h 本身具有很好的電荷傳輸特性，不

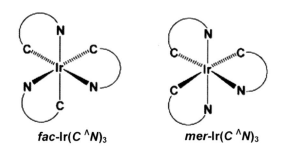

圖 5-16　銥金屬錯合物的兩種立體異構物

需使用具有電荷傳輸的主發光體。而且在固態薄膜的形式下，Ir-2h的光激發光量子效率是 Ir(ppy)₃ 的 10 倍，是因為 Ir(ppy)₃ 受自我淬熄的影響很大。因此具有氟取代基的化合物明顯的可以改進濃度淬熄且又有易昇華性質，有利於元件製作。

　　銥金屬與C^N配位基形成的三螯合錯合物，在立體結構上有 *meridional*（*mer*）與 *facial*（*fac*）兩種異構物的形式（有如第三章所述的Alq₃結構）。形成 *mer* 異構物的反應溫度較低（～140℃），而 *fac* 形式的異構物則需要高溫下才能形成（～200℃）。但銥金屬的 *mer* 形式的異構物與 *fac* 形式的

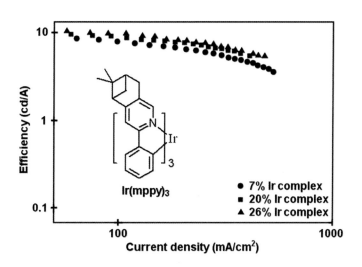

圖 5-17　Ir(mppy)₃ 化學結構與元件性質表現圖[36]

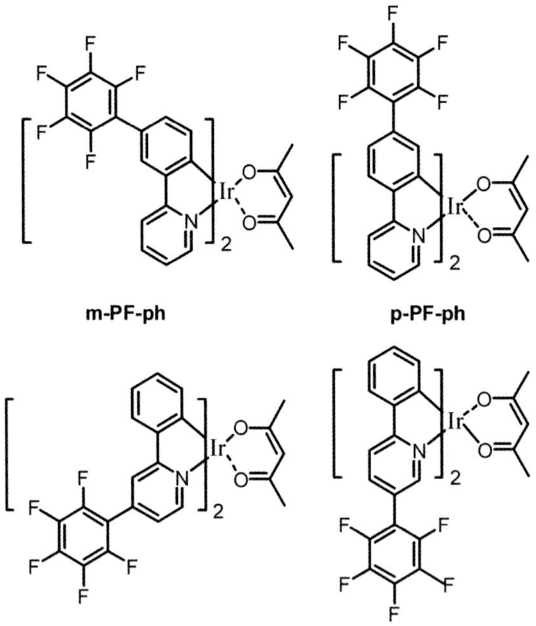

圖 5-18　含 pentafluorophenyl 基團的銥金屬磷光體材料

異構物比起來，通常都較容易被氧化，且放光光色較紅，放光波形較寬，磷光生命期較長，最重要的是放光效率較差。所以一般報導銥金屬的磷光材料都是 *facial* 的形式，但因反應溫度高，容易產生副產物來影響產率。而 Thompson 等人發現 *meridional* 形式的異構物溶解後可經由加熱或是照射 UV 燈來轉變成 *facial* 形式的異構物，產率可超過 90% [43]。

　　Ir(ppy)₃ 磷光元件的外部量子效率在 12% 摻雜濃度時就開始降低，有很嚴重的濃度淬熄效應。於是 Xie 等人為了解決這個問題，在磷光體 *fac*-Ir(ppy)₃ 的配位基上加入具有立體阻礙的 pinene 基團，來降低兩個磷光體分子間的作用，而達到顯著有抗濃度淬熄的特性。Ir(mppy)₃ 除了具有高亮度磷光放射之外，在固態薄膜中也測量到非常短的半生期，只有 0.35 μs，且在增加摻雜濃度時，驅動電壓沒有明顯的增加（接近 4.0 V），在增加電流密度時，量子效率下降得非常慢。在 20 mA/cm² 的電流密度下，摻雜濃

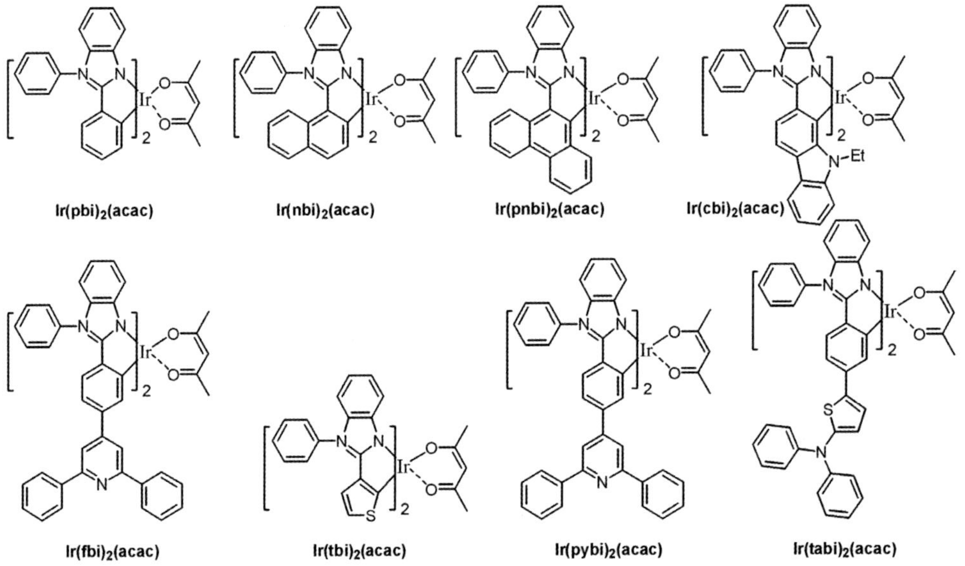

圖 5-19　含 benzoimidazole 基團的銥金屬磷光體材料

度為 7%、20% 和 26% 時，其發光效率分別為 8.5、9.5 及 10.2 cd/A。代表著加入具有立體阻礙的基團，確實可以有效的減低濃度淬熄的效應。

Tsuzuk 等人利用在 (ppy)$_2$ Ir(acac) 的配位基上不同位置加入具有強拉電子性質的 pentafluorophenyl 取代基來改變材料內部 ^{3}MLCT 的能階能量來調控材料的光色，這類化合物的放射波長在 513-578 nm 之間，而元件的外部量子效率可達到 10-17% [45]。

最近 Wen 等人使用一系列 benzoimidazole 基團的衍生物作為銥金屬的配位基。這類磷光材料可藉由配位基的改變來調整放光波長（由綠色至橘紅色），且熱穩定性質很好。其中以黃綠光色的元件效率最好，外部量子效率為 16.7%，放光功率效率為 20 lm/W，CIE$_{x,y}$ 色度座標為（036, 0.60）[46]。

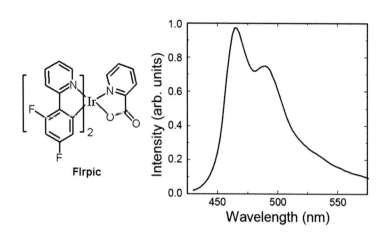

圖 5-20　FIrpic 化學結構式和 EL 放射光譜

5-5　藍色磷光摻雜材料

　　相較於已有不錯的性質表現與突破的紅色與綠色磷光材料與元件，如今想要彩色面板全面使用磷光元件，最大的挑戰與瓶頸就是藍色磷光元件，尤其是深藍光（$CIE_y < 0.15$），所以現今世界各國主要產學研究團隊都在進行藍光磷光材料相關的研究。藍色的磷光體 iridium bis(4,6-di-fluorophenyl)- pyridinato-$N,C^{2'}$)picolinate（FIrpic）可說是目前商業上最好的藍色磷光體。其最大放射波長在 475 nm，$CIE_{x,y}$ 色度座標為（0.16, 0.29）。其分子的設計是藉由 2-phenylpyridine 的 4、6 位置接上氟，和將 β-diketonate 由 acetylacetonate 置換成 picolinate，分別可以造成 40 和 20 nm 的藍位移。當摻雜在主發光體 CBP 中的元件外部量子效率為（5.7±0.3）%[11]。但是後來發現藍色磷光元件的效率高低和主發光體材料的三重激發態能量大小有很大的關係，當主發光體的三重激發態能量比藍色磷光材料低的時候，能量將會從摻雜物回傳給主發光體，使元件效率降低。於是當 FIrpic 摻雜在三重激發態能量較高的主發光體時，元件效率可獲得提升。如摻雜在 mCP 和 CDBP 時，外部量子效率分別被提升為（7.8±0.8）% 和 10.4%[14]。

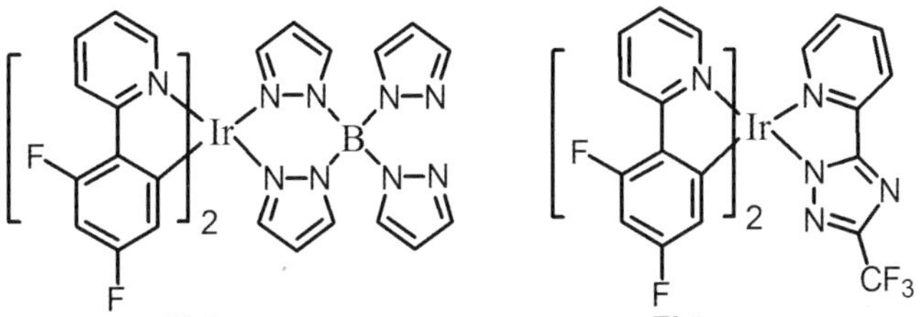

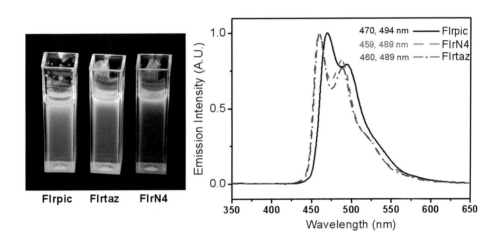

圖 5-21 新式藍色磷光體材料

圖 5-22 Firpic（左）、Firtaz（中）和 FirN4（右）的溶液（溶劑為 CH_2Cl_2）及
其螢光光譜圖

2003 年 Thompson 等人發表高能隙主發光體材料的同時，也發表了一系列的新式藍色磷光材料，分子設計是保留 FIrpic 的 4',6'-difluorophenyl-2-pyridine，將輔助基 picolinate 基團改為 pyrazoly 和 pyrazolyl-borate 基團，並發現藉由輔助基團的改變可以調整材料的吸收和放射波長與HOMO能階。其中將 iridium (III)bis(4',6'-difluorophenylpyridinato)tetrakis(1-pyrazolyl)borate（FIr6）摻雜在新式的主發光體 UGH2 中，η_{ext} 和η_P 效率高達 11.6±1.2%和13.9±1.4 lm/W，$CIE_{x,y}$ 色度座標為（0.16, 0.26）[5,47]。

最近，中研院陳錦地研究團隊發表高熱穩定性的主發光體材料 3,5-*bis*

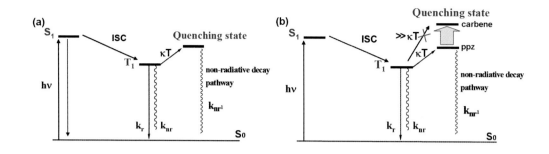

圖 5-23　(a) Ir(ppz)3 非輻射衰退機制 (b) 提高非輻射能階

(9-carbazolyl)tetraphenylsilane（SimCP）的同時，也發表了兩個藍色磷光材料，分別為 iridium(III) bis(4,6-difluorophenylpyridinato)(3-(trifluoromethyl)-5- (pyridin-2-yl)-1,2,4-triazolate)（FIrtaz）和 iridium(III)bis(4,6- difluorophenylpyridinato)(5-(pyridin-2-yl)-1H-tetrazolate)（FIrN4）[28]，分子設計也是更改 FIrpic 的輔助基，改成 triazolate 基團和 tetrazolate 基團，使放射波長比 FIrpic 還藍，分別為 460 nm 和 459 nm。將 FIrN4 摻雜在 SimCP 中，元件效率可達 9.4% 和 7.2 lm/W，CIE$_{x,y}$ 色度座標為（0.15, 0.24）。

　　深藍光磷光材料方面，2005 年 Thompson 研究團隊合成出以 phenyl pyrrazole 作為配位基的銥金屬錯合物 Ir(ppz)$_3$，實驗結果發現 Ir(ppz)$_3$ 與 Ir(ppy)$_3$ 兩者的 HOMO 能階相近，但 Ir(ppz)$_3$ 具有較高的 LUMO 能階，因此能隙較大，放光波長比 Ir(ppy)$_3$ 藍位移了近 100 nm。不過 Ir(ppz)$_3$ 在常溫下的放光強度非常弱，放光強度會隨著溫度上升而降低，不像 Ir(ppy)$_3$ 在常溫就有很強的放光強度。如圖 5-23，Thompson 等人認為其原因是由於吸熱後躍遷至非輻射能階所致，而可能的非輻射能階躍遷包括配基場（ligand field）的 d-d transition 與配位基的 n-π* transition 所形成的。於是 Thompson 等人改以 N-heterocyclic carbene (NHC) 作為銥金屬錯合物的配位基，合成出 Ir(pmi)$_3$ 和 Ir(pmb)$_3$ 兩種材料。由於 NHC 的共振結構（圖 5-24），使之具有較強的配基場，可提升 d-d transition 的能量，且配位基上的氮原子帶有部份正電荷可提昇 n-π*

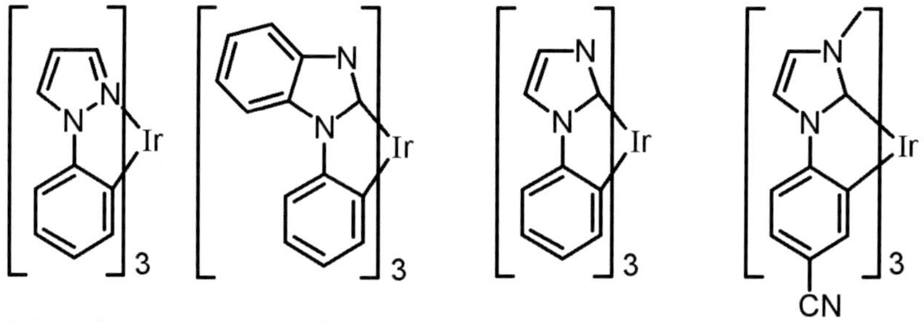

Ir(ppz)₃ Ir(pmi)₃ Ir(pmb)₃ Ir(cn-pmic)₃

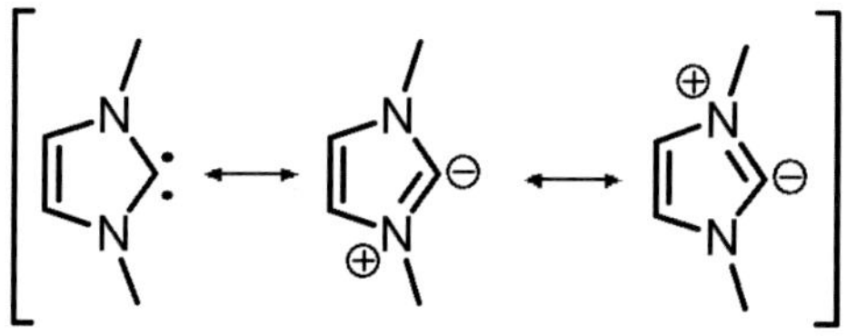

Resonance of carbene

圖 5-24 深藍光磷光材料

transition的能量，進而提升整個非輻射能階的能量來提高材料的放光效率[48]。實驗結果證明以 NHC 作為配位基的銥金屬錯合物，的確在常溫下便可放出光來，且放光波長很藍，以UGH2:*mer*-Ir(pmb)₃ 為發光層的元件可以得到 $CIE_{x,y}$ 色度座標為（0.17, 0.06），外部量子效率為 5.8±0.6% [49]。德國 BASF 公司於 SID'06 也發表 NHC 衍生物 Ir(cn-pmic)₃，元件結構為 ITO\Ir(dpbic)₃\Ir(cn-pmic)₃:MMA1(30%)\mPTO₂\TPBI\LiF\Al，發光的$CIE_{x,y}$色度座標為（0.15, 0.15），最大效率達到 14.8 cd/A（η_{ext} =12%）和 11.8 lm/W [27]。

5-6 樹狀物磷光發光體

樹狀物（Dendrimer）分子結構主要包括：共軛發光核心（conjugated light-emitting core）、共軛分枝基團（conjugated branches）及外圍表面基團（surface groups），而核心發光體為主要發光基團，共軛分枝基團主要是

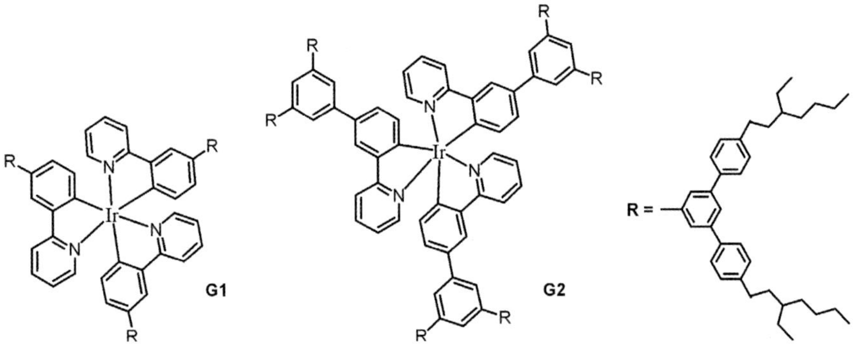

圖 5-25　第一代（G1）及第二代（G2）樹狀物磷光發光體結構圖

將電荷傳輸到發光核心，外圍表面基團主要功能則是改善分子的加工性質。這類dendrimer發光體相較於小分子及高分子發光二極體而言，有下列幾項優點：一、可提供溶液製程方式成膜；二、dendrimer分子結構設計可以控制分子間的作用力，提升發光效率；三、藉由共軛分枝基團的設計，可以有效的在核心發光體加入適當的電子或電洞傳輸基團，以達到類似多層有機發光二極體元件的效果。這類dendrimer發光體在這幾年大都以螢光發光體研究為主，而Burn等人在 2002 年提出以dendrimer的方式將銥（iridium）的綠色磷光錯合體應用在有機發光二極體元件中[50]，並以濕式法旋轉塗佈成膜製成單層元件。如圖 5-25 所示，作者以 Ir(ppy)$_3$ 為發光中心，然後再於取代基的位置（R）接上共軛分枝基團（即化合物 G1 及 G2），而元件構造為：[ITO/G1(or G2)(120-130 nm)/Ca]及[ITO/ CBP(80 wt%):G1(20 wt%)(120-130 nm)/Ca]。在圖 5-26 中的電流密度與外部量子效率圖中我們可以發現，共軛分基團數由原先的G1增加到G2時發光效率顯著增加了數倍，這乃是共軛分枝基團發揮了電洞傳輸功能所致，而這些基團的加入顯然並不會改變 EL 光譜（如圖 5-27 所示）。當作者再以 20 wt% G1 摻入 CBP 製成元件時，該元件的最高外部量子效率可達到 8.1%，相當於 28 cd/A（@13. mA/cm^2）。此高效能的結果可歸因為 dendrimer 良好的成膜性，並抑制了 CBP 再結晶，以及具有 bipolar 的載子傳輸能力。

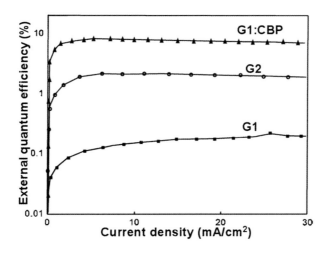

圖 5-26　G1、G2 與 G1:CBP 元件之電流密度與外部量子效率關係[40]

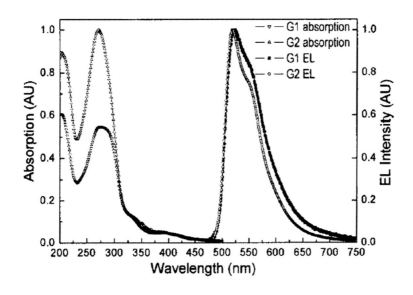

圖 5-27　錯合物 G1 及 G2 之 UV-Vis 吸收及 EL 放射光譜[40]

　　此研究團隊在 2003 年又發現將 G1 同時混摻在 CBP 和 TPBI 的單層元件中，效率可提升至 10.4% 和 35 cd/A（8.1V）[51]。效率提升的原因在於加入具有電子傳輸能力的 TPBI 後，可幫助電子從陰極注入到發光層，並平衡元件內部的電荷。而 Samuel 等人也將 G2 混摻在 TCTA 中，並再以熱蒸鍍

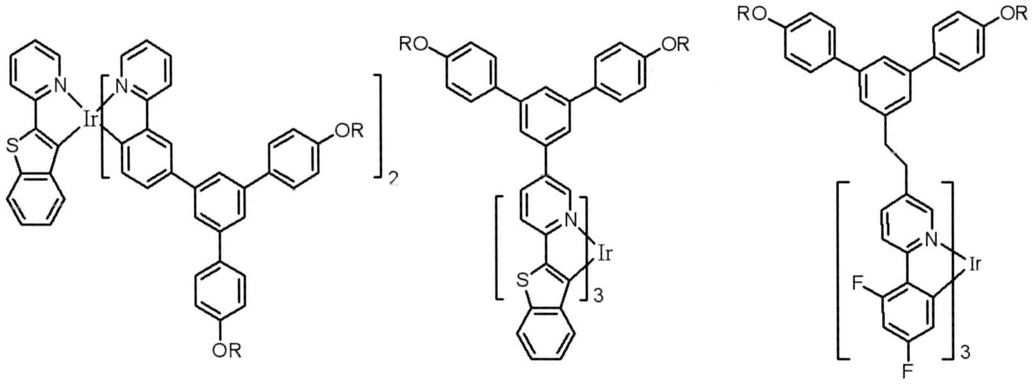

Red Dendrimer 1　　　**Red Dendrimer 2**　　　**Blue G1-FIr8**

圖 5-28　紅光和藍光磷光樹狀物的分子結構（R = 2-ethylhexyl）

的方式加入一層 TPBI 作為激子阻擋層，元件效率可達 40 lm/W 和 55 cd/A（4.5V）[52]。

　　另外 Burn 和 Samuel 等人也發展出含有 benzothienylpyridyl（btp）配位基的銥（Ir）金屬紅色磷光樹狀物（圖 5-28）[53]。將其混摻在 CBP 中，並以 TPBI 作為激子阻擋層的元件效率分別為 5.7%、4.5 lm/W（@ 80 cd/m²）和 4.25%、1 lm/W（@ 34 cd/m²），CIE$_{x,y}$ 色度座標分別為（0.64, 0.36）和（0.67, 0.30）。2005 年他們又發表以 *fac*-tris[2-(2,4-difluorophenyl)pyridyl]iridium (III) 為發光核心，合成出天藍光的樹狀分子 G1-FIr8，其元件效率在 100 cd/ m² 下為 11 lm/W，外部量子效率也可達 10.4%[54]。

5-7　電洞／激子阻擋層材料

　　雖然磷光元件可達到較高的效率，但磷光元件的結構也較一般螢光元件複雜，原因為三重態激子具有較長的生命期，所以在元件中的擴散距離很長，可達 1000 Å，很容易擴散到其他層去，使元件的光色不純並讓元件的發光效率降低。例如，將 PtOEP 摻雜在 CBP 中的元件結構為 ITO/NPD/

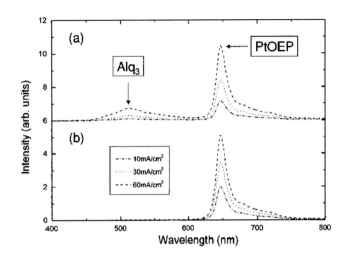

圖 5-29　(a) 無激子阻擋層（BCP）的 PtOEP 的元件電激發光光譜圖　(b) 有激子阻擋層（BCP）的 PtOEP 的元件電激發光光譜圖[2(b)]

CBP:PtOEP/ Alq$_3$/Mg-Ag，外部量子效率為 4.2%。而 PtOEP、NPB、Alq$_3$的三重激態能量分別為 1.9 eV、2.3eV、2.0 eV[55]。由於 PtOEP 和 Alq$_3$的能量差不大，所以 PtOEP 激子很容易擴散到 Alq$_3$層中。相較於短生命期的單重態激子在元件中的擴散距離就比較短，約數十到一百埃（Å）。因此必須利用元件結構來將三重態激子侷限在發光層中。最直接的方法就是電洞與電子傳輸材料都具有比激子能量大的能隙，即可將三重態激子侷限在發光層中。於是 O'Brien 等人在發光層與電子傳輸層中間加入一層 BCP 作為激子阻擋層（ITO/NPB/ CBP-PtOEP/BCP/Alq$_3$/Mg-Ag）[2(b)]，BCP 的三重激發態能量為 2.5 eV，所以可以有效防止 PtOEP 激子擴散到 Alq$_3$層中，另外由於 BCP 的 HOMO 能階為 6.5eV，所以也可以阻擋電洞經由發光層進入電子傳輸層，提高電子與電洞在發光層中的再結合效率。此現象可由觀察電激發光光譜來證實，沒有 BCP 層的元件光譜可同時觀察到 PtOEP 和 Alq$_3$的波形，加入 BCP 層的元件光譜則只有 PtOEP 的波形（圖 5-29）。

　　而 Baldo 等人也將電洞 / 激子阻擋層使用在以銥（Ir）為中心原子的磷

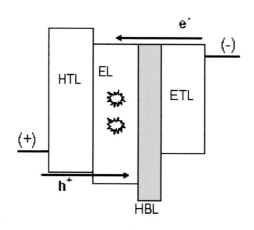

圖 5-30　磷光元件能階示意圖[56]

光材料元件中[2(d)]，元件結構為 ITO/NPB/CBP-Ir(ppy)₃/BCP/Alq₃/Mg-Ag，外部
量子效率為 9%。若不加入 BCP 層，則效率降低至只有 0.2%。圖 5-30 為加
入電洞 / 激子阻擋層的磷光元件能階圖，由圖可知電洞 / 激子阻擋層的材料
必須具有比摻雜物或主發光體材料更低的 HOMO 能階以及與電子傳輸層相
似的 LUMO 能階，最重要的是具有高三重激發態的能量來有效的阻止三重
態激子擴散出發光層。

接著 Ikai 等人使用星狀 perfluorinated phenylenes（CF-X）作為電洞與激
子阻擋層，並用星狀電洞傳輸材料 4,4',4"-tris(9-carbazolyl)-triphenylamine
（TCTA）當作主發光體[12]，摻雜 Ir(ppy)₃ 的元件，在 3.52 V 的驅動電壓
下，外部量子效率可以提升到 19.2%。

但後來發現使用 BCP 作為激子阻擋層的磷光元件壽命並不長，以摻
雜 Ir(ppy)₃ 的綠色磷光元件為例，亮度為 600 cd/m² 時，元件壽命不到 700 小
時。於是 Thompson 等人持續尋找其他合適的磷光激子阻擋層材料，如 TPBI
[57]。使用 TPBI 作為激子阻擋層的 Ir(ppy)₃ 元件，亮度為 500 cd/m² 時，效率
高達 25.3 cd/A，但元件壽命只有 70 小時。另外許多的缺電子的雜環化合物
（heterocyclic compound），也被用來作為電子傳輸層和激子阻擋層，如 tri-
azoles[2(c)]、triazines[58]、oxidiazole[59]、imidazoles[60]、1,8-naohthalimides[21]等

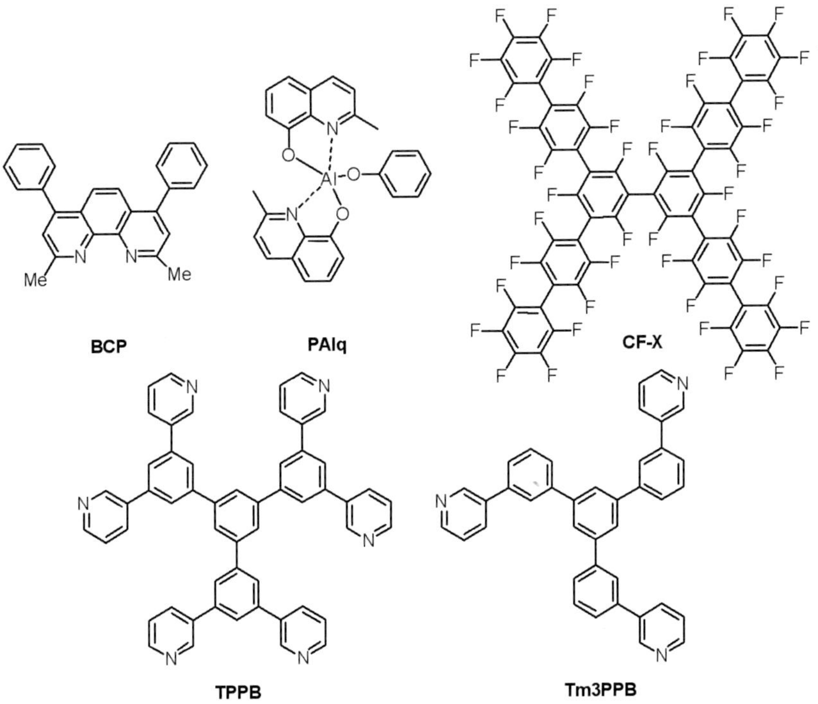

圖 5-31　BCP、PAlq 和 CF-X 之化學結構

材料。但元件壽命在亮度為 500 cd/m² 下都不到 100 小時。最後發現當使用以 bis(8-hydroxy-2-methylquinolato)aluminum 為主體的螯合物（chelate）作為激子阻擋層時，可以提升元件的壽命。如使用 aluminum(III)bis(2-methyl-8-quinolinato)4-phenolate [PAlq] 和 aluminum(III)bis(2-methyl-8-quinolinato)4-phenylphenolate [BAlq，結構參照圖 5-4] 的 Ir(ppy)₃ 元件，效率及壽命在亮度為 500 cd/m² 下，分別為 18.0 cd/A、1075 小時和 19.0 cd/A、10000 小時。

　　Thompson 等人也曾試著直接使用高三重激發態能量（$T_1 = 2.6$ eV）的 FIrpic 作為激子阻擋層[56]，因為 BCP 和 BAlq 的三重激發態能量都不到 2.4 eV，當使用在藍色磷光元件時，激子能量很容易會被淬熄掉。但實驗後發現，使用 FIrpic 作為激子阻擋層的綠色磷光元件效率比使用 BCP 作為激子阻擋層的元件效率稍高，分別為 14.2% 和 12.1%。但兩者的藍色磷光元件效

率相似，證明FIrpic還是無法有效的阻擋三重激發態的藍光激子。日本Kido教授團隊則利用共軛性較小的三苯基苯衍生物，開發出高三重激發態能量的電洞/激子阻擋層材料TPPB和Tm3PPB，TPPB的T_1為2.67 eV，可將Firpic藍光元件效率增加至31.4 lm/W (@ 100 nits)[61]，Tm3PPB的T_1則提升至2.75 eV，HOMO能階在6.68 eV，更具電洞/激子阻擋能力，因此元件效率可再增加至42 lm/W (@ 100 nits)，外部量子效率高達22% [62]。

5-8 磷光元件的穩定度

　　電激發磷光材料與元件在90年代中期開始被發展與重視，是OLED技術上的一項重大突破，但歷年來磷光元件除了結構較複雜外，其穩定度也無法令人滿意，尤其是與螢光元件來比較。然而近年來，經過有機化學家與元件物理專家不停地研究與發展，紅色及綠色的磷光元件的穩定度已逐漸地被改善，並有了商業化的可能。2003年，Pioneer宣佈使用UDC的紅色磷光材料搭配BAlq作為主發光體應用在1.1吋全彩被動式96x72像素的手機外螢幕面板上[23]，也打破外界對磷光材料的穩定度是否可以商品化的懷疑。近來，UDC[63]、CMEL[64]、Covion[65]等廠商，也陸續公開發表對綠色磷光元件的改良成果。如表5-1，磷光 OLED 以紅光元件的壽命最好，UDC的RD39搭配新日鐵化學的主發光體NS11，壽命可達二十萬小時。目前販售的綠色磷光元件（>40 cd/A）在起始亮度為1000 cd/m²時，元件壽命可超過20000小時，$CIE_{x,y}$色度座標約為（0.31, 0.64）。所以可以預期未來在市場上也將能看到使用綠色磷光材料的OLED商品。

　　不幸的是，目前正被積極開發中的藍色磷光材料卻仍然是發展高解析度及高效率全彩OLED顯示器中最弱的一部分。據2005年六月UDC所發表的最佳藍色磷光元件[66]，在亮度200 cd/m²下，效率及光色為22 cd/A、$CIE_{x,y}$（0.16, 0.37），元件壽命為十萬小時，但顏色不夠飽和。其他深藍的

磷光材料，元件在亮度 200 cd/m² 下，效率及光色為 9 cd/A、$CIE_{x,y}$（0.14, 0.13），元件壽命卻令人失望。在 2005 年台北舉行的 IDMC 國際顯示器會議上，Samsung 發表了深藍色的磷光元件[67]，$CIE_{x,y}$ 色度座標為（0.15, 0.15），元件還活不到 150 小時。目前開發飽和深藍色磷光元件（CIE_y < 0.15）主要遭遇到的問題之一是很難找到合適且具有高三重激發態能量（> 3 eV）的主發光體材料來避免能量由藍色磷光發光體回傳給主發光體的現象發生，尤其現在藍色磷光材料已經逐漸往具有短共振系統的配位基的深藍光金屬螯合物發展，更提升了這個問題的重要性。在這個因素的考量下，未來要發展出具有高效率且元件壽命長的飽和深藍色磷光元件是相當困難的。因此我們預測將來的全彩主動式 OLED 面板商品（包括夢寐以求的 TFT-OLED 電視），會是以紅色和綠色的磷光系統搭配藍色的螢光系統來發展。不過螢光與磷光材料的兩大巨頭 Idemitsu Kosan 和 UDC 在 2006 年底宣布將共同合作加速藍光磷光材料的開發，相信高效率的磷光材料還是未來應用的趨勢。

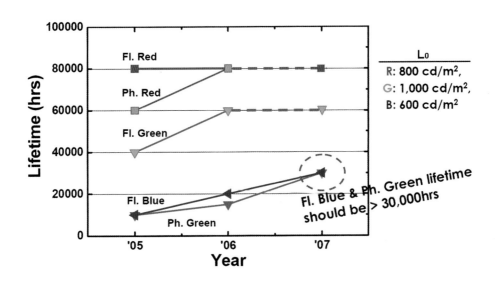

圖 5-32 螢光與磷光元件的壽命現況與未來要求

　　Samsung SDI 的 Park 在香港舉行的 ICEL 2006 國際顯示會議上，比較了螢光與磷光OLED元件的性質及穩定度[68]，如圖 5- 32，在小尺寸面板的亮度要求下，磷光綠光和藍光元件其未來壽命要求均希望在 3 萬小時以上。要提升磷光元件的穩定度，必須考量到整個磷光元件的系統，尤其要特別注意材料的純度、元件的結構及元件各層材料彼此界面之間的關係來使元件內的電荷達到平衡。但遺憾的是，目前各公司對元件結構內部詳細資訊

表 5-1　UDC 磷光 OLED 元件的效率與穩定度（2006 年）

PHOLED Materials		Color Coordinates CIE [x, y]	Luminous Efficiency [cd/A]	Operational Lifetime [hrs]	Initial Luminance [cd/m²]
Commercial grade	RD15	(0.67, 0.33)	12	100,000	500
	RD07	(0.65, 0.35)	18	40,000	500
	GD29	(0.30, 0.63)	24	10,000	600
	GD33	(0.31, 0.64)	40	20,000	1,000
	GD48	(0.32, 0.63)	37	25,000	1,000
Development grade	RD26	(0.67, 0.33)	19	90,000	1,000
	RD39*	(0.65, 0.35)	24	220,000	1,000
	RD61	(0.62, 0.38)	30	40,000	500
	GD107	(0.35, 0.60)	38	25,000	1,000
	YD85	(0.41, 0.58)	71	100,000	1,000
Research grade	New Green	(0.32, 0.63)	80	15,000	1,000
	New Green	(0.32, 0.63)	65	40,000	1,000
	Sky Blue	(0.16, 0.37)	22	100,000	200
	Blue	(0.16, 0.29)	21	17,500	200
	New Blue	(0.14, 0.13)	9	under development	200
	New Blue	(0.16, 0.10)	3	under development	200

*Combining with NSCC's (Nippon Steel Chemical) commercial NS11 host material (2007)

都視為商業上的機密，不對外透露。對在研究 OLED 技術的學術界人員來說，缺乏了這些資訊而要在技術上有更進一步的突破簡直是雪上加霜。也許這才是 OLED 技術要與龐大的 TFT-LCD 產業來競爭市場所面臨到的最艱難的挑戰。

參考文獻

1. M. Wohlgenannt, K. Tandon, S. Mazumdar, S. Ramasesha, Z. V. Vardeny, *Nature*, **409**, 494 (2001).

2. (a) M. A. Baldo, D. F. O'Brien, Y. You, A. Shoustikov, S. Sibley, M. E. Thompson, S. R. Forrest, *Nature* (London), **395**, 151 (1998). (b) D. F. O'Brien, M. A. Baldo, M. E. Thompson, S. R. Forrest, *Appl. Phys. Lett.*, **74**, 442 (1999). (c) C. Adachi, M. A.Baldo, S. R. Forrest, S. Lamansky, M. E. Thompson, R. C. Kwong, *Appl. Phys. Lett.*, **78**, 1622 (2001). (d) M. A. Baldo, S. Lamansky, P. E. Burrows, M. E. Thompson, S. R. Forrest, *Appl. Phys. Lett.* **75**, 4 (1999).

3. M. A. Baldo, D. F. O'Brien, M. E. Thompson, S. R. Forrest, *Phys. Rev. B*, **60**, 14422 (1999).

4. (a) H. Suzuki, A. Hoshino, *J. Appl. Phys.*, **79**, 8816 (1996). (b) M. Uchida, C. Adachi, T. Koyama, Y. Taniguchi, *J. Appl, Phys.*, **86**, 1680 (1999). (c) S. Lamansky, R. C. Kwong, M. Nugent, P. I. Djurovich, M. E. Thompson, *Org. Electron.*, **2**, 53 (2001). (d) S. Lamansky, P. I. Djurovich, F. Abdel-Razzaq, S. Garon, D. Murphy, M. E. Thompson, *J. Appl. Phys.*, **92**, 1570 (2002). (e) G. He, Y. Li, H. Liu, Y. Yang, *Appl. Phys. Lett.*, **80**, 4247 (2002). (f) X. J. Wang, M. R. Andersson, M. E. Thompson, O. Inganas, *Synth. Met.*, **137**, 1019 (2003). (g) X. Gong, J. C. Ostrowski, D. Moses, G. C. Bazan, A. J. Heeger, *Adv. Funct. Mater.*, **13**, 439 (2003).

5. (a) R. J. Holmes, B. W. D'Andrade, S. R. Forrest, X. Ren, J. Li, M. E. Thompson, *Appl. Phys. Lett.*, **83**, 3818 (2003). (b) X. Ren, J. Li, R. J. Holmes, P. I. Djurovich, S. R. Forrest, M. E. Thompson, *Chem. Mater.*, **16**, 4743 (2004).

6. F.-C. Chen, G. He, Y. Yang, *Apply. Phys. Lett.*, **82**, 1006 (2003).

7. M. Sudhakar, P. I. Djurovich, T. E. Hogen-Esch, M. E. Thompson, *J. Am. Chem. Soc.*, **125**, 7796 (2003).

8. (a) D. M. Pai, J. F. Yanus, M. Stolka, *J. Phys. Chem.*, **88**, 4714 (1984). (b) X. Gong, M. R. Robinson, J. C. Ostrowski, D. Moses, G. C. Bazan, A. J. Heeger, *Adv. Mater.*, **14**, 581 (2001).

9. H. Kanai, S. Ichinosawa, Y. Sato, *Synth. Met.*, **91**, 195 (1997).

10. (a) S. Lamansky, P. Djurovich, D. Murphy, F. Abdel-Razzaq, H. E. Lee, C. Adachi, P. E. Burrows, S. R. Forrest, M. E. Thompson, *J. Am. Chem. Soc.*, **123**, 4304 (2001). (b) T. Tsutsui, M. J. Yang, M. Yahiro, K. Nakamura, T. Watanabe, T. Tsuji, M. Fukuda, T. Wakimoto, S. Miyaguchi, *Jpn. J. Appl. Phys. Part 2*, **38**, L1502 (1999). (c) C. Adachi, R. C. Kwong, S. R. Forrest, *Org. Electron.*, **2**, 37 (2001). (d) M. A. Baldo, M. E. Thompson, S. R. Forrest, *Nature* (London),

403, 750 (2000). (e) B. W. D'Andrade, M. A. Baldo, C. Adachi, J. Brooks, M. E. Thompson, S. R. Forrest, *Appl. Phys. Lett.*, **79**, 1045 (2001). (f) T. Watanabe, K. Nakamura, S. Kawami, Y. Fukuda, T. Tsuji, T. Wakimoto, S. Miyaguchi, M. Yahiro, M. J. Yang, T. Tsutsui, *Synth. Met.*, **122**, 203 (2001).

11. C. Adachi, R. C. Kwong, P. Djurovich, V. Adamovich, M. A. Baldo, M. E. Thompson, S. R. Forrest, *Appl. Phys. Lett.*, **79**, 2082 (2001).

12. M. Ikai, S. Ichinosawa, Y. Sakamoto, T. Suzuki, Y. Taga, *Appl. Phys. Lett.*, **79**, 156 (2001).

13. (a) V. Adamovich, J. Brooks, A. Tamayo, A. M. Alexander, P. I. Djurovich, B. W. D'Andrade, C. Adachi, S. R. Forrest, M. E. Thompson, *New J. Chem.*, **26**, 1171 (2002). (b) R. J. Holmes, S. R. Forrest, Y.-J. Tung, R. C. Kwong, J. J. Brown, S. Garon, M. E. Thompson, *Appl. Phys. Lett.*, **82**, 2422 (2003).

14. S. Tokito, T. Iijima, Y. Suzuri, H. Kita, T. Tsuzuki, F. Sato, *Appl. Phys. Lett.*, **83**, 569 (2003).

15. G. T. Lei, L. D. Wang, L. Duan, J. H. Wang, Y. Qiu, *Syhth. Met.*, **144**, 249 (2004).

16. K. Brunner, A. V. Dijken, H. Börner, J. J. A. M. Bastiaansen, N. M. M. Kiggen, B. M. W. Langeveld, J. Am. *Chem. Soc.*, **126**, 6035 (2004).

17. K. T. Wong, Y. M. Chen, Y. T. Lin, H. C. Su, C. C. Wu, *Org. Lett.*, 7(24), 5361 (2005).

18. P. I. Shih, C. L. Chiang, A. K. Dixit, C. K. Chen, M. C. Yuan, R. Y. Lee, C. T. Chen, W. G. Diau, C. F. Shu, *Org. Lett.*, **8**(13), 2799 (2006).

19. M. H. Tsai, H. W. Lin, H. C. Su, T. H. Ke, C. C. Wu, F. C. Fang, Y. L. Liao, K. T. Wong, C. I. Wu, *Adv. Mater.*, **18**, 1216 (2006).

20. (a) C. Adachi, M. A. Baldo, S. R. Forrest, M. E. Thompson, *Appl. Phys. Lett.*, **77**, 904 (2000). (b) C. Adachi, M. A. Baldo, M. E. Thompson, S. R. Forrest, *J. Appl. Phys.*, **90**, 5048 (2001).

21. D. Kolosov, V. Adamovich, P. Djurovich, M. E. Thompson, C. Adachi, *J. Am. Chem. Soc.*, **124**, 9945 (2002).

22. H. Inomata, K. Goushi, T. Masuko, T. Konno, T. Imai, H. Sasabe, J. J. Brown, C. Adachi, *Chem. Mater.*, **16**, 1285 (2004).

23. T. Tsuji, S. Kawami, S. Miyaguchi, T. Naijo, T. Yuki, S. Matsuo, H. Miyazaki, *Proceedings of SID'04*, p.900, May 23-28, 2004, Seattle, USA.

24. A. B. Padmaperuma, L. S. Sapochak, P. E. Burrows, *Chem. Mater.*, **18**, 2389 (2006).

25. P. E. Burrows, A. B. Padmaperuma, L. S. Sapochak, P. Djurovich, M. E. Thompson, *Appl. Phys. Lett.*, **18**, 183503 (2006).

26. P. A. Vecchi, A. B. Padmaperuma, H. Qiao, L. S. Sapochak, and P. E. Burrows, *Org. Lett.*, **8** (19), 4211 (2006).

27. P. Erk, M. Bold, M. Egen, E. Fuchs, T. Geßner, K. Kahle, C. Lennartz, O. Molt, S. Nord, H. Reichelt, C. Schildknecht, H.-H. Johannes, W. Kowalsky, *Proceedings of SID'06*, p.131, June 4-9, 2006, San Francisco USA.

28. S. J. Yeh, W. C. Wu, C. T. Chen, Y. H. Song, Y. Chi, M. H. Ho, S. F. Hsu, C. H. Chen, *Adv. Mater.*, **17**, 285 (2005).

29. (a) S. Okada, H. Iwawaki, M. Furugori, J. Kamatani, S. Igawa, T. Moriyama, S. Miura, A.

Tsuboyama, T. Takiguchi, H. Mizutani, *Proceedings of SID'02*, p.1360, June 19-24, 2002, Boston, USA. (b) A. Tsuboyama, H. Iwawaki, M. Furugori, T. Mukaide, J. Kamatani, S. Igawa, T. Moriyama, S. Miura, T. Takiguchi, S. Okada, M. Hoshino, K. Ueno, *J. Am. Chem. Soc.*, **125**, 12971 (2003).

30. Y. J. Su, H. L. Huang, C. L. Li, C. H. Chien,, Y. T. Tao, P. T. Chou, S. Datta, R. S. Liu, *Adv. Mater.*, **15**, 884 (2003)

31. C. H. Yang, C. C. Tai, I. W. Sun, *J. Mater. Chem.*, **14**, 947 (2004).

32. J. P. Duan, P. P. Sun, C.. H. Cheng, *Adv. Mater.*, **15**, 224 (2003).

33. Y. H. Niu, B. Chen, S. Liu, H. Yip, J. Bardecker, A. K.-Y. Jen, J. Kavitha, Y. Chi, C.-F. Shu, Y. H. Tseng, C. H. Chien, *Appl. Phys. Lett.*, **85**, 1619 (2004).

34. Y. Zheng, Y. Liang, H. Zhang, Q. Lin, G. Chuan, S. Wang, *Mater. Lett.*, **53**, 52 (2002).

35. N. A. H. Male, O. V. Salata, V. Christou, *Synth, Met.*, **126**, 7 (2002).

36. X. Jiang, A. K.-Y. Jen, B. Carlson, L. R. Dalton, *Appl. Phys. Lett.*, **80**, 713 (2002).

37. J. H. Kim, M. S. Liu, A. K.-Y. Jen, B. Carlson, L. R. Dalton, C. F. Shu, R. Dodda, *Appl. Phys. Lett.*, **83**, 776 (2003).

38. Y. L. Tung, P. C. Wu, C. S. Liu, Y. Chi, J. K. Yu, Y. H. Hu, P. T. Chou, S. M. Peng, G. H. Lee, Y. Tao, A. J. Carty, C. F. Shu, F. I. Wu, *Organometallics*, **23**, 3745 (2004).

39. Y. L. Chen, S. W. Lee, Y. Chi, K. C. Hwang, S. B. Kumar, Y. H. Hu, Y. M. Cheng, P. T. Chou, S. M. Peng, G. H. Lee, S. J. Yeh, C. T. Chen, *Inorganic Chemistry*, **44**, 4287 (2005).

40. http://www.novaled.com/index.php

41. B. W. D'Andrade, M. A. Baldo, S. R. Forrest, *Appl. Phys. Lett.*, **79**, 7 (2001).

42. V. V. Grushin, N. Herron, D. D. LeCloux, W. J. Marshall, V. A. Petrov, Y. Wang, *Chem. Commun.*, 1494 (2001)

43. A. B. Tamayo, B. D. Alleyne, P. I. Djurovich, S. Lamansky, I. Tsyba, N. N. Ho, R. Bau, M. E. Thompson, *J. Am. Chem. Soc.*, **125**, 7377 (2003).

44. H. Z. Xie, M. W. Liu, O. Y. Wang, X. H. Zhang, C. S. Lee, L. S. Hung, S. T. Lee, P. F. Teng, H. L. Kwong, H. Zheng, C. M. Che, *Adv. Mater.* **13**, 1245 (2001).

45. T. Tsuzuki, N. Shirasawa, T. Suzuki, S. Tokito, *Adv. Mater.*, **15**, 1455 (2003).

46. W. S. Huang, J. T. Lin, C. H. Chien, Y. T. Tao, S. S. Sun, Y. S. Wen, *Chem. Mater.*, **16**, 2480 (2004).

47. J. Li, P. I. Djurovich, B. D. Alleyne, I. Tsyba, N. N. Ho, R. Bau, M. E. Thompson, *Polyhedron*, **23**, 419 (2004).

48. T. Sajoto, P. I. Djurovich, A. Tamayo, M. Yousufuddin, R. Bau, M. E. Thompson, R. J. Holmes, S. R. Forrest, *Inorganic Chemistry,* **44**, 7993 (2005).

49. R. J. Holmes and S. R. Forrest, T. Sajoto, A. Tamayo, P. I. Djurovich, M. E. Thompson, J. Brooks, Y.-J. Tung, B. W. D'Andrade, M. S. Weaver, R. C. Kwong, J. J. Brown, *Appl. Phys. Lett.*, **87**, 243507 (2005).

50. J. P. J. Markham, S.-C. Lo, S. W. Magennis, P. L. Burn, I. D. W. Samuel, *Appl. Phys. Lett.*, **80**, 2645 (2002).

51. T. D. Anthopoulos, J. P. J. Markham, E. B. Namdas, I. D. W. Samuel, S.-C. Lo, P. L. Burn, *Appl. Phys. Lett.*, **82**, 4824 (2003).

52. S.-C. Lo, N. A. H. Male, J. P. J. Markham, S. W. Magennis, P. L. Burn, O. V. Salata, I. D. W. Samuel, *Adv. Mater.*, **14**, 975 (2002).

53. T. D. Anthopoulos, M. J. Frampton, E. B. Namdas, P. L. Burn, I. D. W. Samuel, *Adv. Mater.*, **16**, 557 (2004).

54. S.-C. Lo, G. J. Richards, J. P. J. Markham, E. B. Namdas, S. Sharma, P. L. Burn, I. D. W. Samuel, *Adv. Funct. Mater.*, **15**, 1451 (2005).

55. M. A. Baldo, S. R. Forrest, *Phys. Rev. B*, **62**, 10958 (2000).

56. V. I. Adamovich, S. R. Cordero, P. I. Djurovich, A. Tamayo, M. E. Thompson, B. W. D'Andrade, S. R. Forrest, *Organic Electronics*, **4**, 77 (2003).

57. R. C. Kwong, M. R. Nugent, L. Michalski, T. Ngo, K. Rajan, Y.-J. Tung, M. S. Weaver, T. X. Zhou, M. Hack, M. E. Thompson, S. R. Forrest, J. J. Brown, *Appl. Phys. Lett.*, **81**, 162 (2002).

58. R. Fink, Y. Heischkel, M. Thelakkat, H.-W. Schmidt, *Chem. Mater.*, **10**, 3620 (1998).

59. M.-J. Yang, T. Tsutsui, Jpn. J. *Appl. Phys. Part 2*, **39**, L828 (2000).

60. C. H. Chen, J. Shi, C. W. Tang, *Macromol. Symp.*, **125**, 1 (1997).

61. J. Kido, *Proc. International Conference on Quantum Electronics 2005 and the Pacific Rim Conference on Lasers and Electro-Optics 2005*, p.329, July 11-15, 2005, Tokyo, Japan.

62. S.-J. Su, D. Tanaka, Y. Agata, H. Shimizu, T. Takeda, J. Kido, *MRS 2005 Fall Meeting*, D3.21, Nov. 27-Dec. 2, 2005, Boston, USA.

63. M. S. Weaver, R. C. Kwong, J. J. Brown, *4rth Internat. Conf. EL Mol. Mater. Relat. Phenom. (ICEL-4)*, O-35, Aug. 27-30, 2003, Jeju Island, Korea.

64. J.-W. Chung, H.-R. Guo, C.-T. Wu, K.-C. Wang, W.-J. Hsieh, T.-M. Wu, Ch.-T. *Chung, Proceedings of International Display Manufacturing Conference & Exhibition (IDMC'05)*, p.278, Feb. 21-24, 2005, Taipei, Taiwan.

65. H. Becker, H. Vestweber, A. Gerhard, P. Stoessel, R. Fortte, *Proceedings of SID'04*, p.796, May 23-28, 2004, Seattle, Washington, USA.

66. http://www.universaldisplay.com/press-2005-06-30.htm.

67. J. Y. Lee, J. H. Kwon, *Proceedings of IDMC'05*, p.329, Feb. 21-24, 2005, Taipei, Taiwan.

68. S. J. Park, *the 6th International Conference on Electroluminescence of Molecular Materials and Related Phenomena (ICEL-6)*, 12.2, Aug.7-10, 2006, Hong Kong.

第 6 章

有機發光二極體的效率

6.1　影響有機發光二極體效率的參數

6.2　增進載子平衡的方法

6.3　增進出光率的方法

參考文獻

6-1 影響有機發光二極體效率的參數

　　圖 6-1 所示的是由電子、電洞注入起至向元件外部發光為止的各過程概念圖。從圖中可以發現，注入的電子、電洞只有部分可以再結合，而再結合的電子、電洞對中只有某部份能變成激發子（一般在螢光元件只有單重態激發子能有效的被應用於發光），產生的激發子中，依照材料的發光量子效率，部分會轉成光子，其餘的部分會經由各式各樣的途徑而鈍化（deactivation）。

　　因此元件的外部量子效率（η_{ext}）可以用圖 6-1 中的參數來表示，其中 γ 代表電子與電洞的注入平衡因子或稱為再結合的分率；η_r 代表再結合後形成激發子的比率，如果是螢光放光，則 η_r 代表形成單重態激發子的比

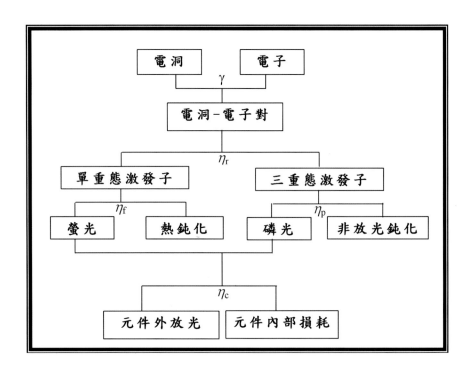

圖 6-1　由電洞與電子注入至光線向元件外部發光為止的過程圖

例；η_f（或η_p）代表形成激發子後採放螢光（或磷光）形式回到基態的比率；η_c代表放光後真正射出元件外部的比例。外部量子效率與這些參數的關係可以（式1）來表示。

$$\eta_{ext} = \gamma \times \eta_r \times \eta_f \,(or\, \eta_p) \times \eta_c \qquad\qquad （式1）$$

　　當電子與電洞其中一方注入過多的電荷時，這些過多的電荷沒有參與再結合而直接於電極中和時，γ值便會小於1.0。早期的單層結構OLED元件內，等量的電子與電洞同時注入是件困難的事，因為電子、電洞在同一種有機材料的傳輸速度幾乎是不同的，所以之後OLED元件才演進為多層結構，這個結構能使得電子、電洞注入更平衡，讓γ值趨近於1.0，因此，使γ值趨近於1.0是提高量子效率的手段之一。

　　由於載子注入的平衡因子很難用以往的半導體物理概念來加以理解，因此，以下將作簡單的說明。

　　就以圖6-2所示，在陽極與陰極之間的有機薄膜上外加電場，以空間電荷限制電流（space charge limit current）的情況為例（電流流過有機薄膜的大小決定於載子在此有機薄膜的移動率，而不受載子注入情況的影響），

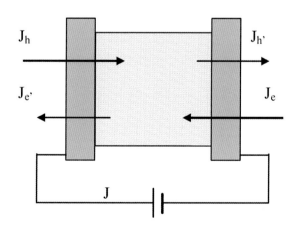

圖6-2　載子流通有機發光元件所形成的電流圖

外部電路上可以觀測到的電流 J，會等於由陽極注入有機薄膜內電洞所形成的電流 J_h，加上未再結合並洩漏至陽極的電子所形成之電流 $J_{e'}$，或者會等於由陰極注入有機薄膜內電子所形成的電流 J_e，加上未再結合並洩漏至陰極的電洞所形成之電流 $J_{h'}$。經過上述的定義之後，便能夠定義出在有機薄膜中再結合所消失的電流 J_r。因此，注入載子的平衡因子 γ 可以用（式 4）來表示。

$$J = J_h + J_{e'} = J_e + J_{h'} \qquad\qquad （式 2）$$

$$J_r = J_h - J_{h'} = J_e - J_{e'} \qquad\qquad （式 3）$$

$$\gamma = J_r / J \qquad\qquad （式 4）$$

在外部迴路流通的電流 J 為可測量的電流，可是藉由再結合而在元件內消失的電洞、電子對的相對電流 J_r 則是不可測量的電流。如果兩側的電極所注入的所有電洞與電子都會在有機薄膜內再結合的話，有機薄膜至電極之間洩漏電流的成分便可以忽略，$J_{h'} = J_{e'} = 0$，因此，$J = J_h = J_e = J_r$，即 γ = 1.0。但究竟由陽極注入的所有電洞與陰極注入的所有電子有沒有可能全部藉由再結合而消失呢？關於這點，在實驗上證明是可以的，利用多層式結構便可以實現。發光區域只發生在遠離兩側電極，靠近電洞傳送層/發光層界面附近 5 nm 以下非常狹窄的範圍，而這個現象說明了確實注入的全部載子，能夠全部藉由再結合而消耗的情況。

另一方面，對於陽極注入的電洞大部分都在沒有參與再結合而由陰極漏出，並且陰極注入的電子全部藉由再結合而消失的情況來討論，由於 $J_{e'} = 0$，$J_{h'} > 0$，所以 $J_h > J_e$，因此 $J_r (= J_e) < J (= J_h)$。在此情況中，γ 會變得相當小，這便是載子注入不平衡的系統，其量子效率極低的定量性說明。由上述的說明中，我們可以得到以下的一些結論，關於量子效率的影響，並非來自於陽極與陰極的個別電極/有機層界面上載子注入的機制，

主要的決定因素是兩電極載子注入間的平衡。當電極 / 有機層界面上載子注入不易，如果 γ = 1，則還是有機會得到好的外部量子效率，但由於注入不易所造成的驅動電壓過高問題，就會降低其發光功率效率，因此在探討效率時需要瞭解所針對的效率定義及物理意義。除了電極載子的注入之外，有機薄膜中載子傳輸的能力、多層型元件有機/有機層界面的效果等，也都是決定載子平衡的重要因素。至於何者是最重要的因素將取決於元件的構造以及所採用的有機材料，關於這點將留待稍後討論。

　　另外一個影響發光量子效率的參數是 η_r，目前雖然對此參數的相關詳細內容仍不太明朗，但是如果考量到當電子與電洞再結合時，依自旋多樣性的差異，三重態激子與單重態激子會以 3:1 的比例來產生的話，就螢光放光而言，η_r 的最大理論值是 25%，但如果再將單重態激子會經過三重態-三重態消滅過程（triplet-triplet annihilation）產生單重態激子的情況列入考量的話，該值可能會提升到 0.40[1]。但在高分子螢光材料中，許多學者藉由直接量測單重態與三重態的比例發現，往往單重態比例要比小分子的25%高得多，依高分子結構不同，單重態比例在 35-63%之間[2]。而如果是磷光放光材料，η_r 的最大理論值是 75%，但如果 25%的單重態激子經由快速的系間跨越再變成三重態激子的話，則在結合後產生三重態激子的比率可以接近 100%[3]。

　　形成激發子後有多少會以光子的形式釋放能量則由 η_f（或 η_p）來決定，這個參數主要是反映發光分子本身的特性。因此，η_f（或 η_p）相當於分子的螢光（或磷光）量子效率 Φ，一個受激發的分子會經由幾種途徑鈍化回到其基態，這些途徑互相競爭，最後的結果受動力學控制。在此，如果將分子固體採發光途徑鈍化的速率常數設為 $k_r = 1/\tau_r$（τ_r 為態激子的生命期），非發光性鈍化速率常數設為 k_{nr}，則量子效率 Φ 定義為（式 5）。就螢光分子來說非發光性鈍化包括系間跨越（k_{isc}）、內轉換（k_{ic}）、外轉換（k_{ec}）和缺陷淬熄（k_d），因此 $k_{nr} = k_{isc} + k_{ic} + k_{ec} + k_d$。

$$\Phi = k_r / (k_{nr} + k_r) \qquad (\text{式 } 5)$$

　　但因為製作元件之後所新產生的非放光性過程會變得相當複雜，所以不單單只是考慮分子本身的量子效率而已。一般認為的非放光性鈍化過程包括所生成的固態激子直接移動至電極金屬時的能量鈍化，另外還有可能是因為有非發光的分子或缺陷存在，所造成的能量遷移。有機發光材料的另一個特性是會隨著周圍環境的改變，使得本身的量子效率也隨之改變，例如濃度淬熄效應即是一個例子，此效應是指當發光材料濃度愈高時，量子效率則會降低，因此為了提高固態激子的發光效率，將發光材料（摻雜物）摻雜在一適當的母體（host matrix）中，用以稀釋發光材料的濃度，來達到最高的量子效率，則是現今 OLED 元件常用的技巧。

　　影響外部發光效率的另一個重點是出光率，η_c。通常 OLED 電激發光效率指的是外部量子效率（η_{ext}），其為內部量子效率（η_{int}）和出光率（η_c）的乘積，$\eta_{ext} = \eta_{int} \times \eta_c$。外部量子效率其意為每一個外加電子能創造出幾個光子被外界所接收，內部量子效率為每一個外加電子能在內部創造出幾個光子，出光率為在內部的光子能被外界所接收的比例。會有出光率的問題最主要的原因是光自折射率大的物質進入折射率小的物質會產生全反射，因此只有一部份的光會通過此一界面。Greenham 等人首先以一簡單的雙層介質模型[4]，利用幾何光學（ray optics）和司乃耳定律（Snell's law）計算 OLED 出光率約為 $0.5/n_1{}^2$（如圖 6-3，$n_1 > n_2$），已知有機材料折射率約為 1.7，故出光率約為 17.3%，其中 θ_c 為臨界角（critical angle）。

　　較實際的 OLED 元件如圖 6-4，其中發光可存在於包括外部（external）、基板和 ITO/有機界面三種模式，前者是可以出光的，後兩者是被限制在 OLED 內，所謂出光率也就是外部模式在三者中所佔的比例。不發光模式主要是指發光偶極（emitting dipole）被金屬層淬熄的能量損耗（OLED 的陰極通常為金屬）。

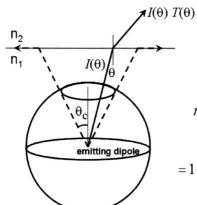

$T(\theta)$: energy transmission coefficients
$I(\theta)$: radiation of emitting dipole
Assume $T(\theta) = 1$, $I(\theta)$ is isotropic

$$\eta_c = \frac{\int_0^{\theta_c}\int_0^{2\pi} T(\theta)I(\theta)r^2 \sin\theta\, d\theta\, d\phi}{\int_0^{\frac{\pi}{2}}\int_0^{2\pi} I(\theta)r^2 \sin\theta\, d\theta\, d\phi}$$

$$= 1 - \cos\theta_c = 1 - \left\{1 - (n_2/n_1)^2\right\}^{0.5} \approx 0.5/n_1^2$$

圖 6-3　雙層介質出光模型

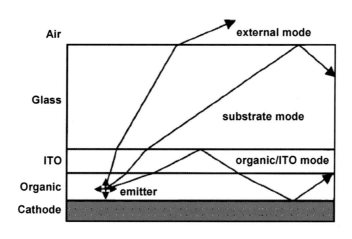

圖 6-4　光存在於元件內部的模式

　　我們如果用古典光學來個別計算三種模式所佔的比例。如圖 6-4 中，$n_{organic}=1.7$；$n_{ITO}=2$；$n_{Glass}=1.5$；$n_{air}=1$，故 air/Glass、Glass/ITO 界面會有全反射，其臨界角分別為 θ_{C1}、θ_{C2}，且 $\theta_{C2} = \theta_{Glass/ITO} = \sin^{-1}(n_{ITO}/n_{organic}) > \theta_{C1} = \theta_{air/Glass} = \sin^{-1}(n_{air}/n_{organic})$。三種模式所佔的比例可由下式求得，其中外部模式（$\eta_{external}$）佔 18.4%、基板模式（$\eta_{substrate}$）佔 34.2%、ITO/有機界面模式（$\eta_{ITO/organic}$）佔 46.9%。與先前雙層介質模型得到的出光率相近。

$$\eta_{external} = \int_0^{2\pi}\int_0^{\theta_{C1}} T(\theta)\,I(\theta)\,\sin\theta\,d\varphi\,d\theta \,\bigg/\, \int_0^{2\pi}\int_0^{\pi} T(\theta)\,I(\theta)\,\sin\theta\,d\varphi\,d\theta$$

$$\eta_{substrate} = \int_0^{2\pi}\int_{\theta_{C1}}^{\theta_{C2}} T(\theta)\,I(\theta)\,\sin\theta\,d\varphi\,d\theta \,\bigg/\, \int_0^{2\pi}\int_0^{\pi} T(\theta)\,I(\theta)\,\sin\theta\,d\varphi\,d\theta$$

$$\eta_{ITO/organic} = \int_0^{2\pi}\int_{\theta_{C2}}^{\pi} T(\theta)\,I(\theta)\,\sin\theta\,d\varphi\,d\theta \,\bigg/\, \int_0^{2\pi}\int_0^{\pi} T(\theta)\,I(\theta)\,\sin\theta\,d\varphi\,d\theta$$

　　但上述討論是基於完全忽略光學損失及干涉（interference）或微共振（microcavity）的發生，與真實的元件結構可能有些誤差，但也讓我們瞭解到，大部分的發光會因為這些光學效應而無法射出元件表面，因此元件的光學設計非常重要。其實 Chance 等人早在 1978 年利用格林函數（Green function）計算振盪偶極（oscillating dipole）在多層介電物質內的麥斯威爾方程式（Maxwell equation）[5]，來探討多層介電物質內干涉或微共振的現象。但我們必須瞭解由於 ITO 和有機層的厚度與發光的波長為同一級數，如此一來 ITO／有機界面模式為不連續，而外部模式、基板模式是連續的模式，這是由於玻璃基板的厚度和空氣的尺度皆遠大於光的波長，所以我們必須進一步以量子力學來考慮才較為正確[6]。Bulovic 等人結合古典波動方程式和量子力學討論此問題[7]，以費米黃金定律（Fermi-Golden rule）和選擇定律（selection rule）來描述各模式間的機率，但是此種方法無法計算發光偶極被金屬層淬熄的能量，所以這部分還是必須配合古典的格林函數計算，如此可以進一步描述激發子發光和不發光的情形。其結論可將出光率寫成一般的形式，$\eta_c = \eta_{external} = A/n^2$，考慮量子力學後，如圖 6-5，當發光偶極屬於等向性偶極（isotropic dipole）時，常數 A 等於 0.75，當發光偶極屬於同平面偶極（in-plane dipole）時，常數 A 為 1.2。如果有機層折射率為 1.7，則出光率分別為 26%、42%，比先前由古典光學導出的值還高一些。一般來說 PLED 的出光率會比 OLED 出光率高，這是由於 PLED 的發光偶極較屬於 in-plane dipole，而 OLED 的發光偶極較屬於 isotropic dipole 的關係。

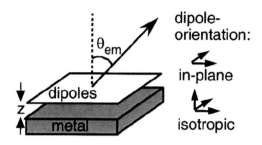

圖 6-5　等向性偶極與同平面偶極之示意圖

6-2　增進載子平衡的方法

　　電子、電洞的再結合率（γ）是影響 OLED 元件發光量子效率其中一個蠻重要的因素，而使得電子、電洞注入更平衡，讓 γ 值趨近於 1.0，是提高量子效率的最佳手段之一。目前，對於增進 OLED 元件載子平衡的方法主要可以分為三大方向，第一是使用適當的電子、電洞注入材料來平衡注入的載子，第二是電子、電洞傳輸材料的改良，進而改變載子在有機傳輸材料的移動能力，來達到平衡，第三是藉由元件結構的改善來達到載子平衡。在一般的 OLED 元件裡，我們常見的情況往往是電洞在發光層的量多過於電子在發光層的量，導致較低的再結合率，這通常是歸究於一般在 OLED 常使用的傳輸材料中，電洞比電子有較好的傳輸能力[8]，因此，要如何有效的減緩電洞到達發光區域或是加速電子到達發光區域，是一般大家常用來提升元件效率最有效且最經濟的做法。

6.2.1　增進電子注入效率

　　先前介紹過適當的電子注入層可以搭配耐腐蝕的金屬電極，並增進電子注入能力，表 6-1 列出鹼金屬化合物（如 Li_2O、$LiBO_2$、K_2SiO_3、Cs_2CO_3 等）搭配 Al 後的效率增進，與沒有加電子注入層的元件（h）相比，不但

驅動電壓下降，發光效率也增加超過兩倍。另外還有鹼金屬氟化物與醋酸鹽類（CH_3COOM, M = Li, Na, K, Rb 和 Cs）搭配 Al 的陰極，元件效能列於表 6-2，同樣由於電子注入效率的增加，使得載子平衡，因而增加元件效率。

表 6-1　以鹼金屬化合物增加電子注入效率[9]

	(a)	(b)	(c)	(d)	(e)	(f)	(g)	(h)
EIM	Li_2O	$LiBO_2$	NaCl	KCl	K_2SiO	RbCl	Cs_2O	Al
Efficiency（cd/A）	4.9	4.7	4.7	4.9	4.5	4.6	4.7	2.1
Driving voltage (v)	4.9	5.3	5.5	5.4	5.2	5.0	5.0	8.1
Power efficiency（lm/W）	3.0	2.8	2.7	2.8	2.7	2.9	2.9	0.8

表 6-2　以鹼金屬氟化物或醋酸鹽類增加電子注入效率[10]

EIM	Driving voltage（V）	Efficiency（cd/A）	Power efficiency（lm/W）
Al	14.0	0.97	0.13
Al/LiF	10.7	1.78	0.32
Al/CH_3COOLi	8.9	1.93	0.43
Al/NaF	9.7	1.86	0.37
Al/CH_3COONa	8.1	2.22	0.53
Al/KF	8.5	1.90	0.38
Al/CH_3COOK	7.6	2.11	0.48
Al/RbF	9.5	1.92	0.42
Al/CH_3COORb	7.5	2.02	0.43
Al/CsF	8.8	2.17	0.49
Al/CH_3COOCs	7.1	2.22	0.57

以上我們討論的都是一些幫助電子注入的方法，雖然電子能夠成功的注入到有機材料（通常是電子傳輸材料），但是電子卻因為空間電荷限制無法有效的被傳遞到發光區域發生再結合，如此一來，還是無法解決載子不平衡的問題。因此，合適的電子注入陰極必須要搭配良好的電子傳輸材料，才能夠有效的平衡注入的載子，進而提升再結合率。

6.2.2　良好的電子傳輸材料

所謂良好的電子傳輸材料是指穩定並有高電子移動率的材料，所謂的穩定包括熱穩定與可逆的氧化還原。目前 OLED 使用的有機材料像是常用的 Alq$_3$ 與 TPBI [11]，它們的電子移動率通常都不太好（在 10^{-5}-10^{-6} cm^2/Vs 等級左右），而且，較好的電子傳輸材料對於環境的化學穩定性都比較差。但就效率來說，提升電子移動率是一個必要的方向，例如 Ichikawa 等人在 2005 年 SID 年會上發表了一個新的電子傳輸材料 Bpy-OXD[12]，此例子可以讓讀者瞭解好的電子傳輸材料可以帶來哪些好處。Bpy-OXD 的 LUMO 能階在 2.92 eV，HOMO 能階在 6.56 eV 使它具有電洞阻隔能力，以元件結構 ITO/NPB(50 nm)/Alq$_3$ (50-x nm)/ETL(x nm)/MgAg 來與 Alq$_3$ 比較，結果列於表 6-3，以 Bpy-OXD 取代 Alq$_3$ 後，驅動電壓下降，發光效率明顯增加，Bpy-OXD 的電子傳送能力明顯比 Alq$_3$ 好（電子移動率約為 Alq$_3$ 的 100 倍），最重要的是使用 Bpy-OXD 會使得元件壽命增加（圖 6-6）。

表 6-3　Bpy-OXD 與 Alq$_3$ 的元件比較

ETL	V_{on} @ 10 cd/m^2	L_{max}（cd/m^2）	η_L（cd/A）	η_P（lm/W）
10 nm Bpy-OXD	3.1 V	24000 @ 12.5 V	6.4	2 @ 8V
30 nm Bpy-OXD	2.9 V	25900 @ 9 V	6.2	2.8 @ 5.5 V
Alq$_3$	5.6 V	18300 @ 15 V	4.8	1 @ 10 V

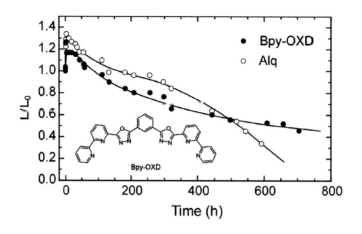

圖 6-6　Bpy-OXD 與 Alq$_3$ 的元件壽命測試[12]

6.2.3　元件結構的改善

　　以上所提到的一些方法都是藉由材料的改善或取代來幫助電子注入，進而達到載子平衡。除此之外，另外一種較為快速且經濟的方法就是藉由調整元件的結構來達到載子平衡。在早期的單層式 OLED 元件裡，因為注入的電子或電洞在此層的傳輸能力差距相當的大，因此電子或電洞可以不經由再結合而很容易的擴散或飄移至電極，導致元件發光效率不佳。直到後來 Tang 等人發明了多層式 OLED 結構（電子、電洞分別由不同的有機材料傳輸），藉由改善載子的注入、傳輸與再結合，才有效的提升了元件的效率。

　　其它改善載子平衡的方式還包括在元件內加入緩衝層或是阻擋層。最常見的一個例子就是在 ITO 和電洞傳輸層中間插入一層 CuPc 緩衝層[13]。Forsythe 等人發現電洞從 ITO 陰極傳到電洞傳輸層 NPB 是注入限制（injection limited）[14]，換句話說，電洞流過 NPB 的多寡是受限於注入的好壞。當 CuPc 的厚度增加時（0-30 nm 的範圍），電洞注入 NPB 的效率會越來越差（圖 6-7）。因此加入 CuPc 後元件效率的提升是來自於電洞注入變少，所以達到更好的載子再結合。

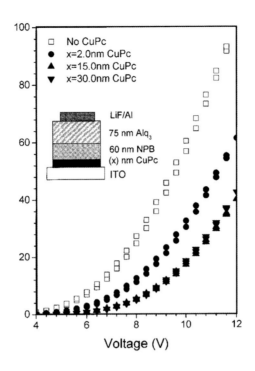

圖 6-7 不同 CuPc 厚度元件的 I-V 特性圖[14]

另外，也有人利用 CuPc 電洞注入不好的這個特性並搭配量子井（quantum well）的元件結構，在電洞傳輸層 NPB 內加入多層的 CuPc（圖 6-8），成功地將 Alq_3 標準元件的效率提高了兩倍以上至 10.8 cd/A [15]。電洞經過量子井時的速度會被減緩，因為一個 CuPc/NPB 界面就等於是一個電洞注入能障，所以當量子井的數量增加時，電洞到達發光區域的數量就會相對的減少，因此，載子會比較平衡。這個結構的缺點就是製程太過於複雜。

在電洞傳輸層混摻一些具有捕捉（trapping）電洞效果的摻雜物，藉由減緩電洞的傳輸能力，也可以用來達到載子的平衡。其中一個例子就是將 Rubrene 混摻在電洞傳輸層 NPB 內[16]，此元件結構不但有不錯的元件效率，更有不錯的壽命表現，其機制是因為電洞會被 Rubrene 捕捉住，因此造成較好的電子、電洞平衡，而且，不會有多餘的電洞在發光區域或電子傳輸層產生造成消光的陽離子分子（像是 Alq_3^+ 陽離子）[17]，所以這也是元件

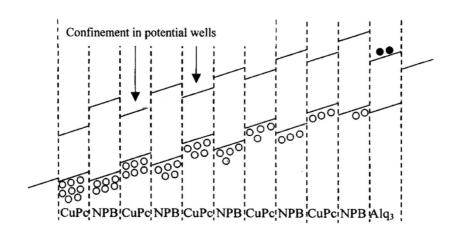

圖 6-8　量子井元件結構[15]

壽命變好的原因。其中混摻的方式又包括均勻混合（uniformly mixed）電子/電洞傳輸材料[18]、漸進式混合（graded mixed）電子/電洞傳輸與發光層材料[19]、或者是自然漸進式混合（naturally graded mixed）電子/電洞傳輸與發光層材料[20]。這些元件結構都有相同的目的，就是藉由調整載子的傳輸能力來改善元件的發光效率。與均勻混合方式比較，其中又以漸進式混合的效果最佳（圖 6-9），因為漸進式的混合會在混合區域產生一個不均勻的局部電場（non-uniform local electric field），使得注入的載子更容易到達發光層。

　　另外一種常見的元件結構是在發光層與電子傳輸層之間加入一層電洞阻擋層，例如 BCP[21]。電洞阻擋層增加元件效率的機制跟緩衝層有點不同，顧名思義，它的主要目的就是將多餘的電洞阻擋在發光區域，而不讓電洞在非發光區域再結合，因此，電子、電洞在發光區域的再結合機率就會提升。在第四章深藍光元件中已描述過實際的應用例子，並與摻雜電洞捕捉物之傳輸層進行了比較。

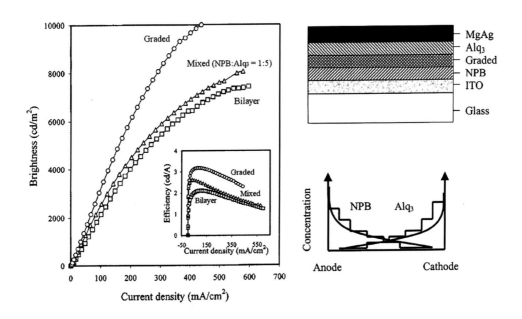

圖 6-9　不同混合方式電子／電洞傳輸層的亮度-電流密度圖[19]

6-3 增進出光率的方法

增加出光率的方法，大致可分為：減少不發光模式、減少全反射和波導效應（waveguide mode）三部分。

6.3.1 減少不發光模式

此處不發光模式主要是指發光偶極被金屬層淬熄的能量損耗，不包括材料本身的發光特性。Bulovic 等人指出此模式與發光層和金屬層的相對距離（Z）有強烈的關係[7]，在沒有微共振的情況下，能量損失與距離的負三次方成正比（$E_{loss} \propto Z^{-3}$），當 Z > 60 nm 可以將此能量損失減到最低。

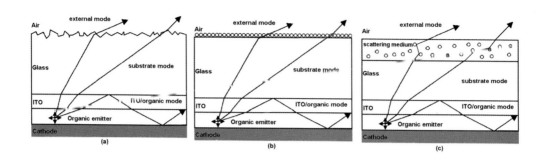

圖 6-10　(a) 增加玻璃基板的粗糙度　(b) 塗佈微球粒　(c) 塗佈散射層

6.3.2　減少全反射

　　減少空氣跟玻璃基板界面間的全反射，可以減少基板模式全反射的比例，增加光的導出，如圖 6-10，此方法可以經由增加玻璃基板的粗糙度、塗佈微球粒（microspheres）或覆蓋微透鏡（microlenses）來達成。增加玻璃基板的粗糙度和塗佈微球粒是利用散射原理，藉由光進入散射層後經過多次散射而出光。較完整的散射層（scattering medium）設計理論則是由 Shiang 和 Duggal 所提出[22(a)]，他們將高折射率的 ZrO_2 小球（d = 0.6 mm），以不同的濃度比混入矽樹脂 poly dimethyl silicone resin（PDMS，n=1.42）中，

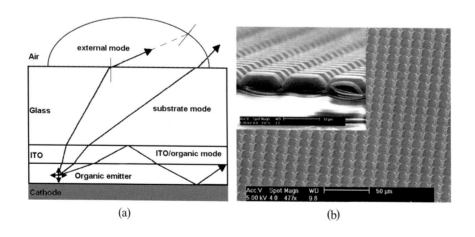

圖 6-11　微透鏡示意圖與微透鏡陣列[24]

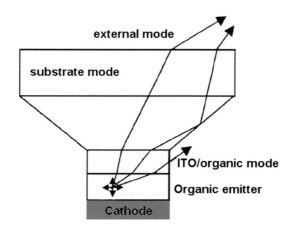

圖 6-12　形狀化基板示意圖

此薄膜約為數個毫米。其中最好的情況是矽膠的折射率要大於玻璃的折射率，避免全反射界面發生在散射層／玻璃間。經由適當的參數控制，最大可增加 40%的出光率。

微透鏡的原理則是將原本入射角大於臨界角的射線角度縮小，因此使得全反射減少（如圖 6-11(a)），另外使用折射率較小的高分子製作微透鏡，在與空氣的界面還可得到較大的臨界角。Moller 等人發表利用微透鏡使得其外部量子效率從 9.5%提升到 14.5%（增加為 1.5 倍）[23]，而且明顯改善了視角問題。但如果此技術要應用於顯示器時，必須將透鏡縮小且矩陣化如圖 6-11(b)，此時與基板的對位變得非常重要，而且基板的厚度不能太厚（< 0.5 mm），否則相鄰畫素間會互相干擾。至於透鏡的形狀也有很大的設計空間，例如日本 STANLEY 電氣在白色有機 EL 面板表面張貼金字塔狀突起的薄膜，突起間距為 20 微米，突起的薄膜厚度為 150 微米（包括突起部）。由於形成的突起使白色有機 EL 材料發出的光，在面板表面不會反射並且更容易透過，因此可以提高發光效率。從而使正面亮度提高到該公司以往產品的 1.7 倍，開發出正面亮度高達 5000 cd/m^2 的白色有機EL面板。

其它如使用形狀化基板（shaped substrate，如圖 6-12），這會將所有在

邊緣的光導到觀測前方，也可以使得效率增加為 1.9 倍[24]。另外減少基板的折射率也可以減少基板模式。Lu 等人指出選擇低折射率的基板[6(b)]，可以降低基板模式全反射進而增加出光率。Lu由理論計算高折射率的玻璃基板（n = 1.85），基板模式（$\eta_{substrate}$）佔 64.4%，如果改以低折射率玻璃基板（n = 1.51），基板模式減少為 46.4%。

6.3.3　減少波導效應

　　光被侷限於介質內之模式又可稱為波導效應，降低此模式最簡單的方法就是縮小介質（如有機層或 ITO）的厚度，但這對於 OLED 元件的設計來說，並不是完全允許的。Tsutsui 等人在基板和 ITO 中間加入一層 10 μm 的低折射率物質（silica aerogel 其折射率為 1.03）[25]，結果發現在 silica aerogel 層中完全沒有波導效應，而且光由低折射率的 silica aerogel 層射入高折射率的玻璃基板時，也不會有全反射的問題，使得出光率可以增加為 1.8 倍。除了 silica aerogel，Peng 等人利用陽極氧化技術在玻璃基板上長出週期性管狀的氧化鋁（anodic aluminium oxide, AAO）[26]，如圖 6-13 所示。藉由氧化鋁和空氣的混合造成低折射率的多孔性膜，由此可知 AAO 作用和 silica aerogel 相似，具有低折射率的特性，總出光率增加約 50%。除此之外，因為 AAO 具備散射特質，視角也明顯被改善。

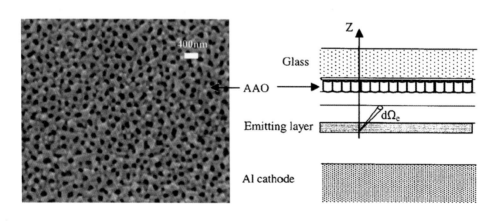

圖 6-13　AAO 膜電子顯微鏡之上視圖與其元件結構[27]

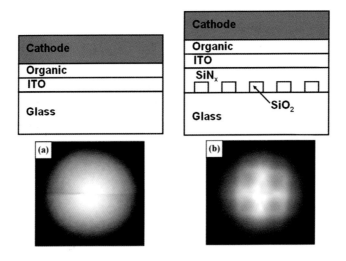

圖 6-14　(a) 傳統元件結構及其發光情形　(b) 具二維光子晶體的元件結構及其發光
　　　　情形[28]

　　其它如光子晶體的導入，也被報導出可以釋放被侷限在 ITO / 有機層波
導效應中的光子，例如 Do 等人利用 SiO_2（n=1.48）跟 SiN_x（n=1.95）在基
板和 ITO 之間製作出二維的光子晶體[27]，其結構如圖 6-14(b)，具光子晶體
結構的元件效率從 11.5 cd/A 提升為 14.2 cd/A（增加 38%，元件結構為 ITO/N
PB/Alq_3 :C6/Alq_3 /LiF/Al），而且驅動電壓也降低，作者解釋因為 SiO_2 /SiN_x 造
成表面較粗糙，因此接觸面積較大，故電荷較易注入造成電性的改善。

　　比較特別的是在上發光元件中，由於光不是從基板側射出，因此沒有
基板的波導效應，且由於上發光元件中微共振腔效應較明顯[28]。在某些情
況下，微共振腔效應還可增加發光的強度，描述單一角度和單一波長的強
度增強參數 G_e 可以（式 6）來表示[29]，R_1 是反射電極的反射率，R_2 為半
穿透半反射電極或布拉格鏡面（DBR）的反射率，τ_{cav} 是激發子在微共振
腔中的生命期，τ 是激發子在無共振腔時的生命期。當發光偶極恰巧位於
駐波（standing wave）的反節點（antinode）時，ξ 有最大值 2，這是因為駐
波節點（node）處兩波電場相互抵消，反節點處兩波電場相互增長（如圖

6-15），實際元件上也有例子可應證[30]。文獻中顯示微共振腔元件在單一角度的增強可以達到 4 倍，積分所有角度後的淨增強可以達到近 2 倍[31]。

$$G_e = \frac{\zeta}{2} \frac{\left(1 + \sqrt{R_1}\right)^2 \left(1 - R_2\right)}{\left(1 - \sqrt{R_1 R_2}\right)^2} \frac{\tau_{cav}}{\tau}$$ （式6）

在面板的應用上，以上這些設計如何與面板的製程相容是非常重要的，雖然效率可以增加近一倍，如果製程太複雜或成本太高，可能還是選擇直接使用高發光效率的發光材料與元件結構來得直接。但在照明用途上，由於不需精細的矩陣設計，或許上述的一些方法是非常適合的。

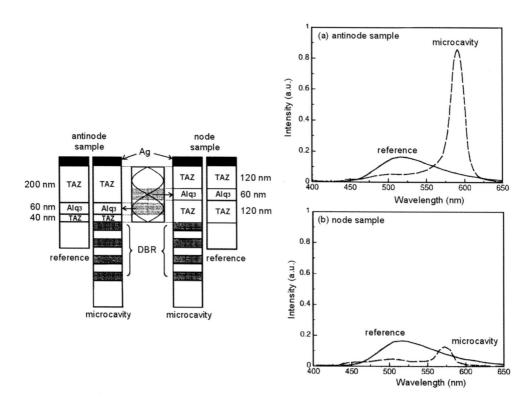

圖 6-15　(a) 發光層在共振腔的反節點位置的光譜
　　　　　(b) 發光層在共振腔的節點位置的光譜 [32]

參考文獻

1. C. Ganzorig and M. Fujihira, *Appl. Phys. Lett.*, **81**, 3137 (2002).

2. (a) M. Wohlgenannt, K. Tandon, S. Mazumdar, S. Ramasesha, Z. V. Vardeny, *Nature*, **409**, 494 (2001). (b) J. S. Wilson, A. S. Dhoot, A. J. A. B. Seeley, M. S. Khan, A. KoÈhler, R. H. Friend, *Nature*, **413**, 828 (2001).

3. C. Adachi, M. A. Baldo, M. E. Thompson, and S. R. Forrest, *J. Appl. Phys.*, **90**, 5048 (2001).

4. N. C. Greenham, R. H. Friend, D. D. C. Bradley, *Adv. Mater.*, **6**, 491 (1994).

5. S. A. Rice and I. Prigogine (ed.), "Advances in Chemical Physics", Wiley-Interscience, New York, Vol. 37 (1978).

6. (a) J.-S. Kim, P. K. H. Ho, N. C. Greenham, R. H. Friend, *J. Appl. Phys.*, **88**, 1074 (2000). (b) M.-H. Lu, J. C. Sturm, *J. Appl. Phys.*, **91**, 595 (2002).

7. V. Bulovic, V. B. Khalfin, G. Gu, P. E. Burrows, *Phys. Rev. B*, **58**, 3730 (1998).

8. G. G. Malliaras, J. C. Scott, *ibid*, **83**, 5399 (1998).

9. T. Wakinmoto, Y. Fukuda, K. Nagayama, A. Yokoi, H. Nakada, M. Tsuchida, *IEEE Trans. Electron. Devices*, **44**, 1245 (1997).

10. C. Ganzorig, K. Suga, M. Fujihira, *Mater. Sci. Eng.*, **B85**, 140 (2001).

11. Y. T. Tao, E. Balasubramaniam, A. Danel, B. Jarosz, P. Tomasik, Appl. Phys. *Lett.*, **77**, 1575 (2000).

12. M. Ichikawa, T. Kawaguchi, K. Kobayashi, T. Miki, T. Obara, K. Furukawa, T. Koyama, and Y. Taniguchi, *Proceedings of SID'05*, p.1652, May 22-27, 2005, Bostom, USA.

13. S. A. VanSlyke, C. H. Chen, C. W. Tang, *Appl. Phys. Lett.*, **69**, 2160 (1996).

14. E. W. Forsythe, M. A. Abkowitz, Y. Gao, *J. Phys. Chem. B*, **104**, 3948 (2000).

15. Y. Qiu, Y. Gao, P. Wei, L. Wang, *Appl. Phys. Lett.*, **80**, 2628 (2002).

16. H. Aziz, Z. D. Popovic, *Appl. Phys. Lett.*, **80**, 2180 (2002).

17. H. Aziz, Z. D. Popovic, N. X. Hu, A. M. Hor, G. Xu, *Science*, **283**, 1900 (1999).

18. V. E. Choong, S. Shi, J. Curless, C. L. Shieh, C. H. Lee, F. So, J. Shen, J. Yang, *Appl. Phys. Lett.*, **75**, 172 (1999).

19. D. Ma, C. S. Lee, S. T. Lee, L. S. Hung, *Appl. Phys. Lett.*, **80**, 3641 (2002).

20. Y. Shao, Y. Yang, *Appl. Phys. Lett.*, **83**, 2453 (2003).

21. Z. Y. Xie, L. S. Hung, S. T. Lee, *Appl. Phys. Lett.*, **79**, 1048 (2001).

22. (a) J. J. Shianga, A. R. Duggal, *J. Appl. Phys.*, **95**, 2880 (2004). (b) Y.-H. Cheng, J.-L. Wu, C.-H. Cheng, K.-C. Syao, M.-C. M. Lee, *Appl. Phys. Lett.*, **90**, 091102 (2007).

23. S. Moller, S. R. Forrest, *J. Appl. Phys.*, **91**, 3324 (2002).

24. G. Gu, D. Z. Garbuzov, P. E. Burrows, S. Vendakesh, S. R. Forrest, and M. E. Thompson, *Opt. Lett.*, **22**, 396 (1997).

25. T. Tsutsui, M. Yahiro, H. Yokogawa, K. Kawano, M. Yokoyama, *Adv. Mater.*, **13**, 1149 (2001).

26. H. J. Peng, Y. L. Ho, X. J. Yu, H. S. Kwok, *J. Appl. Phys.*, **96**, 1649 (2004).

27. Y. R. Do, Y. C. Kim, Y.-W. Song, C.-O. Cho, H. Jeon, Y.-J. Lee, S.-H. Kim, Y.-H. Lee, *Adv. Mater.*, **15**, 1214 (2003).

28. (a) A. Chin, T. Y. Chang, *J. Lightwave Technol.*, **9**, 321 (1991). (b) D. G. Deppe, C. Lei, C. C. Lin, D. L. Huffaker, *J. Mod. Opt.*, **41**, 325 (1993). (c) K. Neyts，P. D. Visschere, *J. Opt. Soc. Am. B*, **17**, 114 (2000).

29. A. Dodabalapur, L. J. Rothberg, R. H. Jordan, T. M. Miller, R. E. Slusher, and J. M. Phillips, *J. Appl. Phys.*, **80**, 6954 (1996).

30. C. L. Lin, T. Y. Cho, C. H. Chang, C. C. Wu, *Appl. Phys. Lett.*, **88**, 081114 (2006).

31. (a) R. H. Jordan, L. J. Rothberg, A. Dodabalapur, and R. E. Slusher, *Appl. Phys. Lett.*, **69**, 1997 (1996). (b) C. L. Lin, H. W. Lin, C. C. Wu, *Appl. Phys. Lett.*, **87**, 021101 (2005).

32. S. Dirr, S. Wiese, H.-H. Johannes, W. Kowalsky, *Adv. Mater.*, **10**, 167 (1998).

第 7 章

OLED 壽命

7.1　簡　介

7.2　非本質劣化因素

7.3　本質劣化因素

7.4　平面顯示器壽命

　　　參考文獻

7-1 簡 介

　　OLED元件的壽命如何評估是一個很有趣的問題，Kodak最早提出一公式來表達元件壽命的換算，即 $L_0 \times t_{1/2}$ = 常數（L_0 為起始亮度，$t_{1/2}$ 為由起始亮度衰退到起始亮度的一半所需的時間，稱之為元件的半衰期）[1]，此一公式雖然不是相當的準確，之後也有相當多的壽命轉換公式被提出，但其結論均是以越大的亮度操作則半衰期越短。現今較常使用也較準確的估算式為 $L_0^n \times t_{1/2}$ =常數，n 在這稱為加速係數（acceleration coefficient），不同光色、材料或元件設計之 n 值也會不同[2]。OLED發展至今，它的劣化原因並不如想像中的單純，可以從許多面向去瞭解，也還需要更多的研究去釐清，如表 7-1 所示，OIDA（Optoelectronics Industry Development Association）的Stolka歸納出增加OLED壽命的方法及所預計可達到的壽命增進，其中封裝是最重要的一環，其他如穩定的發光體、光物理與光化學機制的瞭解也都非常重要，另外利用電路補償的方式，在元件老化時增加電流密度也是一個方法。封裝的部分會在其它的章節再詳細說明，本章主要針對OLED本身的衰退機制，將會細分為本質（intrinsic property）和非本質（extrinsic property）劣化兩大方向來進行探討。讓大家能夠更深入的瞭解此一問題。

表 7-1　增加 OLED 壽命的方法及所預計可達到的壽命增進

方　　法	預期增益
●乾燥無氧的製程環境	1.1 - 1.5 倍
●封裝	Up to 20 倍
●選擇更穩定的發光材料	1.5 - 10 倍
●光物理與光化學劣化機制的瞭解與控制	3 倍
●電極與異質界面化學的瞭解與控制	<1.5 倍
●回饋控制、補償控制	1.5 - 5 倍

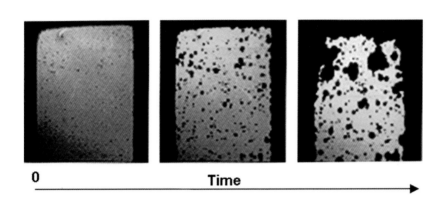

圖 7-1　黑點隨著時間的增長

7-2　非本質劣化因素

　　一般來說，只要不是由於元件的材料和結構等基本性質所造成的元件衰退，通常就會被歸類為非本質劣化，而非本質劣化最主要表現在黑點（dark spots）的產生，如圖 7-1 所示，當不發光區域逐漸增加時，將會造成 OLED 發光的區域相對的減少，因而使得元件整體發光的亮度逐漸衰退，進而影響壽命的問題。OLED 是一種對水和氧極度敏感的元件，特別是對水氣，只要元件沒有封裝，就可以很容易的在發光區域中見到一點一點的黑色不發光區域散佈其中，且黑點將會隨著時間的增長而慢慢變大（如圖 7-1），黑點半徑的成長速率大概與時間平方根呈現一個正比的關係，這一點似乎意味著黑點是與某種擴散的機制有關，但是也因為黑點在肉眼即可發現，所以有關於 OLED 壽命的問題最早也是從研究黑點的產生開始，在此我們將黑點產生的因素歸納下列幾種，並詳細的加以介紹。

7.2.1　基板的平整度

　　在製備 ITO 基板，如果基板表面的 ITO 成膜均勻性不好時，常常可以在 ITO 基板表面發現尖端的突起物，這些突起物容易造成尖端放電，而導

致元件漏電流或是短路，因而產生不發光的區域。同時尖端放電的部位將會聚集大量的電流，使得此尖端部份的電流密度高於其他基板較平整的部位，而高電流密度所衍生出來的問題就是焦耳熱（joule heating），過多的熱能很可能會使有機薄膜的穩定性有所改變，使得電子傳輸層和電洞傳輸層的界面混合，導致在此混合界面的電流減少，或者是使在電子傳輸層與金屬陰極的接合面遭受破壞而脫裂，讓某些界面沒有被陰極覆蓋，因此，電子無法由此部位進入來與電洞再結合放光，於是就產生黑點[3,4]。

7.2.2 微小顆粒的汙染

在製備元件的過程中，當基板沒有清洗乾淨，可能會有微小顆粒殘留在基板的表面上，或者可能是無塵室在製造過程中遺留或蒸鍍時產生的有機顆粒，如圖 7-2 所示，這些微小的顆粒通常都是不導電的物質，使得有微小顆粒污染的表面將會無法導電，而造成黑點的產生，且如果顆粒過大的話，將極有可能對接下來的有機與金屬膜的蒸鍍產生干擾，因為顆粒可能會造成陰影效應（shadowing effects），會使接下來有機層和金屬陰極層的成膜不均勻，使得在污染顆粒的周圍極有可能產生小的縫隙（如圖 7-2），讓水氣和氧氣有機會可以進入陰極和有機層的界面進行化學氧化或水解反應，進而使接觸面脫裂，黑點的區域開始擴大，因此，如果可以在製程降

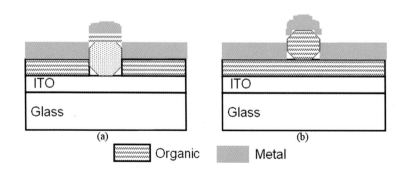

圖 7-2　(a) 基板未清洗乾淨，有顆粒殘留於基板上　(b) 在製造元件時，有機顆粒於元件中

低顆粒對元件的污染，將會使元件的黑點數目減少並改善元件的壽命問題。

7.2.3　有機層與電極層間的分層（delamination）

　　McElvain 等人[5]發現在通電時元件上產生黑點的部位，如果改用紫外光（UV）去激發元件，原先不發光的區域還是可以被紫外光給激發而放光，如圖 7-3 所示，因此，證實了材料依舊是具有發光性，接著他們又將元件去掉陰極，分別對基板和陰極用紫外光來激發，如圖 7-4 所示，在比較圖(a)與圖(b)時，可以發現圖(b)上陰極殘留的有機材料（Alq₃）非常少，證明了陰極與有機層間的附著力相當差，使得有機層與陰極層間的某些部位容易出現分層的現象，減少了有機層與電極層間接觸的面積，而使得電子無法注入導致黑點產生。

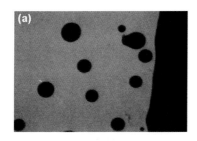

圖 7-3　(a) 為元件電激發光的照片　(b) 為元件用 UV 光激發的照片[4]

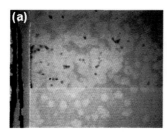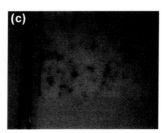

圖 7-4　用紫外光激發　(a) 去除前的元件　(b) 去除後的電極　(c) 去除後的基板[4]

　　之後，Aziz等人也同樣發現黑點是由有機層與陰極金屬層的分層所造成的[6]，且可以依形狀分為三類（如圖 7-5 所示）：(1)像圓柱的形狀；(2)陰暗氣泡的形狀；(3)明亮氣泡的形狀。其中第三類會隨著操作的時間增加而隨之成長，與元件的偏壓和環境的溼度有一定的正比關係，在他們研究裡發現明亮氣泡裡的氣體產生是由吸附的水氣進行電化學反應程序所造成，在通電後，鎂和水氣進行反應轉換成$Mg(OH)_2$伴隨著氫氣的產生。而柱狀和陰暗泡狀區則是與元件的偏壓無關，只是單獨與環境的溼度有關。

　　Aziz等人[7]同年也發現電子傳輸層材料（Alq_3）的玻璃轉移溫度（T_g）雖然在 174℃，但是如果 Alq_3薄膜是處於在溼度的環境下，則相當容易結晶，如圖 7-6 所示，可以清楚看到在圖中圓形圖案（原是黑點的所在位置）內有許多明暗的亮點，證明黑點部位是由於Alq_3薄膜的結晶，使得陰極表面隆起形成圓頂狀（domelike），因而造成有機層與金屬層間的分層脫裂進而產生黑點。如上述研究之外，也有相當多其它研究支持是由於分層而造成黑點[8]。

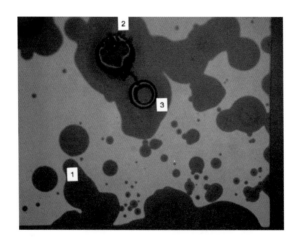

圖 7-5　(1) 像圓柱的形狀　(2) 氣泡的形狀（氣泡內為陰暗區）　(3) 氣泡的形狀（氣泡內為明亮區）[5]

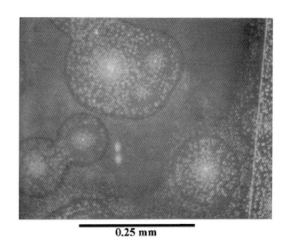

圖 7-6　Alq$_3$ 元件在紫外光激發下，經由偏光板所得[6]

7.2.4　金屬層的表面微小孔隙（pinhole）

如圖 7-7 所示，Lim 等人利用尺寸達微米級的矽顆粒[9]，來控制在 OLED 元件陰極上表面微小孔隙的半徑大小，並同時研究黑點的形成及成長與微小孔隙的半徑大小有何關係。結果顯示其黑點區域面積的增加幾乎是與時間成線性關係，且也和矽顆粒的尺寸成線性關係，如圖 7-8 所示。因此，這研究提供了有利的證據，來證明在陰極表面上的微小孔隙提供了水氣和氧氣滲透的路徑，使水氣和氧氣得以到達元件的內部，此外，黑點本身的半徑成長速率與時間平方根成正比，也與擴散限制的傳輸機制相符合。

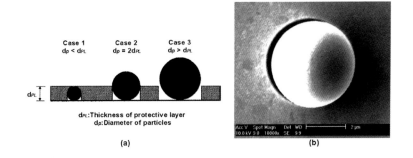

圖 7-7　(a) 微米顆粒示意圖　(b) 實際顆粒形成的微小孔隙（SEM）[8]

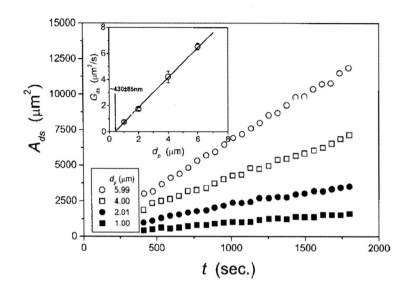

圖 7-8　微小顆粒對黑點成長面積與時間的關係圖（A_{ds}：黑點面積；G_{ds}：黑點成長速率；d_p：矽顆粒直徑）[8]

　　同一時期，Kolosov等人也利用穿透式的OLED來進行黑點的研究[10]，（穿透式 OLED 的陰極衰退特徵與傳統式 OLED 大同小異），當他們將元件上的黑點的區域拿來用原子力顯微鏡查看表面時，並未發現有任何表面的變化，他們認為這應該是微小孔隙太小以致難以偵測到，而且水氣和氧氣則會經由這些微小孔隙，深入有機與金屬層間進行氧化反應，對金屬層將會產生金屬氧化物使得界面導電性差，同時由於在熱蒸鍍鎂在 Alq_3 上時，將會產生還原反應形成$[Alq_3{}^-{}^\bullet]$，讓電子更加容易注入[11]，因此，一旦發生氧化反應也有可能使$[Alq_3{}^-{}^\bullet]$變回 Alq_3，而使得電子注入變差而產生黑點。

　　概括來看，黑點形成的原因如上述幾種，然而以目前技術的水準已經可以做到很好的控制，像微小顆粒污染已經可以藉由更乾淨的製程技術便可以達到改善。其次，至於水氣和氧氣經由微小孔隙或是其他部位滲透到金屬層與有機層間，導致分層或是金屬層氧化等等問題，造成有機層與金屬層間的導電性不佳，進而降低了陰極電子注入的效率，但是由於現在優

越的封裝技術，使得水氣和氧氣已經能被較有效的隔絕，降低了黑點產生機率。就目前來看，黑點的問題已經不再是最主要影響OLED的壽命因素。

7-3 本質劣化因素

在討論完非本質劣化因素後，接下來此一單元將著重在本質劣化因素上的探討。一般來說，在檢測OLED元件壽命的方法，大多是採用定電流密度下持續對元件點亮，來觀測元件亮度的變化，典型的特性圖如圖7-9，至於元件壽命的定義則為元件由起始亮度衰退到起始亮度的一半時，其所需的時間就稱之為元件的半衰期（$t_{1/2}$）。但隨著材料進步與顯示技術的發展，現在顯示面板業已在醞釀著要求OLED規格中需有t_{90}，那就是元件亮度由起始衰退至90%起始亮度所需的時間。而在測量元件壽命時的供電方式又可以分為交流電（ac）和直流電（dc），通常來說，用交流電來檢測元件的壽命將會得到較長的半衰期，原因將會在後面的文章內提及。另一方面，當我們能夠將元件由於外界干擾所造成不發光區域的原因給控制好，可以發現即使沒有黑點的產生，元件發光區域的亮度依舊會隨著時間而衰退，而此一現象的機制很明顯並不是由於外界所造成的，因此，通常被歸類為本質的劣化，換言之，也就是由於本身材料所造成的衰退現象。

到目前為止，本質劣化的機制問題吸引了相當多的優秀學者積極的投入研究和探討，也發表了非常豐富的研究成果和機制，依情況看來可以說是百家爭鳴的狀態，但是仍舊沒有一個非常明確的機制和理論，可以用來完美解釋目前在OLED壽命上所發現的所有現象，由此可見OLED本質劣化因素的複雜程度。而就目前被提出來解釋OLED本質劣化的機制裡，大致上可以分為：(a) 有機薄膜的穩定性；(b)陽極與有機層的接觸面；(c)激發態的穩定性；(d) 可移動的離子雜質；(e) 銦（indium）的遷移機制；(f)Alq_3陽離子的不穩定性；(g) 正電荷累積的機制。

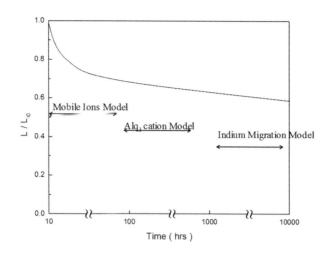

圖 7-9　數種不同衰退機制各自表現在不同的衰退時期

　　在這些研究中，由於每一個機制都能夠相當程度的解釋某些壽命問題上的現象，因此，也有人認為衰退的機制可能可以同時包含數種機制，如圖 7-9 所示[12]，認為在不同的衰退時期是由於不同的衰退機制來主導的，這樣才比較能夠合理化更多的壽命問題而不會相互的產生矛盾。近來，有一些研究關於再結合區的寬窄會影響壽命和材料劣化的證據被提出，我們會在本章節有詳細的回顧與探討。

7.3.1　有機膜的穩定性

　　OLED 在製備元件時，都是用真空蒸鍍的技術來製造有機層和金屬層，尤其是有機層，因為將有機物質蒸鍍上基板後，有機薄膜將會呈現非結晶的薄膜型態，因此，當製備為元件後，有可能在長時間的操作下，元件內的有機薄膜會由非結晶性薄膜轉變為有結晶的現象產生，使得一些物理性質產生變化，因而導致元件的衰退，然而從非結晶性薄膜容不容易變成結晶，最主要是與玻璃轉移溫度（T_g）有關，玻璃轉移溫度越高則薄膜的性質越穩定，因此，化學家不斷的在提高小分子有機材料的玻璃轉移溫度這一點上做努力。

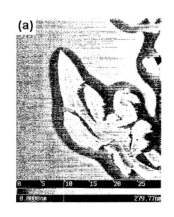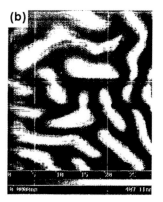

圖 7-10　原子力顯微鏡（AFM）圖：(a) TPD 加熱 80℃ 3 小時　(b) Alq$_3$/TPD 加熱 80℃ 10 小時 [12]

　　Han 等人就針對有機層的薄膜性質進行探討，如圖 7-10(a)所示，他們發現將電洞傳輸層材料 TPD（N,N-Diphenyl-N,N-di(m-tolyl)benzidine, T_g ＝ 65℃）以 80℃ 退火 3 小時，將會使薄膜產生嚴重的結晶，且如果模擬元件製程使電子傳輸層材料（Alq$_3$）成膜在電洞傳輸層上，並將之以 80℃ 退火 10 小時，便可發現一樣會有薄膜結晶的現象產生，如圖 7-10(b)，證明低玻璃轉移溫度將會使有機膜的穩定性變差，可能容易導致元件的穩定度不好。

　　因此，VanSlyke 等人將電洞傳輸層材料以較高的玻璃轉移溫度（NPB, T_g ＝ 98℃）材料來取代，證明了玻璃轉移溫度提高後，元件的穩定度也將會因此提升，相關的高玻璃轉移溫度電洞傳輸層材料的研究因而就此展開，其研究結果大多能佐證此一理論[14]，使得材料的高玻璃轉移溫度性質成為合成和研發新材料的一個基本指標。其次，除了合成高 T_g 材料的方法外，Hamada 等人就發現如果將 Rubrene 摻雜在電洞傳輸層的話，元件的穩定度同樣會被大量的提升，如圖 7-11 所示，元件 A 和元件 D 的穩定度都比未摻雜 Rubrene 的元件 C 穩定度來得好，一般認為，此一結果應該是由於熵效應（entropy effect, $\Delta S > 0$），造成有機薄膜的穩定性變好[15]。因此，為了提升有機薄膜的穩定性，也可以利用元件製程來蒸鍍混合式的有機薄膜，

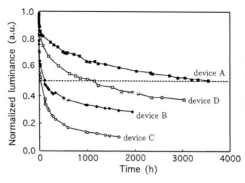

device A:　MgIn/BeBq₂/TPD+rubrene /MTDATA/ITO
device B:　MgIn/DeBq₂+rubrene/TPD /MTDATA/ITO
device C:　MgIn/BeBq₂/TPD/MTDATA/ITO
device D:　MgIn/Alq₃/TPD+rubrene /MTDATA/ITO

圖 7-11　元件 A 與 D 是有摻雜 Rubrene 在電洞傳輸層，元件 C 為標準元件 [16]

即採用玻璃轉移溫度較高的物質來混入玻璃轉移溫度較低的有機薄膜，有研究指出這將可以有效的提升有機薄膜的玻璃轉移溫度，來製備出穩定性較好的有機薄膜，以達到提升元件的穩定性[16]。

　　但是也有相當多的研究結果出現不同的結論，像是有機薄膜的穩定性將只會影響到元件在升溫過程中的表現，或者是元件操作在較高溫度的環境下，才會對元件的穩定度有所提升，而對於操作在室溫的環境下，提高有機薄膜的穩定性，將不會對元件的穩定度有任何影響[18]。如 Mori 等人就將 H_2Pc（metal free phthalocyanine）混入 CuPc（copper phthalocyanine）中，希望能藉由混摻的方法來提升 CuPc 膜的熱穩定性，他們以原子力顯微鏡（AFM）觀察發現膜的熱穩定性質的確經由混摻 H_2Pc 而提升了，如圖 7-12 所示，有機膜在 120℃下退火 20 小時，有混摻 H_2Pc 的膜，其針狀結晶物明顯減少了，但是在元件的穩定度測試上，卻只有在 85℃的環境測試下，能有效提升元件穩定度，室溫的環境下則是沒有任何改變，造成在室溫的環境下，有機薄膜的熱穩定性對元件穩定度的影響備受質疑（如圖 7-13 所示）。

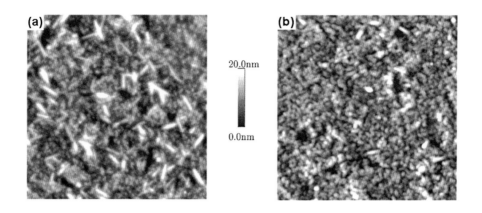

圖 7-12　在 120℃下退火 20 小時的 AFM 圖：(a) CuPc　(b) H$_2$Pc 混摻於 CuPc 中 [19]

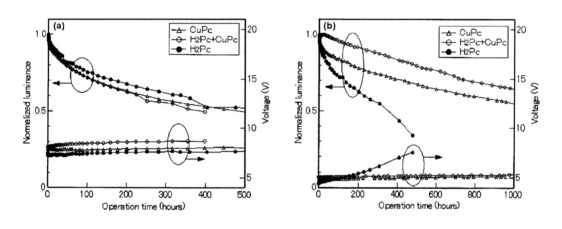

圖 7-13　元件穩定測試圖　(a) 在室溫的環境下　(b) 在 85℃ 的環境下 [19]

7.3.2　陽極與有機層的接觸面

　　一般而言，陽極與有機層是分屬於不同的物質種類，因此，常會有接觸面附著力差這方面的問題，且陽極與電洞傳輸層間的能階差異也常常被認為是與元件效率和穩定度有重大的關聯，尤其是電洞傳輸層與陽極的能階差。如果能階差異太大的話，將會造成電洞由陽極不容易注入電洞傳輸層，間接導致過多的焦耳熱產生，使得電洞傳輸層的分子有堆疊和結晶的

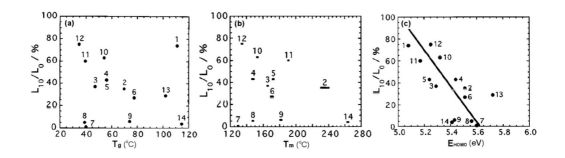

圖 7-14　(a) 玻璃轉移溫度與亮度衰退的關係圖　(b) 熔點與亮度衰退的關係圖
(c) HOMO 能階與亮度衰退關係圖 [20]

L_0 表示元件的初始亮度，L_{10} 表示元件連續操作 10 小時後的亮度

現象產生。如 Adachi 等人就取了 14 種具有不同 HOMO 能階和不同玻璃轉移溫度的電洞傳輸層材料，製備成元件後觀測這些參數和壽命有何關聯性，結果在室溫的環境測試下，發現元件的操作壽命與這 14 種電洞傳輸材料的玻璃轉移溫度和熔點，並沒有呈現任何的關聯性，如圖 7-14(a)(b)所示，反而與材料中的 HOMO 能階有關聯性，如圖 7-14(c)所示，當電洞傳輸層材料的 HOMO 與 ITO 的功函數相差越大時，元件亮度的衰退將會越明顯。

7.3.3　激發態的穩定性

　　一般來說，當分子由基態被激發到激發態時，分子的激發態均較基態來得不穩定，且不同分子的結構其穩定性又會有某種程度上的不同，因此，很有可能會導致 OLED 元件通電後，電子、電洞再結合時，所產生的激發態會因為分子結構不同而導致不同的元件壽命表現，這也是為何不同光色的 OLED 元件壽命會不同的原因之一。如 Rubrene 此一分子被使用在電洞傳輸層中作為摻雜物，能表現出優越的元件壽命特性，如先前的圖 7-11 所示。一個較為簡單的解釋就是 Rubrene 分子的激發態均較電洞傳輸層作為發光主體時的激發態來得穩定，且也提供發光主體激發態的能量可以藉由能量轉移給 Rubrene 分子，以形成較穩定的激發態，而使元件中不

穩定的激發態含量可以降低，因此元件壽命可以進一步提升。

在 Shi 等人的研究裡就發現摻雜型的 OLED 元件[21]，並不是摻雜任何的分子在發光主體中都可以使元件壽命提升。在他們實驗中比較了 N, N-dimethylquinacridone（DMQA）和 quinacridone（QA）兩個綠螢光分子摻雜在 Alq₃ 發光主體中，對元件壽命的影響程度（兩分子之結構參見第四章綠光摻雜物），兩者的差異只有在氮原子上有無甲基的取代基，其餘的主體結構都是一樣的，可是元件的壽命卻可以很明顯的看出差異，元件如果摻雜 DMQA 的話，元件的壽命將可被提升，反之，如果摻雜的是 QA 的話，元件壽命將會大幅滑落，甚至只有 500 小時左右，比未摻雜的 Alq₃ 發光體還差。此結果可以從分子的結構來分析，比較有可能的原因是由於 QA 的氮原子上少了甲基的取代基，使得分子間容易有氫鍵的產生，造成元件壽命不好的結果，由此可見，激發態的穩定性和元件的壽命與摻雜分子之結構是有著相當大的關係。

Kodak 公司的 Kondakov 等人研究磷光元件〔Anode/NPB (75 nm)/CBP (40 nm):Ir(ppy)₃ (8%)/BAlq (10 nm)/Alq₃ (35 nm)/cathode〕的劣化時，提供了一個較明確的證據，證明當 CBP 分子由基態被激發到激發態時，會反應產生副產物，因而導致元件劣化。經伏安（Voltammetry）實驗量測證實，即使到了發光已衰減了 99%，也只有 0.5-0.8% 的深層陷阱（deep traps）產生，所造成的發光衰減應該只跟圖 7-15 中光激發光效率的衰減一致，無法單以深層陷阱來解釋電激發光效率的衰減行為，他們利用 HPLC/MS 分析元件上的材料發現，在 40 mA/cm² 下操作 4000 小時後，有 21% 的 CBP 和 25% 的 Ir(ppy)₃ 發生化學反應變成劣化產物。其中如圖 7-16 所示 CBP 的劣化產物鑑定發現，劣化產物是由 C-N 鍵斷裂後產生，經由模擬計算（B3LYP/6-31G*），所需能量為 84 kcal/mol，約等於 CBP 的 S₁ 激發態能量，而在只有電子或電洞流通的元件中，卻沒有劣化產物被發現，因此 CBP 激發態的劣化被認為是缺陷產生的主要原因之一[22]。

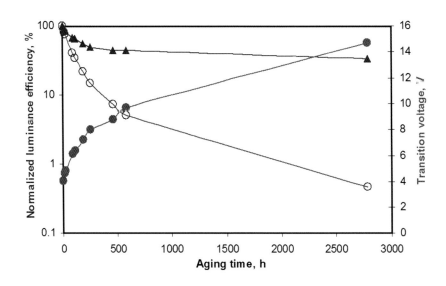

圖 7-15　光激發光效率（▲）電激發光效率（○）和電壓（●）隨時間變化圖

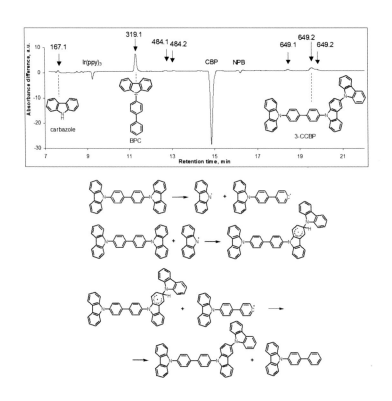

圖 7-16　HPLC/MS 分析與劣化產物的生成機制

7.3.4　可移動的離子雜質

　　在元件壽命測試中，可以發現電流的驅動方式也是可以影響到元件壽命的長短，一般而言，以交流電的系統來驅動 OLED，將會使得壽命比用直流電系統來驅動的元件壽命要來得高，如圖 7-17 所示。因此，此一現象也引起廣泛的探討。Shen 等人發現元件在固定電流密度下操作時[23]，亮度衰退和電壓增加這些現象均可以用 OLED 元件內部的可移動離子來解釋。如元件內部的有機層可能會由於製程中所造成的污染，或者是來自電極的擴散所造成的移動性離子，像是 In^{+3}、Sn^{+4} 等等，這些離子很有可能在外界施予偏壓時，因而在元件內部引起內建電場，進而抵消外界所施予的偏壓，導致元件在固定電流密度下操作，電壓會隨著時間而上升。至於元件亮度的衰退則可歸究於元件內部可移動性離子濃度的增加，因為這些可移動性離子很有可能成為電子、電洞再結合的中心，或是淬熄中心，而使得元件的效率衰退。

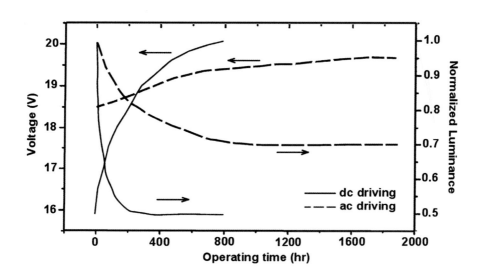

圖 7-17　元件分別在不同的驅動系統測試壽命 [22]

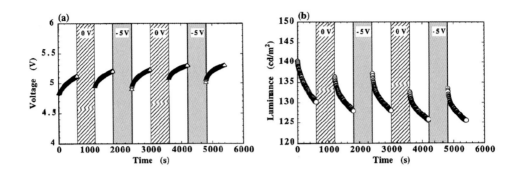

圖 7-18　在定電流密度（5 mA/cm²）下，(a) 為時間與電壓關係圖　(b) 為亮度與時間關係圖。灰色區域表示提供逆偏壓[25]

　　另外，Yahiro 等人在研究中發現元件以直流電的驅動系統持續點亮經過一段時間後[25]，再將元件的供電系統停止幾分鐘後，可以發現元件經由壽命測試所造成的電壓上升和亮度衰退等現象，均可以得到某種程度的回復。如果再重複此一步驟，將不供電改為提供逆偏壓時，則元件的回復程度將遠大於不供電所造成的回復程度，如圖 7-18 所示，這些結果將可以藉由此一模式來做合理化的解釋，因為可移動性離子所引起的內部電場可能被逆偏壓給抵銷，或被停止供電後減緩，但是由於此一現象通常只會發生在初始的衰退期，而當元件進入中長期的衰退時期時，此一現象將不再發生，因此，有人認為此一衰退機制應該是屬於初期衰退時期[12]。然而此一衰退機制至今尚未有任何的實驗予以佐證，仍屬於假設階段。

7.3.5　銦（Indium）的遷移機制

　　此一衰退機制是由 Lee 等人在 1999 年所提出[26]，他們認為 OLED 的本質衰退可能是由於在長期的操作下，使得銦（Indium）從 ITO 擴散或滲透到有機層而導致元件的效率衰退和驅動電壓上升。他們將一個經過壽命老化測試的元件拿來用二次離子質量分析儀（SIMS）分析是否有銦（Indium）存在於有機層內部，結果發現的確有銦元素的存在，且銦濃度比剛製備好

的元件還要高出 10 倍，如圖 7-19 所示。因此，Lee 等人為了更進一步探討銦存在於有機層內是否會引起元件的亮度衰退，他們便直接將銦視作為摻雜物，以 0.25% 的濃度分別摻雜於元件的各個有機層內，結果如圖 7-20 所示。當銦摻雜於發光層（Alq$_3$）中，元件的效率將會被大大的降低，而摻雜在電洞傳輸層和電洞注入層（緩衝層）則不會有影響。所以綜合以上所發現的結果，他們認為在元件操作時大量的銦將會由 ITO 擴散和滲透，到達足夠深度的有機層內部，成為造成元件亮度衰退的原因。

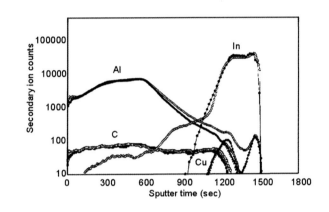

圖 7-19　Cu、C、Al 和 In 的深度濃度分佈圖（SIMS），空心圓是老化元件，實心圓是剛製備好的元件 [26]

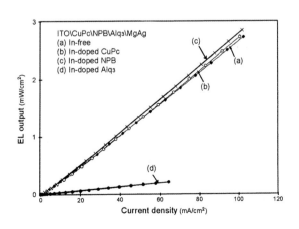

圖 7-20　銦原子摻雜於各層的元件表現 [26]

當然，此一機制還是無法解釋相當多其他的研究現象，如Shen等人在 ITO 表面鍍上一層鉑（Pt）[27]，來企圖阻止銦原子的擴散，結果在元件壽命的測試結果上發現，並沒有對元件壽命產生任何影響。且銦原子由 ITO 擴散到元件發光層中也是需要一定程度的時間，因此，較合理化的解釋就是歸類為是長時期的衰退主因之一。

7.3.6　不穩定的陽離子

這個衰退的機制主要是當元件通電後，電洞的注入可能和Alq_3結合產生 Alq_3 陽離子，且由於$[Alq_3{}^+\cdot]$陽離子為一個不穩定的狀態，因此會造成元件的衰退和老化。而這個機制的基礎起源於 1999 年，Aziz等人設計一種只有電洞能夠通過 Alq_3 發光層的元件[28]，如圖 7-21(a)所示，以便觀察 Alq_3 陽離子在元件中的反應性。他們將 5 nm 厚的 Alq_3 層置於兩層電洞傳輸層之間，如NPB。由於NPB與陰極的功函數不匹配，電子不容易注入，因此，

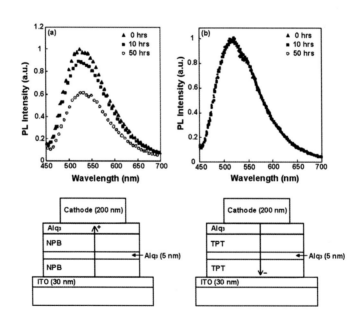

圖 7-21　電洞流通(a)和電子流通(b)元件結構圖及元件通電時，
　　　　　PL 光譜強度隨時間變化圖

下層 20 nm 厚的 NPB 會將電洞自 ITO 陽極注入至 Alq_3 層，而上層 40 nm 厚的 NPB 既可以將電洞由 Alq_3 層傳遞至陰極，同時也可以阻擋電子抵達 Alq_3 層。有了如此的配置，當元件通電後，將只有電洞可以通過此一元件，在透過螢光量測系統來量測此一元件隨時間的螢光特性，從圖中可以發現，隨通電時間的增加，元件的螢光特性開始慢慢衰退，因此，證明了 Alq_3 陽離子為一不穩定且可能導致元件衰退的原因。另外，如果將 NPB 換成只傳電子的 TPT 來做同樣的實驗，結果發現此一元件的螢光特性，並未隨著時間而有明顯的改變（圖 7-21(b)），更加確定 $[Alq_3^{+\bullet}]$ 陽離子為螢光衰退的主因。

由於 Alq_3 陽離子為一不穩定的物質，且在現有基本的 OLED 元件中，常用的電洞傳輸層材料傳導電洞的速率均遠大於電子傳輸層傳輸電子的速度，因此，很容易造成元件內部電洞的累積而產生 Alq_3 陽離子，所以依此現象看來，如果可以減低電洞的傳輸速率，便可以降低元件內部所累積的多餘電洞，而使 Alq_3 陽離子濃度得到抑制。又或者是使 Alq_3 先產生陰離子（先前的實驗已證明過非衰退因子），再和電洞結合放光，不讓 Alq_3 陽離子產生，而使得元件的壽命增長。所以像是之前所提到利用 Rubrene 或是其他摻雜物（如 CuPc）摻雜在電洞傳輸層[29]，可以有效提升元件穩定度，在此一機制均可以視這些摻雜物可能是在電洞傳輸層形成電洞捕捉點（HOMO 能階在電洞傳輸層 HOMO 能階的上方，便可以形成電洞捕捉點），使得電洞的傳輸速率變慢，因而減少 Alq_3 陽離子產生。

但是如同其他的機制一樣，$[Alq_3^{+\bullet}]$ 陽離子此一不穩定物質並無法完全用來合理化現有的實驗現象，如 Gyoutoku 等人在陽極與電洞傳輸層中插入一層碳的緩衝層[30]，不僅可以有效降低元件的驅動電壓 2.5 V，而且元件的半衰期在 500 cd/m² 的測試下，還可以達到 4000 小時的水準。Hung 等人也是以 CHF_3 電漿高分子聚合的薄膜為緩衝層，同樣都可以使元件的操作電壓下降達 1 V 左右，並提升元件的穩定度，因此，這些電壓的下降都可歸

因於電洞的注入能力由於加入緩衝層而提升，但是依照此一機制來看，過多的電洞應該是會導致元件更易產生Alq_3陽離子，使得元件將會更加不穩定才是，這一個部份是無法用Alq_3陽離子不穩定的機制來加以解釋。另一方面，重要的是此一機制乃是建立在Alq_3的系統中，因此，對於沒有擁有Alq_3物質的OLED元件來說，就比較缺乏說服力。

7.3.7 正電荷累積的機制

此一機制是由Kondakov等人在SID 2003年所提出[31]，主要是建立在元件經由長時期的操作後，元件的亮度衰退程度將會與電洞傳輸層與發光層界面的正電荷累積成一定的關係。在實驗上，Kondakov等人利用電容和電壓的相對關係來觀察元件經由通電老化所造成的正電荷累積現象，其中以兩大系統來作元件分析：㈠ NPB 為電洞傳輸層和 Alq_3 為電子傳輸層形成傳統異質界面的綠光標準元件；㈡在元件中加入 TBADN 為發光層材料，形成藍光元件。他們證明元件內部的正電荷累積和元件亮度的衰退是有著相當密切的關係，且此一現象不僅可以在綠光的標準元件被發現，連用 TBADN 為發光層材料的藍光元件也同樣地可以發現相同的物理現象，因此，此一機制將有別於同樣都是以過多的正電荷所造成Alq_3陽離子的衰退機制，正電荷累積的機制將可以更廣泛地適用到各個元件的衰退機制。至於正電荷在衰退時期扮演何種角色，或者是如何形成的，在此並沒有一個明確定論，只能說正電荷可能是由電洞捕捉（hole traps）所造成，且集中在電洞傳輸層與電子傳輸層的界面，扮演著一個不發光的再結合中心，另一方面，正電荷也可能是由於金屬離子從電極擴散到元件中所造成的，形成電子捕捉和不發光的再結合中心，使得元件的亮度衰退，此一理論與Popovic 等人[23]和 Shen 等人[23]發表的內容是一致的。

而相關的研究在早期的 Matsumura 等人也提出正電荷將會累積在電洞傳輸層和電子傳輸層的界面[33]，且實驗發現正電荷所累積的量將會隨著陰

極材料的不同而有所變化，此現象可以歸因於電子注入的效率會因為陰極材料的不同而改變。另外，他們也發現元件在衰退時期所減少的亮度與元件發光區域所減少的面積是相關的[32]，因此，提出元件的衰退是由於電洞進入發光層的距離被減少所導致的結果，這些都是可以藉由正電荷的累積來加以解釋。但是此機制有一個缺點就是完全依照電性的變化來觀察元件內部的衰退，並沒有考慮到任何的化學性質變化，因此，難免也會有些缺陷。

7.3.8 再結合區的寬窄

Tang 等人有系統的比較 ADN、ANF 和 ADF 三種主發光體發現，結構如圖 7-22，不管元件設計為何，壽命大小依序為 ADN > ANF > ADF，起使電壓和效率大小為 ADN < ANF < ADF，由於三化合物的 HOMO 能階相近，因此電洞從 HTL 注入的能障是一樣的，唯一不同的是當結構中 fluorene 數目增加時，電洞移動率下降，因此 ADF 元件的起使電壓最大，也因為電洞移動率低，再結合區域侷限在 HTL/EML 界面，較高的再結合濃度導致較高的效率，但就壽命來看，較寬廣的再結合區如 ADN 元件可得到較長的壽命[35]。

另一個例子如第四章提到的雙主發光體紅光系統，經伏安（Voltammetry）實驗量測證實，當將 HOMO 能階與 NPB 相近和較高電洞移動率的 Rubrene 摻入 Alq_3 時，電洞較容易注入發光層，使得再結合區域更寬廣，不再侷限於 HTL/EML 界面，這也是造成雙主發光體系統壽命比一般紅光元件長的原因之一[36]。

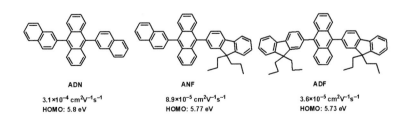

ADN
$3.1×10^{-4}$ cm²V⁻¹s⁻¹
HOMO: 5.8 eV

ANF
$8.9×10^{-5}$ cm²V⁻¹s⁻¹
HOMO: 5.77 eV

ADF
$3.6×10^{-5}$ cm²V⁻¹s⁻¹
HOMO: 5.73 eV

圖 7-22 ADN、ANF 和 ADF 的化學結構、電洞移動率與 HOMO 能階

7-4　平面顯示器壽命

　　前面只是針對 OLED 元件本身劣化的問題進行探討，但應用在平面顯示器之後，則所考量的問題又完全不同，探討顯示器的壽命需具有許多面向，凡是造成顯示器畫質劣化的因素都要考量，如 TFT、開口率、驅動方式等等，而不單單只是針對 OLED 元件。例如，如果我們繼續深入探討元件壽命在顯示器應用的影響時，會發現各個光色的壽命均不盡相同。如果是用發紅、綠、藍三原色的三種 OLED 元件來作為全彩化的方法時，由於在長時間的操作下，不同光色的衰退速率不同，將會造成顯示時三原色的強弱控制不易而使得畫面產生色偏，即使三種元件都還未到達半衰期，但顯示器畫質顯然已不能接受。SKD 利用三種顏色開口率的不同，來調節三種元件的衰退差異，減緩白平衡（white balance）的偏差。在相同亮度下，因為開口率愈小所需的電流密度愈大，因此會加速衰退，如圖 7-23，因為壽命高低依序為綠光>紅光>藍光元件，所以開口率為藍光>紅光>綠光元件。

　　另一個例子是所謂的影像烙印現象（image burn-in），這是由於長時間顯示同一個畫面時，如手機上的固定圖示（icon），這些像素比其它的像素點亮時間長，因此造成衰退程度的不同，導致發光特性不同而產生影像烙印，如圖 7-24。改善的方法如可以利用移動式的圖示，避免處於固定位置，或利用反白的方式交替顯示相同資訊，亦可以用電路補償的方法，改

圖 7-23　依壽命決定紅、綠、藍三原色的開口率[33]

善亮度的差異。

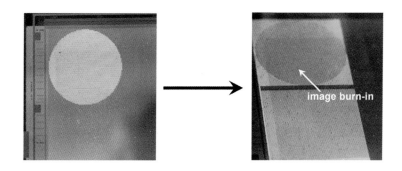

圖 7-24　由於長時間顯示同一個畫面（圓形區塊）所造成的影像烙印

參考文獻

1. S. A. VanSlyke, C. H. Chen, C. W. Tang, *Appl. Phys. Lett.*, **69**, 878 (1996).

2. C. Féry, B. Racine, D. Vaufrey, H. Doyeux, and S. Cinà, *Appl. Phys. Lett.*, **87**, 213502 (2005).

3. P. N. M. dos Anjos, H. Aziz, N.-X. Hu, Z. D. Popovic, *Organic Electronics*, **3**, 9 (2002).

4. M. Fujihira, L. -M. Do, A. Koike, E. -M. Han, *Appl. Phys. Lett.*, **68**, 1787 (1996).

5. J. McElvain, H. Antoniadis, M. R. Hueschen, J. N. Miller, D. M. Roitman, J. R. Sheats, R. L. Moon, *J. Appl. Phys.*, **80**, 6002 (1996).

6. H. Aziz, Z. D. Popovic, C. P. Tripp, N. Hu, A. Hor,, G. Xu, *Appl. Phys. Lett.*, **72**, 2642 (1998).

7. H. Aziz, Z. D. Popovic, S. Xie, A. Hor, N. Hu, C. P. Tripp, G. Xu, *Appl. Phys. Lett.*, **72**, 756 (1998).

8. (a) V. N. Savvateev, A. H. Yakimov, D. Davidov, R. M. Pogreb, R. Neumann, Y. Avny, *Appl. Phys. Lett.*, **71**, 3344 (1997). (b) L. M. Do, K. Kim, T. Zyung, H. K. Shim, J. J. Kim, *Appl. Phys. Lett.*, **70**, 3470 (1997). (c) M. Kawaharada, M. Ooishi, T. Saito, E. Hasegawa, *Synth. Met.*, **91**, 113 (1997). (d) L. S. Liao, J. He, X. Zhou, M. Lu, Z. H. Xiong, Z. B. Deng, X. Y. Hou, S. T. Lee, *J. Appl. Phys.*, **88**, 2386 (2000). (e) W. Wang, S. F. Lim, S. J. Chua, *J. Appl. Phys.*, **91**, 5712 (2002).

9. (a) S. F. Lim, L. Ke, W. Wang, S. J. Chua, *Appl. Phys. Lett.*, **78**, 2116 (2001). (b) S. F. Lim, W. Wang, S. J. Chua, *Mater. Sci. Eng.*, **B85**, 154 (2001).

10. D. Kolosov, D. S. English, V. Bulovic, P. F. Barbara, S. R. Forrest, M. E. Thompson, *J. Appl. Phys.*, **90**, 3242 (2001).

11. (a) L. S. Hung, C. W. Tang, M. G. Mason, *Appl. Phys. Lett.*, **70**, 152 (1997). (b) H. Ishi, K. Sungiyama, E. Ito, K. Seki, *Adv. Mater.*, **11**, 605 (1999). (c) E. I. Haskal, A. Unoni, P. F. Seidler, W. Androni, *Appl. Phys. Lett.*, **71**, 1151 (1997).

12. Z. D. Popovic, H. Aziz, *IEEE J. Sel. Top. Quantum. Electron.*, **8**, 362 (2002).

13. E. Han, L. Do, N. Yamamoto, M. Fujihira, *Thin Solid Films*, **273**, 202 (1996).

14. (a) S. Tokito, H. Tanaka, Y. Taga, *Appl. Phys. Lett.*, **69**, 878 (1996). (b) Y. Shirota, K. Okumoto, H. Inada, *Synth. Met.*, **111/112**, 387 (2000). (c) D. F. O'Brien, P. Burrows, S. R. Forrest, B. E. Koene, D. E. Loy, M. E. Thompson, *Adv. Mater.*, **10**, 1108 (1998). (d) F. Steuber, J. Staudigel, M. Stossel, J. Simmerer, A. Winnacker, H. Spreitzer, F. Weissortel, J. Salbeck, *Adv. Mater.*, **12**, 130 (2000).

15. Y. Sato, H. Kanai, *Mol. Cryst. Liq. Cryst.*, **253**, 143 (1994).

16. (a) A. Rudin, "Polymer Science and Engineering", 2nd ed. (Academic Press, San Diego, 1999). P. 401. (b) B. W. D'Andrade, S. R. Forrest, A. B. Chwang, *Appl. Phys. Lett.*, **83**, 3858 (2003). (c) Y. Kim, W. B. IM, P*hys. Stat. Sol.*, **201**, 2148 (2004).

17. Y. Hamada, T. Sano, K. Shibata, K. Kuroki, *Jpn. J. Appl. Phys. Part 2*, **34**, L824 (1995).

18. (a) S. Tokito, H. Tanaka, K. Noda, A. Okada, Y. Taga, *IEEE Trans. Elec. Dev.*, **44**, 1239 (1997).

19. T. Mori, T. Mitsuoka, M. Ishii, H. Fujikawa, Y. Taga, *Appl. Phys. Lett.*, **80**, 3895 (2002).

20. C. Adachi, K. Nagai, N. Tamoto, *Appl. Phys. Lett.*, **66**, 2679 (1995).

21. J. Shi, C. W. Tang, *Appl. Phys. Lett.*, **70**, 1665 (1997).

22. D. Y. Kondakov, W. F. Nichols, W. C. Lenhart, *Proceedings of SID'07*, p.1494, May 22-25, 2007, Long Beach, California, USA.

23. J. Shen, D. Wang, E. Langlois, W. A. Barrow, P. J. Green, C. W. Tang, J. Shi, *Synth. Met.*, **111/112**, 233 (2000).

24. F. Li, J. Feng, S. Liu, *Synth. Met.*, **137**, 1103 (2003).

25. M. Yahiro, D. Zou, T. Tsutsui, *Synth. Met.*, **111/112**, 245 (2000).

26. S. T. Lee, Z. Q. Gao, L. S. Hung, *Appl. Phys. Lett.*, **75**, 1404 (1999).

27. Y. Shen, D. B. Jacobs, G. G. Malliaras, G. Koley, M. G. Spencer, A. Ioannidis, *Adv. Mater.*, **13**, 1235 (2001).

28. H. Aziz, Z. D. Popovic, N. X. Hu, A. M. Hor, G. Xu, *Science*, **283**, 1900 (1999).

29. (a) Z. D. Popovic, S. Xie, N. Hu, A. Hor, D. Fork, D. Fork, G. Anderson, C. Tripp, *Thin Solid Film*, **363**, 6 (2000). (b) J. Yang, J. Shen, *J. Appl. Phys.*, **84**, 2105 (1998). (c) H. Aziz, Z. D. Popovic, *Appl. Phys. Lett.*, **80**, 2180 (2002).

30. A. Gyoutoku, S. Hara, T. Komatsu, M. Shirinashihama, H. Iwanaga, K. Sakanoue, *Synth. Met.*, **91**, 73 (1997).

31. D. Y. Kondakov, J. R. Sandifer, C. W. Tang, R. H. Young, *J. Appl. Phys.*, **93**, 1108 (2003).

32. Z. D. Popovic, H. Aziz, N. Hu, A. Ioannidis, P. N. M. dos Anjos, *J. Appl. Phys.*, **89**, 4673 (2001).

33. M. Matsumura, A. Ito, Y. Miyamae, *Appl. Phys. Lett.*, **75**, 1042 (1999).

34. M. Matsumura, Y. Jinde, *Synth. Met.*, **91**, 197 (1997).

35. S. W. Culligan, A. C.-A. Chen, J. U. Wallace, K. P. Klubek, C. W. Tang, and S. H. Chen, *Adv. Funct. Mater.*, **16**, 1481 (2006).

36. C. T. Brown, D. Kondakov, *Journal of the SID*, **12**, 323 (2004).

37. J. W. Hamer, *The International Display Manufacturing Conference and Workshop (IDMC'05)*, Feb. 21-24, 2005, Taipei, Taiwan.

第 8 章

OLED 的元件設計

8.1 穿透式與上發光 OLED 結構

8.2 串聯式 OLED 結構

8.3 可撓曲式 OLED 結構

8.4 *p*-i-*n* OLED 結構

8.5 倒置式 IOLED 結構

8.6 白光 WOLED 結構

參考文獻

8-1　穿透式與上發光 OLED 結構

　　一般 OLED 元件的光都是經由基板射出，也就是下發光。而所謂的上發光（top emission）就是光不是經過底下基板而是從另一邊射出，如圖 8-1 (b)，如果基板之上為高反射的陽極，而陰極是透光的，則光是經由表面的陰電極放光。陽極材料若還是使用傳統的透明 ITO 陽極，搭配透明陰極則元件的兩面都會發光，也就是所謂的穿透式元件（transparent devices），見圖 8-1 (c)。

　　在主動式 OLED 發光元件是由薄膜電晶體來控制，因此如果光是以下發光的形式放光，經過基板時勢必會被建立在基板上的 TFT 和金屬線電路所擋住，所以實際發光的面積就會受到限制，縮減可發光面積所佔的比率，也就是所謂的開口率（aperture ratio or fill factor）。尤其現今許多公司及研究單位為了改善因畫素間的差異性，所導致的顯示器畫面品質不均勻問題，紛紛提出用電路補償方式的畫素結構，一般其畫素結構內是採 2 顆以上的電晶體來加以改善上述之變異，如果是以下發光的面板結構，則光

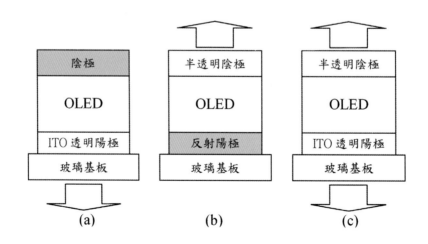

圖 8-1　(a) 下發光元件　(b) 上發光元件　(c) 穿透式元件

透過的面積將更小，所造成的問題將更嚴重。但相對於上發光元件而言，光不是經過基板而是從另一邊發光，因此不會受到TFT和金屬線的遮擋，所以 TFT 的數量都不是問題。從圖 8-2 可以清楚的看到上發光元件的開口率比下發光元件明顯大得多。由於高解析度、高亮度、長壽命的面板將是未來的趨勢，開口率低的下發光系統如果要達到和上發光相同的亮度，勢必要增加流過每個畫素的電流密度，這樣會加速有機材料與面板老化而減短壽命。由於考量到面板壽命這個極為重要的因素，目前世界的主流都是採用開口率大的上發光結構。三洋電機在IDW'03 中更進一步指出，以「上發光的白光元件加上彩色濾光片」的方式製作面板具有最高的開口率，是日後努力的目標[1]。

而穿透式元件的優勢在於面版不顯示資訊時，面板是半透明的，而顯示時兩面都可接受到資訊，因此利用此特性，其應用與設計可以更靈活。穿透式與上發光元件的發展必須先將陰極的穿透度提高，因為光是穿過陰極發出，因此陰極的穿透度決定了元件出光的多少。而陰極通常都是由金屬組成，穿透度要好勢必要把金屬厚度變薄，但太薄無法導電，且會影響元件的操作穩定性，因此透光度受到一定的限制。而且金屬本身也會吸光，所以想要同時具備好的穿透度和導電度的陰極似乎不容易。若是要使

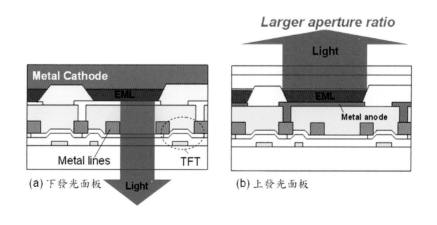

圖 8-2　下發光與上發光主動面板示意圖

用傳統的透明電極 ITO，就會牽涉到製程技術上的問題。因為通常 ITO 製程都是使用濺鍍的方式，而陰極是在整個元件的最上面，要如何掌握濺鍍 ITO 的條件又不損傷底下的有機層是整個發展的重點，因此也發展出各種不同的保護層材料來減低濺鍍或輻射對元件的損傷。

8.1.1 透明陰極的發展介紹

在穿透式和上放光元件結構中，最重要的就是透明陰極。要讓光從陰極發出，最直接的做法就是將下發光元件的陰極鍍薄，這樣就不用考慮功函數的問題，但是陰極層很薄時，常常會有斷路或是金屬容易氧化的問題，所以通常會再加上透明導電的 ITO 作輔助電極並同時增加陰極導電度，然而在有機層上濺鍍ITO又不破壞元件不是容易的事，在這方面還需要許多的技術來克服。透明電極的發展與所應用的元件結構列於表 8-1。

表 8-1　透明陰極的發展

陰極結構	T_{max}	元件結構	文獻
Mg:Ag（10 nm）/ITO（40 nm）	70%	穿透式	1996 年[2]
CuPc/ITO	85%	穿透式	1998 年[3]
CuPc/Li（1 nm）/ITO	--	穿透式	1999 年[4]
BCP/Li（0.5～1 nm）/ITO	90%	穿透式	2000 年[5]
Ca（10 nm）/ITO（50 nm）	80%	穿透式	2000 年[6]
LiF（0.3 nm）/Al（0.6 nm）/Ag（20 nm）/Alq$_3$*	--	上發光	2001 年[7]
LiF（0.5 nm）/Al（3 nm）/Al:SiO（30 nm）	--	上發光	2003 年[8]
Ca（12 nm）/Mg（12 nm）/ZnSe*	78%	上發光	2003 年[9]
Ca（20 nm）/Ag（15 nm） Ca（10 nm）/Ag（10 nm）	-- 80%	上發光 上發光	2003 年[10] 2004 年[11]
n-摻雜層/ITO	> 90%	上發光	2004 年[12]
T_{max}：最大穿透度。＊：覆蓋層（capping layer）			

1996 年 Forrest 等人率先使用 10 nm 的 Mg:Ag（30：1）加上 40 nm 的 ITO 當作半透明陰極，其穿透度在可見光區大約為 70%。所製成的 Alq_3 元件上下都會發光，外部量子效率加起來約 0.1%（圖 8-3）。另外值得注意的是，為了避免濺鍍 ITO 造成有機層的損壞和電極的短路，所使用 RF（radio-frequency）濺鍍的功率減低到只有 5 W，沉積速率也只有 0.3 nm/min，所以可以想像要濺鍍 40 nm 就需要超過兩個小時的時間。Liao 等人用 XPS、UPS 量測濺鍍對有機分子 Alq_3 的影響[13]，發現 N-Al 和 C-O-Al 鍵結在濺鍍過程中會被打斷，並造成 HOMO、LUMO 能階顯著的改變，因此直接 ITO 的濺鍍確實會造成有機分子的破壞。

相較於以 Mg:Ag/ITO 作為電極，1998 年 Forrest group 使用了非金屬的材料來取代金屬。他們在 Alq_3 發光層上蒸鍍 CuPc 後再濺鍍 ITO，使得陰極的反射率、吸收度都降低，穿透度在可見光區可提高到 85%。CuPc 也用來當作濺鍍 ITO 的保護層，但可以想像 Alq_3/CuPc/ITO 界面的能階並不是十分匹配。根據了這個想法，1999 年柯達 Hung 和 Tang 為了降低 CuPc/Alq_3 和 CuPc/ITO 之間的能障，進一步增加電子的注入，在兩層中間加入了厚度小於 1 nm

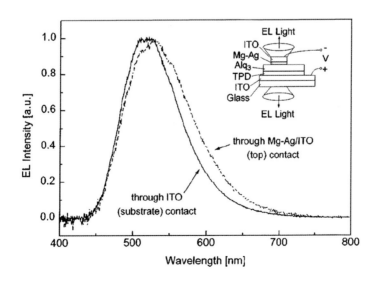

圖 8-3　第一個具透明陰極的穿透式元件結構和 EL 光譜[2]

的鋰金屬[14]。在濺鍍 ITO 方面，RF 功率也提升到 50-100 W，沉積速率是 3.6-10 nm/min。使用 Li/CuPc/ITO 為電極的元件，元件效率接近以 Mg:Ag 為陰極的下發光元件，但是操作電壓比較高，這是由於 CuPc 和 ITO 之間能障較大。所以也嘗試 CuPc/Li/ITO 為電極的元件，發現上下發光輸出的總和與 Mg:Ag 為陰極的下發光元件相同，比 Li/CuPc/ITO 為電極的元件更好。接著 2000 年 Forrest 等人再利用 BCP 取代 CuPc[15]。在濺鍍 ITO 方面，採用 RF 功率 50 W，沉積速率是 18 nm/min。BCP 本身的電子注入和電子傳輸能力都比 Alq$_3$ 和 CuPc 好。以 BCP/Li/ITO 為電極，其穿透度在可見光區接近 90%。元件的結果顯示，不論是 BCP/Li/ITO 或是 Li/BCP/ITO 為電極都可以增進電子的注入，因為這 0.5-1 nm 的 Li 會擴散到 70 Å 的 BCP 裡面。元件的操作電壓和外部量子效率都和以一般以金屬為電極的下發光元件相同。同時也發現，加入 Li 之後比沒有加入的元件之外部量子效率增加了 3.5 倍。

相較於以上種種需要濺鍍 ITO 的製程，往往費時又要考量濺鍍時 OLED 元件可能受到的損壞，雖然已有許多例子被報導，但此問題並沒有完全被解決。熱蒸鍍金屬電極雖然穿透度較低，但是在製程上還是比較能接受的方式。在 2001 年 Hung 和 Tang 等人利用熱蒸鍍金屬完全取代 ITO 的濺鍍製程[16]。元件結構如下：Ag/ITO/NPB (75 nm)/Alq$_3$ (75 nm)/LiF (0.3 nm)/Al (0.6 nm)/Ag (20 nm)/Alq$_3$ (52 nm)，在電流密度 100 mA/cm^2（操作電壓 7.5 V）下，元件最高效率只有 2.75 cd/A。2003 年 Han 等人利用半透明的電荷注入層 LiF (0.5 nm)/Al (3 nm)/Al:SiO (30 nm) 作為上發光元件的陰極[17]，Al:SiO 不但具有好的穿透度，更可以當作防止濺鍍 ITO 造成元件損壞的緩衝層。以 Alq$_3$ 為發光層的元件可得到最大亮度 1900 cd/m^2 和效率 4 cd/A 的上發光元件。

在 2004 年 SID 會議上，Canon 發表新的電子傳輸材料 c-ETM（結構沒有公佈），搭配碳酸銫（Cs$_2$CO$_3$）摻雜物作為 n-摻雜的電子注入層（10-100 nm）。以 Cumarin-6 的綠光元件為例，元件結構如圖 8-4。使用 n-摻雜的電子注入層，ITO 為電極，與另外使用傳統的電子注入材料 LiF 搭配 ITO 電

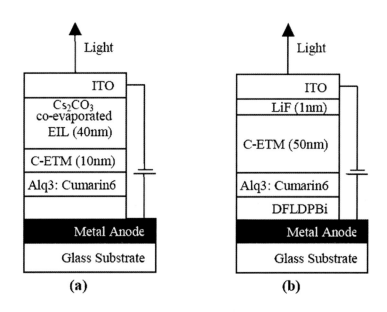

圖 8-4　元件結構 (a) 碳酸銫共蒸鍍　(b) LiF 當作電子注入搭配 ITO 電極

極作為比較。使用碳酸銫 n-摻雜的元件在亮度 $1000 \, \text{cd/m}^2$ 下，操作電壓 4.2 V。相對於電子注入比較差的LiF元件，在亮度 $1000 \, \text{cd/m}^2$ 下，操作電壓高達 19.6 V。這也證明了碳酸銫摻雜層與 ITO 搭配作為透明陰極有很好的電子注入能力。

　　綜合上述的介紹，透明陰極的透明度與導電度是一個重要的考量因素，對穿透式元件來說要達到兩邊出光量一致，透明陰極需要有很好的穿透度，且避免使用在可見光區有吸收的材料（如金屬），而非金屬陰極（如 ITO）的濺鍍需要非常小心地控制，避免 OLED 元件受到損壞。如果使用熱蒸鍍的薄金屬陰極，太薄則導電度不好，太厚則穿透度不佳，在上發光元件又會造成微共振腔（microcavity）效應，元件的光學設計則需要進一步考量。

8.1.2　上發光元件陽極

　　之前介紹過 OLED 的陽極通常都是由高功函數的材料所組成的，而上發光元件中，陽極必須具反射性，所以功函數和反射率往往是上發光元件中陽極考量的重要性質。一些常見的金屬如 Al、Ag、Au、Ni、Pt 均曾被發表用在上發光元件中。Au、Ni、Pt 的功函數較高，但是反射率只有 50-60%，Ag 和 Al 在可見光區的反射率都高達 90% 以上，但是功函數稍低，並不十分適合作為陽極。因此通常需要搭配合適功函數的材料，如 Al/ITO [8]、Ag/ITO [7] 或是 Al/Ni [9(b)]、Al/Pt[18]。或使用適合的電洞注入材料，如在 2003 年 Hung 和 Zhu 等人利用高反射的銀加上一層利用電漿聚合的 CF_x 薄膜（3Å）來幫助電洞注入[19]，成功的運用在上發光元件的陽極。柯達也使用銀當作陽極，搭配 CF_x 或是熱蒸鍍 1-2 nm 的氧化鉬（MoO_x），都可以有效改善 Ag 電極的電洞注入，降低電壓[20]。其中，使用銀搭配電洞注入層 CF_x、Alq_3 為發光層，元件壽命在 1000 cd/m² 下可超過 2000 小時。

　　2003 年 Wu 等人利用 UV-ozone 處理過的 Ag 當作上放光元件的反射陽極。經由 XPS 量測[21]，確定 UV-ozone 處理後在 Ag 的表面形成一層薄薄的 Ag_2O（4.8-5.1 eV）。這種表面經過修飾的陽極可以有效地增加電洞的注入而降低操作電壓，且維持很好的反射率（82%-91%）。2005 年 Lee 以相同的概念，利用氧電漿在銀基板上形成 AgO_x，同樣也可以幫助電洞的注入[22]。

　　雖然高功函數的陽極其電洞注入較好，但是只要選擇適當的電洞注入層，上發光元件的效率往往由陽極的反射率來決定。如圖 8-5 顯示以不同反射率的金屬為陽極與元件效率的關係，其中以高反射的鋁和銀當作陽極，元件效率可以是下放光元件的 1.6 倍。如果以反射率 80% 的鎂當作陽極的效率也還超過下放光元件，之後，其他反射率較低的金屬，效率都比下放光元件低，因此高反射的陽極還是主流。

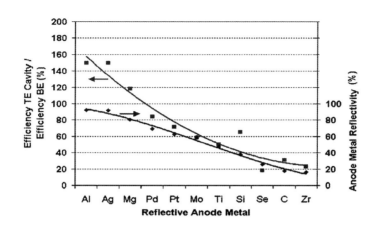

圖 8-5　陽極反射率對元件效率的模擬圖 [20]

8.1.3　無電漿破壞的濺鍍系統

為了要在有機層上濺鍍透明且導電性好的 ITO，讓不少研究者吃盡苦頭，為解決此一問題，除了先前說過的濺鍍保護層外，還可以從兩方面著手，一是改進電子或電洞傳送材料的熱穩定性與緻密性，如 LG 化學開發的電洞注入材料 HAT（結構參照第三章），由於具有平面分子結構，因此容易結晶，而增加薄膜之密度。在 HAT 薄膜上以 1.3 Å/sec 的速率濺鍍 150 nm IZO，當 HAT 膜厚 50 nm 以上後可有效降低漏電流（6.0E-8 A @ -5 V），但元件壽命是否維持與傳統元件一樣，則無進一步報導[23]。另外則是發展特殊的濺鍍系統，使有機膜破壞降到最低。雖然有文獻發表過使用 DC 濺鍍會比 RF 濺鍍有較好的效果[24]，但是還是無法得到實用性的結果。面向雙靶材濺鍍系統（Facing Targets Sputtering）是近來引人注意的濺鍍技術，其結構如圖 8-6 所示，與傳統的濺鍍腔體不同的是基板不是面向靶材表面，而是與靶材面成 90 度的關係，高能量的粒子被磁場限制在電漿內，因此可以使破壞降到最低。Samsung SDI 在 2004 年發表了以此技術濺鍍 ITO 和 Al 的結果，此技術可以在基板無加熱下，得到電阻率為 6×10^{-4} Ω·cm，且穿透度大於 85% 的 ITO 薄膜[25]。而與 DC 濺鍍 Al 陰極的元件比較起來，面

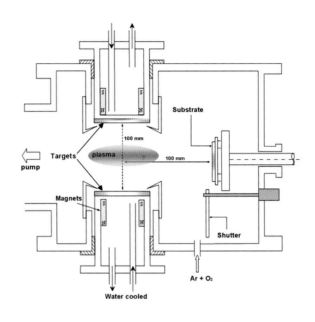

圖 8-6　面向雙靶材濺鍍系統示意圖

向雙靶材濺鍍不會造成元件有明顯的漏電流，與熱蒸鍍陰極的元件幾乎一樣[26]。2006 年他們又發表利用長方形靶材（600×125×8 mm）和掃瞄的方式達到大面積蒸鍍的目的[27]。

8.1.4　微共振腔（microcavity）效應

　　所謂的微共振腔效應就是元件內部的光學干擾，在無機面射型雷射或無機二極體中已被廣泛研究，在 OLED 中，不論是上發光或是下發光元件，都有程度不一的共振腔效應。微共振腔效應主要是指不同能態的光子密度被重新分配，使得只有特定波長的光在符合共振腔模式後，得以在特定的角度射出，因此光波的半高寬（FWHM）也會變窄，在不同角度的強度和光波波長也會不一樣。下發光元件的陰極具有高反射率，陽極則有高穿透性，當光子從發光層發出後，因為光是往四面八方發射的，所以大部分的光直接穿出透明電極，一部分則是經由高反射率的電極全反射，如圖 8-7(a)，此時的干涉現象比較屬於廣角干涉（wide-angle interference）。而在

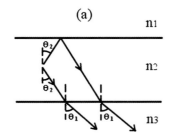
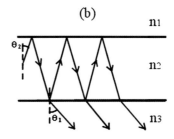

圖 8-7 (a) wide-angle 和 (b) multiple-beam interference 示意圖[26]

上發光元件中，陰極往往都是半透明的金屬電極，因此光在此電極的反射增加，而造成多光子束干涉（multiple-beam interference），如圖 8-7(b)，因此微共振腔效應也就更明顯。在顯示器的應用上，發光強度和顏色會隨視角而改變是最大的致命傷，因此如何控制微共振腔效應是應用上放光元件時所需注意的。

但微共振腔效應並不是沒有好處，在適當的控制下，可使得上發光元件的色純度和效率都比下放光元件大幅提升，因此越來越多人對於調整元件的光學效應感興趣。上放光元件中的微共振腔是在反射陽極和半穿透的陰極之間形成，而微共振效應可以簡單地視為一種 Fabry-Perot 的共振腔。文獻中半穿透的電極分為薄金屬和布拉格鏡面（DBR）兩類，早期 DBR 元件中，利用古典光學可以導出共振腔放光光譜，由（式 1）各波長的強度 $|E_{cav}(\lambda)|^2$ 計算，光譜的半高寬（FWHM）則可以簡化成（式 3）[29]：

$$|E_{cav}(\lambda)|^2 = \frac{\dfrac{(1-R_2)}{i}\sum_i\left[1+R_1+2\,(R_1)^{0.5}\cos\left(\dfrac{4\pi X_i}{\lambda}\right)\right]}{1+R_1R_2-2\,(R_1R_2)^{0.5}\cos\left(\dfrac{4\pi L}{\lambda}\right)}\times|E_{nc}(\lambda)|^2 \qquad (\text{式 1})$$

$$L = \frac{\lambda}{2}\left(\frac{n_{eff}}{\Delta n}\right)+\sum_i n_i d_i+\left|\frac{\phi_m}{4\pi}\lambda\right| \qquad (\text{式 2})$$

$$FWHM = \frac{\lambda^2}{2L}\times\frac{1-\sqrt{R_1R_2}}{\pi\,(R_1R_2)^{1/4}} \qquad (\text{式 3})$$

其中 L 是總有效光學長度，n_{eff} 和 Δn 分別是 DBR 的有效折射率和兩層間高低折射率的差，ϕ_m 是金屬側的反射相位差，這裡 R_1 是反射電極的反射率，R_2 為半穿透半反射電極或布拉格鏡面（DBR）的反射率，X_i 代表發光偶極與反射電極的有效距離，$|E_{nc}(\lambda)|^2$ 為發光偶極在自由空間的發光強度。光譜變窄是最常出現在具有微共振腔效應的元件裡，可以從（式 3）知道，陽極和陰極的反射率 R_1 和 R_2 越高的話，微共振腔效應也會越大，光譜的半高寬愈窄。因此上發光元件發展過程中為了避免受到強烈的微共振腔效應影響，常採取的策略是將其中一個電極的反射率降低，並調整光學長度使得出光的特性是符合實際應用的。

台灣大學吳忠幟教授團隊對於半穿透的薄金屬電極元件之光學模型深入探討，利用共振腔效應求得最大強度增益時需滿足底下的公式，滿足（式 4）代表陽極和陰極間的光學長度（L）符合共振波長，滿足（式 5）則代表發光偶極恰巧位於駐波的反節點時。其中 L_1 是發光偶極至反射金屬的距離，Φ 是從陰極和陽極反射相位差的總合，ϕ_m 是反射金屬側的相位差，因此在選定陰極和陽極材料和共振波長後，可由兩式決定最佳化的元件厚度[30]。

$$\frac{\Phi}{2\pi} - \frac{2L}{\lambda} = m \quad (m = \text{integer}) \qquad （式 4）$$

$$\frac{\phi_m}{2\pi} - \frac{2L_1}{\lambda} = l \quad (l = \text{integer}) \qquad （式 5）$$

2004 年柯達 VanSlyke 等人將 Fabry-Perot 共振腔的原理應用在上放光元件的模擬[20]。首先假設元件中再結合區域通常靠近電洞傳輸層和發光層的介面，因此固定發光層和電子傳輸層的厚度，改變電洞傳輸層的厚度來調整共振腔的長度。模擬的元件結構是 glass/Ag (100 nm)/NPB (x nm)/EML (30 nm)/Alq$_3$ (30 nm)/MgAg (14 nm)/Alq$_3$ (85 nm)。使用銀當作陽極，MgAg 當作陰極，之後再加一層可以提高穿透度和光導出率的 Alq$_3$ 當作折射率匹配層，

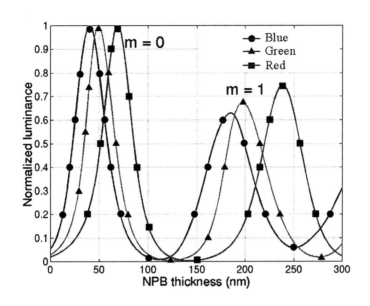

圖 8-8　改變電洞傳輸層的厚度來滿足出光模式

其中紅光發光層設定為 Alq_3：(5% rubrene + 2% DCJTB)，綠光設定為 Alq_3：0.5% C545T 和藍光為 TBADN:2% TBP。固定發光層和電子傳輸層的厚度在 30 nm，改變 NPB 的厚度使得整個光學厚度符合原本紅、綠、藍發光層的發光顏色。

RGB 模擬結果如圖 8-8，以綠光為例子，在 NPB 厚度 50 nm 時，元件光學長度符合原本 C545T 的發光波長，在第二個週期 $m = 1$ 時，NPB 厚度為 200 nm。實際的元件結果如表 8-2，紅光效率可達到 6.1 cd/A，藍光為 2.9 cd/A，而最值得注意的是綠光微共振腔元件，在 20 mA/cm^2 的電流密度下效率達到 21 cd/A，約是下放光元件的兩倍（微共振腔增加發光效率的原理已在第六章提過），且此三色元件在視角 0 度和 70 度最大發光波長幾乎沒有改變。因此如果小心控制微共振腔效應，上發光元件是有許多好處的。

也有許多研究者希望在微共振腔中得到多波段的白光放射，例如調整共振腔的光學長度來得到多模態（multimode）的放射[31]，或在元件內設計多個共振腔[32]，但是這些設計往往需要很厚的光學長度，而且效率也都不

表 8-2　最佳化的紅綠藍上發光元件特性

EL color	NPB（nm）	EML（30 nm）	Voltage（V）	Efficiency（cd/A）	Peak（nm）	Peak 70° off axis（nm）
紅	60	Alq$_3$:1%DCJTB	8.2	6.1	604	604
綠	50	Alq$_3$:1%C545T	6.3	21.6	528	524
藍	30	TBADN:2%TBP	6.6	2.9	468	464

高，沒有實際應用價值。交通大學 OLED 研究團隊在 2005 年的 SID 會議中，發表第一個高效率上發光白光元件的例子[33]，如圖 8-9，此元件以Ca/Ag/SnO$_2$ 為透明陰極，Ag/CF$_x$ 為反射陽極，有機層結構為 NPB (50 nm)/NPB: 1.5% Rubrene (20 nm)/MADN:3% DSA-Ph (40 nm)/Alq$_3$ (10 nm)。與使用 Ag/ITO 陽極的 Device A 比較可以發現，Device A 中有強烈的微共振腔效應，只有單一模態的放射，而 Device B 有明顯的三個發射峰，且隨著視角變化，EL 光譜並無太大改變，Device B 的 CIE$_{x,y}$ 色度座標為（0.31, 0.47），效率可達 22 cd/A，是下發光元件效率的兩倍[34]。

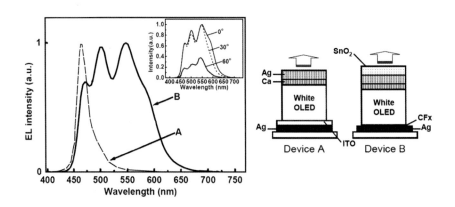

圖 8-9　多波段放射的上發光元件結構與 EL 光譜（插圖為不同視角下的 EL 光譜）

表 8-3　不同的陰極覆蓋層與陰極的穿透度

Materials	Refractive index	Optimum thickness (nm)	Transmittance (%)
No capping	NA	NA	30.4
MgF$_2$	1.38	68.2	49.2
SiO$_2$	1.46	63.4	52.0
MgO or Alq	1.70	50.9	60.1
ITO	1.95	41.5	66.6
ZnO	2.10	37.0	70.0
TiO$_2$	2.39	30.3	75.0

8.1.5　陰極覆蓋層

Hung 等人首先強調用「適當厚度」且「折射率相配」（index-matching）的材料作為覆蓋層，可提高上發光元件光的導出率[16]。如表 8-3，以 LiF (0.3 nm)/Al (0.6 nm)/Ag (20 nm) 為陰極時，陰極穿透率只有 30%，表示有 70%的光無法順利射出元件表面，他們利用折射率由小到大的材料覆蓋在此薄金屬陰極上，發現覆蓋層折射率愈大時，穿透度愈大，且所需的最佳厚度愈薄。

2003 年 IBM 的 Riel 等人利用具有高能隙且折射率為 2.6 的 ZnSe 作為陰極覆蓋層，應用在上放光的磷光元件中[9]，發現可以改變元件的光學構造，並提升元件出光的效率達 1.7 倍，卻不影響元件的電性。在上放光 Ir(ppy)$_3$ 磷光元件中，利用 12 nm Ca 和 12 nm Mg 當作透明電極，接著再加上不同厚度的 ZnSe，都是以熱蒸鍍方式成膜。不同的 ZnSe 厚度下穿透度如圖 8-10，未加 ZnSe 層時，元件穿透度為 0.52，ZnSe 厚度 20 和 110 nm 時，有最大穿透度約 0.78。當 60 nm 時，穿透度最差約只有 0.35。但是在製成元件後，發現具有最高效率元件並不是電極穿透度最好的條件。未加 ZnSe 時，元件效率可達 38 cd/A，但當 ZnSe 為 20 nm，穿透度最高時，元件效率只有 36 cd/A，反而在穿透度最差的 60 nm 下，元件效率可以高達 64 cd/A，提升了 1.7 倍，這是因為在穿透度較低的時候，微共振腔效應的影響更大。

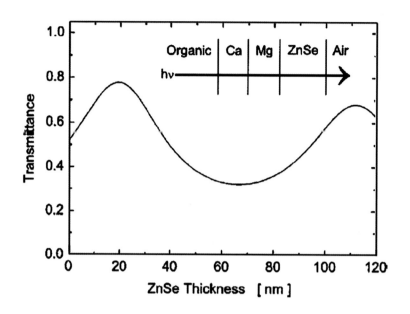

圖 8-10 不同 ZnSe 厚度下的穿透度[9(a)]

因此單純認為提高陰極穿透度可以避開光干涉的問題，在這些多層金屬電極系統中，真正的光學模型可能還是值得深思的。

8-2 串聯式 OLED 結構

串聯式 OLED 的概念是由日本山形大學 Kido 教授首次提出，他們是利用 Cs:dimethyl-diphenyl phenanthroline (BCP)/V_2O_5 當作透明的連接層[35]，將數個發光元件串聯起來，串聯式 OLED 與 Kodak 發表的傳統 OLED 技術比較（如圖 8-11 所示），它擁有較高的發光效率，其發光效率隨著串聯元件的個數，可以成倍數成長，而且在相同電流密度下測試時，串聯式 OLED 與傳統 OLED 的劣化特性是一樣的，但由於串聯式 OLED 的初始亮度比較大，因此換算成同樣初始亮度時，串聯式 OLED 的壽命將比傳統 OLED 還長，但這種元件的驅動電壓亦會隨著元件串聯的數目而倍數增加。

Kodak-type
(Tang, 1987)

Thickness < 1 µm
Low drive voltage < 10 V
Low QE
Short Life < 100,000 hrs

Tandem-type
(Kido, *SID '03*, 27.1)

Thickness > 1 µm
High drive voltage > 20 V
High QE
Long Life > 100,000 hrs

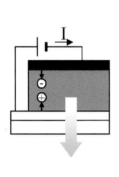

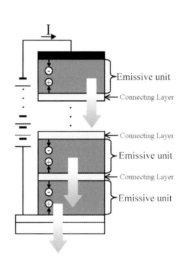

圖 8-11　傳統與串聯式 OLED 技術比較

　　2004 年 Liao 與鄧青雲博士也發表以 *n*-type Alq$_3$:Li/*p*-type NPB:FeCl$_3$ 作為串聯式 OLED 的連接層[36]。雖然串聯式 OLED 由於總厚度增加，使得在相同驅動電流下，電壓變大，但由於在相同驅動電流下，發光亮度的增加使得發光效率也隨著增加，在 Liao 的元件中，如果以多個磷光綠光元件互相堆疊，當堆疊的元件數為 3 時，可達到 130 cd/A 的效率（圖 8-12）。但他們發現如果直接以 *n*-doping 層/ *p*-doping 層作為連接層，元件的電壓會隨著時間而增加，這可能是 *n*-doping 層與 *p*-doping 層界面因為互相擴散而破壞所致，因此必須加入一中間層（如氧化物或金屬）才可改善，如圖 8-12(c)[37]。由此可知如何選擇、設計、製作適合的連接層材料是此一技術之關鍵。

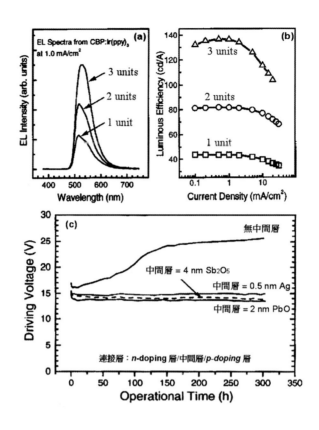

圖 8-12　串聯式磷光元件的效率與穩定度測試

　　2004 年，交通大學 OLED 研究團隊發表以 Mg:Alq$_3$/WO$_3$ 當作連接層[38]，在調整 WO$_3$ 的厚度時，發現一有趣的增幅（amplification）現象，以 Alq$_3$: 1% C545T 的綠光元件為例，當 WO$_3$ 的厚度為 30 nm 時，串聯兩個元件的效率剛好是傳統元件的兩倍，但隨著 WO$_3$ 厚度減小，效率可以提升到傳統元件的四倍或五倍。同時也發現這些增幅元件在各角度的發光強度比較接近 Lambertian 光源，此增幅效應是否與多層介質中的微共振腔效應有關則還有待釐清。台灣大學吳忠幟教授團隊，於 2006 年 SID 研討會發表了串聯式元件的光學計算結果，並與實際例子獲得印證，在再結合區不變情形下，單就光學效應討論，於無共振腔的元件中，串聯兩個元件的發光強度可增加至 2.6 倍，如果將共振導入，發光強度更可增加至 5 倍（圖 8-13）。該團隊也實際製作出 200 cd/A 的高效率串聯式磷光元件[39]。

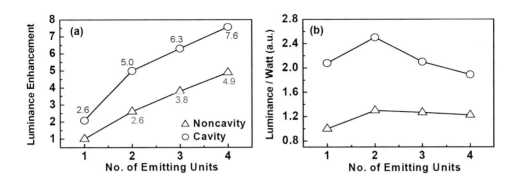

圖 8-13　光學計算不同串聯數目下的發光強度(a)和功率效率(b)增益，計算波長為 530 nm。

8-3　可撓曲式 OLED 結構

　　最初的有機電激發光元件是以玻璃當作基板，與現有的發光或顯示技術比較，在外觀上似乎感覺不到差異。西元 1992 年時，Gustafsson 等人首次發表利用 poly（ethylene terephthalate）（簡稱 PET）當作可撓曲式的基板，再搭配可導電高分子，製作出第一個以高分子為主體的可撓曲式有機電激發光元件[40]，此元件的量子效率約 1%。此後讓人們開始瞭解到有機電激發光技術的特別之處，可撓曲式顯示器一直是人們夢想中會出現的產品，有機電激發光技術似乎可以完成這個夢想。之後，在 1997 年時，Gu 等人則將小分子材料應用在元件中，取代原本高分子所扮演的角色，成功地製作出可撓曲式的小分子有機電激發光元件[41]。

　　「可撓曲式有機發光二極體」（FOLED）是歐、美、日等國先進的實驗室目前最熱門的研究課題之一。利用有機材料本身具有良好的可撓曲性，較容易製作在質量輕、體積小的塑膠基板上，具有未來攜帶型平面顯示器所需「輕、薄、小、彩、省（電）、美、多」的特性，且符合未來 4C、 3G、無線寬頻、藍芽等高度資訊化及知識經濟時代的需求，一直是

眾所期待的尖端技術。

製作一個耐撞擊、不易破碎、輕薄、便於攜帶的可撓曲式顯示器，讓人們可以隨時將顯示器捲起來放入口袋，或是可以穿戴在身上，是一個美好的理想。而要完成這個目標則需要從整體考量，如果不考慮驅動電路設計方面的問題，單單就可撓曲式元件的製作方面來看，就要考慮如基板材質的選擇、水氧阻絕層的水氧阻絕能力、導電陽極的平整度與導電度、陽極的圖案化製程、元件製作後的效率與顏色，還有元件完成之後的封裝效果好壞，最後則是元件壽命的長短及可以承受的機械應力如撓曲程度及次數等。

其中最基礎的研究，就是基板端陽極的改善。而可撓曲式有機電激發光元件與傳統的玻璃有機電激發光元件的主要差別就在使用的基板不同，所以在可撓曲式基板鍍上導電陽極，結果也會不同。導電陽極的平整度與電阻率會影響元件的穩定度及元件效率，所以表面粗糙度要小（<1 nm）且電阻率要低（<5×10^{-4} Ωcm），傳統在玻璃上濺鍍氧化銦錫時，大多採高溫的製程，而此製程並不適合應用在以塑膠材質為基板的可撓曲式元件，因為塑膠的玻璃轉移溫度皆不高。所以如何在低溫的條件下，根據不同的基板，製作出導電性及平整度皆不錯的導電陽極，是一個重要的課題。近來以有機導電膜材料（如 Baytron ® PH500）取代 ITO，也越來越受到重視。

而為防止環境中水氧氣對元件的操作壽命造成影響，氣體阻絕層及元件的封裝是另一個主要的研究課題。其中為了保有可撓曲式元件的撓曲性，元件的封裝勢必不能使用傳統的玻璃或金屬封裝蓋方式，而必須使用多層式的封裝膜。現在有許多的研究單位投入了這方面的研究。此外可撓曲式元件的操作壽命及可以承受的撓曲程度和次數都還有很大的改善空間。這些都是可撓曲式顯示器要達到商品化必須克服的一些問題。

8.3.1　基板

可撓曲式有機電激發光元件常使用的基板是塑膠基板，包括PC（Poly-carbonate）PET[42]、PEN（polyethylene naphthalate）、PES（polyethersulfone）等，製作上發光元件時則可使用金屬箔基板，其他還有使用超薄玻璃及紙基板的。

以塑膠為基板的 OLED 元件有下列優點，重量輕、耐久、可適應不同使用情況、可以使用低成本的 roll-to-roll 製造技術。ITO/PET 基板使用在LCD已有很長的一段時間，由於取得容易，最常被當作可撓曲式有機電激發光元件的基板。在 1992 年時，Gustafsson 等人首次發表可撓曲式高分子電激發光元件時，即使用此基板。西元 1997 年時，Gu 等人製作的可撓曲式小分子有機電激發光元件同樣使用 PET 基板。Noda 等人在 2003 年發表了以捲軸式（roll-to-roll）製程製作 ITO/PET[43]，其設備如圖 8-14，這種製作方式可以大量生產 ITO/PET 基板，降低成本。

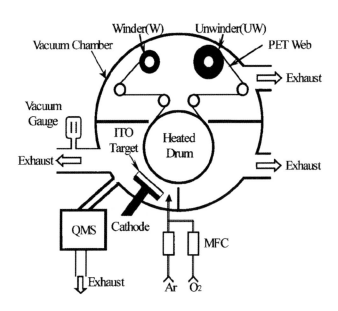

圖 8-14　捲軸式濺鍍設備 [38]

PES基板的 $T_g > 200℃$，比 PET 基板的 150℃ 還高，可以承受較高的製程溫度，在基板上濺鍍 ITO 或其他水氧阻絕層時，基板較不易受熱變形而產生不良的影響，因此適合拿來當做可撓曲式有機電激發光元件的基板。Park 等人在 2001 年發表以射頻磁控濺鍍的方式在 180 μm 的 PES 基板上濺鍍 100 nm 的 ITO 薄膜[44]，藉由減少基板在製作時的張力及熱膨脹，可以在 PES 基板上得到沒有裂痕的 ITO 薄膜。

DuPont Display 的 Innocenzo 等人在 SID 2003 發表了可應用在可撓曲式顯示器的 PEN 塑膠基板相關研究[45]。此篇文獻中的 PEN 在加入具有平滑作用的塗佈層之後，最大的突出缺陷不會高於 0.02 μm，基板在可見光區的穿透度大於 80%，熱穩定性比 PET 好，非常適合當作可撓曲式顯示器的基板。其他如 PC 基板則透光度較差且撓曲度有限，並不適合拿來當作下發光元件的基板。基於塑膠基板防止水氧穿透的能力不佳，Auch 等人在 2002 年發表超薄玻璃基板（50 μm 至 200 μm）[46]，在基板上旋轉塗佈一層 2-5 μm 的環己酮（cyclohexanone），接著在 225℃ 烘烤一小時，增加超薄玻璃的撓曲性。表 8-4 是可撓曲式基板的比較，可發現以高分子塗佈的超薄玻璃，兼具了撓曲性和抗水氧穿透的優點。在 2004 年美國西雅圖所舉辦的 SID 研討會中，Lee 等人更發表了以紙為基板的 FOLED，他們在紙基板上塗佈一

表 8-4　可撓曲式基板比較圖

	polymer foils	thin glass	ultra thin glass polymer system	Metal foils
water & Oxygen Permeation	✕	◯	◯	◯
Thermal & Chemical Stability	✕	◯	◯	◯
Mechanical Stability	◯	✕	◯	◯
Flexibility	◯	✕	◯	◯
Weight	◯	✕	◯	✕
High temperature display manufacturing process	✕	◯	✕	◯

層 Parylene，再鍍上鎳為陽極。但是元件在 100 mA/cm^2 的電流密度下，操作電壓為 19.5 V，而亮度才 342 cd/m^2，效率並不是很好，但也顯示出OLED幾乎可以製作在任何基板上[47]。

　　另一個可以使用的基板種類就是金屬基板[48]，不但具有撓曲性且防止水氧穿透的能力比塑膠佳，最重要的是可以承受較高的製程溫度。典型製作非晶矽TFT的溫度約為 300℃，無法製作在塑膠基板上。但金屬基板如不銹鋼的熔點在 1400℃ 左右，可以容忍的製程溫度高達 900℃。只是由於金屬不透光的特性，只能用來製作上發光元件。2006 年 SID 研討會中，Samsung SDI 和 UDC 即發表了在不銹鋼基板上製作LTPS-TFT的主動面板[49]，Samsung SDI 開發出一種表面平滑技術可使得不銹鋼基板 rms 粗糙度從 81.4 nm 降低到 3.3 nm。而 UDC 的特點在於他們使用了 Vitex Systems 的薄膜封裝技術，但由圖 8-15 可以發現，與被動面板相比，所試製出的主動面板還是有許多缺

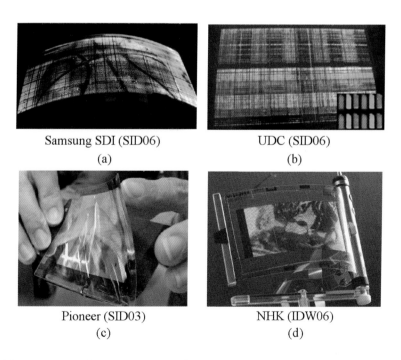

Samsung SDI (SID06)　　　　　　UDC (SID06)
(a)　　　　　　　　　　　　　　(b)

Pioneer (SID03)　　　　　　　NHK (IDW06)
(c)　　　　　　　　　　　　(d)

圖 8-15　(a) 66 dpi, 5.6 英吋 AMOLED(b)100 dpi, 4 英吋 AMOLED(c)160 (RBG) ×
120, 3 英吋 PMOLED(d)128 (RGB)×72, 5 英吋 PMOLED

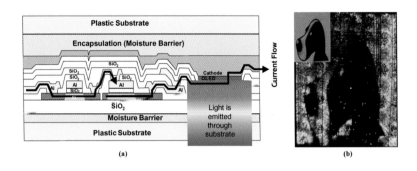

圖 8-16　(a)可撓曲式的主動矩陣截面圖　(b)SAIT 試製的 2.2 inch QQVGA (160 x 120) AMOLED

陷。可撓曲基板主要的問題除了製程溫度外，尺寸安定度與各層間的應力才是關鍵的地方，上述的文獻中鮮少對於此問題進行研究，尤其是主動面板各層不同材料眾多，如圖 8-16(a)，如果各層間的應力無法消除，基板會產生翹曲，而且在彎折測試後是否會產生薄膜剝離、龜裂等問題都尚待釐清，因此主動可撓曲顯示技術還有許多進步的空間。

8.3.2　主動矩陣式驅動技術

就被動矩陣來說，ITO 透明電極的濺鍍製程是首先要克服的問題，因為 ITO 的電阻率（resistivity）是隨著基板溫度增加而減少，但是塑膠基板的耐熱性不足，無法利用高溫退火來增加ITO的導電性質，因此未來如何在低溫下成長ITO膜且擁有低的電阻率是另一項研究課題。而且如果要在塑膠基板上面進行TFT製程，製作主動矩陣基板，則更是困難，需要新的製程技術加以克服，在技術上有三個發展方向：一是降低現有半導體製程的溫度，直接將電晶體做在塑膠基板上，二是將玻璃或矽基板上的電子元件以類似印版畫的原理蝕刻轉貼在塑膠基板上，第三個方向是使用全新的有機材料來製造有機薄膜電晶體。

例如，美國加州 Milpitas 的 FlexICs 公司於 1998 年發表可於 PEN 與 PET

等塑膠材料上製作薄膜電晶體的製程[50]，稱為超低溫多晶矽（ULTPS, ultra-low-temperature polysilicon）薄膜電晶體製程，ULTPS 製程係以標準的半導體 CMOS 技術為基礎，配合製程開發特有的對準（alignment）技術，並特別考量塑膠基材的形狀穩定性與操作性，未來如果可以量產，將是另一個希望。

ULTPS 技術的核心，在於 TFT 閘極堆疊成型（gate stack formation），包括多晶矽（poly-silicon）與閘極介電膜（gate dielectric films）。首先，為了在塑膠基材上形成高品質的多晶矽，採用與玻璃基材上製作多晶矽相同之準分子雷射退火（excimer laser annealing, ELA）技術，波長 308 nm，以及 FlexICs 特有厚約 0.75 微米的介電膜（氧化矽）。 這層介電膜介於塑膠基材與待進行準分子雷射退火的矽膜之間，足以作為絕熱層，即使上層的矽膜溫度達 1500℃，塑膠基材的局部溫度也不會超過 250℃。並且，塑膠基材的局部溫度升高的時間極短，僅約數百微秒，其形狀不致於改變。在形成介電膜方面，ULTPS捨棄傳統的化學氣相沉積法，而採用自行發展的設備進行薄膜沉積，該設備將所有的製程步驟均可控制於100℃或更低。ULTPS 製程之產品宣稱具有高達200-400 cm^2 / Vs 之電子移動率，遠超出傳統非晶矽產品的 1 cm^2/Vs 左右。有了如此高的電子移動率，未來 ULTPS 製程所製作的 TFT-FOLED 顯示器即可滿足動畫對於快速反應的需要。2006 年韓國的 SAIT（Samsung Advanced Institute of Technology）也發表其 ULTPS 技術，於PES基板上以低於 200℃製作多晶矽，電子移動率可超過 20 cm^2/V·sec，但亮度不均勻和線缺陷還是非常嚴重，驅動OLED元件後之圖片如圖 8-16(b)[51]。

另一個可撓曲式的主動矩陣式驅動方法就是利用有機 TFT，有機 TFT 材料的好處是可撓曲性較好，且適合許多低溫的鍍膜技術，如印表或噴墨方式。日本 JVC 和 NHK 廣播電視技術研究所，在 2004 年日本仙台召開的「第 65 屆應用物理學會學術演講會」上，公佈了使用在塑料底板上形成的主動有機 TFT 驅動的 OLED 面板的試製結果。已證實可在彎曲狀態下正常

工作。試製面板為單色顯示，像素數為 4×4。採用厚 125 µm 的聚碳酸酯底板，元件使用了磷光發光材料。有機TFT柵絕緣膜採用五氧化二鉭（Ta_2O_5），有機半導體採用並五苯（Pentacene）。載流子移動速率為 0.49 cm^2/Vs。以 60 Hz 的幀頻率工作時亮度為 260cd/m^2。 試製面板可在 32 mm 以內的曲率半徑範圍內彎曲，移動速率只會稍有增加（向凹側彎曲時）或稍有減少（向凸側彎曲時），只在百分之幾內的範圍內變化，可與平直狀態下一樣正常工作。其它研究機構近年來也陸續發表這領域之研究成果（如表 8-5），Sony 更於 2007 年發表 OTFT 驅動的全彩主動面板（120×RGB×160）。

8-4 *p*-i-*n* OLED 結構

第三章時曾經介紹過經由適當的摻雜，可以得到類似無機半導體中 *p* 或 *n* 型的材料，這些摻雜層比原本未摻雜時有較好的導電度，並可降低電洞和電子的注入能障，因此導入這些結構可以大大地降低元件操作電壓。所謂的 *p*-i-*n* OLED結構是指將 *p* 和 *n* 型的摻雜層作為元件的電洞和電子傳送層， 圖 8-17 為一般常見的 *p*-i-*n* OLED 結構及其能階圖，中間未做電性摻雜的材料厚度一般只有 40 nm 左右，因此 *p*-i-*n* OLED 的操作電壓通常只有傳統元件的一半，在 1000 nits 下，電壓約在 2.5～3.5V 之間。但除了電壓降低之外，必須維持高的發光效率才有意義，在如此高的電洞和電子注入電流下，如果再結合效率不高還是無法得到高效率的發光元件。同樣地，再結合後如何避免激發子被這些電性摻雜物如 Li$^+$、Cs$^+$ 或 F_4-TCNQ$^-$ 所淬熄也是非常重要，尤其是 Li 和 Cs 非常容易在有機層間擴散。因此在發光層與 *p* 或 *n* 型傳送層之間，必須分別加入一中間層（interlayer, IL）。這些中間層的主要目的是避免發光層與 *p* 或 *n* 型傳送層直接接觸，降低淬熄機率，並且IL-H具有電子阻擋能力，IL-E則需有電洞阻擋能力，才可在如此薄的發光層中有效再結合。

表 8-5　有機 TFT 驅動之 FOLEDs

研究機構	基板	畫素結構	陣列	mobility $(cm^2V^{-1}S^{-1})$	TFT 材料	EL 材料	鍍膜技術	出處
NHK	PC	2T1C	4×4	0.49	pentacene	磷光	真空蒸鍍	[52]
Dong-A Univ.	PET	2T1C	64×64	0.5	pentacene	螢光	真空蒸鍍	[53]
ETRI	PET	1T	single	0.21	pentacene	螢光	真空蒸鍍	[54]
Penn State Univ.	PET	2T1C	48×48	0.584	pentacene	螢光	真空蒸鍍	[55]
NHK	PEN	2T1C	16×16	0.25	pentacene	磷光	真空蒸鍍	[56]
Kyung Hee Univ.	PES	2T1C	128×64	0.7～1.8	pentacene	磷光	真空蒸鍍	[57]
RIKEN	PEN	1T	5×5	0.4	pentacene	螢光	真空蒸鍍	[58]

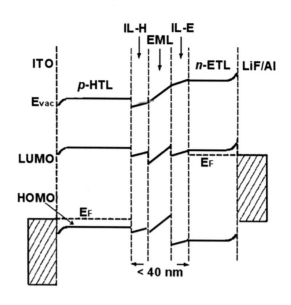

圖 8-17　　p-i-n OLED 結構與能階示意圖

　　在這領域成果最好的當屬德國 Dresden 大學應用光物理學院（Institute of Applied Photophysics, IAPP）的 Karl Leo 教授，主要負責 p-i-n OLED 結構的基礎研究，之後於 2001 年成立 Novaled 公司，進行開發 p-i-n OLED 技術的應用，並與 IPMS（Institute for Photonic Microsystems）合作發展 p-i-n OLED 的量產技術。2005 年，Novaled 公司即締造了綠光磷光元件的功率效率達 110 lm/W（@ 1000 nits）的紀錄。現在 p-i-n OLED 技術的主要問題還是在藍、綠光元件的壽命上有待更進一步改善。Novaled 公司發表 p-i-n OLED 的半衰期與初始亮度的關係為 $L_0^{1.7} \times t_{1/2} = constant$，因此當操作亮度設定越高時，半衰期會有非常明顯的下降。未來的發展是如何設計穩定的電性摻雜材料，來取代不穩定的 Li、Cs 或 F_4-TCNQ 和其不易量產的缺點，並且對 p-i-n OLED 劣化的因素進行深入的研究。在近來 Novaled 的研究中，他們是以分子型的電性摻雜材料來取代金屬，和導入高 T_g 的電荷傳遞材料來達到高穩定性的元件[59]，在 500 nits 的初始亮度下，上發光的 p-i-n 藍光元件壽命為 1 萬 6 千小時，綠及紅光元件壽命可達十萬小時以上，白光元件壽命也有 1 萬 8 千小時（@ 1000 nits）。而交通大學 OLED 研究團隊利用有

機／金屬氧化物之混成 p 型傳送層，得到新型的 p-i-n 白光元件（$CIE_{x,y}$ = 0.32, 0.43），在 1000 nits 下，操作電壓為 3.4 V，功率效率可達 9.2 lm/W[60]。

8-5　倒置式 IOLED 結構

倒置式的 OLED（inverted OLED, IOLED）元件是在基板上先製作陰極，在陰極金屬上蒸鍍有機薄膜後再成長陽極導電膜（如圖 8-18），與一般元件的製作流程剛好相反，IOLED 主要的好處是適合與 n-通道 a-Si 薄膜電晶體結合，作為大面積高效率的主動矩陣驅動的元件，IOLED 相關研究最早是由 Baigent 等人在矽晶片上成長高分子薄膜後[61]，再濺鍍 ITO 薄膜作為陽極，與先前上發光元件一樣，要在有機分子上濺鍍 ITO 薄膜，必須要有濺鍍保護層（protective cap layer, PCL）防止濺鍍破壞，Forrest 等人於 1997 年首次提出小分子的倒置式 OLED[62]，並發現 CuPc 或 3,4,9,10-perylenetetracarboxylic dianhydride（PTCDA）可作為濺鍍保護層，其中又以 PTCDA 的效果較 CuPc 好。2003 年 Dobbertin 等人使用具有高電洞傳導率及高熱穩定性的並五苯（Pentacene）有機材料作為濺鍍保護層[63]，並在濺鍍 ITO 時以較低功率及較高功率兩階段濺鍍，但 Pentacene 與 ITO 界面間的電洞注入效率還有改善空間。同年 Dobbertin 等人又發表了一篇在小分子有機材料上以旋轉塗佈

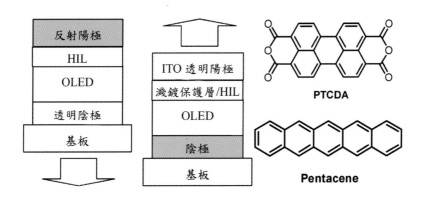

圖 8-18　倒置式的 OLED 結構示意圖與 PTCDA 和 Pentacene 之化學結構

法，沉積一層高分子材料（PEDOT）作為濺鍍保護層[64]。2004 年 Miyashita 等人改以 MoO₃（molybdenum trioxide）取代有機材料作為濺鍍保護兼電洞注入層，發現可以得到與傳統下發光元件一樣的效能[65]。

　　倒置式 OLED 另一個需注意的是陰陽極之電荷注入問題，由於陰極是成長在基板上，需要進一步微影蝕刻成適當的圖形，因此反應性高的低功函數金屬（如 Li、Ca、Mg）已不能使用，另外新濺鍍的 ITO 陽極功函數並不夠高，因此無法像傳統的 OLED 元件達到相同的效能。Jung 等人用 N₂ plasma 處理鋁陰極的表面[66]，使得電子更容易注入電子傳輸層，Wu 等人則是使用薄 Alq₃/LiF/Al 層作為 IOLED 的電子注入層，並比較 Al、Ag 作為陰極的差異[67]。交通大學 OLED 研究團隊也提出以 ITO/Mg/BPhen:Cs₂CO₃ 來解決從 ITO 電極注入電子的問題[68]。其它如使用 *n* 和 *p* 摻雜的方法都可有效改善 IOLED 在陰陽極電荷注入的問題[69]。

8-6 白光 WOLED 結構

　　近來有機電激發白光的元件（WOLEDs）漸漸被市場所重視，因為它可以用來做成像紙一樣薄的光源片，也可以用來做液晶顯示器的背光源及全彩色的 OLED 顯示器。然而純有機色料鮮少有放白光的，所以要得到白光一般要將電激發光的顏色混合而成，例如混和兩互補色可以得到二波段型白光，或混合紅、藍、綠三原色得到三波段型白光。就 OLED 元件結構的設計上主要有兩種方式來實現，分別為多摻雜發光層與多重發光層元件（如圖 8-19）。所謂多摻雜發光層是指將各種顏色的摻雜物共蒸鍍於同一發光層中，利用不完全能量轉換的原理使 EL 呈現不同「混合」的顏色[70]。而多重發光層元件是將不同顏色的摻雜物摻混在不同發光層中，利用個別再結合放光來達到多波段的放光。白光的特性除了以 CIE$_{x,y}$ 色度座標來判斷外，一般認為人造光源應讓人眼正確地感知色彩，就如同在太陽光下看

東西一樣，當然這需視應用之場合及目的而有不同的要求程度。此準據即是光源之演色特性，稱之為『演色性指數』（color rendering index, CRI）[71]，此系統以 8 種彩度中等的標準色樣來檢驗，比較在測試光源下與在同色溫的基準光源下此 8 色的偏離（deviation）程度，以測量該光源的演色指數，取平均偏差值(Ra) 20-100，以 100 為最高。平均色差愈大，CRI值愈低，低於 20 的光源通常不適於一般用途，而晝光與白熾燈的演色指數定義為 100，視為理想的基準光源。在照明應用時，CRI 值必須大於 80，黑體（black body）色溫度約在 3000-6000 K，並且這些參數不會隨著使用時間而改變。

8.6.1　多重發光層（Multiple emissive layers）

小分子WOLEDs通常由數個有機層堆疊而成，而這些有機層都各有各的功能，例如有些具電洞或電子的傳導，有些是電荷阻擋，而有些是激子

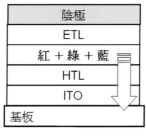

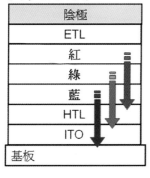

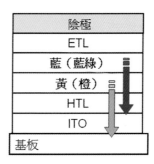

圖 8-19　(a) 多摻雜發光層元件示意圖　(b) 多重發光層元件示意圖

（exciton）的再結合層。再結合的電流在任一有機層中可由引進電洞阻擋層[72]、改變膜厚[73]或調整摻雜物濃度[74]來控制，而藉著控制在個別有機層間的再結合電流，可調整經由紅、綠、藍光發光層的放光比例來達到適當的白光光色。以此來製備WOLEDs已被數位作者所發表，通常都是利用真空蒸鍍小分子的方式，因為想達到需求的色平衡和效率，所堆疊的各有機層的厚度是必須嚴密控制的。

高效率的磷光元件如圖 8-20 中所展示的 Device 1，是利用三重態激子擴散在數個分離的磷光發光層來達到具高功率效率和高外部量子效率的WOLEDs，三重態具有高出單重態激子十的數次方倍的生命期，因此，它們可擴散較長的距離，發光層厚度可大於 10 nm[75]。而為了達到所需求的光色，摻雜不同發光層的各層之厚度必須小心調整，讓一開始在電洞傳輸層和發光層介面形成的激子在各層內有適當的比例。Device 2 則是在藍光和紅光發光層之間加入電洞／激子阻擋層，來調整藍光和紅光的激子比例。利用藍光和紅光的互補色，可以得到CIE座標為（0.35, 0.36）的白光，但由於少了綠光因此 CRI 只有 50。

圖 8-20 的 Device 1 包括三種磷光摻雜物，分別為發藍光的 iridium(III) bis(4,6-difluorophenyl)-pyridinato-N, C^2) picolinate（FIrpic），發黃光的 bis(2-phenyl benzothiozolato-N, C^2) iridium (acetylacetonate)〔Bt_2 Ir(acac)〕，和發紅光的 bis(2-(2'-benzo[4,5-a]thienyl)pyridinato-N, C^3) iridium (acetylacetonate)〔Btp_2 Ir (acac)〕，個別摻雜在常用的主發光層 4,4'-N,N'-dicarbazole-biphenyl（CBP）中。此WOLEDs的光色是經由調整各層的厚度、摻雜物的濃度來控制，此WOLEDs的CRI高於80，$CIE_{x,y}$座標為（0.37, 0.40），元件的η_p在 100 cd/m^2 時為 6.0 lm/W (11 cd/A)，到 1000 cd/m^2 時則降為 3 lm/W。

而此元件最大的缺點則是需較高的操作電壓，這是因為此元件的發光層是由較多層數所組成，一個磷光WOLEDs由發光層到電子傳輸區域的平均電場值大於 10^6 V/cm[76]，所以如果要有低操作電壓，發光層加電子傳輸

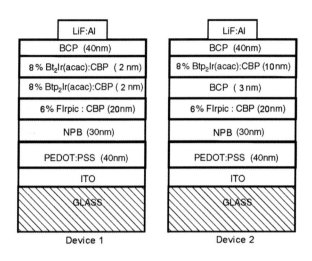

圖 8-20　多重發光層 WOLED 元件結構 [60]

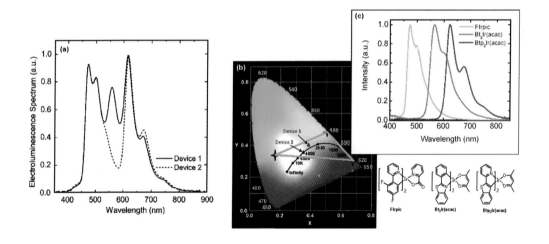

圖 8-21　(a) WOLED 元件的 EL 光譜　(b) WOLED 元件和摻雜物光色在 1931 CIE
座標圖之位置　(c) 摻雜物結構與個別之 EL 光譜

資料來源：Prof. Forrest's workshop in IDMC 2003, Taipei

層的總厚度必須保持很薄才行（低於 10 nm），另一降低操作電壓的方法
則是在導入 n 和 p 型的傳輸層，但這會使元件製作變得複雜且會使得元件
壽命嚴重的減短[77]，且高濃度的電子和電洞在阻擋層中也會造成不預期的
再結合，以致降低 η_{ext}，造成效率額外的損失。而且，使用多個發光摻雜

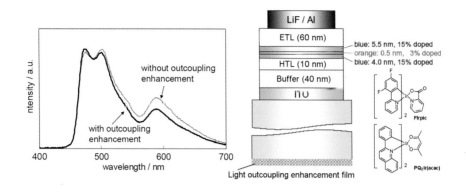

圖 8-22　Kido 團隊使用的摻雜材料與元件結構及 EL 發光光譜

物會因發光團的不同而有不同的老化機制，因此在元件操作中，可能會造成不預期的光色改變，最後，此種多發光層的元件相對於單色OLEDs有較多的材料和介面，因此在製作和價格上也會相對的變得複雜和昂貴。

目前磷光WOLEDs的紀錄是由日本的研究團隊所保持，Kido 團隊發表二波段型白光，使用的材料與元件結構如圖 8-22 所示，在兩個薄藍光發光層中間插入極薄的橘光發光層，如此改善了不同亮度下色偏的問題，再搭配高電子移動率的電子傳輸材料與最佳化光學厚度後得到低電壓、高效率的白光元件，亮度 100 cd/m^2 時外部量子效率21%、效率 45 lm/W，CIE$_{x,y}$ 座標為（0.31, 0.40），與增加光導出技術並用後，外部量子效率可達 30%、功率效率是 62 lm/W [78]。而柯尼卡美能達（Konica Minolta）技術中心在 2006 年也開發成功了 1000 cd/m^2 初始亮度下（電壓 3.7 V），CIE$_{x,y}$ 座標為（0.39, 0.43），外部量子效率為 20%、亮度半衰期約 1 萬小時的有機 EL 白色發光元件[79]。搭配光導出技術後，發光效率可達到 64 lm/W。其中發光層是使用紅、藍、綠三色的磷光材料，藍光主發光體和摻雜材料是由柯尼卡美能達自行開發，紅、綠光材料為 UDC 開發。元件在 85℃和 2.5 mA/cm^2 下測試500 小時，亮度衰減小於 1%，顏色變化也很小，這是目前白光 OLED 最好的元件之一。

316

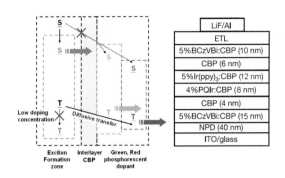

圖 8-23　Forrest 教授 WOLED 元件結構與能階示意圖

2006 年，美國普林斯頓大學 Forrest 教授和美國南加州大學 Thompson 教授利用螢光藍光摻雜物搭配磷光綠、紅光摻雜物[80]，提出一新的元件結構，以往利用螢光藍光主要是著眼於磷光藍光的壽命不好。但此次其元件結構與以往不同的是，電子電洞再結合主要發生在發光層兩側的藍色螢光層中，如圖 8-23，單重態激發子因為生命期及擴散長度短，因此不會能量轉移給中間的磷光發光層。而再結合區中剩下的三重態激發子，則擴散至中間的磷光發光層進行能量轉移產生紅光與綠光，此特殊的元件結構使得再結合產生的激發子充分得到利用，外部量子效率達 18.7±0.5%。但由於使用螢光藍光摻雜物，藍光強度還是偏弱，$CIE_{x,y}$ 色度座標為（0.40, 0.41），尚不符合顯示器應用要求。

螢光 WOLEDs 的報導中，早期是由美國柯達發表利用雙發光層的元件結構，將黃光的螢光摻雜物（如 Rubrene 的衍生物）摻混至電洞傳送層（NPB）中，然後再蒸鍍高效率的天藍光發光層，發光顏色同樣是由發光層的厚度和摻混濃度決定，此結構的效率則依照其顏色而定。圖 8-24(a)顯示這類二波段白光的光譜與 $CIE_{x,y}$ 色座標和效率之關係，黃光越強時效率越高，但顏色也越偏離 $CIE_{x,y}$ (0.33, 0.33)[81]。在 2006 年 SID 年會上，他們不但發表了多波段白光的系統，也將電壓降低至 4.2 V 左右，元件結構為多個發光層相疊，其 EL 光譜如圖 8-24(b)所示，明顯地可以分辨藍、綠、黃、

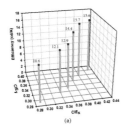 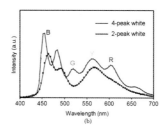

圖 8-24 (a) 二波段白光 CIEx,y 色座標和效率之關係 (b)Kodak 二波段和多波段
白光光譜

紅的主峰在 452 nm、524 nm、560 nm 和 608 nm，CIE$_{x,y}$ 色座標為（0.318,
0.348），但效率只有 9.9 cd/A [82]。

　　向來以開發高效率螢光材料聞名的日本出光興業公司，在 2006 和 2007
年也公佈了最新的白光元件製作結果，利用新開發的藍光主發光體（NBH）
搭配藍光摻雜物 BD-1 和綠光摻雜物 GD206，加上與三井化學合作的高效
率紅光摻雜物 RD-2，得到 CIE$_{x,y}$ 色座標為（0.33, 0.39）的白光元件，效率
可高達 16 cd/A，壽命更是比先前發表的三波段白光大幅增加，在初始亮度
1000 nits 下，壽命估計為 7 萬小時。如表 8-6 所示，當進一步導入高移動率
的傳送材料，Device 2 和 3 的電壓可以進一步下降，Device 2 中改以高電子
移動率（3×10^{-4} cm^2/Vs, @ 0.25 MV/cm）的 ETM，發光區域往陽極方向移
動，因此靠近陽極的藍光和紅光強度增強。當在 Device 3 中再導入高電洞
移動率（2×10^{-3} cm^2/Vs, @ 0.25 MV/cm）的 HIM，電壓可以降到 3.67 V，與
得到最高的功率效率，可是元件壽命只有 Device 1 的一半，在初始亮度
1000 nits 下，壽命估計為 3 萬小時[83]。如果採用上發光結構後搭配彩色濾
光片，模擬 2.2 英吋面板 200 nits 全亮時的功率消耗約為 200 mW，出光興
業認為這樣的效率已可以與 LCD 相匹敵。

表 8-6　出光三波段白光元件特性（@10 mA/cm^2）

Device[a]	Voltage(V)	CIE$_x$	CIE$_y$	Current efficiency (cd/A)	Power efficiency (lm/W)	EQE[b] (%)
Device 1 (Standard)	6.94	0.337	0.396	16.0	7.25	7.18
Device 2 (NET)	4.40	0.342	0.327	15.9	11.4	8.98
Device 3 (NHI/ NET)	3.67	0.375	0.404	19.6	16.8	9.05

[a] Device structure:

Device 1：ITO/HI/HT/W-EML(50nm)/Alq$_3$/LiF/Al

Device 2：ITO/HI/HT/W- EML(50nm)/NET/LiF/Al

Device 3：ITO/NHI/HT/W-EML(30nm)/NET/LiF/Al

W-EML = RH-1:RD-2/CBL/NBH:BD-1/NBH:GD206

[b] Lambertian pattern

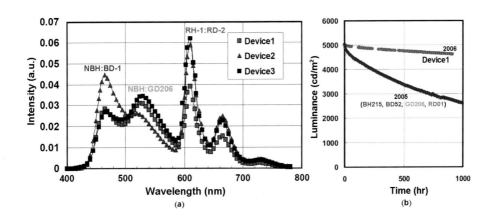

圖 8-25　(a)出光三波段白光光譜與　(b)壽命比較

8.6.2　多摻雜發光層（Multiple dopants emissive layer）

另一個製備白光的方法是用數個摻雜物混合在單一主發光體即可，或

者，也可使用會產生活化雙體（excimer）或活化錯合物（exciplex）放射的材料摻雜在單一發光層中（下節將會介紹）。有文獻指出[84]，高分子螢光和磷光 WOLEDs 可以三種放光的摻雜物依適當比例混合形成白光，而利用真空蒸鍍小分子 WOLEDs 在雙摻雜的發光層中的實驗也被報導過[85]。

圖 8-26 所展示出的是一只具有單發光層的 WOLEDs，其中包含了三種磷光摻雜物：2 wt-% 的 iridium(III) bis(2-phenylquinolyl-N, C^2) acetylacetonate（PQIr）提供紅色光[86]，0.5 wt-% 的 fac-tris(2-phenylpyridine) iridium〔Ir(ppy)₃〕發綠光，而 20 wt-% 的 iridium(III) bis(4',6'-difluorophenylpyridinato)tetrakis(1-pyrazolyl)borate（FIr6）則是發藍光[87]，此三個摻雜物是同時蒸鍍到一能隙超大的 p-bis(triphenylsilyly)benzene（UGH2）三重態主發光體中，將 FIr6 摻雜在主發光體 UGH2 中的藍光元件顯示出，電荷是直接注入到 FIr6 中，而激子也是在 FIr6 上形成，直接形成三重態激子的過程可避免掉能量交換的損失，而此種能量交換的損失常見於一般紅、綠、藍光磷光 OLEDs 中[88]。此外，三摻雜物的 WOLEDs 可達到較高的外部能量效率，因為它使用了很薄的發光層來降低電壓和侷限電荷和激子在發光層中。將電荷和激子限制在發光層中可降低發光層中任一物質的能量損失。圖 8-26 右為這三摻雜物 WOLEDs 概要的能階圖，電荷的侷限效果是取決於發光層和鄰近層之 HOMO 軌域和 LUMO 軌域的差，圖中 4,4',4"-tri(N-carbazolyl)triphenylamine（TCTA）的 LUMO 大約比摻雜物和主發光體大 0.3 eV，因此，可防止電子從發光層中漏出，此外，FIr6 的 HOMO 為 6.1 eV，而 1,3,5-tris (N-phenylbenzimidazol-2-yl) benzene（TPBI）為 6.3 eV，兩者相差 0.2 eV，可有效阻擋電洞穿越界面，而激子由發光層擴散到電子和電洞傳輸層亦可藉著使用能隙大於藍光摻雜物的材料來避免，在此，TCTA 和 TPBI 的能隙各是 3.4 和 3.5 eV，已比藍光能隙還大，這些阻擋可改善這只有 9 nm 厚的發光層的電荷平衡，亦即再結合效率增加，提高外部量子效率，最大外部量子效率可達 12%。此 WOLEDs 的 CRI 高於 75，CIE$_{x,y}$ 色度座標為（0.40, 0.46）。

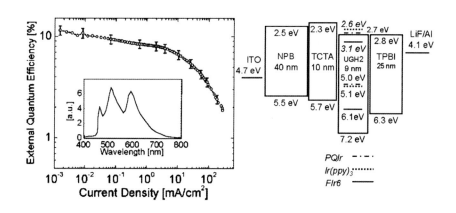

圖 8-26　元件的 η_{ext} 對電流密度圖及元件能階圖，插圖為元件的 EL 光譜[71]

　　這種三摻雜物WOLEDs的好處之一是白光光色在元件操作期間可能不會改變（亦即不會像多摻雜發光層WOLEDs一樣會有不同摻雜物光色老化的問題），但前提是，必須假設此元件主要是由藍光摻雜物在傳導電荷，而它也是唯一激子直接形成的位置，一旦激子形成後，再依能量轉移的方式傳給綠光和紅光的發光體，進而形成均衡的發光光色，因此，當藍光發射隨著操作時間而慢慢變弱，那綠光和紅光應該也要等比例地下降，因為它們的相對放光強度是和藍光發光體直接相關的。

　　多摻雜發光層的螢光元件結構中，常用的方法是在高效率的藍綠光發光體中，用「少量」橘紅光的客發光體去做摻混，使得除了本身的藍綠光外，只有一小部分的能量轉移到橘紅光發光體發光，達到顏色混合的目的。但由於螢光能量轉移的效率較好，所以橘紅光的客發光體的濃度必須很小，因此也增加控制顏色的困難度。柯達是最早用不完全能量轉換的原理使 EL 呈不同混合的顏色[90]。只要用少量的 DCJTB（0.1%）紅光色素摻雜在藍光發光體中（ADN:2% perylene），就可使原本藍綠光顏色加入一半DCJTB的紅色而呈白光。$CIE_{x,y}$ 色度座標可以從藍光的（0.16, 0.16）調整至白光的（0.34, 0.35），而效率也從 2.27 cd/A 增加到 4.01 cd/A。

由於低濃度摻雜在共蒸鍍系統中不容易控制，白光顏色的再現性、穩定性和均勻性常常會受影響。因此有些研究團隊利用預先混和的方法，將不同摻雜材料混合後再一起蒸鍍，如 Yang Yang 教授將 NPB 熔化後與 DPVBi、C545T、rubrene 和 DCJTB 以重量比 100:4.12.0.282:0.533:0.415 混合，亮度從 1 至 10,000 cd/m² 時，$CIE_{x,y}$ 色座標只從（0.31, 0.36）改變至（0.29, 0.33）[91]。而台灣清華大學周卓輝教授團隊則先用溶劑將不同摻雜材料混合，亦可達到同樣的目的[92]，但由於不同材料的蒸鍍溫度不同，在連續式的生產時會遇到預混和組成改變的問題。

8.6.3 利用活化雙體和活化錯合物發射的白光 WOLEDs

一個有希望能減少在多層式元件摻雜物的數目和結構異質性的方法為利用一個可形成寬波段放射的活化錯合物發光體，螢光活化錯合物 WOLEDs 已可做到 $CIE_{x,y}$ 色度座標接近理想白光光源的（0.33,0.33）[93]，但其外部量子效率和最大亮度卻遠低於實際應用的需求。相對地，文獻報導由 platinum (II)(2-(4',6'-difluoro-phenyl)pyridinato-N,C²')(2,4-pentanedionate)（FPt1）的磷光活化雙體所發出的光，加上藍光單體 FIrpic 的光可形成一個寬波段且有效率的磷光 WOLEDs[94]，相對於活化錯合物，活化雙體是一個處在激發態的分子的波函數和鄰近結構相同的分子重疊所組成。

活化雙體和活化錯合物都沒有固定的基態，而也因此產生了一種獨特的方式，可使能量有效率地由主發光體傳送到發光中心，舉例來說，因為活化雙體不具有固定的基態，因此能量就無法由主發光體和高能量（藍光）的摻雜物傳送給低能量（活化雙體-橘光）的摻雜物，複雜的分子間作用力也可以消除因為使用多個摻雜物所造成的光色均衡問題。因此，磷光活化雙體 WOLEDs 只需一個或最多二個摻雜物，就可以形成包含整個可見光區域的放射，圖 8-27 為這種單摻雜物活化雙體（FPt1）元件的功率效率對電流密度圖，插圖為元件的能階圖，此元件的發光效率由 1000 cd/m²

的 η_p = 4.1±0.4 lm/W 降低為在 10000 cd/m² 時的 1.2±0.1 lm/W，而最大 η_p = 11±1 lm/W 是發生在低亮度時。

　　圖 8-27 中的元件包含兩個特別的地方，一個是加入了電子阻擋層 *fac*-tris- (1-phenylpyrazolato-N,C²') iridium(III)〔Ir(ppz)₃〕，而另一個是很薄的發光層，Ir(ppz)₃電子阻擋層可藉著防止電子漏出到電洞傳輸層（NPB），增加電子和電洞在發光區中的再結合效率，而由 *N,N*'-dicarbazolyl-3,5-benzene（mCP）和 FPt1 所組成的發光層厚度調整到最佳化，使操作電壓降到最低而同時使再結合效率達到最大[96]。Williams 等人則是將元件結構改良為ITO/PEDOT/PVK/2,6-bis(N-carbazolyl)pyridine(26mCPy):FPt1 (12%)/BCP/LiF/Al，亮度 500 cd/m² 時，η_p 提高為 12.6 lm/W，外部量子效率達 15.9% [97]。

　　為了使活化雙體有效率的放光，最關鍵的步驟是控制摻雜物的濃度，因為平面方形的 Pt 錯合物在濃度高的溶液中和薄膜狀況時較易形成活化雙體[78]。例如，FPt1 在 10^{-6} M 的二氯甲烷溶液中表現出的是單體的光，而到較濃的 10^{-3} M 溶液時才會顯露出活化雙體的放射，而 FPt1 的薄膜沒有任何有關雙體的額外吸收，而且單體和活化雙體的激發光譜（photoluminescence excitation spectra）是一樣的，這些證實顯示了單體和活化雙體是經

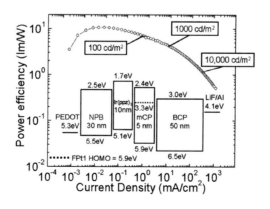

圖 8-27　活化雙體（FPt1）元件的功率效率對電流密度圖，
　　　　　插圖為元件的能階圖[76]

由相同的激化過程所產生，而不是由不同的物質。跳過這種單摻雜物活化雙體元件的簡單製程不說，這種元件也因為只有單一摻雜物（單體時放射出藍光，而活化雙體則放射出橘紅光）而預期不會有元件操作期間光色變化的問題，然而，方形的 Pt 錯合物的操作壽命仍然不夠。

8.6.4 其它 WOLEDs 結構

美國 General Electric 公司的研究部門 GE Global Research 利用下轉換（down conversion）的方法，以高分子藍光材料製作藍光 PLED，在基板的另一側塗佈橘色和紅色轉換層，其中染料為 Perylene 的衍生物，其量子效率 > 98%。無機的磷光體（Y(Gd)AG:Ce）色轉換層量子效率也有 85%，因此利用高效率的色轉換層吸收部分的藍光，再轉換成其它顏色，混合後白光的 CRI 為 88，$CIE_{x,y}$ 色度座標為（0.36, 0.36），功率效率則高達 15 lm/W，元件結構與發光光譜如圖 8-28。他們利用此技術展示出 24×24 英吋的大面積白光面板（圖 8-29），亮度為 1200 流明（lumens）。2005 年，OSRAM 公司也發表以高分子磷光元件結合此方法，可得到 25 lm/W 的高效率的白光。

另一個方法是前面所提過的串聯式 OLED，Kido 教授在發表此一結構時，即提過利用不同顏色的元件串聯可以混合出白光。日本 IMES 公司著

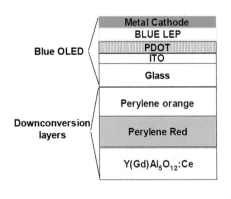
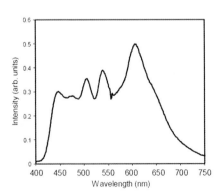

圖 8-28　色轉換白光元件結構與其發光光譜

圖 8-29　General Electric 公司的大面積白光照明光源

眼於這一點，分別使用了藍、綠、黃、紅 4 種發光層，得到 CRI 為 94 的白光，亮度為 3000 cd/m^2（圖 8-30），這一數字與螢光燈這樣的高演色產品幾乎完全一樣。但這種單純串聯的元件不能調整或是補償因為個別元件老化所造成的光色變化問題。串聯式 OLED 的另一個問題是由於元件中有許多不同折射率的介質層，而且層數是傳統元件的好幾倍，因此會有程度不一的共振腔效應，顏色可能會隨著視角而不同，2004 年 IDW 會議中，交大 OLED 研究團隊發表以天藍色串聯黃色元件時，即發現隨著視角不同，發光顏色會有很大的改變，但如果以兩個白光元件互相串聯時，情況可以大大改善，可是 CIE 色度座標隨視角的飄移還是比傳統 OLED 元件稍大[99]。

圖 8-30　東京國際照明展覽會 2005，上面展示 5 片
IMES 公司的高演色性有機 EL 光源

2005 年，Forrest 等人隨即發表以兩個白光磷光元件串聯，可以得到顏色為 $CIE_{x,y}$（0.39, 0.45），效率高達 30 lm/W 的白光元件[100]。

參考文獻

1. K. Mameno, S. Matsumoto, R. Nishikawa, T. Sasatani, K. Suzuki, T. Yamaguchi, K. Yoneda, Y. Hamada and N. Saito, *Proceedings of IDW'03*, p.267, Dec. 3-5, 2003, Fukuoka, Japan.

2. G. Gu, V. Bulovic, P. E. Burrows, S. R. Forrest, and M. E. Thompson, *Appl. Phys. Lett.*, **68**, 2606 (1996).

3. G. Parthasarathy, P. E. Burrows, V. Khalfin, V. G. Kozlov, and S. R.Forrest, *Appl. Phys. Lett.*, **72**, 2138 (1998).

4. L. S. Hung and C. W. Tang, *Appl. Phys. Lett.*, **74**, 3209 (1999).

5. G. Parthasarathy, C. Adachi, P. E. Burrows, and S. R. Forrest, *Appl. Phys. Lett.*, **76**, 2128 (2000).

6. P. E. Burrows, G. Gu, S. R. Forrest, E. P. Vicenzi and T. X. Zhou, *J. Appl. Phys.*, **87**, 3080 (2000).

7. L. S. Hung, C. W. Tang, M. G. Mason, P. Raychaudhuri, and J. Madathil, *Appl. Phys. Lett.*, **78**, 544 (2001).

8. S. Han, X. Feng, Z. H. Lu, D. Johnson and R. Wood, *Appl. Phys. Lett.*, **82**, 2715, (2003).

9. (a) H. Riel, S. Karg, T. Beierlein, B. Ruhstaller, and W. Rieß, *Appl. Phys. Lett.*, **82**, 466 (2003). (b) H. Riel, S. Karg, T. Beierlein, W. Rieß and K. Neyts, *J. Appl. Phys.*, **94**, 5290 (2003).

10. S. F. Hsu, C. C. Lee and C. H. Chen, *Proceedings of The 4th International Conference on Electroluminescence of Molecular Materials and Related Phenomena(ICEL-4)*, p.76, Aug. 27-30, 2003, Cheju, Korea.

11. R. B. Pode, C. J. Lee, D. G. Moon, J. I. Han, *Appl. Phys. Lett.*, **84**, 4614 (2004).

12. (a) T. Hasegawa, S. Miura, T. Moriyama, T. Kimura, I. Takaya, Y. Osato, and H. Mizutani, *Proceedings of SID'04*, p.154, May 23-28, 2004, Seattle, Washington, USA. (b) J. Birnstock, J. Blochwitz-Nimoth, M. Hofmann, M. Vehse, G. He, P. Wellmann, M. Pfeiffer, and K. Leo, *Proceedings of IDW'04*, p.1265, Dec. 8-10, 2004, Niigata, Japan.

13. L. S. Liao, L. S. Hung, W. C. Chan, X. M. Ding, T. K. Sham, I. Bello, C. S. Lee, and S. T. Lee, *Appl. Phys. Lett.*, **75**, 1619 (1999)

14. L. S. Hung and C. W. Tang, *Appl. Phys. Lett.*, **74**, 3209 (1999).

15. G. Parthasarathy, C. Adachi, P. E. Burrows, and S. R. Forrest, *Appl. Phys. Lett.*, **76**, 2128 (2000).

16. L. S. Hung, C. W. Tang, M. G. Mason, P. Raychaudhuri, and J. Madathil, *Appl. Phys. Lett.*, **78**, 544 (2001).

17. S. Han, X. Feng, Z. H. Lu, D. Johnson and R. Wood, *Appl. Phys. Lett.*, **82**, 2715, (2003).

18. C. Qiu, H. Peng, H. Chen, Z. Xie, M. Wong, and H. S. Kwok, *IEEE Trans. Electron Devices*, **51**, 1207 (2004).

19. Z. Xie, L. S. Hung, F. Zhu, *Chem. Phys. Lett.*, **381**, 691, (2003).

20. P. K. Raychaudhuri, J. K. Madathil , J. D. Shore and S. A. Van Slyke, *Journal of the SID*, **12/3**, 315 (2004).

21. C.-W. Chen, P.-Y. Hsieh, H.-H. Chiang, C.-L. Lin, H.-M. Wu, and C.-C. Wu, *Appl. Phys. Lett.*, **83**, 5127 (2003).

22. H. W. Choi, S. Y. Kim K.-B. Kim,Y.-H. Tak and J.-L. Lee, *Appl. Phys. Lett.*, **86**, 012104 (2005)

23. J. K. Noh, S. H. Son, Y. C. Lee, Y. H. Hahm, M. S. Kang, WO 2006019270 (2006).

24. H. Chen, C. Qiu, M. Wong, and H. S. Kwok, *IEEE Electron Device Lett.*, **24**, 315 (2003).

25. H.-K. Kim, D.-G. Kim, K.-S. Lee, M.-S. Huh, S. H. Jeong, K. I. Kim, H. Kim, D. W. Han, and J. H. Kwon, *Appl. Phys. Lett.*, **85**, 4295 (2004).

26. G. H. Kim, H. W. Kim, H. K. Kim, M. J. Keum, K. H. Kim, *Proceedings of IDW'04*, p.1351, Dec. 8-10, 2004, Niigata, Japan.

27. H.-K. Kim, K.-S. Lee, J. H. Kwon, *Appl. Phys. Lett.*, **88**, 012103 (2006).

28. D. Poelman, R. L. V. Meirhaeghe, W. H. Laflere, F. Cardon, *J. Phys. D:Appl. Phys.*, **25**, 1010 (1992).

29. (a) A. Dodabalapur, L. J. Rothberg, R. H. Jordan, T. M. Miller, R. E. Slusher, and Julia M. Phillips, *J. Appl. Phys.*, **80**, 6954 (1996). (b) E. F. Schubert, N. E. J. Hunt, M. Micovic, R. J. Malik, D. L. Sivco, A. Y. Cho, G. J. Zydzik, *Science*, 265, 943 (1994). (c) S. Tokito, T. Tsutsui, Y. Taga, J. *Appl. Phys.*, **86**, 2407 (1999).

30. *C.-C. Wu, C.-W. Chen, C.-L. Lin, and C.-J. Yang, Journal of Display Technology*, **1**, 248 (2005).

31. A. Dodabalapur, L. J. Rothberg, and T. M. Miller, *Appl. Phys. Lett.*, **65**, 2308 (1994).

32. T. Shiga, H. Fujikawa, Y. Taga, *J. Appl. Phys.*, **93**, 19 (2003).

33. S. F. Hsu, S.-W. Hwang, C. H. Chen , *Proceedings of SID'05*, p.32, May 22-27, 2005, Bostom, USA.

34. S.-F. Hsu, S.-W. Hwang, C. H. Chen, *Proceedings of SID'05*, p.32, May 22-27, 2006, Boston, USA.

35. T. Matsumoto, T. Nakada, J. Endo, K. Mori, N. Kawamura, A. Yokoi, Junji Kido, *Proceedings of IDMC'03*, p.413, Feb. 18-21, 2003, Taipei, Taiwan.

36. L. S. Liao, K. P. Klubek, C. W. Tang, *Appl. Phys. Lett.*, **84**, 167 (2004).

37. L.-S. Liao, K. P. Klubek, D. L. Comfort, C. W. Tang, US 6717358 (2004).

38. C.-C. Chang, S.-W. Hwang, Chin H. Chen, *Jpn. J. Appl. Phys. Part 1*, **43**, 6418 (2004).

39. T.-Y. Cho, C.-L. Lin, C.-H. Chang, and C.-C. Wu, *Proceedings of SID'06*, p.1284, June 4-9, 2006, San Francisco USA.

40. G. Gustafsson, Y. Cao, G.. M. Treacy, F. Klavetter, N. Colaneri, A. J. Heeger, *Nature*, **357**, 477 (1992).

41. G. Gu, P. E. Burrows, S. Venkatesh, S. R. Forrest, *Opt. Lett.*, **22**, 172 (1997).

42. (a) H. Kim, J. S. Horwitz, G. P. Kushto, Z. H. Kafafi, D.B. Chrisey, *Appl. Phys. Lett.*, **79**, 284 (2001). (b) J. Herrero, C. Guillen, *Vacuum*, **67**, 611 (2002). (c) J. Ma, S. Y. Li, J. Q. Zhao, H. L. Ma, *Thin Solid Films*, **307**, 200 (1997). (d) T. Minami, H. Sonohara, T. Kakumu, S. Takata, *Thin Solid Films*, **270**, 37 (1995). (e) Y. S. Kim, Y. C. Park, S. G. Ansari, J. Y. Lee, B. S. Lee, H. S. Shin, *Surf. Coat. Technol.*, **173**, 299 (2003). (f) J. W. Bae, H. J. Kim, J. S. Kim, Y. H. Lee, N. E. Lee, G. Y. Yeom, Y. W. Ko, *Surf. Coat. Technol.*, **131**, 196 (2000). (g) A. K. Kulkami, T. Lim, M. Khan, K. H. Schulz, *J. Vac, Sci. Technol. A*, **16**, 1636 (1998).

43. K. Noda, H. Sato. H. Itaya, M. Yamada, Jpn. *J. Appl. Phys. Part 1*, **42**, 217 (2003).

44. S. K. Park, J. I. Han, W. K. Kim, M. G. Kwak, *Thin Solid Films*, **397**, 49 (2001).

45. J. G. Innocenzo, R. A. Wessel, M. O'Regan, M. Sellars, *Proceedings of SID'03*, p.1329, May 20-22, 2003, Baltimore, Maryland, USA.

46. M. D. Auch, O. K. Soo, G. Ewald, S. J. Chua, *Thin Solid Films*, **417**, 47 (2002).

47. C. J. Lee, D. G. Moon, J. I. Han, *Proceedings of SID'04*, p.1005, May 23-28, 2004, Seattle, Washington, USA.

48. (a) C. C. Wu, S. D. Theiss, G. Gu, M. H. Lu, J. C. Sturm, S. Wagner, S. R. Forrest, *IEEE Elec. Dev. Lett.*, **18**, 609 (1997). (b) Z. Xie, L. S. Hung, F. Zhu, *Chem. Phys. Lett.*, **381**, 691 (2003).

49. (a) D. U. Jin, J. K. Jeong, H. S. Shin, M. K. Kim, T. K. Ahn, S. Y. Kwon, J. H. Kwack, T. W. Kim, Y. G. Mo, H. K. Chung, *Proceedings of SID'06*, p.1855, June 4-9, 2006, San Francisco USA. (b) A. Chwang, R. Hewitt, K. Urbanik, J. Silvernail, K. Rajan, M. Hack, J. Brown, J. P. Lu, C. w. Shih, J. Ho, R. Street, T. Ramos, L. Moro, N. Rutherford, K. Tognoni, B. Anderson, D. Huffman, *Proceedings of SID'06*, p.1858, June 4-9, 2006, San Francisco USA.

50. Y.-H. Kim, C.-Y. Sohn, J. W. Lim, S. J. Yun, C.-S. Hwang, C.-H. Chung, Y.-W. K, J. H. Lee, *IEEE Elec. Dev. Lett.*, 25, 550 (2004).

51. J. Y. Kwon, J. S. Jung, K. B. Park, J. M. Kim, H. Lim, S. Y. Lee, J. M. Kim, T. Noguchi, J. H. Hur, J. Jang, *Proceedings of IMID/IDMC '06*, p.309, Aug. 22-25, 2006, Daegu, Korea.

52. Y. Inoue, Y. Fujisaki, T. Suzuki, S. Tokito, T. Kurita, M. Mizukami, N. Hirohata, T. Tada, and S. Yagyu, *Proc. Int. Display Workshops (IDW'04)*, p.355, 2004, Niigata, Japan.

53. G.-S. Ryu, K.-B. Choe, C.-K. Song, *Thin Solid Films*, **514**, 302 (2006).

54. T. Zyung, S. H. Kim, H. Y. Chu, J. H. Lee, S. C. Lim, J.-I. Lee, J. Oh, *Proceedings of The IEEE*, **93**, 1265 (2005).

55. L. Zhou, A. Wanga, S.-C. Wu, J. Sun, S. Park, T. N. Jackson, *Appl. Phys. Lett.*, **88**, 083502 (2006).

56. M. Mizukami, N. Hirohata, T. Iseki, K. Ohtawara, T. Tada, S. Yagyu, T. Abe, T. Suzuki, Y. Fujisaki, Y. Inoue, S. Tokito, and T. Kurita, *IEEE Electron Device Letters*, **27**, 249 (2006).

57. J. Jang, *OLED Workshop in IMID/IDMC 2006*, W3-5, Aug. 22-25, 2006, Daegu, Korea.

58. K. Tsukagoshi, J. Tanabe, I. Yagi, K. Shigeto, K. Yanagisawa, Y. Aoyagi, *J. Appl. Phys.*, **99**,

064506 (2006).

59. J. Birnstock, A. Lux, M. Ammann, P. Wellmann, M. Hofmann, and T. Stübinger, *Proceedings of SID'06*, p.1866, June 4-9, 2006, San Francisco USA.

60. J-W. Ma, S-W. Hwang, C-C. Chang, S-F. Hsu, and C-H. Chen, *Proceedings of SID'06*, p.964, June 6-9, 2006, San Francisco, California, USA..

61. D. R. Baigent, R. N. Marks, N. C. Greenham, R. H. Friend, S. C. Moratti, and A. B. Holmes, *Appl. Phys. Lett.*, **65**, 2636 (1994)

62. V. Bulovic, P. Tian, P. E. Burrows, M. R. Gokhale, S. R. Forrest, and M. E. Thompson, *Appl. Phys. Lett.*, **70**, 2954 (1997)

63. T. Dobbertin, M. Kroeger, D. Heithecker, D. Schneider, D. Metzdorf, H. Neuner, E. Becker, H.-H. Johannes, and W. Kowalsky, *Appl. Phys. Lett.*, **82**, 284 (2003)

64. T. Dobbertin, O. Werner, J. Meyer, A. Kammoun, D. Schneider, T. Riedl, E. Becker, H.-H. Johannes, and W. Kowalsky, *Appl. Phys. Lett.*, **83**, 5071 (2003)

65. T. Miyashita, S. Naka, H. Okada, and H. Onnagawa, *Proceedings of IDW'04*, p.1421, Dec. 8-10, 2004, Niigata, Japan.

66. S. Kho, S. Sohn, D. Jung, *Jpn. J. Appl. Phys. Part 2*, **42**, L552 (2003)

67. C.-W. Chen, C.-L. Lin, and C.-C. Wu, *Appl. Phys. Lett.*, **85**, 2469 (2004).

68. (a) T.-Y. Chu, S.-Y. Chen, C.-J. Chen, J.-F. Chen, C. H. Chen, *Appl. Phys. Lett.*, **89**, 053503 (2006). (b) T.-Y. Chu, S.-Y. Chen, J.-F. Chen, C. H. Chen, *Jpn. J. Appl. Phys.*, **45**, 4948 (2006).

69. (a) M. Pfeiffer, S.R. Forrest, X. Zhou, K. Leo, *Org. Elec.*, **4**, 21 (2003). (b) M. Pfeiffer, G. He, P. Wellmann, and K. Leo, *Proceedings of SID'04*, p.1000, May 23-28, 2004, Seattle, Washington, USA.

70. S. A. VanSlyke, C. W. Tang, L. C. Roberts, US 4,720,432 (1988).

71. A. R. Duggal, J. J. Shiang, C. M. Heller, D. F. Foust, *Appl. Phys. Lett.*, **80**, 3470 (2002).

72. Z. G. Liu, H. Nazare, *Synth. Met.*, **111**, 47 (2000).

73. R. H. Jordan, A. Dodabalapur, M. Strukelj, T. M. Miller, *Appl. Phys. Lett.*, **68**, 1192 (1996).

74. B. W. D'Andrade, M. E. Thompson, S. R. Forrest, *Adv. Mater.*, **14**, 147 (2002).

75. M. A. Baldo, S. R. Forrest, *Phys. Rev. B*, **62**, 10958 (2000).

76. B. W. D'Andrade, S. R. Forrest, *J. Appl. Phys.*, **94**, 3101 (2003).

77. B. W. D'Andrade, S. R. Forrest, A. B. Chwang, *Appl. Phys. Lett.*, **83**, 3858 (2003).

78. J. Kido, N. Ide, D. Tanaka, Y. Agata, T. Takeda, *Polymer Processing Society 22nd Annual Meeting*, SP7.01, Yamagata, Japan (2006).

79. T. Nakayama, K. Furukawa, H. Ootani, *Proceedings of SID'07*, p.1018, May 22-25, 2007, California, USA.

80. Y. Sun, N. C. Giebink, H. Kanno, B. Ma, M. E. Thompson, S. R. Forrest, *Nature*, **440**, 908 (2006).

81. T. K. Hatwar, J. P. Spindler, M. L. Ricks, R. H. Young, L. Cosimbescu, W. J. Begley, S. A. Van Slyke, *Proceedings of IMID'04*, 25-4, Aug. 23-27, 2004, Daegu, Korea.

82. T. K. Hatwar, J. P. Spindler and S. A. Van Slyke, *Proceedings of SID'06*, p.1964, June 4-9, 2006,

San Francisco USA.

83. (a) Y. Jinde, H. Tokairin, T. Arakane, M. Funahashi, H. Kuma, K. Fukuoka, K. Ikeda, H. Yamamoto, and C. Hosokawa, *Proceedings of IMID/IDMC '06*, p.351, Aug. 22-25, 2006, Daegu, Korea. (b) H. Kuma, Y. Jinde, M. Kawamura, H. Yamamoto, T. Arakane, K. Fukuoka and C. Hosokawa, , *Proceedings of SID'07*, p.1504, May 22-25, 2007, Long Beach, California, USA.

84. (a) Y. Kawamura, S. Yanagida, S. R. Forrest, *J. Appl. Phys.*, **92**, 87 (2002). (b) J. Kido, H. Shionoya, K. Nagai, *Appl. Phys. Lett.*, **67**, 2281 (1995). (c) J. Kido, K. Hongawa, K. Okuyama, K. Nagai, *Appl. Phys. Lett.*, **64**, 815 (1994). (d) M. Granstrom, O. Inganas, *Appl. Phys. Lett.*, **68**, 147 (1996).

85. (a) G. Cheng, F. Li, Y. Duan, J. Feng, S. Y. Liu, S. Qiu, D. Lin Y. G. Ma, S. T. Lee, *Appl. Phys. Lett.*, **82**, 4224 (2003). (b) B. W. D'Andrade, M. A. Baldo, C. Adachi, J. Brooks, M. E. Thompson, S. R. Forrest, *Appl. Phys. Lett.*, **79**, 1045 (2001).

86. S. Lamansky, P. Djurovich, D. Murphy, F. Abdel-Razzaq, R. Kwong, I. Tsyba, M. Bortz, B. Mui, R. Bau, M. E. Thompson, *Inorg. Chem.*, **40**, 1704 (2001).

87. R. J. Holmes, B. W. D'Andrade, X. Ren, J. Li, M. E. Thompson, S. R. Forrest, *Appl. Phys. Lett.*, **83**, 3818 (2003).

88. R. J. Holmes, S. R. Forrest, Y. J. Tung, R. C. Kwong, J. J. Brown, S. Garon, M. E. Thompson, *Appl. Phys. Lett.*, **82**, 2422 (2003).

89. B. W. D'Andrade, R. J. Holmes, S. R. Forrest, *Adv. Mater.*, **16**, 624 (2004).

90. S. A. VanSlyke; C. W. Tang, L. C. Roberts, US 4,720,432 (1988).

91. Y. Shao and Y. Yang, *Appl. Phys. Lett.*, **86**, 073510 (2005).

92. J.-H. Jou, Y.-S. Chiu, C.-P. Wang, R.-Y. Wang, and H.-C. Hu, *Appl. Phys. Lett.*, **88**, 193501 (2006).

93. (a) M. Berggren, G. Gustafasson, O. Inganas, M. R. Andersson, T. Hjertberg, O. Wennerstrom, *J. Appl. Phys.*, **76**, 7530 (1994). (b) J. Feng, F. Li, W. B. Gao, S. Y. Liu, Y. Liu, Y. Wang, *Appl. Phys. Lett.*, **78**, 3947 (2001).

94. B. D'Andrade, J. Brooks, V. Adamovich, M. E. Thompson, S. R. Forrest, *Adv. Mater.*, **14**, 1032 (2002).

95. V. Adamovich, J. Brooks, A. Tamayo, A. M. Alexander, P. I. Djurovich, M. E. Thompson, C. Adachi, B. W. D'Andrade, S. R. Forrest, *New J. Chem.*, **26**, 1171 (2002).

96. B. W. D'Andrade, S. R. Forrest, *J. Appl. Phys.*, **94**, 3101 (2003).

97. E. L. Williams, K. Haavisto, J. Li, G. E. Jabbour, *Adv. Mater.*, **19**, 197 (2007).

98. J. Brooks, Y. Babayan, S. Lamansky, P. Djurovich, I. Tsyba, R. Bau, M. E. Thompson, *Inorg. Chem.*, **41**, 3055 (2002).

99. C.-C. Chang, S.-W. Hwang, H.-H. Chen, Chin H. Chen, J.-F. Chen, *Proceedings of IDW'04*, p. 1285, Dec. 8-10, 2004, Niigata, Japan.

100. H. Kanno, R. J. Holmes, Y. Sun, S. Kena-Cohen, and S. R. Forrest, *Adv. Mater.*, **18**, 339 (2006).

第 9 章

OLED 顯示器

9.1　前言

9.2　OLED 全彩化技術

9.3　驅動方式

9.4　灰階

9.5　對比

9.6　面板功率損耗

9.7　OLED 製程

　　　參考文獻

9-1　前　言

OLED 的製作方法是將有機材料以真空熱蒸鍍法（thermal vacuum evap-oration）成膜於 ITO 基板上，然後再將金屬陰極以熱蒸鍍或濺鍍（sputter）的方式沉積上去，而高分子材料由於無法熱蒸鍍，因此都以濕式製程如旋轉塗佈（spin coating）和噴墨法（ink-jet）成膜。在第一章曾經討論過全彩化、與顯示應用是未來 OLED 技術主要的趨勢，本章將針對 OLED 全彩化技術、製程和驅動方式做一簡單的介紹，每一環節都影響 OLED 全彩面板量產的難易，也是此技術能否起飛的關鍵。

9-2　OLED 全彩化技術

現今提出的 OLED 全彩化方法可分成五種，分別是(a) RGB 畫素並置法、(b)色轉換法、(c)彩色濾光片法、(d)微共振腔調色法、(e)多層堆疊法。其光色的純度、發光效率與製程的難易分別比較如表 9-1，並將分節介紹如下。

表 9-1　OLED 全彩化方法之比較

Type＼Item	(a) side by side	(b) blue light CCM	(c) white light CF	(d) Microcavity half mirror	(e) three color tunable
Color purity	Normal	Low	Good	Excellent	Good
Efficiency	Normal	Very low	Low	High	Good
OLED Fabrication	Normal	Easy	Easy	Very Difficult	Difficult

9.2.1　紅、藍、綠畫素並置法（side-by-side Pixelation）

　　此技術是將紅、藍、綠三個 OLED 並置於基板上成為三原色畫素（如圖 9-1），Kodak 在 1991 年取得此方法之專利優先主張權，此方法是目前發展最成熟的，不管是小分子或高分子皆以此技術為基礎，最早量產或試產的一些產品也都是利用此一方法，國內廠商也以此技術為發展重心。其製作方法是在蒸鍍紅、藍、綠其中一組有機材料時，利用遮罩（shadow mask）將另外兩個畫素遮蔽，然後利用高精度的對位系統移動遮罩或基板，再繼續下一畫素的蒸鍍，在製作高解析度的面版時，由於畫素及間距都變小，相對的遮罩之開口也變小，因此對位系統的精準度、遮罩開口尺寸的誤差和遮罩開口阻塞及污染問題是一個關鍵，目前量產機台的對位系統誤差為 ±5 μm。另外因遮罩熱脹冷縮所導致的形變，也是影響對位精準度的因素，目前，日本 OPTNICS 精密成功開發了熱膨脹率只有原來 1/10 的有機 EL 蒸鍍遮罩。原來的蒸鍍遮罩大多使用鎳或不銹鋼材料，鎳遮罩和不銹鋼遮罩的熱膨脹率分別為 12.8 ppm/ ℃ 和 17.3 ppm/ ℃，比有機 EL 面板採用的玻璃底板（5 ppm/℃）大 2 至 3 倍。而 OPTNICS 新開發的蒸鍍遮罩最低可達到

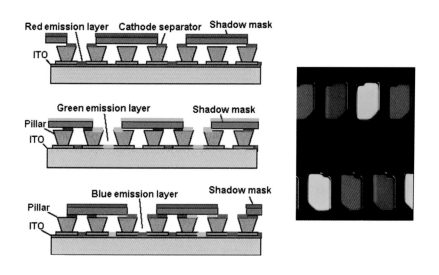

圖 9-1　Kodak 畫素並置法之製作方式

1 ppm/℃左右。金屬遮罩傳統上是利用蝕刻或雷射切割製作，高解析度之遮罩尤其昂貴，而且一片遮罩的壽命有限，因此必須有更降低成本的方法來製作。Synova SA 公司發表利用 water jet guided laser 技術，利用微細水柱當作波導媒介，可以精準（±幾個μm）、快速（每小時 25,000～30,000 個開口）地製作 4 代大小的金屬遮罩，水柱在此也有移除熱應力及金屬碎屑之作用[1]。

針對此全彩化方法不容易達到高解析度面板之問題，友達光電提出將像素微小化之技術，如圖 9-2 所示，也就是每個遮罩開口蒸鍍兩個以上的相同顏色畫素，如此可在不更動遮罩開口大小下，增加面板之解析度。利用此技術友達光電使用解析度為 135 ppi 的遮罩可製作出解析度為 270 ppi 的 3 英吋面板[2]。另外如果可以降低遮罩數目，也是減少量率損失和簡化製程的一種方法，Samsung SDI 將藍光畫素的遮罩捨去，藍光發光層作為紅、藍、綠畫素的共通層，其元件結構如圖 9-3，只要將再結合區域控制在靠近電洞傳送層（HTL）處，如此紅、綠畫素的發光並不會受到藍光發光層的干擾，只要兩片遮罩即達到全彩顯示[3]。

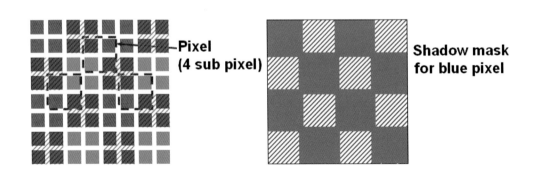

圖 9-2　友達光電像素微小化技術與其遮罩開口

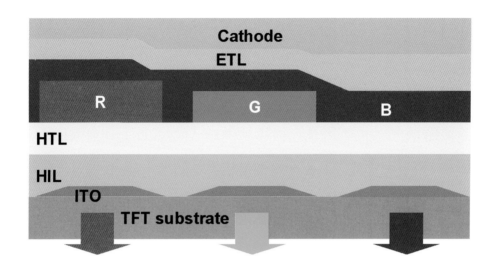

圖 9-3　Samsung SDI 藍光共通層元件結構

9.2.2　色轉換法（color conversion method, CCM）

　　色轉換法是把藍光的OLED發光利用螢光染料吸光後再轉放出紅、藍、綠的三原色光，其好處是此方法可以改善畫素並置法中兩個問題，第一，因為R、G、B三種元件效率不同，所以需要設計不同的驅動電路。第二，因為R、G、B元件壽命的不同所造成的顏色不均，如果要以電路補償則會增加其困難度。目前發展此一技術的廠商以日商出光興產和富士電機為主。但為了提高顏色轉換效率，出光興產將光源改成了具有長波長光譜成分的白色光源，顏色轉換效率可提高20%以上，形成顏色轉換層的底板是與大日本印刷共同開發的，由於能夠使用與彩色濾光片相同的生產技術，因此與原有的畫素並置法相比，即提高了密度，也有望實現較高的成品良率。但由於使用多波段光源，所以需加上一片彩色濾光片（color filter, CF）來增加像素的色純度。因此，此技術改進後的全彩化面板的結構如圖 9-4 所示，除了色轉換效率之外，如何增加光在多層介質（如 CCM、CF 和基板）的出光率與改善天藍光 OLED 的穩定度及色轉換層劣化的問題也非常

重要，當解析度增加時，各像素的發光也會因為在介質中橫向（lateral）擴散而造成漏光或互相干擾的情形[4]。富士電機在 2006 年 SID 研討會上發表改良式的 CCM 技術，如圖 9-5 所示，當 CCM 技術應用在上發光元件時，傳統 CCM 技術中由於折射率與 IZO 不匹配，發光容易受限於波導效應而無法充分與 CCM 進行色交換，改良式的 CCM 在 IZO 上利用同樣的真空蒸鍍技術蒸鍍折射率相近的 CCM 層，因此光容易進入 CCM 進行色交換，這也使得改良式的 CCM（0.7 μm）所需厚度遠小於傳統 CCM（13 μm），此技術製作之主動元件壽命可達 25,000 小時（@ 200 cd/m^2）[5]

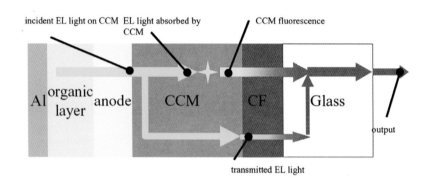

圖 9-4　CCM 全彩化面板的結構示意圖

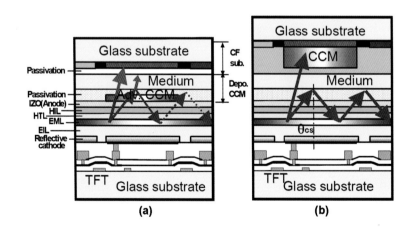

圖 9-5　(a)改良式 CCM　　　　(b)傳統式 CCM

表 9-2　畫素並置法與彩色濾光片法比較[7]

	畫素並置法	彩色濾光片法
準確度	±10 μm	±2 μm
開口率（@ 150 ppi）	20-35%	30-50%

9.2.3　彩色濾光片法

　　彩色濾光片法是沿用 LCD 全彩化的原理，只是利用發白光的 OLED 發光，再使用彩色濾光片濾出三原色，因此可以結合現有市場量產技術已經成熟的彩色濾光片技術，其好處與上述色轉換法提到的相同，由於採用了單一種 OLED 光源，因此 RGB 三原色的亮度壽命相同，沒有色彩失真現象，也不需考慮遮罩對位問題，可增加畫面精細度，因此有機會應用在大尺寸的面板。表 9-2 為畫素並置法與彩色濾光片法之比較，以解析度為 150 ppi 為例，考慮對位系統的精準度、遮罩尺寸的誤差和熱膨脹係數後，畫素並置法蒸鍍的準確度為 ±10 μm，可是不考慮上述誤差的彩色濾光片法可以提高到 ±2 μm，使得實際的開口率也比較大。但由於彩色濾光片會減弱約三分之二的光強度，因此發展高效率且穩定的白光是其先決條件，另外需增加彩色濾光片所帶來的成本增加以及生產效益降低（在此指小尺寸面板）也是其缺點，但相對的在亮室下的對比也會增加，因為濾光片會吸收掉外界自然光和元件反射的光。未來應用在高解析度大面積面板時，彩色濾光片法是最有潛力的方法之一，柯達／三洋就曾展示出 15 英吋的大面積全彩面版試作品（圖 9-6），其彩色濾光片是與 TFT 基板整合（color filter on array, COA），減少光源與濾光片之間的距離，可避免漏光問題。近來白光面板搭配四元色 RGBW 彩色濾光片對降低功率損失也有一定效果，更增加此方法之競爭力[6]，三星電子於南韓首爾召開的「第 5 屆國際資訊顯示會議（IMID 2005）」上，即展示了三波段白光搭配 RGBW 彩色濾光片

Contents	Specifications
Display size	14.7 inch
Resolution	1280×RGB×720
Aspect ratio	16:9
Dot Pitch	85×255
Color type	RGB stripe
Thickness (mm)	1.4
Contrast ratio	> 500 :1

(SANYO/Kodak)

Contents	Specifications
Display size	40 inch
Resolution	1280×RGBW×800
Thickness (mm)	1.4
Color	Red (0.67, 0.34) Green (0.25, 0.67) Blue (0.14, 0.12) White (0.31, 0.38)
Brightness (cd/m²)	200 (Full White) 600 (Peak)
Color gamut (%)	85
Contrast ratio	> 10,000 :1

(Samsung Electronics)

圖 9-6　三洋／柯達的 RGB CF 全彩面版與三星電子的 RGBW CF 全彩面版

的 40 英吋 a-Si TFT 面板，同樣採用 COA 製程，光利用效率達到了過去 3 色方式的 1.5 倍，亮度為 1000 cd/m² 的情況下可將壽命維持 1 萬個小時。

9.2.4　微共振腔調色法

　　所謂的微共振腔效應指的是元件內部的光學干擾效應，在前面章節已介紹過，它必須在元件出光處製作一半透明半反射的半鏡（half mirror），例如（SiO_2/TiO_2）$_n$ 的布拉格鏡面（distributed Bragg reflectors, DBR）多層膜。當光子從發光層發出後，會在反射陰極和半鏡間互相干擾，造成建設性或是破壞性的干涉，因此只有某特定波長的光會受到增強，有一部分被消弱。受到微共振腔效應最大的特徵就是特定波長的光在某一方向會受到增強，因此光波的半高寬也會變窄[8]，並且發光強度會與視角有關。微共振

腔的發光特性可由微共振腔的光學長度（optical length）[9]來決定，並和每層材料的厚度跟折射率有關，因此可以加入一光學長度控制層來調整，可是最佳的光學長度控制層的厚度，是會隨著 RGB 顏色不同而不同的，因此會增加製程的困難度，如果只用一種發光波長的OLED元件，想要利用微共振腔效應改變發光顏色成為RGB三原色，在量產上是幾乎不可能的，而且發光強度和顏色隨視角的改變是應用在顯示器上必須控制的。但 2004 年 SID 年會上，Sony 利用多波長的白光，藉由微共振腔效應製作出全彩主動式上發光面板，其方法如圖 9-7 所示，他們在反射陽極上依照不同的顏色需求製作出不同厚度的ITO，藉由調整光學長度，將原本多波長的白光，變成RGB三原色，最後再藉由上述的彩色濾光片法，得到飽和的三原色，而彩色濾光片也可稍微改善視角問題，並可降低反射及增加對比。圖 9-8 展示利用此方法所製作的 12.5 吋顯示器，可以發現其色彩非常飽和，NTSC 比為 82%。在 2007 International CES 展場上，SONY 進一步利用此技術將顏色再現範圍 NTSC 比提高到 100%以上，對比更達到 1,000,000：1，也顯示 Sony 在此技術的領先地位。

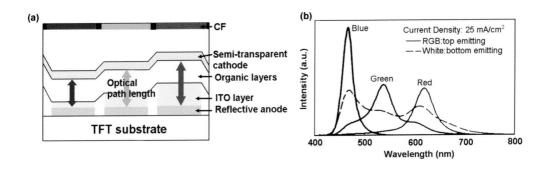

圖 9-7　(a) 共振腔結構示意圖　(b) 所使用的白光光譜與 RGB 共振腔的發光光譜

Display size	12.5 inchs
Resolution	854RGB × 480 (WVGA)
Pixel pitch	108 μm (H) × 324 μm (V)
Brightness	> 300 cd/m²
CIE$_{x,y}$	R (0.67, 0.33) G (0.28, 0.63) B (0.14, 0.07)
Contrast ratio	> 200:1 (under 500 Lx)
Driver	Active matrix LTPS TFT

(SID 2004)

Display size	11 inchs
Resolution	1024RGB×600
Brightness	600 cd/m² (peak)
NTSC (%)	> 100%
Thickness	3 mm
Contrast ratio	100萬：1
Driver	Active matrix LTPS TFT

(International CES 2007)

圖 9-8　Sony 利用微共振腔調色法試作之顯示器

9.2.5　多層堆疊法

　　多層堆疊法是將 RGB 發光元件堆疊起來，使之可以在一個元件發出 RGB 和白光，這是由 Princeton 大學所發展（如圖 9-9）[10]，但其缺點是由於膜層數目的增加，相對的在製程的控制和驅動電路上，困難度也會增加並造成顯示器可靠度下降，此方法並沒有公司在發展，只是一件創意之作。

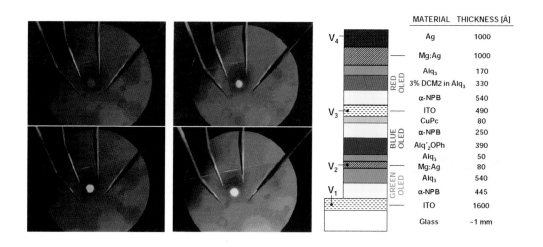

圖 9-9 多層堆疊式 OLED 元件結構及其發光情形

9-3 驅動方式

有機發光顯示器依驅動方式可分為被動式（Passive Matrix, PMOLED）與主動式（Active Matrix, AMOLED），PMOLED 與 AMOLED 相比，PMOLED 採掃描的方式，需要瞬間產生一高亮度，且消耗電力高、壽命短、顯示元件較易劣化、不適合大畫面高解析度發展等缺點，但其優點亦多，例如由於不需使用TFT，可大幅提高其開口率，與下發光AMOLED一般的30%前後相比，PMOLED可達到60%以上。此外，由於構造簡單，與AMOLED相比生產時間不僅為短，良率亦高，成本考量上也極有利，由於業者大量投入研發，被動式面板不管在壽命、顏色、耗電量等問題上都比AMOLED 先達到商品化的目標。

9.3.1 被動矩陣驅動方式

圖 9-10 所示為被動面板電路與結構示意圖，陰極與陽極線交錯的面積為 OLED 發光區域，只有當有電流訊號通過時才會發光，其瞬間亮度跟陰

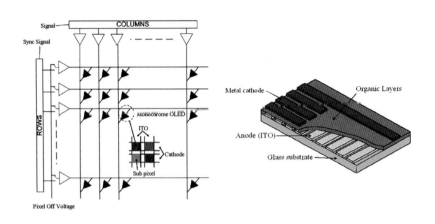

圖 9-10　被動面板電路與結構示意圖

極掃描線成正比，如果面板每個畫面平均亮度為 100 cd/m²，有 96 條陰極掃描線，則像素操作亮度必須是 9600 cd/m²，如果開口率為 80%，則必須再乘上 1.25 倍，如果面板還加上增進對比的光學膜如偏光膜，又必須再增加像素操作亮度，在如此高的亮度下所需的電流密度也較大（一般為數百個 mA/cm²），這會加速 OLED 元件的老化而減短壽命。由於顯示器未來趨勢是往高精細畫質應用，被動驅動方式已無法滿足需求，如表 9-3 所示，隨著解析度和面板尺寸增加，發光功率效率逐漸降低[11]。應用在 5 至 10 英吋面板已經很勉強，在 10 英吋以上的應用上，為達到低電壓驅動、低耗電的目的，必須使用主動矩陣方式。最早商品化的被動面板是 1999 年 Pioneer 的車用面板，廠商的發展策略是以被動矩陣驅動方式的 OLED，先切入原先為小尺寸 LCD 佔據的市場，現今被動面板主要市場為 MP3/MP4 隨身聽和手機外螢幕，但近來被動面板產品也越來越多元化，如圖 9-11，在藍芽耳機、鍵盤、手錶、電腦上都有新應用。也因為其驅動方式的限制，全彩產品尺寸都在 2 英吋以下。

　　為了解決被動面板在應用尺寸和解析度上的限制問題，CDT（Cambridge Display Technology）於 2006 年發展出一個新的驅動方式稱為 Total Matrix Addressing (TMA™)[12]，其原理是同時驅動一條以上的陰極和陽極線，取代原

表 9-3　不同尺寸之顯示器的功率消耗[11]

Resolution (column/row)	Diagonal (inch)	P_{LED} (mW)	P_{CAP} (mW)	P_{RES} (mW)	P_{TOTAL} (mW)	Efficacy (lm/W)
80×60	1.2	15	10	1	26	5.3
160×120	2.4	80	110	10	200	2.8
320×240	5	400	130	300	2000	1.1
640×480	10	2000	18000	8000	28000	0.3

Power dissipation in the LED $P_{LED} = I_{OP} V_{OP}$

Capacitive losses $P_{CAP} = a\,C V_{OP}^2\,f$

Resistive losses $P_{RES} = I_{OP}^2\,R$

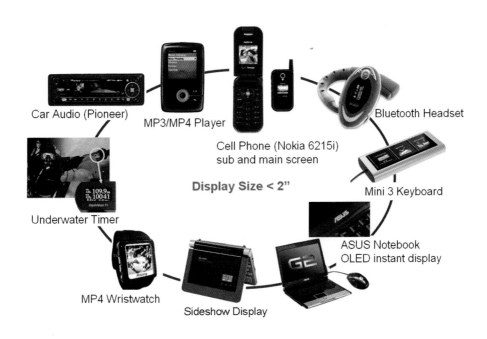

圖 9-11　商品化的被動面板

本逐一掃瞄的方式，如圖 9-12，以傳統驅動方式顯示此一圖形需要六個子畫面，而 TMA™ 驅動方法只要兩個子畫面，因此像素所需操作亮度也降低為原來的三分之一，操作亮度降低意味著電壓和所需電流降低，因此面板功

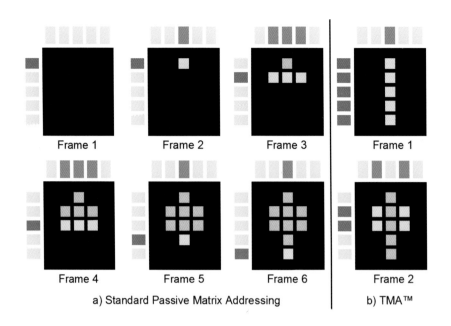

Frame 1　　　　Frame 2　　　　Frame 3　　　　Frame 1

Frame 4　　　　Frame 5　　　　Frame 6　　　　Frame 2

a) Standard Passive Matrix Addressing　　　　b) TMA™

圖 9-12　　傳統驅動和 TMA™ 驅動方式之比較

率消耗減少，壽命也可以增加。CDT認為應用此一技術，被動面板要達到 QVGA（320x240）的解析度是有可能的。CDT 也收購了設計 PLED/OLED 顯示器驅動晶片廠商 Next Sierra Inc.的資產和技術人員，以求 TMA™ 技術盡快導入商品化。

9.3.2　主動矩陣驅動方式

所謂的主動式驅動 OLED，即是利用薄膜電晶體（thin film transistor, TFT），搭配電容儲存訊號，來控制 OLED 的亮度灰階表現。為了達到定電流驅動的目的，每個畫素至少需要兩個TFT和一個儲存電容（storage capacitor, C_S）來構成[13]，另外為了補償 TFT 的特性不一致，或是 RGB 元件特性不一樣的問題，許多公司會增加 TFT 的個數來解決這些問題，但往往會造成開口率下降。以一最簡單的主動驅動為例，圖 9-13 為 TFT 電路和主動面板結構示意圖，主動驅動方式是讓畫素的明暗由TFT和儲存電容來控制，當掃描線（scan line）開啟時，外部電路送入電壓信號將經由Switching TFT

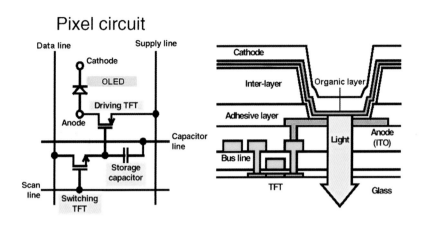

圖 9-13　TFT 電路和主動面板結構示意圖

儲存在儲存電容（C_s）中，此電壓信號控制Driving TFT導通的電流大小，而電流大小決定OLED的灰階，當掃描線關閉時，儲存於C_s中的電壓仍能保持Driving TFT在導通狀態，故能在一個畫面時間內提供固定電流至OLED元件。

TFT 的技術可分為表 9-4 中的六種，但在玻璃基板上成長的，現今還是以非晶矽（amorphous silicon, a-Si）製程與低溫多晶矽（low temperature poly-silicon, LTPS）製程為主流，也最有量產機會，LTPS TFT 與 a-Si TFT 的最大分別，在於其電性與製程繁簡的差異[14]。LTPS TFT 擁有較高的載子移動率，較高載子移動率意味著 TFT 能提供更充分的電流，並可以製作 *n*-type 和 *p*-type 的電晶體，然而其製程上卻較繁複，需要較多的光罩及射頻雷射再結晶，產能較小，而 a-Si TFT 則反之，雖然 a-Si 的載子移動率不如 LTPS 且只能製作 *n*-type 的電晶體，但由於其製程較簡單且成熟，因此在成本上具有較佳的競爭優勢，並可實現大面積的量產化。

因 OLED 元件是屬於電流驅動，需要穩定的電流來控制發光，與 TFT-LCD 利用穩定電壓控制發光不同，而且早期 OLED 元件效率不高，因此為了達到所需亮度，需要不小的驅動電流，此時電子流動度高的低溫多晶矽

表 9-4　各種 TFT 技術的特性

Silicon Type for TFTs	Electron Mobility (cm²/V-s)	Motherglass Size	Display Size (inches)	Compatible Circuit Types
Organic semiconductors	0.01 to 0.1	lab prototypes are a few inches	a few inches	None
Amorphous Si (a-Si)	0.5 to 2	300×400 mm to 730×920 mm	1.8-50"	None
Low-temperature polycrystalline silicon (LTPS)	50 to 500	300×400 mm to 620×750 mm	0.55 to 20"	Integrated Drivers
High-temperature polycrystalline silicon (HTPS)	100 to 200	8 to 12 inch wafer size	0.55 to 1.8"	Integrated Drivers
Continuous grain-boundary silicon (CGS)	~300	8 to 12 inch and 300×400 mm	0.5 to 7"	Integrated Drivers
Crystalline silicon(x-Si)	600-700	8 to 12 inch wafer	0.2 to 2"	Integrated Drivers, Signal Processors

update from American Chemical Society National Meeting

April 1, 2001

薄膜電晶體（LTPS TFT）技術，便成為 AMOLED 的主要驅動考量，另外 LTPS TFT 也可以跟驅動電路（driver）製程整合，變成它的另一項優勢，這也使得LTPS技術成為開發AMOLED所必須具備的技術之一。 雖然LTPS TFT 是理想的 AMOLED 驅動載台，但目前 LTPS TFT 的生產成本以及價格都不低，加上 LTPS 表面晶體形成上的差異不易控制，使得 OLED 在發光時不平均，因而形成波紋（MURA）等問題，一直是困擾LTPS-TFT AMOLED 發展的原因之一。因此許多不同的結晶方法也陸續被開發，多晶矽結晶方法可大致分為雷射和非雷射結晶兩大類，使用雷射結晶的製程如 ELA （excimer laser annealing）、SLS（sequential lateral solidification）和 TDX （thin-beam directional X'tallization）等；非雷射結晶製程如 SPC（solid phase crystallization）、MIC（metal induced crystallization）、MILC（metal induced lateral crystallization）、SGS（super-grained silicon）等。Samsung SDI 在 2006 年 IMID/IDMC 研討會上也比較了這些技術的差異（如表 9-5），發現利用雷射結晶可以得到較高的載子移動率，但考慮均勻性後他們認為只適合於小尺寸和電路高度整合時應用，製作大面積面板時，SGS 是較有潛力的，因為載子移動率與均勻性均可兼顧，且表面粗糙度小，成本競爭力和其它性質也不差。2006 年，台灣的奇美電子和奇晶光電在 FPD International 2006 展示了 25 英吋的 LTPS-TFT 有機 EL 面板，其結晶化技術是由奇美電子獨自開發，稱做 SDC (sublimation deposition crystallization)，屬於非雷射結晶製程，號稱均勻性得到提升，但詳細的技術內容並沒有公開。

近來由於 OLED 效率越來越高，是否需要如此高的 TFT 載子移動率？還是以考慮均勻性與量產性為優先？陸續被提出討論，SONY 研發團隊認為 $5\sim10$ cm²/V·s 已足夠驅動 OLED，他們也在 SID2007 研討會上發表微結晶矽（micro crystalline silicon）技術，它具有介於 LTPS 和 a-Si TFT 之間的特性，使用之結晶技術為 dLTA (diode Laser Thermal Anneal)，先在 a-Si 上覆蓋一層光熱轉換層（如鉻），再以二極體雷射（800 nm）照射進行熱退火將

表 9-5　各種多晶矽結晶法之 TFT 特性比較[15]

Method	V_{th} (V)	P-mobility (cm²/V·s)	I_{on}/I_{off}	I_{off} (A/μm)	SS (V/dec)
ELA	-2.0	95	1E7	8E-13	0.4
SLS	-2.4	141	1E8	1E-14	0.3
SPC	-5.5	26	1E7	2E-13	1.3
MIC	-2.5	39	1E3	5E-9	0.5
MILC	-1.9	42	1E6	8E-11	0.5
SGS	-3.6	63	1E6	2E-12	0.5

TR W/L = 10 μm /10 μm。

SS：sub-threshold slope（次臨界斜率）。

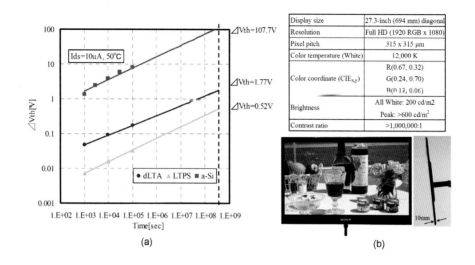

圖 9-14　　(a)V_{th} 的偏移測試與比較　　(b)SONY 27 英吋面板規格 [16]

a-Si 變成微結晶矽，二極體雷射的好處是輸出穩定且壽命長。試製出的 27 英吋微結晶矽 TFT 面板均勻性也比 LTPS 好，其中微結晶矽 TFT 的載子移動率、起始電壓（V_{th}）和次臨界斜率分別為 3.1 cm^2/V·s、2.3 V 和 0.93 V/dec。圖 9-14(a)顯示十萬小時後，微結晶矽 TFT 的 V_{th} 偏移只有 LTPS TFT 的 3 倍，更遠小於 a-Si TFT 的 107.7 V，已足夠電視應用之需求[16]。

　　相較於 LTPS-TFT 及其它新技術，a-Si TFT 的生產技術已相當成熟，且大小尺寸基板的產能相當充裕，成本也較 LTPS-TFT 低，如果能順利應用在OLED的量產上，將能大幅降低AMOLED製造成本。因此也有廠商對a-Si TFT 抱持一絲希望，認為可使用a-Si TFT配合適合的驅動回路來生產AMOLED，這想法最早是在 1998 年提出[17]。一般認為，a-Si TFT 驅動需要克服的最大課題有兩個：(1)TFT起始電壓的偏移較大和(2)電子遷移率較低。對於 V_{th} 的變化較大，可通過採用發光量不受電晶體特性變動的驅動予以解決。而電子遷移率較低可通過提高畫素的開口率和增加發光效率來解決。

　　友達光電於 2002 年便將此想法實現，成功使用a-Si TFT驅動小尺寸的

AMOLED 面板。接著 2003 年奇美電子也宣佈，成功開發出由 a-Si TFT 驅動的 20 英吋全彩 OLED 面板，宣示其技術能力，並證明 a-Si TFT 在大面版驅動的可能。卡西歐曾在 IDW'03 中展示了新開發的驅動方法，用以克服 a-Si TFT 驅動存在的問題[18]。而京瓷顯示器研究所在 SID 2006 研討會，也發表了減輕 V_{th} 偏移的驅動方法，以及用來對未完全消除的 V_{th} 偏移進行補償的電路技術。如圖 9-15(a)，驅動有機 EL 時施加的是正向柵極電壓，如此反復，TFT 的 V_{th} 就會向正向偏移。這就是所謂的正向 V_{th} 偏移。京瓷利用將柵極電壓轉為負向電壓後也會產生負向 V_{th} 偏移的現象，提出了對偏移量進行補償的驅動方式。結果證實，能夠將 1 萬個小時後的偏移量控制到推測值 +0.34 V。 但是，偏移量並不能達到零，因此就提出了檢測後自動對剩餘偏移量進行補償的電路。在同一個像素中形成結構與 TFT 完全相同的 MIS 型電容（稱為 C_{var}），利用電容的變化進行 V_{th} 補償，每個像素的 TFT 只有 2 個，電容也是 2 個（C_s 和 C_{var}），只需 4 條佈線。圖 9-15(b) 顯示製成有機 EL 面板後，即使連續點亮 500 小時，256 灰階也沒有產生變化。中期而言，主動矩陣驅動的 OLED，靠著低應答時間、高視覺辨識性以及低耗電這三項特色，將試圖替代低溫多晶矽 TFT-LCD 在可攜式消費性電子產品的地位。

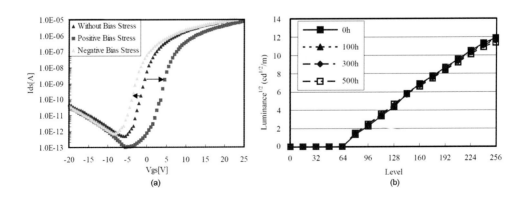

圖 9-15　(a) a-Si TFT 的正負向 Vth 偏移現象　(b) 補償後有機 EL 面板特性[19]

圖 9-16　主動面板產品

　　圖 9-16 列舉出商品化的主動面板產品，其中最早推出的為 Kodak 的數位相機（EasyShare LS633），它搭載 2.2 英吋的 LTPS 面板，解析度為 521×218，最大亮度為 120 cd/m²。此面板應為三洋電機與柯達合資的 SK Display 所生產，之後每年都有新產品推出，但由於虧損，公司現已解散。SONY 在 2004 年九月限量發行的多功能行動助理（PEG-VZ90），其顯示幕為 3.8 英吋的主動面板，解析度 480×RGB×320 (HVGA)，可顯示 262,144 色。和 SONY 同級的半穿透半反射式的液晶顯示面板比較，列表於表 9-6。亮度方面為 150 cd/m² 比液晶 55 cd/m² 亮了許多。在厚度、應答速度、色彩飽和度、視角和對比度都遠遠超過液晶。厚度只有 2.14 mm，應答速度更只有 0.01 毫秒，色彩飽和度也接近 100% NTSC，視角也達到上下左右都具有 180 度的水準，暗室對比度高達 1000：1。台灣友達光電則在 2006 年首次推出手機主面板產品。但上述產品均是少量生產，有些也已經停產，以 2007 年為分水嶺，新的主動面板生產廠商正積極推出新產品。日商 KDDI 推出京瓷開發的僅厚 13.1 mm 的超薄手機「MEDIA SKIN」，作為量產手機，全球首次配備了 26 萬色的 2.4 英吋（QVGA）AMOLED 面板。面板厚度只有 1 mm 左右，NTSC 比達 107%，對比度達 10000：1，正常操作下，

表 9-6　PEG-VZ90 搭載有機 EL 面板和液晶面板的比較 [20]

規格	有機 EL 面板	SONY 同等的液晶面板 （半穿透半反射式）
畫面尺寸	97 mm（3.8 英吋）	同左
解析度	480×RGB×320 (HVGA)	同左
像素大小	56 μm×168 μm	同左
表示顏色	262,144 色	同左
亮度	150 cd/m^2	55 cd/m^2
外形尺寸（寬*長*厚度）	94.7mm×77.2mm×2.14mm	65.0mm×96.5mm×3.49mm
應答速度（25℃、ON）	0.01 毫秒	16 毫秒
NTSC 比	大約 100%	大約 40%
視角	上下：大約 180 度 左右：大約 180 度	上下：大約 130 度 左右：大約 125 度
對比（暗室）	大約 1000：1	大約 100：1

有機 EL 面板的壽命已可超過 3 萬小時。雖然京瓷也在開發有機 EL 面板，但此次面板據報導是來自 Samsung SDI。Samsung SDI 的 2.2 英吋（QVGA）AMOLED 面板還被使用在媒體播放器 iRiver clix 2 上。另外勤宇科技（Vosonic）出品的影音行動儲存盒 VP8390 則採用 3.5 英吋（320×240）AMOLED 彩色螢幕，為 TMD 目前面板尺寸最大的產品。其它如 CMEL 和 LG Electronics 也先後宣佈在 2007 年會推出一系列的主動面板產品，初期會以手機面板為主。

9-4　灰　階

為了顯示豐富而複雜的畫面，每個顏色需要有深淺濃淡的表現，在顯示器上我們稱之為灰階（grayscale），並以控制像素的亮度來實現，表 9-7 列出數據位元數和階調位元準數與彩色色數的關係，對於顯示高畫質的圖像，每個顏色至少要有 8 bit 的灰階。而 Gamma 曲線即是用來定義不同灰階與亮度的關係曲線，以 8 bit 的灰階為例，把 0 到 255 灰階當 x 軸，亮度

表 9-7　階調位元準數與彩色色數

數據位元數	階調位元準數	彩色表示色數
3 bit	8 階調	512 色
4 bit	16 階調	4096 色
5 bit	32 階調	32000 色
6 bit	64 階調	26 萬色
7 bit	128 階調	200 萬色
8 bit	256 階調	1670 萬色
9 bit	512 階調	134 百萬色
10 bit	1024 階調	1073 百萬色

當 y 軸，畫出來的曲線就叫做 Gamma 曲線（圖 9-17(a)）。Gamma 曲線通常不會是一條直線，因為人眼對不同亮度有不同辨識的效果，比如說低亮度的辨識能力較高（一點點亮度變化就有感覺），高亮度的辨識能力較低。Gamma 曲線會直接影響到顯示器畫面的漸層效果，比如說一個顯示器的 Gamma 曲線如果在高亮度的地方切得太細，最高灰階的那幾階亮度都差不多亮，那麼在顯示亮畫面的圖片時就會覺得很多地方都泛白太亮，看不見漸層，那麼使用者就會覺得影像不自然。

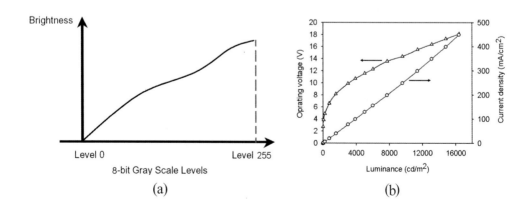

圖 9-17　(a) Gamma 曲線示意圖　(b) OLED 元件典型的 B-I-V 特性

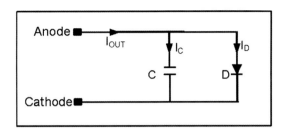

圖 9-18　OLED 像素的電路模型[22]

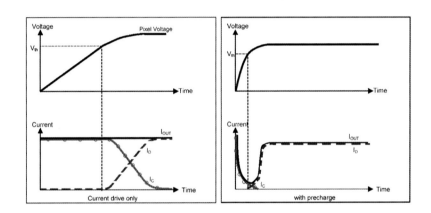

圖 9-19　(a) 單純電流驅動時，電壓與電流隨時間之關係　(b) 預充電後，電壓與電流隨時間之關係[22]

　　圖 9-17(b)為一個OLED元件典型的B-I-V特性，當決定灰階的亮度時，即可從此圖得到所需的電壓或電流值。以設定不同電壓或電流來控制像素的亮度，此方法稱之為類比驅動（analog driver）。在類比驅動電路中，OLED 元件是與一可控制的電流源（如圖 9-13 中的 driving TFT）相連接，所需注意的是如何補償各像素的差異，來增加顯示畫面的品質。另一類控制像素灰階的方法稱為數位驅動（digital driver），在數位驅動電路中，OLED 元件是與一具開關功能的 TFT 相連接，此時像素的灰階是由發光面積或發光時間的不同來決定。

9.4.1 類比驅動：電壓編程與電流編程

所謂電流編程（current program）是指在資料線（data line）提供一固定的電流[21]，而電流的大小控制像素的明暗程度（灰階），採用電流編程技術的主動式 OLED 面板具有自動補償元件差異的功能，藉此能提供高均勻度及高精細的畫質表現，但卻存在低色階區的電流寫入不足，以及驅動器 IC 成本高等問題。雖然之前說過 OLED 元件是一種電流控制的元件，但在大面積、高解析度或顯示內容複雜的面板應用時，如果單純用電流驅動會遇到一些問題。這是因為 OLED 像素的電路模型可以表示成如圖 9-18，是由一個寄生電容（parasitic capacitance）和二極體所組成，當只有以電流驅動時，如圖 9-19(a)所示，在電容未被充滿前，供給的電流完全被電容所消耗，在電壓未到達 OLED 的起始電壓（V_{th}）的這段時間內，OLED 並不會發光，當寄生電容很大時，像素要發光所需的時間更久，造成顯示器亮度很難控制，因此如果在電流編程的前一刻，先以電壓驅動一小段時間，稱為預充電（precharge），如圖 9-19(b)所示，電容很快被充滿，因此到達起始電壓後，供給的電流可與流經 OLED 的電流特性一致，使得亮度控制更精準。

表 9-8　電流編程與電壓編程的特性比較

	電壓編程	電流編程
畫面品質	不佳（需要對 V_{th}、mobility 和 V_{DD} IR 壓降來增加補償電路）	佳（對 TFT 的 V_{th} 和 mobility 差異有補償作用）
充電時間	快速	慢（需要較大的驅動電流或預充電電路）
功率消耗	較少	較多
像素設計	需要有效的補償電路	需要快速的預充電電路
面板大小	所有尺寸	小或中型尺寸

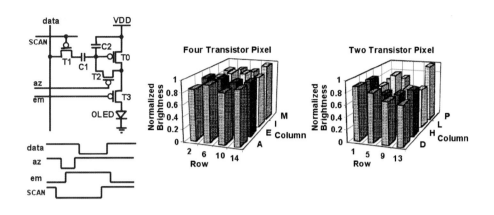

圖 9-20　四個 TFT 的補償電路與亮度均勻性比較[15]

而電壓編程（voltage program）是在資料線使用電壓訊號來決定像素的明暗程度[23]，雖然使用此方法電容充電較迅速，但它無法補償TFT中載子移動率的差異，且對環境的改變（如溫度、應力）較敏感，因此需增加額外的補償電路，圖 9-20 為 1998 年 Sarnoff 等人所首先提出四個 TFT 的補償電路，它不但可以補償 V_{th} 的改變，並可減少 V_{DD} IR 壓降，與傳統兩個 TFT 的電路比較，可使亮度更均勻。表 9-8 列出電流編程與電壓編程的特性比較，利用電壓編程所使用的功率消耗較小，並可適用於大型或中型面板，反之電流編程較適用於小型面板。

9.4.2　數位驅動

先前提過在數位驅動電路中，OLED 元件是與一具開關功能的 TFT 相連接，此時像素的灰階可由發光面積或發光時間的不同來決定。面積比例灰階（area ratio grayscale, ARG）的實例如圖 9-21 所示，它是將一個像素分割成 9 個次像素（sub-pixel），每個次像素發光面積也變成原來的 1/9，利用一次時間內點亮次像素的個數，可以得到不同亮度，如此一個顏色就可以有 10 個灰階。此方法的好處在於可以得到更準確的灰階，並提高顯示畫面的均勻性，但當灰階位準數增加時，就必須增加次像素及訊號線的個數，在

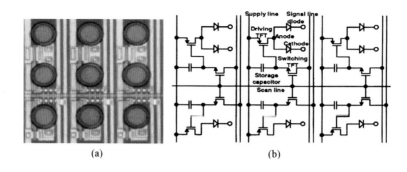

圖 9-21　面積比例灰階之電路與實際像素圖[16]

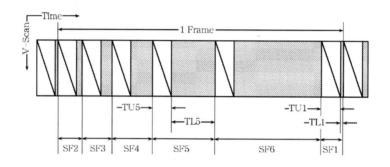

圖 9-22　時間比例灰階驅動方式示意圖[17]

固定面板尺寸下，如果次像素面積無法再分割，則很難提高其解析度。

　　時間比例灰階（time ratio grayscale, TRG）驅動方式是藉由點亮每一畫面（frame）中每個像素的時間的不同來決定每個畫素的灰階程度，因為人眼在一定時間內對觀察影像有積分作用，相同的發光亮度，眼睛察覺到的亮度會隨著發光時間的長短而不同，發光時間越長，人眼看到的亮度會越高，反之發光時間越短則人眼就會看到較暗的亮度。圖 9-22 中把一個畫面分成六個子畫面（sub-frame, SF）為例，每個子畫面中 TU 指的是不亮的時間，TL 指的是亮的時間，將子畫面 TL 維持週期的長度，依二進位設定為 1：2：4：8：16：32，則六個子畫面可以達到 64 階調（6 bit）。其優點在於於每次點亮都是固定電流輸出，不需因畫素的灰階程度不同改變電流輸出

的大小（類比驅動方式需要改變電流輸出的大小），且不需額外設計次像素（ARG 需要），輸入到輸出都是數位的動作，適用於將來的數位電視。缺點是控制電路變得較為複雜，面板大小受限於 LTPS TFT 的載子移動率。

9-5　對　比

對比（contrast ratio, CR）是顯示器一個重要的特性，也是圖像可辨識度的一個指標。對比可定義如下式：

$$CR = \frac{L_{on} + R \times L_{amb}}{L_{off} + R \times L_{amb}}$$

就是像素發光下的亮度（L_{on}）加上反射的自然光（$R \times L_{amb}$）除以黑色畫面下的亮度（$L_{off} + R \times L_{amb}$）。因此發光越亮且不發光時越暗，則對比值越高。在暗室內，有機發光二極體顯示器的對比可達 1000：1，而 LCD 顯示器只有 100：1，這是因為兩者在顯示原理上的不同而表現出來的差異，但 OLED 顯示器也有其缺點，如圖 9-23 所示，OLED 的結構中使用的金屬電極，恰好是周遭環境中自然光的良好反射面，因此在室外或太陽光底下時，原本不發光的像素會因為自然光的反射，或像素中的螢光材料因為吸收太陽光中紫外線而發光，使得在室外 OLED 顯示器的對比大大降低。

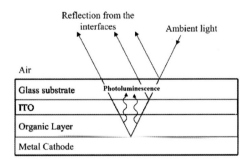

圖 9-23　OLED 像素對自然光的反射

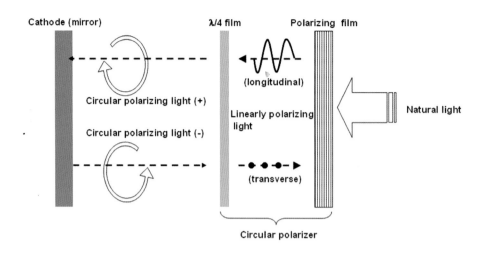

圖 9-24　圓形偏光片之工作示意圖

　　解決的方法可以加入 LCD 常用的偏光片（polarizer），如圖 9-24 以圓形偏光片為例，如在元件前貼合一圓形偏光片（circular polarizers），此圓形偏光片是由一個線性偏光片和四分之一波長延相器（quarter wave retarder）組成，延相器的軸與偏光片成 45 度，當外部光線穿過此一圓形偏光片後，會被轉換成圓形偏極光，當光由陰極反射回來時，第二次通過延相器，圓形偏極光又變回線性偏極光且偏極方向與原來入射光有 90 度差異，因此反射回來的光無法通過線性偏光片，如此可以使得外界的自然光干擾減少，使得對比增加。如果是元件內的發光，因為只通過一次圓形偏光片，因此可以順利通過，但此一技術的缺點是偏光片的穿透度一般只有 30-40%，因此大部分的光都會損失，而使得發光強度降低。

　　另一個技術是由 Luxell Technologies Inc.所發展的黑色電極技術，此黑色電極的組成是在一厚金屬薄膜上成長一透明薄膜，之後再鍍上一半穿透的金屬膜，其原理是利用光學干涉效應，如圖 9-25(a)所示，當光射入後會先在半穿透的金屬膜反射（R1），穿透的光會在厚金屬薄膜全反射（R2），藉由調整透明薄膜的折射率和厚度，可以使得兩道反射光振幅（amplitude）一樣，但相角相差 180 度，因此兩道反射光形成破壞性干涉。其中的透明

薄膜也可以是有機物質，例如 Alq_3 或 $CuPc$[27,28]，因為 Alq_3 或 $CuPc$ 在可見光波段有吸收，因此更可降低自然光反射。圖 9-25(b)顯示利用此方法可使波長 450 nm 至 650 nm 的反射率小於 0.05。與偏光片比較，此技術可得到較高的亮度（圖 9-26），且可以避免微共振腔的干涉效應，因此也被該公司應用到上發光 OLEDs。

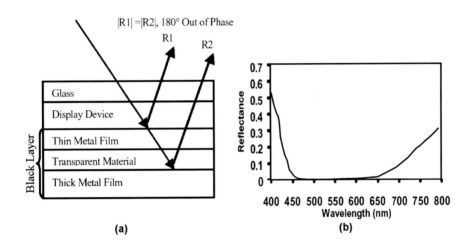

(a)　　　　　**(b)**

圖 9-25　(a) 黑色電極結構　(b) 黑色電極的反射率與波長之關係

資料來源：Luxell Technologies Inc.

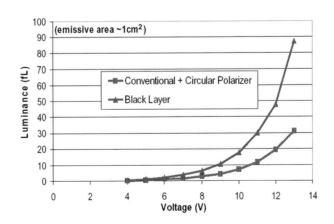

圖 9-26　採用圓形偏光片與黑色電極之元件亮度比較

資料來源：Luxell Technologies Inc.

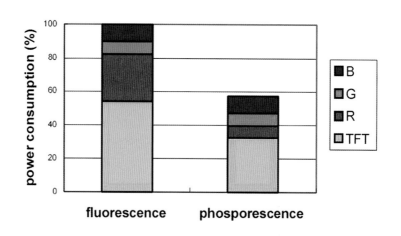

圖 9-27　以紅色磷光元件取代螢光元件後的功率消耗關係[20]

9-6　面板功率損耗

　　對於可攜式產品，如何減少功率消耗來增加使用時間一直是努力的目標，這可以從增加顯示器的功率效率來著手，以下分別舉出三個例子，說明如何從各個層面來解決這個問題。

9.6.1　功率效率的增進

　　之前說過，OLED元件的功率效率（η_P）是與元件的發光效率（η_L）成正比，且與操作電壓成反比，因此如何在低電壓得到高發光效率是努力的目標，顯示器中OLED元件的功率效率如果增加，連帶地可以減少TFT面板的功率消耗。磷光元件由於擁有高效率的特點，因此，2003年友達光電和UDC合作將紅色磷光元件應用於a-Si面板上，從圖9-27可以比較發現，使用了功率效率更高的紅色磷光元件，可以使面板功率消耗降低42%，其中TFT的部分功率消耗也降低了約20%。近來p-i-n元件技術對於功率效率的提升也有很大的幫助。

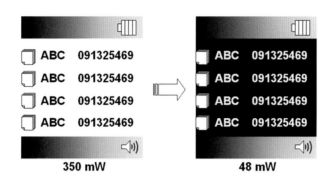

圖 9-28　手機畫面示意圖

9.6.2　顯示畫面的設計

　　另外一個方法是從顯示畫面的設計下手，這是由於OLEDs是屬於自發光元件，如果顯示畫面是白底黑字，則大部分的像素是處於工作狀態，功率損耗會比較大，因此OLEDs顯示畫面的設計較適合使用黑底白字，如圖9-28為一手機畫面示意圖，在顯示同樣的資訊下，兩種設計可使得功率損耗從 350 mW 降為 48 mW[30]。與 LCD 相比，由於不管顯示什麼畫面，LCD背光源都處於開啟狀態，而OLEDs面板是依照顯示畫面來影響功率損耗大小，因此在動畫顯示時，平均的功率損耗是小於 LCD 的。

9.6.3　顯示模組的設計

　　Kodak 和 Sanyo 合作並於 2002 年共同發表了 15 吋全彩面板，其方法是利用白光 OLED 加彩色濾光片來達到全彩化，但彩色濾光片會降低像素的發光強度，因而減少功率效率。Kodak 在 2004 年 IMID 研討會上發表了此技術的進一步研究，他們表示白光面板搭配四元色（RGBW）的彩色濾光片，可增加面板整體的功率效率和操作穩定度，這是由於在超高效率的白光元件還未出現的情形之下，彩色濾光片會降低像素發光強度的問題必須先解決。表 9-9 為白光OLED 與通過彩色濾光片後的特性，白光元件原本效

表 9-9　白光 OLED 與通過彩色濾光片後的特性[22]

	R	G	B	W
CIE$_x$	0.641	0.323	0.119	0.361
CIE$_y$	0.357	0.554	0.153	0.380
cd/A	2.63	6.60	1.14	12.48

率為 12.48 cd/A，在通過彩色濾光片後，R、G、B 像素的效率只剩下 2.63、6.6、1.14 cd/A，為了提高發光使用率，Kodak 將白色像素加入彩色濾光片中，如圖 9-29 所示為 2.16 吋的面板，如果資料線有 528 條，掃描線有 220 條，可得到解析度為 176 (RGB)×220 的 RGB 面板和 132 (RGBW)×220 的 RGBW 面板，雖然解析度稍微下降，但卻可降低功率消耗。

功率消耗降低的原因是在顏色的表現上與 RGB 面板不同所致，如圖 9-30 所示，為 RGBW 面板在 1931 色度座標圖上的色域（gamut）表現，三角形內為此顯示器所能表現的色彩，而每個色彩皆由三角形三個頂點的飽和顏色所混成，因此傳統 RGB 面板的顏色是由如表 9-9 低效率的 RGB 像素所混成，而 RGBW 面板則可以利用較高效率的白光像素混成所需顏色，如 GRW 三角形內的顏色就不需利用效率低的 B 像素，因此發光使用率可以

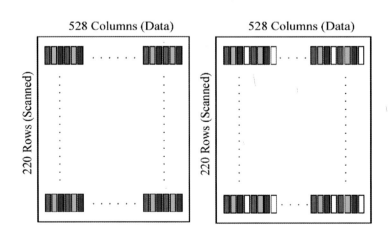

圖 9-29　RGB 面板和 RGBW 面板的像素配置[31]

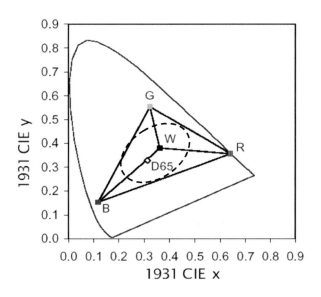

圖 9-30　RGBW 面板的色域表現

提升。另外 Kodak 分析了一萬多張的照片顯示自然的色彩多半集中於圖
9-30 虛線內的範圍，因此利用高效率的白光像素來調色是比較合理的。由
圖 9-31 可知，RGBW 面板顯示同樣的圖片所需的功率只有 RGB 面板的一
半。此技術也已被應用至 SANYO 的數位攝影機（Xacti DMX-HD1）中。另
一個問題是 RGBW 面板的功率消耗與畫素並置法相比是否具有競爭力，三

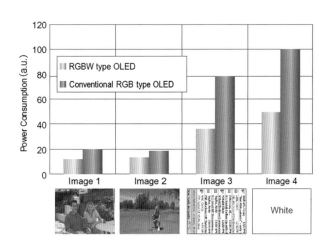

圖 9-31　RGB 面板和 RGBW 面板在顯示不同圖形時所需的功率比較

星電子於 SID 2007 年研討會上發表了其分析結果，對於真實的影像顯示時，RGBW面板的功率消耗約高於畫素並置法 25%，對於一般DVD電影的觀賞，之間差距可能更接近，因為高效率的 W 像素會使用的更頻繁[32]。

9-7 OLED 製程

OLED 因構造簡單，所以生產流程不似LCD 製造程序繁複，但由於現今OLED製程設備還在起步與不斷改良階段，並沒有一標準的（turn-key）量產技術，而且主動與被動驅動及全彩化方法的不同都會影響OLED製程與機台的設計，但整個生產過程的主要流程如圖 9-32，在主動面板中，TFT基板的準備嚴格說起來並不是一新的技術，此前段製程與LCD製程相容性很高，讀者可參考相關文獻[33]，在此不加以詳述。在面板製造上，ITO基板清潔程度為OLED面板品質的關鍵因素之一，因此基板清洗方式就成

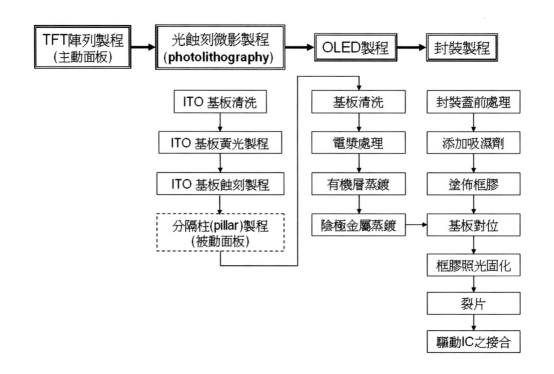

圖 9-32　OLED 面板生產流程

為各家廠商的機密（know-how），清洗一般包括濕式清洗和乾式清潔（UV-Ozone 或氧電漿處理），濕式清洗已在半導體或 LCD 產業發展很久，主要在去除微粒污染，而 OLED 基板的乾式清潔還有一很重要的功用，那就是增加 ITO 陽極的功函數，減少注入能障。有機材料蒸鍍方面，分子結構和蒸鍍方式會影響成膜的完整性，若成膜不平整，將造成發光不均勻，適當有機材料的選擇和良好的蒸鍍機台設計，將是廠商研究發展與未來競爭利基所在，傳統的點蒸發源（point source boat, e.g. K-cell）真正在基板成膜的材料使用率只有～5%，如何增加有機材料使用率，也是減少成本、增加競爭力的開發方向之一。

由於主動面板的陰極是共電極（common electrode），因此不需有特別的圖案，但如圖 9-10 所示，由於被動面板驅動方式的不同，陰極線必須與陽極線交錯，如何在脆弱的有機層上形成圖樣化的陰極線，變成是一個主要問題。最簡單的方法即是使用金屬遮罩來形成所需的圖案（圖 9-33(a)），但是使用此方法必須非常注意遮罩尺寸和位置的精準度，不然所沉積出的圖案往往誤差很大且不均勻，所得到的精準度也不高（> 100 μm），會增加像素交互干擾（cross talk）和短路的機會，使得成品良率降低。因此許多無遮罩的製程被發明出來，所謂無遮罩製程是利用分隔柱（pillar）的加入，使得在蒸鍍時可以隔開每一條陰極掃描線，圖 9-33(b) 為 Kodak 公司發明的方法[34]，利用較高的分隔柱，並以一特定角度蒸鍍金屬，如此造成一端不連續的蒸鍍面來達到圖案化的效果。圖 9-33(c) 為日本 Pioneer 公司所提出的梯形分隔柱加絕緣底座（base）的方法[35]，由於上底較長，使得蒸鍍物質無法到達梯形分隔柱的蔽蔭處，因此可以有效的達到雙邊分隔陰極掃描線的效果，另外加絕緣底座是為了避免陰極線與 ITO 接觸而短路。由於製作梯形分隔柱之製程較複雜，Futaba 公司提出多重分隔柱的方法，如圖 9-33(d) 所示[36]，分隔柱的高度和間格距離如在適當的設計下，可以達到良好的隔絕效果。另外 Pioneer 公司也擁有利用雷射來圖樣化陰極的專利[37]，

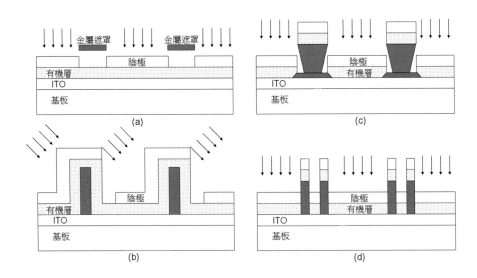

圖 9-33　陰極線圖案化方法：(a) 金屬遮罩　(b) 側向蒸鍍　(c) 梯形分隔柱　(d) 多重分隔柱

此技術不需要遮罩，也不需要分隔柱，而是利用精準的雷射將不需要的有機層和陰極層蒸發移除，其缺點是量產的成本偏高與產率較低。

另外，OLED 元件的材料易受水氣與氧氣的影響，使得顯示性劣化而影響使用壽命，因此鍍膜後的封裝過程中需隔除空氣中的水分，封裝技術的成敗直接影響產品的成敗，封裝技術可說是在整個製程中相當重要的一環。雖然 OLED 生產流程較為簡單，但在各個製造程序仍然面臨不同的困難，因此廠商在製造技術與設備上仍有頗大的發展空間。

9.7.1　真空蒸鍍設備

由於 OLED 元件必須避免水氣與氧氣的接觸，因此現在的 OLED 設備廠商大都將基板前處理、有機材料蒸鍍、金屬陰極鍍膜和封裝腔體整合，如表 9-10 所示，OLED 鍍膜設備設計主要分為串聯式（in-line）和群集式（cluster），串聯式的好處在於可以依製程需要增加或減少鍍膜腔體，另外維護比較容易。群集式的好處在於各個腔體間的傳輸較有彈性，可採並行

表 9-10　OLED 鍍膜設備設計方式與特性

Type	In-line	Cluster
Configuration	Loading chamber / EV1 EV2 / Mask change/alignment chamber / Mask stock chamber / EV3 / Unload chamber	Loading chamber
Advantages	• Easy to install more chamber • Easy maintenance	• Easy back and forth process • Parallel process

處理程序。

　　以日本主要的設備開發廠商ULVAC Inc.和Tokki兩個公司為例，圖 9-34 中列出兩公司所發表的 OLED 有機蒸鍍實驗和量產機台。以 ULVAC Inc.的 SOLCIET而言，就是屬於串聯式的機台，主要鎖定對象是研究開發用途，

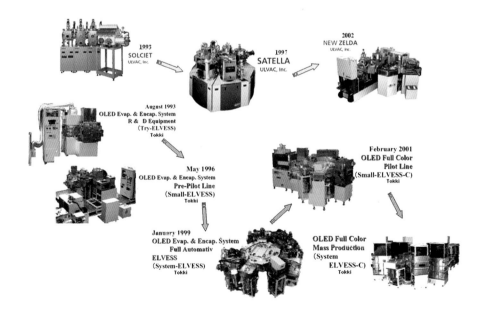

圖 9-34　ULVAC Inc.和 Tokki 公司的 OLED 有機蒸鍍實驗和量產機台

其基板尺寸為 100 mm×100 mm，主要流程為前處理、鍍膜層、發光層、電極層及手動封裝。而 SATELLA 則是群集式配置的機台，以研究開發、產品試作客戶為對象，基板尺寸為 200 mm×200 mm，所需時間為 30-60 分鐘，處理流程與 SOLCIET 接近，差別在於可以蒸鍍 R、G、B 三色發光層來製作彩色面板。至於 NEW-ZELDA 蒸鍍設備，則是針對試作生產及量產客戶所設定，其超大基板尺寸 400 mm×500 mm，加上完整製作流程，前後處理時間（tact time）需 7-10 分鐘，CCD 對位系統精準度為±5 μm。而 Tokki 公司自 1993 年共發表了五款機型，例如 System-ELVESS 可處理的基板大小有 370 mm×470 mm、400 mm ×500 mm 和 335 mm×550 mm，前後處理時間需 4-5 分鐘，CCD 對位系統精準度一樣為±5 μm。

製作 OLED 顯示器時有機熱蒸鍍設備，對設備廠商來說是一項新的領域與挑戰，因為有機材料的特性與金屬、陶瓷等材料非常不同，不適合需要以高熱和高能量的方式鍍膜，在製作 OLED 時必須避免有機材料產生熱裂解或化學反應以免產生缺陷，現在 OLED 主要的鍍膜技術為真空熱蒸鍍，如圖 9-35 所示，傳統真空熱蒸鍍壓力在～10^{-6} torr，有機材料在真空下加熱，依材料特性不同，有些材料會先液化再汽化，有些則直接昇華，由

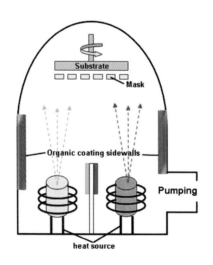

圖 9-35　真空熱蒸鍍腔體示意圖

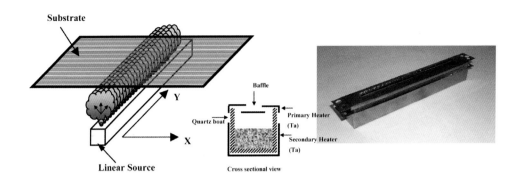

圖 9-36　ULVAC 公司線性蒸發源與其構造

於汽化或昇華出的分子並無一定的方向性，有非常多的有機材料是附著在腔體上，因此真正蒸鍍於基板的材料比率（材料使用率）非常低。

因此日本的ULVAC公司發展出一套線性蒸發源（linear source）系統，如圖 9-36[28]，他們宣稱可以增加材料使用率達10%，且膜厚偏差在±5%內。而線性蒸發源一般會配合掃描式的蒸鍍動作，如表 9-11 列出各蒸鍍技術與其優缺點，(A)與(B)為傳統的點蒸發源，當(B)中增加點蒸發源數目，並採掃描式來回移動後，由於可以降低基板與蒸發源間的距離，使得蒸鍍陰影減小，材料使用率增加。(C)與(D)為線性蒸發源配合掃描式蒸鍍，只是差別在(C)為蒸發源移動，而(D)為基板移動，由於使用線性蒸發源，基板與蒸發源間的距離縮小，材料使用率增加，且鍍膜均勻性得以提升，這對大面積的基板非常有幫助。(E)是由韓國ANS Inc.所發展的掃描式蒸鍍製程（deposition scanned process, DSP）[29]，線性蒸發源是由上往下蒸鍍，材料使用率據廠商宣稱達23%，而金屬遮罩是緊密貼合在基板之上，可減少金屬遮罩彎曲變形的問題，適合大面積基板的蒸鍍和大面積金屬遮罩的使用。(E)主要是由Applied Films 在德國的科技中心所發展[30]，線性蒸發源與基板是垂直於地面來架設，可防止微粒子的污染，線性蒸發源可蒸鍍的高度有 400 mm，膜厚偏差也在±5%內，且據稱材料使用率≥60%，並可避免大型基板或遮罩平置時的彎曲。

表 9-11 各種蒸鍍源與蒸鍍方式比較

蒸鍍技術	示意圖	蒸鍍			對位	
		均勻性	蒸鍍陰影	材料使用率	基板操作性	遮罩變形
(A) Current Method		普通	普通	普通	普通	普通
(B) Point Source		好	優	優	好	普通
(C) Linear Source		優	優	優	好	普通
(D) Linear Source		優	優	優	好	普通
(E) DSP		好	優	好	優	好
(F) Vertical Evaporation		優	優	優	優	好

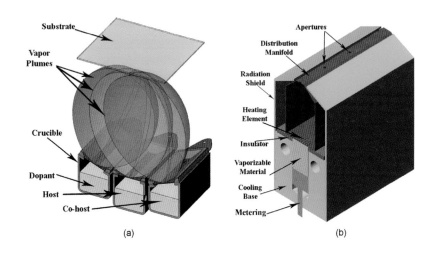

圖 9-37　(a)傳統線蒸鍍源摻雜系統　　　(b)Kodak 之新型蒸鍍源系統

　　線蒸鍍源在進行摻雜動作時，需仔細調整兩個蒸鍍源的角度與相對位置，當摻雜成份增加至三種以上時，均勻性將遇到問題，因此 Kodak 發表了新型蒸鍍源系統，如圖 9-37(b)所示，此系統可填充預先混合好的材料，材料在通過紅色的加熱區後，混合材料才快速蒸發，並利用進料速度來控制蒸鍍速率。由於受熱的材料很少，其它大部分的材料因為冷卻設計而保持在室溫，因此預混合的組成不易改變，也不會如傳統蒸鍍源一般，以提高溫度來增加蒸鍍速率，讓材料長期處於高溫狀態而產生裂解，並在多成份摻雜時提供較好的均勻性與材料選擇性[41]。

　　韓國的 OLEDON Tech.公司於 2006 年 SID 研討會上，發表了更新一代的面蒸鍍源機構，利用二次蒸鍍的方法，在第一次蒸鍍時利用一列點蒸發源（LPS）將材料鍍在一金屬基板（如銅）上，點蒸發源間相距 300 mm，由於點蒸發源成膜之厚度與中心距離成高斯分佈，兩點蒸發源中心之間的膜厚度互補成一定值，如圖 9-38，四點可得一面積為 300×300 mm^2 的面蒸鍍源。用於連續式生產時，此機構也可以成為傳送帶式蒸鍍源（Belt source）。而面積愈大時，材料的使用率也愈高，膜厚偏差可控制在±5%內[42]，此想法尚待設備商與面板製造商進一步的發展與驗證。

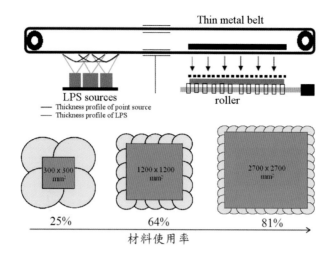

圖 9-38　Belt source 示意圖

9.7.2　其他鍍膜技術

(A) 有機氣相沉積（Organic Vapor Phase Deposition, OVPD）

　　有機氣相沉積（OVPD）是由 Princeton 大學和 UDC 及 AIXTRON AG 合作所發表的新有機鍍膜方法，如圖 9-39，它是將有機材料加熱蒸發後，利用一惰性氣體將氣態的有機分子經由熱噴頭（showerhead）帶向基板，此

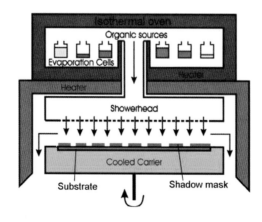

圖 9-39　OVPD 腔體示意圖

表 9-12　OVPD 有機鍍膜方法的優點與效益

優　　　點	效　　　益
• 在大面積基板的膜厚控制及膜厚均勻性佳，再現性也較好	• 精確的膜厚控制可以達成所想要的元件設計與效能
• 精確的低濃度摻雜控制	• 提高製程良率
• 更容易達到明顯的（sharp）或漸次的（graded）界面	• 降低材料成本 • 可以達成所想要的元件設計與效能
• 可在同一腔體蒸鍍多種或多層材料	• 降低停機時間（down time）
• 所使用的材料較少	• 材料的使用率高 • 降低材料成本 • 提高生產率（throughput）

噴頭具有整流的功用，有助於蒸鍍材料均勻地沉積於基板上，與上述不同的是，OVPD 系統的操作真空較低，一般在 $10^{-3} \sim 1$ torr，傳統真空熱蒸鍍壓力為 $\sim 10^{-6}$ torr，且有機材料是由下往上蒸鍍，而 OVPD 系統是由上往下蒸鍍，遮罩位置在基板上方，而且距離短，因為地心引力的關係，遮罩和基板可緊密貼合，且由於 OVPD 系統基板溫度控制在室溫，因此大面積的金屬遮罩不會由於熱脹冷縮的關係產生彈性疲乏或下垂（sagging），導致整個 RGB 的對位發生嚴重的問題。在 400 mm×400 mm 基板上的膜厚偏差小於±1.7%，是上述介紹的技術中偏差最小的，另外此技術可以使得有機材料的使用率大於 50%，是傳統真空蒸鍍的十倍。其他 AIXTRON 提出的優點與效益列於表 9-12。

由於 OLED 面板尺寸規格不一致，對於設備廠將帶來困擾。AIXTRON AG 的 OLED OVPD 設備可以按照客戶所需的尺寸而生產製造，所以無論是 300 mm×300 mm、400 mm×400 mm 或 370 mm×470 mm 尺寸，都不會是問題。國內的錸寶公司已於 2004 年底率先引進世界第一台 OVPD，並使用此一技術進行試作，第二代的 OVPD 系統也在 2005 年底獲得錸寶公司的認證，但據說量產似乎仍有問題。

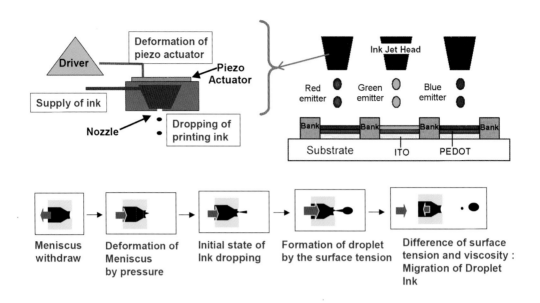

圖 9-40　IJP 技術示意圖

資料來源：Byung Doo Chin, KIST

(B) 噴墨列印（ink-jet printing, IJP）製程技術

關於 IJP 技術之微小液滴定位功能的應用，在電子工業之製造上已有一些既有的案例，如電子構裝之錫鉛凸塊（solder bump）、LCD 背光模組

表 9-13　旋轉塗佈與噴墨列印法比較

特性	旋轉塗佈	噴墨列印
圖案化能力	無	可達 mm 解析度
大面積製程能力	不適合	適合
材料使用效率	90%以上浪費	幾乎沒有浪費
多彩化能力	無	適合
光色一致性	EL 光譜隨位置有些改變	相同
封裝與電路連結	需先去除邊緣之高分子膜	直接作業
基板需求	硬質玻璃基板較適合	玻璃與塑膠基板皆可

之 micro-reflector、LCD 面板內之 spacer bump 與彩色濾光片之 RGB 色料的噴印製程。如圖 9-40 所示，在應用於 PLED 製程上，IJP 製程技術包含噴墨定位機構、高分子墨水材料配方技術及元件製程三方面，目前投入此技術開發的 PLED 研究群有 CDT 與 Seiko-Epson、Philips、DuPont、OSRAM、Co-vion、Toshiba、工研院、Litrex（設備廠商，已與 ULVAC 和 CDT 合併）和 Spectra Inc.（噴射頭設計）。IJP 除了能解決傳統旋轉塗佈無法 RGB 畫素化的問題外，亦兼具其他製程優點，如圖案與文字製作能力、適合製作大面積元件、大幅地節省高分子溶液材料、適合塑膠與玻璃軟硬兩種基板、元件光色均勻性佳、以及無須去除基板邊緣膜層，可直接進行封裝與電路連結等，未來很可能變成高分子 OLED 全彩化的主流方法。

　　PLED 元件中常以 PEDOT 為電洞注入層，一般 PEDOT 墨滴之溶劑為水，因此基板表面必須為親水性，PEDOT 墨滴才容易濕潤基板表面，在電洞注入層之後才沉積發紅藍綠的發光高分子（LEP），形成 RGB 畫素陣列。IJP 技術主要問題在噴射頭的壽命與穩定性、墨滴定位及如何形成一平坦的高分子膜，墨滴定位誤差可能會造成像素短路，而沉積的高分子膜如果不平坦則會影響元件光色、效率及壽命。圖 9-41 顯示由於墨滴錯位和膜厚不均所造成的光色缺陷。Spectra Inc. 在 2004 年發表新型噴射頭（SX-128），已可將墨滴定位 x, y 誤差均控制在 ±10 μm 以內[43]，除了噴墨頭的改善之外，一般還可以利用兩道電漿前處理程序來改善此一問題[44]，第一道前處理為 O_2 電漿，它可增加表面親水性，使得表面接觸角（contact angle）變小，PEDOT 墨滴可以平坦地分佈於像素表面，第二道前處理為氟化電漿（如 CF_4 氣體電漿）之表面處理，如圖 9-42，氟化電漿會使得邊坡（bank）接觸角變大，造成像素與邊坡光阻表面接觸角的差異，因此，PEDOT 墨滴不易濕潤此疏水性之表面，使偏差掉的墨滴能利用表面能量差異自動地移動至適當的位置，使得墨滴定位之精確度能大幅地提升至 ±2 μm。

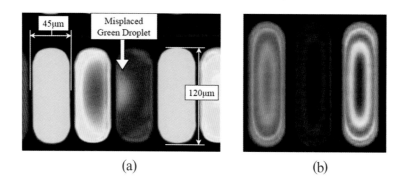

圖 9-41　(a) 墨滴錯位[33]　(b) 膜厚不均[46]

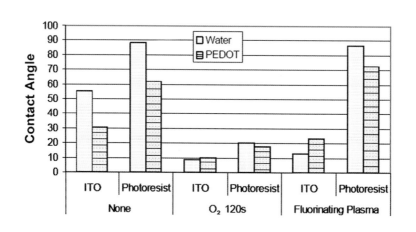

圖 9-42　電漿前處理對接觸角之關係[46]

　　飛利浦（Philips）在 2004 年 SID 上展示 576×RGB×324（WXGA）像素亮度為 150 cd/m² 的 13 英吋有機 EL 面板。在此次試製過程中，與材料廠商等聯合開發出了適用於大畫面有機 EL 面板生產的有機 EL 墨水、噴頭及生產製程等。例如，在有機 EL 材料的噴塗過程中，採用 4 個配備 256 個壓力單元的噴頭。通過此次開發的噴頭等，可將材料噴塗到最大 24 英吋的底板上。精工愛普生（Seiko Epson）在隨後也開發成功了業界最大畫面尺寸的 40 英吋有機 EL 面板。通過將 4 枚 20 英吋低溫多晶矽 TFT 底板黏在一起試製出了上述產品。採用的有機 EL 材料為高分子型，將 TFT 底板黏起來

以後，利用噴墨技術一次形成了有機 EL 材料層。利用噴墨技術塗佈高分子有機 EL 材料的方式雖說有利於大型化，不過從未被證實過，此次的試製品證明了其優越性。精工愛普生的試製品解析度為 $1280 \times RGB \times 768$ 像素，精細度為 38 ppi。元件結構為下發光型。材料壽命在 $300 \ cd/m^2$ 初始亮度下連續全白顯示時為 1000-2000 個小時。亮度為 $50 \ cd/m^2$，對比度為 $300:1 \sim 500:1$。

近來 CDT 與精工愛普生也積極將磷光 PLED 導入 IJP 系統，紅光與綠光元件在初始亮度 500 nits 下，壽命均超過一萬小時。Sharp 則是利用 IJP 技術製作出 202 ppi 高解析度的 3.6 英吋主動面板[47]。

(C) 雷射熱轉印成像技術（Laser-Induced Thermal Imaging, LITI）

LITI 熱轉印製程是由 3M 和 Samsung SDI 所發展[48]，它利用到一層施體薄膜（donor film）和一具非常準確的雷射曝光系統。雷射成像系統由一具連續式 CW Nd:YAG（釹釔鋁石榴石）雷射、聲光調變器、校準和光束擴充光學器、衰減器及檢流計和 f-theta 掃描透鏡組成，系統的 Nd:YAG 雷射部分可產生一個共計 8 W 電力的圖像平面，利用一高精度 GSI 檢流計完成掃描工作，雷射光束以直徑為 $300 \times 40 \ \mu m$ 和 $1/e^2$ 的強度被聚焦到一個高斯點上，Samsung 利用即時錯誤校正和一個包括雷射干涉儀的高解析度階段控制系統，使得成像條紋的整體定位精確度通常是小於 $\pm 2.5 \ \mu m$。

施體薄片是由聚對苯二甲酸二乙酯（PET）或聚萘二甲酸二乙酯（PEN）薄膜基板、光熱轉換層（LTHC）和轉移層（發光材料）所構成（圖 9-43），轉移的模式和品質非常受施體薄膜構造的影響。LITI 熱轉印程序可描述如下：熱傳施體先被覆壓到一個基板上，施體和基板表面必須緊密的相接觸，施體再以雷射束曝光於一個圖像型樣，導致轉移層從這施體界面脫離及黏附到基板界面。而經由分別熱轉印含有紅綠藍三色發光物質的施體薄膜，則可以產生一個完整的全彩顯示面板。

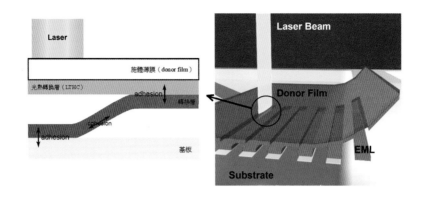

圖 9-43　雷射熱轉印成像技術工作原理[49]

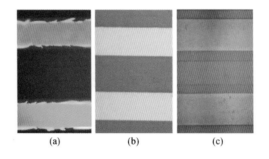

圖 9-44　(a) 電激發光高分子　(b) 小分子／電激發光高分子的摻混系統　(c) 小分子
系統[50]

　　決定雷射熱轉印性能的主要參數包括施體薄膜與轉移（發光）層間的黏著力、轉移層的內聚性和有機薄膜與基板表面間的黏著力，多數商業等級的電激發光高分子（M_w >20000），其強固黏著力和高薄膜張力導致元件製作時難以用雷射轉印獲得良好的圖形（圖 9-44(a)），2002 年 SID 國際顯示器協會的報告上[51]，Samsung 曾經利用發光和光電惰性高分子（例如聚苯乙烯、聚甲基丙烯酸甲酯）相摻混來克服這項限制，但是，雖然比起傳統旋轉塗佈的高分子元件，採用電激發光高分子與惰性高分子摻混的 PLED 元件在效率上表現得相當良好，但其元件壽命與旋轉塗佈的元件相較下縮減了不少。為克服這問題，Samsung 進一步發展了小分子（發光或

電荷傳遞材料）與電激發光高分子的混合系統，它可以降低轉移層的內聚力並大幅改進圖樣的精確度（圖 9-44(b)），並擁有與傳統 PLED 技術可相比的效率和壽命。在 2004 年 SID 年會上，Samsung 也展示了利用此技術製作的 2.2 吋上發光（QVGA）和下發光（QCIF）面板及 17" UXGA（1600×RGB×1200）的大尺寸面板，此 17 吋面板亮度為 400 cd/m^2，對比度為 500:1。2006 年他們更展出 2.6 英吋最高解析度的 302 ppi（VGA, 480×RGB×640）上發光全彩面板，開口率達 40%，發光材料為小分子，顯然他們已對小分子材料進行開發以符合轉印後的薄膜品質要求[52]。Samsung SDI 已建立一條四代的 LITI 試產線，試作的 2 英吋 QVGA 面板壽命可達 2 萬小時[53]。

表 9-14 顯示與遮罩法、噴墨法之設備比較，LITI 法提供最好的位置精確度（±3.5 μm），圖案寬度變異也只有±2 μm，所以可以得到較高的解析度和開口率。

表 9-14　遮罩法、噴墨法與 LITI 法之比較

Items	Evaporation(Shadow Mask)	Ink-jet Printing	LITI
Materials	Small Molecule (SM)	Polymer (LEP)	LEP, SM, Hybrid
Posltion Accuracy	± 15 μm	± 10 μm	± 3.5 μm
Resolution	~200ppi	~200ppi	~300ppi
Aperture Ratio (Top Emission)	30~50%	40~50%	40~60%
Scale-up ability for large size	• Proven Technology • High OLED Performance • Limited shadow mask alignment	• Scalable to large size mother glass • Simple / Economic process • Relatively low performance of LEP	• Scalable to large size mother glass • Dry Patlerning / multi-stacking • Donor film required

（資料來源：H. K. Chung, OLED International Forum 2005）

LITI 熱轉印製程是一個擁有高解析度圖樣化、優越薄膜厚度均勻性、多層堆疊能力和可調整適用到大尺寸基板玻璃等獨特優點的雷射定址成像處理技術，因為 LITI 是乾式處理程序，不受轉移層溶解性質的影響，且發光材質則可以經由濺鍍、捲軸式（roll-to-roll）塗佈或真空沉積的方法塗佈到施體薄膜。因此，無論所採用的各層結構間溶解相容性如何，都不會像 IJP 製程或傳統旋轉塗佈法一樣受到限制。要注意的是，所使用之電激發光材料必須要有良好的熱穩定性來承受雷射所產生的熱，在氮氣環境下進行熱轉印元件也會較穩定。而研究人員進一步發現雖然與熱蒸鍍的材料相比，在化學結構和層與層間的界面並無不同，但特別是在低電場和反壓的情況下，載子的移動率、載子陷阱的密度和本質的載子密度卻與熱蒸鍍的元件不同。

(D) 雷射熱昇華轉移（Radiation-Induced Sublimation Transfer, RIST）

RIST 製程是由 Kodak 在 2005 年 SID 研討會上所發表，其機制可由圖 9-45(a)說明，與 LITI 一樣的是發光層材料需先鍍到施體薄膜，此施體薄膜有光熱轉換層（鉻），利用波長為 810 nm 的二極體雷射（diode laser）照射，使得施體薄膜上的發光層材料昇華後蒸鍍於基板上，與 LITI 不同的是，RIST 製程中施體薄膜與玻璃基板是沒有直接接觸的，可利用平滑層或分隔柱隔開，而且材料昇華與熱蒸鍍原理相同，製程在真空下進行，材料不需另外設計。利用 RIST 製程所得到的元件與傳統的熱蒸鍍元件比較發現，藍光元件在顏色、效率和壽命上都跟熱蒸鍍元件相近，但綠光和紅光元件在壽命上卻比熱蒸鍍元件差，其原因還有待釐清[54]。SONY 於 SID2007 年會上發表類似的方法（Laser-Induced Pattern-wise Sublimation, LIPS），他們認為 Polyimide 基板受熱會釋放出水氣及氧，因此改以玻璃為施體薄膜基板，位置準確度可在 4 μm 以內，圖案寬度精確度為±2 μm，在此精確度下開口率可達 60%。此次試做的上發光元件，發光層以 LIPS 完成，圖 9-46(b) 顯示綠光元件效率已和熱蒸鍍元件相近，但紅光元件效率還是只有熱蒸鍍元

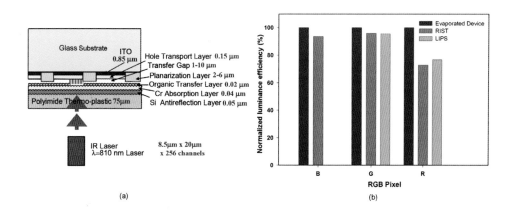

圖 9-45　(a) RIST 製程機構　(b)RIST 與 LIPS 元件效率相對於熱蒸鍍元件的比較

件的四分之三[55]。LIPS 元件壽命約兩萬小時（@ 13 mA/cm²），同樣比熱蒸鍍元件短，推測是施體薄膜與基板貼合時處於不適當的大氣環境下所造成。

(E)印刷法（Printing）

　　印刷法如 IJP 一樣是溶液製程的一種，包含凸版印刷（relief printing）、凹版印刷（gravure printing）、網版印刷（screen printing）等[56]。主要發展公司有 DuPont、Add-Vision、芬蘭的 VTT Electronics 和日本的 Toppan Printing 及 Dai Nippon Printing 公司。印刷法主要擁有低成本的優勢，不管是發光層或是電極的鍍膜與圖樣化都可利用印刷製程完成，如圖 9-46 以 Toppan Printing 發展的凸版印刷為例，首先墨水先附著於凸版上，之後再轉印於基板上，最後加以乾燥，製程可說非常簡單，改變凸版形狀即可印刷出長條或方形的圖案，薄膜特性則由墨水黏度、表面張力、乾燥速率來控制。利用此方法 Toppan Printing 表示可以試製出解析度為 200 ppi 以上的面板。DuPont 公司也宣佈首次利用小分子溶液及印刷方法試製出 6 英吋的 WQVGA（420×RGB×240）全彩面板，他們主要是在 HIL 之後塗佈一層初始層（primer layer），此初始層具電洞傳送能力，且對發光層墨水可形成濕潤和非濕潤區

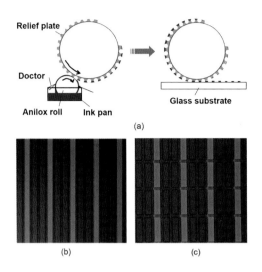

圖 9-46　　(a)凸版印刷製程(b)長條形或(c)方形的印刷圖案

域，進而達到像素圖案化之目的，RGB元件壽命可以達到小尺寸面板應用的要求，最重要的是成本可以比 LCD 還低[57]。

9.7.3　封裝材料與設備

　　一般封裝製程包括封裝蓋前處理、吸濕劑添加、塗佈框膠、對位貼合、照光固化，然後裂片等步驟。封裝蓋主要分為金屬蓋與玻璃蓋兩大類，金屬加工容易且具有最優良的水分子阻絕能力、熱傳導特性與電遮蔽性（electrical shielding）。而玻璃具有優良的化學穩定性、抗氧化性、電絕緣性與緻密性，但最主要的缺點為其低機械強度及易脆的性質，玻璃封裝蓋的主要考量在是否容易產生微裂縫（micro-crack）的問題，因為微裂縫不易察覺，在受到外力撞擊後，微裂縫容易擴大使得封裝蓋破裂。

　　表 9-15 列出三種玻璃封裝蓋製作方法，濕式蝕刻法和熱壓法雖然發展較久，也適用於金屬蓋的製作，但在製程上彈性較少，微噴砂法可以製作精確度高的大面積及不對稱的圖案設計，但由於其蝕刻方法是利用微小顆粒撞擊玻璃，因此也最容易產生微裂縫，韓國 KoMiCo Ltd.公司發展在微噴

表 9-15　玻璃封裝蓋製作方法

製造方法	優　點	缺　點
微噴砂法（micro blasting）	●精確度高 ●製程變更容易 ●適合大面積及不對稱的圖案設計	●成本高 ●容易有微裂縫 ●較不耐衝擊
濕式蝕刻法（wet etching）	●較耐衝擊 ●微裂縫較少	●需要精準的光罩 ●精確度較低
熱壓法（hot pressing）	●成本低 ●微裂縫較少	●平坦度較差 ●不適合大面積及不對稱的圖案設計

砂後的鍍膜補強技術[58]，可以製作出耐衝擊性高的玻璃封裝蓋，而又保留微噴砂製程的好處。

　　封裝蓋前處理主要在去除吸附在表面的水汽和污染物，增加封蓋與基板的黏著力和避免日後脫附而影響元件壽命，而為進一步避免因為封裝蓋表面或框膠內的水汽脫附，必須添加吸濕劑。常用的吸濕劑如 CaO（生石灰），其吸濕力強，吸收速度快，但使用期限較短、吸濕率較弱，吸收平均飽和狀態在於 40% 左右。其他如 BaO，為 Pioneer 最早使用，雖然效果較好但有毒性且不易操作。在 SID 2003 的會議上，日本 Futaba Corp.的 Tsuruoka 等人提出了可塗佈的薄膜吸濕劑[59]。此溶液物（OleDry™）內含鋁錯合物及烴類的溶劑，當塗佈形成薄膜並烤乾時，其透光度 > 90%，且由於是有機薄膜，所以可以做得更薄，其吸濕反應機構如圖 9-47 所示。

　　受限於可撓曲式元件的特性，以往並沒有辦法在進行可撓曲式元件封裝的同時加入防止水汽的乾燥劑，而在 Tsuruoka 等人提出了溶液態薄膜乾燥劑封裝之後，這種限制將被打破。直接將此種乾燥劑加入可撓曲式元件的封裝層中，將有效延長元件的操作壽命。又由於其高透光性，因此可應用在上發光及穿透式 OLED 元件上。

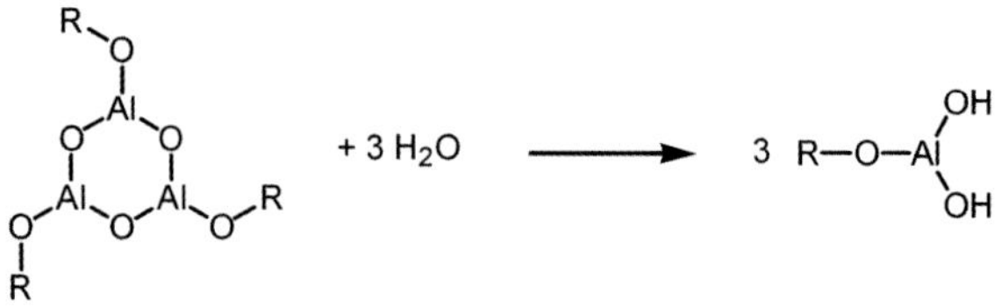

$$R-O-\underset{\underset{R}{|}}{Al}\cdots + 3\,H_2O \longrightarrow 3\ R-O-\underset{\underset{OH}{|}}{\overset{OH}{Al}}$$

圖 9-47　OleDry 薄膜吸濕機構示意圖

　　近來後段封裝有往薄膜封裝發展的趨勢[41]。圖 9-48 是 OLED 封裝的演進圖，(a) 是一般傳統的玻璃元件，使用玻璃或金屬封裝蓋，並且加入吸濕劑；(b) 使用塗有阻絕層的高分子封裝蓋，使用 UV 膠黏合，可以進一步降低厚度與重量，也可以保持可撓曲性；(c) 則是所謂的薄膜封裝，它不需封裝蓋及框膠，明顯看出可以減少元件的厚度及重量，且能節省成本。OTB Display 公司 2007 年也宣佈將提供薄膜封裝的 OLED 面板，在溫度 60℃／濕度 90%的環境測試下，耐儲時間（shelf life）已達到 504 小時。

　　目前發展最好的應屬 Vitex Systems 公司開發出的 Barix 薄膜封裝層，它對濕氣和氧氣的滲透性相當於一張玻璃的效果。是由聚合物膜和陶瓷膜在真空中疊加而成，總厚度僅為 3 微米，該封裝層能直接加在 OLED 顯示器

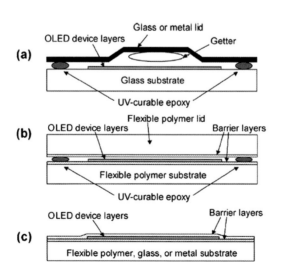

圖 9-48　(a) 傳統 OLED 元件封裝　(b) 使用高分子封裝蓋　(c) 薄膜封裝

的上面，實現對OLED的濕氣和氧氣隔離保護。Vitex技術的獨特之處在於聚合物層的形成方法，先將一種液態單體（liquid precursor）快速蒸發，然後氣體流入一個真空室，在真空室中以液體形式凝聚在基板上。這種在真空中的液體應用正是 Vitex 技術的獨特之處，基板上形成的液態單體實際上是氣體至液體的凝聚而不是沉積，如此可以填平基板的孔洞，因而使整個結構完全密封和平整化。然後，將基板移動到一個紫外光源處，使單體產生聚合反應，產生固態聚合物膜，它的表面仍保持原子級的平滑度。下一步驟是將一個厚度為 30nm～100nm 的陶瓷膜（AlO$_x$）以直流反應濺鍍（DC reactive sputtering）沉積在聚合物層的上面。由於聚合物層表面很平滑，陶瓷膜只有非常少的缺陷，經過三至五次的重複鍍膜，能形成一個幾乎完美的濕氣隔離層，圖 9-49 為 Vitex 的封裝設備與封裝層示意圖。Vitex 宣稱所形成的濕氣隔離層的水氣穿透率大約為 $10^{-6}g/m^2/day$，已可以滿足 OLED 顯示器對水氣滲透率的技術要求。

此種聚合物和陶瓷的複合膜好處在於，陶瓷膜具有良好的水氧阻隔性，而聚合物膜則可以吸收與分散層與層間的應力，避免緻密的陶瓷膜產

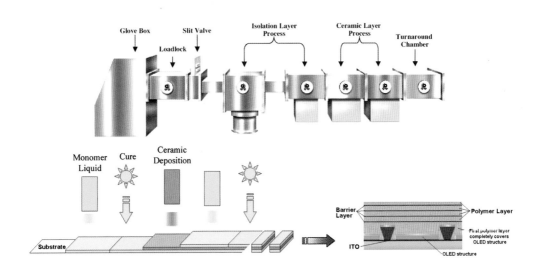

圖 9-49　Vitex 的封裝設備與封裝層示意圖

表 9-16　基板與陶瓷膜之性質

Material/properties	PET	Glass	TiO$_2$	SiO$_2$	Al$_2$O$_3$
Thermal expansion coefficient [*10^{-6} K^{-1}]	20.0	8.3	8.6	0.5	4.45
Young's modulus [GPa]	4.5	82.0	--	86.9	58.9

生裂痕而降低阻隔性，尤其對於 FOLED 的應用，應力的問題特別重要，如表 9-16 所示，PET 為一常用的塑膠基板，其熱膨脹係數是 SiO$_2$ 的四十倍和 Al$_2$O$_3$ 的五倍，如此大的差異性在於基板受到熱應力時，容易造成基板有裂痕或表面粗糙度變大，尤其當想要在塑膠基板進行 TFT 製程時，這會使得製程良率下降，因此如何克服此一問題是未來 FOLED 的關鍵。多層膜的另一個好處在於如果某一層薄膜有孔洞產生，因為多層膜的覆蓋，使得孔洞直接與大氣相連的機率大減，水氧滲透的路徑因此阻斷。常用的陶瓷膜如 SiO$_x$、Si$_3$N$_4$、SiN$_x$O$_y$[61,62]、Al$_2$O$_3$、AlN[63]、MgO[64]，聚合物膜如 fluorinated polymers[65,66]、parylenes[67]、cyclotene[68]、polyacrylates[69]。

　　另外，所沉積的薄膜是否具有良好的階梯覆蓋（step coverage）能力，則是選取薄膜沉積製程的重要考量因素。在圖 9-50(a)中，薄膜均勻的沉積稱為同形覆蓋（conformal coverage），這是一個理想的覆蓋型式。然而實際的薄膜覆蓋也有可能形成如圖 9-50(b)中所顯示的非同形覆蓋（nonconformal coverage）型式。在非同形覆蓋中，薄膜在特別薄處會有很大的應力，可能會造成薄膜的龜裂，而成為水、氧進入的通道。在物理氣相沈積（PVD）過程中，通常使用點狀的蒸發源，蒸發的原子是以輻射型式直線運動到達基板，因此往往是一種非同形的覆蓋。為了克服這個問題，基板與蒸發源通常保持相當距離，但有時還是無法避免。因此薄膜覆蓋性良好的化學氣相沉積法（chemical vapor deposition, CVD）變成較適合的封裝膜沉積方法，但由於有機材料不耐高溫，因此製程溫度不能太高，傳統的CVD製程溫度

常常超過 300℃，並不適合 OLED 元件。在 SID 2004，Philips 利用電漿輔助化學氣相沉積（plasma enhance chemical vapor deposition, PECVD）來成長各種 SiO_xN_y 封裝膜，簡稱為 NONON 封裝[70]，當製程溫度為 300℃ 時，薄膜性質較佳，幾乎沒有針孔，但將製程溫度降為 85℃ 後，針孔增加，必須以 SiN/SiO/SiN 複合膜的方式才可改善（表 9-17），且水氣穿透率可以達到 1×10^{-6} g/m²/day 的水準。其它還有美國 General Electric 公司利用 SiO_xN_y/SiO_xC_y 複合膜所發展出的 Graded Ultra High Barrier，其特點是兩層間的成分是漸次變化的（如圖 9-51），因此應力可更有效排除，也不容易有剝離現象發生，水氣穿透率在 $5 \times 10^{-6} \sim 5 \times 10^{-5}$ g/m²/day，穿透度為 82%，屬於非常透明的封裝材。他們也宣布 2007 年將與日本 TOKKI 合作生產此 PECVD 封裝設備。

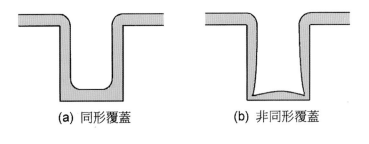

(a) 同形覆蓋　　(b) 非同形覆蓋

圖 9-50　(a) 同形覆蓋　(b) 非同形覆蓋

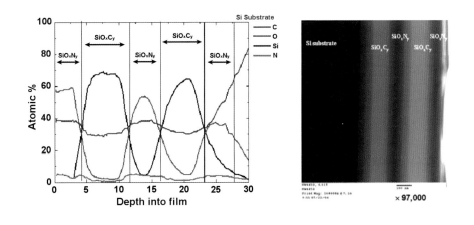

圖 9-51　Graded Ultra High Barrier 成份分析[71]

表 9-17　以 PECVD 法成膜的針孔測試

PECVD 層	製程溫度（℃）	針孔
SiO	300	幾乎沒有
SiON	300	沒有
SiN	300	沒有
SiO	85	一些
SiON	85	許多
SiN	85	幾乎沒有
SiN/SiO/SiN（NON）	85	沒有

其它 CVD 設備如高密度電感耦合式電漿源化學氣象沈積（High-Density Inductively Coupled Plasma CVD, HD-ICP-CVD），則宣稱在 85℃ 的製程溫度可以得到與 400℃ PECVD 相近性質的 Si_3N_4 薄膜[72]。日本石川縣工業試驗場也開發出低溫（<100℃）觸媒式化學氣象沈積（Catalytic Chemical Vapor Deposition, Cat-CVD）設備，並與北陸先端科學技術大學合作，希望利用 Cat-CVD 來製作有機高分子膜。

其它如高分子的沈積系統，由於高分子聚合物的分子量大，在真空下也很難昇華，除了傳統的旋轉塗佈機台外，很少有真空下的沈積系統，一般是將單體沈積同時或之後再進行聚合。以 Parylene 聚合物為例[73]，如下圖 9-52 所示，利用二聚體於 110～150℃ 汽化後，在 690℃ 壓力為 0.5 torr 下，二聚體會裂解為活性單體，最後在小於 60℃ 下，即可在基板表面聚合成膜，此高分子透明、化學穩定性高、具有極佳的均勻性及覆蓋率。Chen 等人在 SID07 研討會上也發表了低溫 CVD（Low-Temperature Thermal CVD, LT-TCVD）系統，先將液態預聚物蒸發然後通過觸媒產生自由基，最後在低溫（0～-50℃）的基板上冷凝並聚合成高分子 FAR2.2™。此高分子由 C, H, F 組成，因此不親水，大約有 30% 的結晶、無針孔、穿透率達 95%（@ 500 nm），熱膨脹係數小（14 ppm/℃），鍍膜速率可從 80 Å/min 到 2000 Å/min[74]。

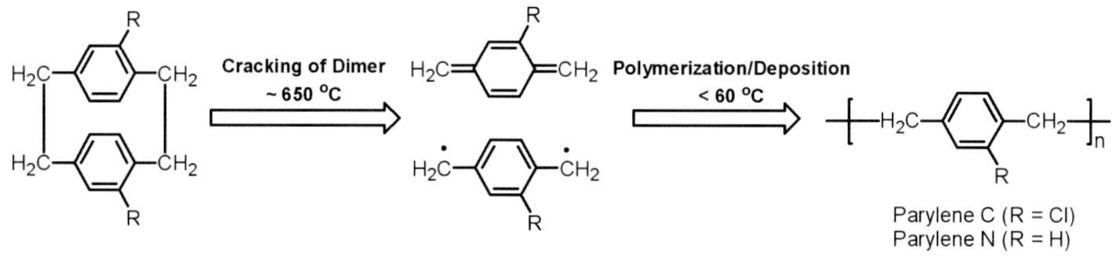

圖 9-52　Parylene 水氧阻絕層製作過程

經由上述的介紹，可以將封裝的發展趨勢與要求歸納如下：

- 與元件製程一體，不再破真空。
- 薄膜封裝取代玻璃蓋或金屬蓋。
- 封裝材料水氣滲透率小於 10^{-6} g/m^2/day。
- 封裝材料氧氣滲透率小於 10^{-3} g/m^2/day。
- 封裝薄膜沒有針孔（pinhole），邊緣沒有缺陷。
- 具有良好的階梯覆蓋能力。
- 大面積化，成膜速率快。
- 透明性。
- 低溫製程。
- 黏著力強、抗應力（stress）。

其中透明封裝薄膜的開發對於上發光元件來說格外重要，可撓曲式元件則強調低溫製程和抗應力特性，良好的封裝是得到穩定的 OLED 元件最基本的要求，而如何與面板製程整合、降低成本，是決定使用哪一種封裝材料和設備的重要考慮因素。

參考文獻

1. T. A. Mai, B. Richerzhagen, *Proceedings of SID'07*, p.1596, May 22-25, 2007, Long Beach, California, USA.

2. J.-J. Lih, C.-I. Chao and C.-C. Lee, *Proceedings of SID'06*, p.1459, June 4-9, 2006, San Francisco, USA.

3. M. H. Kim, M. W. Song, S. T. Lee, H. D. Kim, J. S. Oh, H. K. Chung, *Proceedings of SID'06*, p.135, June 4-9, 2006, San Francisco, USA.

4. K. Sakurai, H. Kimura, K. Kawaguchi, M. Kobayashi, T. Suzuki, Y. Kawamura, H. Sato and M. Nakatani, *Proceedings of IDW'04*, p.1269, Dec. 8-10, 2004, Niigata, Japan.

5. (a) C. Li, K. Sakurai, H. Kimura, K. Kawaguchi, Y. Taniguchi, Proceedings of SID'06, p.135, June 4-9, 2006, San Francisco, USA. (b) Y. Terao, H. Kimura, Y. Kawamura, K. Kawaguchi, Y. Nakamata, C. Li, N. Kanai, R. Teramoto and K. Sakurai, *Proceedings of IDW'06*, p.457, Dec. 6-8, 2006, Otsu, Japan.

6. G. Harada, H. Kanno, T. Kinoshita, Y. Nishio and K. Shibata, *Proceedings of IDW'06*, p.453, Dec. 6-8, 2006, Otsu, Japan.

7. K. Mameno, S. Matsumoto, R. Nishikawa, T. Sasatani, K. Suzuki, T. Yamaguchi, K. Yoneda, Y. Hamada, N. Saito, *Proceedings of IDW'03*, p.267, Dec. 3-5, 2003, Fukuoka, Japan.

8. A. Dodabalapur, L. J. Rothberg, R. H. Jordan, T. M. Miller, R. E. Slusher, and Julia M. Phillips, *J. Appl. Phys.*, 80, 6954 (1996).

9. A. Dodabalapur, L. J. Rothberg, T. M. Miller and E.W. Kwock, *Appl. Phys. Lett.*, **64**, 2486 (1994).

10. G. Parthasarathy, G. Gu, S. R. Forrest, *Adv. Mater.*, **11**, 907 (1999).

11. A. Sempel, M. Büchel, *Organic Electronics*, **3**, 89 (2002).

12. E. C. Smith, *Proceedings of SID'07*, p.93, May 22-25, 2007, Long Beach, California, USA.

13. 陳光榮、林彥仲,光訊第 98 期,p.23 (2002)。

14. 張鈞傑、莊景桑、陳志強、陳佳榆,電子月刊第 10 卷第 2 期,p.188 (2004)。

15. K.-Y. Lee , *theOLED Workshop in IMID/IDMC 2006*, W4-3, Aug. 22-25, 2006, Daegu, Korea.

16. T. Arai, N. Morosawa, Y. Hiromasu, K. Hidaka, T. Nakayama, A. Makita, M. Toyota, N. Hayashi, Y. Yoshimura, A. Sato, K. Namekawa, Y. Inagaki, N. Umezu, K. Tsukihara, and K.

Tatsuki, *Proceedings of SID'07*, p.161, May 22-25, 2007, Long Beach, California, USA.

17. M. H. Lu, E. Ma, J. C. Sturm, and S. Wagner, *Proc. of LEOS '98*, p.130, Dec. 1-4, 1998, Orlando, Florida.

18. T. Shirasaki, R. Hattori, T. Ozaki, K. Sato, M. Kumagai, M. Takei, Y. Tanaka, S. Shimoda, T. Tano, *Proceedings of IDW'03*, p.1665, Dec. 3-5, 2003, Fukuoka, Japan.

19. T. Hasumi, S. Takasugi, K. Kanoh, Y. Kobayashi, *Proceedings of SID'06*, p.1547, June 4-9, 2006, San Francisco, USA.

20. http://www.sony.co.jp/CLIE

21. R. M. A. Dawson, *Proc. of IEDM'98*, p.875, Dec. 6-9, 1998, San Francisco, CA.

22. Ricky Ng, *Proceedings of IIC-China/ESC-China Conference*, p.2, March 8-9, 2004, China.

23. M. Kimura, *IEEE Trans. Elec. Dev.*, **46**, 2282 (1999).

24. R. M. A. Dawson, Z. Shen, D. A. Furst, S. Connor, J. Hsu, M. G. Kane, R. G. Stewart, A. Ipri, C. N. King, P. J. Green, R. T. Flegal, S. Pearson, W. A. Barrow, E. Dickey, K. Ping, C. W. Tang, S. V. Slyke, F. Chen, J. Shi, J. C. Sturm, and M. H. Lu, *Proceedings of SID'98*, p.11, May 17-22, 1998, Anaheim, USA.

25. M. Kimura, H. Maeda, Y. Matsueda, H. Kobayashi, S. Miyashita, T. Shimoda, *J. SID*, 8, 93 (2000).

26. K. Inukai, H. Kimura, M. Mizukami, J. Maruyama, S. Murakami, J. Koyama, T. Konuma, and S. Yamazaki, *Proceedings of SID'00*, p.924, May 14-19, 2000, California, USA.

27. Z. Y. Xie and L. S. Hung, *Appl. Phys. Lett.*, **84**, 1207 (2004).

28. J.-H. Lee, C.-C. Liao, P.-J. Hu, Y. Chang, *Synth. Met.*, **144**, 279 (2004).

29. J.-J. Lih, C.-F. Sung, M. S. Weaver, Mike Hack and J.J. Brown, *Proceedings of SID'03*, p.14, May 20-22, 2003, Baltimore, Maryland, USA.

30. J.-J. Lih, C.-W. Ko, *Proceedings of Taiwan Display Conference (TDC'04)*, p.38, June 10-11, 2004, Taipei, Taiwan.

31. A. D. Arnold, T. K. Hatwar, P. J. Kane, M. V. Hettel, M. E. Miller, M. J. Murdoch, J. P. Spindler, S. A. VanSlyke, K. Mameno, R. Nishikawa, T. Omura, S. Matsumoto, *Proceedings of IMID'04*, 25-2, Aug. 23-27, 2004, Daegu, Korea.

32. B.-W. Lee, K. Park, A. Arkhipov, K. Chung, *Proceedings of SID'07*, p.1386, May 22-25, 2007, Long Beach, California, USA.

33. 紀國鐘、鄭晃忠，液晶顯示器技術手冊，台灣電子材料與元件協會 2002 年出版。

34. T. C. Wan, EP 0553496 (1993).

35. M. Satoshi, N. Kenichi, EP 0732868 (1996).

36. H. Shigeru, O. Yukio, US 6414432 (2002).

37. K. Nagayama, US 5814417 (1998).

38. S. Van Slyke, A. Pignata, D. Freeman, N. Redden, D. Waters, H. Kikuchi, T. Negishi, H. Kanno, Y. Nishio, M. Nakai, *Proceedings of SID'02*, p.886, June 19-24, 2002, Boston, USA.

39. D. K. Choi, J. H. Lee, C. G. Kang, C. W. Kim, D. S. Kim, K. B. Bae, *Proceedings of SID'04*, p. 1380, May 23-28, 2004, Seattle, Washington, USA.

40. U. Hoffmann, P. Netuschil, M. Bender, P. Sauer, M. Schreil, J. Amelung, K. Leo, *Proceedings of SID'03*, p.1410, May 20-22, 2003, Baltimore, Maryland, USA.

41. M. Long, J. M. Grace, D. R. Freeman, N. P. Redden, B. E. Koppe, R. C. Brost, *Proceedings of SID'06*, p.1474, June 4-9, 2006, San Francisco, USA.

42. C. C. Hwang, *Proceedings of SID'06*, p.1567, June 4-9, 2006, San Francisco, USA.

43. http://www.spectra-inc.com/spectranews/technical_papers.asp

44. M. Fleuster, M. Klein, P. v. Roosmalen, A. d. Wit, H. Schwab, *Proceedings of SID'04*, p.1276, May 23-28, 2004, Seattle, Washington, USA.

45. Will Letendre, IS&T NIP 20 Conference (2004). (http://www.spectra-inc.com/ spectra-news/technical_papers.asp)

46. R. Gupta, A. Ingle, S. Natarajan, F. So, *Proceedings of SID'04*, p.1281, May 23-28, 2004, Seattle, Washington, USA.

47. T. Gohda, Y. Kobayashi, K. Okano, S. Inoue, K. Okamoto, S. Hashimoto, E. Yamamoto, H. Morita, S. Mitsui and M. Koden, *Proceedings of SID'06*, p.1767, June 4-9, 2006, San Francisco, USA.

48. M. B. Wolk, P. F. Baude, F. B. Mccormick, Y. Hsu, US 6,194, 119 (2001).

49. B. D. Chin, M. C. Suh, M. H. Kim, T. M.n Kang, N. C. Yang, M. W. Song, S. T. Lee, J. H. Kwon, H. K. Chung, M. B. Wolkb, E. Bellmannb, and J. P. Baetzoldb, *Journal of Information Display*, **4**, 1 (2003).

50. S. T. Lee, B. D. Chin, M. H. Kim, T. M. Kang, M. W. Song, J. H. Lee, H. D. Kim and H. K. Chung, M. B. Wolk, E. Bellmann, J. P. Baetzold, S. Lamansky, V. Savvateev, T. R. Hoffend Jr., J. S. Staral, R. R. Roberts, Y. Li, *Proceedings of SID'04*, p.1008, May 23-28, 2004, Seattle, Washington, USA.

51. S. T. Lee, J. Y. Lee, M. H. Kim, M. C. Suh, T. M. Kang, Y. J. Choi, J. Y. Park, J. H. Kwon, H. K. Chung, J. Baetzold, E. Bellmann, V. Savvateev, M. Wolk, and S. Webster, *Proceedings of SID'02*, p.784, June 19-24, 2002, Boston, USA.

52. K.-J. Yoo, S.-H. Lee, A.-S. Lee, C.-Y. Im, T.-M. Kang, W.-J. Lee, S.-T. Lee, H.-D. Kim, H.-K. Chung, *Proceedings of SID'06*, p.1344, June 4-9, 2006, San Francisco, USA.

53. S. T. Lee, M. C. Suh, T. M. Kang, Y. G. Kwon, J. H. Lee, H. D. Kim, H. K. Chung, *Proceedings of SID'07*, p.1583, May 22-25, 2007, Long Beach, California, USA.

54. M. Boroson, L. Tutt, K. Nguyen, D. Preuss, M. Culver, and G. Phelan, *Proceedings of SID'05*, p.972, May 22-27, 2006, Boston, USA.

55. T. Hirano, K. Matsuo, K. Kohinata, K. Hanawa, T. Matsumi, E. Matsuda, R. Matsuura, T. Ishibashi, A. Yoshida, T. Sasaoka, *Proceedings of SID'07*, p.1592, May 22-25, 2007, Long Beach, California, USA.

56. (a) E. Kitazume, K. Takeshita, K. Murata, Y. Qian, Y. Abe, M. Yokoo, K. Oota, T. Taguchi, *Proceedings of SID'06*, p.1467, June 4-9, 2006, San Francisco USA. (b) N. Itoh, T. Akai, H. Maeda, D. Aoki, *Proceedings of SID'06*, p.1559, June 4-9, 2006, San Francisco USA. (c) D. A. Pardo, G. E. Jabbour , N. Peyghambarian, *Adv. Mater.*, **12**, 1249 (2000).

57. W. F. Feehery, *Proceedings of SID'07*, p.1834, May 22-25, 2007, Long Beach, California, USA.

58. http://www.komico.com/business/business3.asp

59. Y. Tsuruoka, S. Hieda, S. Tanaka, H. Takahashi, *Proceedings of SID'03*, p.860, May 20-22, 2003, Baltimore, Maryland, USA.

60. J. S. Lewis, M. S. Weaver, *IEEE J. Sel. Top. Quant. Electr.*, **10**, 45 (2004).

61. A. Yoshida, S. Fujimura, T. Miyake, T. Yoshizawa, H. Ochi, A. Sugimoto, H. Kubota, T. Miyadera, S. Ishizuka, M. Tsuchida, H. Nakada, *Proceedings of SID'03*, p.856, May 20-22, 2003, Baltimore, Maryland, USA.

62. A. Shih, P. Y. Siang, C.-S. Jou, Y. Cheng, US 0,030,369, A1 (2003).

63. S. H. Kim, Y. S. Yang, G. H. Kim, J. H. Youk, J. H. Lee, S. C. Lim, T. Zyung, *Proceedings of IDW'03*, p.1359, Dec. 3-5, 2003, Fukuoka, Japan.

64. K. H. Kim, Y. M. Kim, J. K. Kim, M. H. Oh, J. Jang, B. K. Ju, *Proceedings of IDW'03*, p.1355, Dec. 3-5, 2003, Fukuoka, Japan.

65. T. C. Nason, J. A. Moore, T.-M. Lu, *Appl. Phys. Lett.*, **60**, 1866 (1992).

66. K. Teshima, H. Sugimura, Y. Inoue, O. Takai, A. Takano, *Langmuir*, **19**, 10624 (2003).

67. C. Py, M. D'Iorio, Y. Tao, J. Stapledon, P. Marshall, *Synth. Met.*, **113**, 155 (2000).

68. J. A. Silvernail, M. S. Weaver, US 6,597,111, B2 (2003).

69. J. Affinito, *Proceedings of SVC 45th Annual Technical Conference*, p.429 April 13-18, 2002, Lake Buena Vista, Florida.

70. H. Lifka, H. A. van Esch, J. J. W. M. Rosink, *Proceedings of SID'04*, p.1384, May 23-28, 2004, Seattle, Washington, USA.

71. M. Yan, T. W. Kim, A. G. Erlat, M. Pellow, D. F. Foust, J. Liu, M. Schaepkens, C. M. Heller, P. A. Mcconnelee, T. P. Feist, A. R. Duggal, *Proc. IEEE*, **93**, 1468 (2005).

72. http://www.bmrtek.com

73. S. C. Nam, H. Y. Park, K. C. Lee, K. G. Choi, C. J. Lee, D. G. Moon, Y. S. Yoon, *Proceedings of IDW'04*, p.1383, Dec. 8-10, 2004, Niigata, Japan.

74. C. Chen, A. Kumar, and C. J. Lee, *Proceedings of SID'07*, p.1701, May 22-25, 2007, Long Beach, California, USA.

英文索引

[A]

Active Matrix　主動式　343

aggregate　凝集　91

alkali　鹼金屬　55

alkaline earth　鹼土族金屬　55

Alq$_3$　8-羥基喹啉鋁　22

amorphous　非晶形　26

amorphous silicon, a-Si　非晶矽　347

amplification　增幅　300

amplitude　振幅　360

analog driver　類比驅動　355

Anthracene　蒽　4

Anthrazoline　二氮蒽　82

anti-bonding　反鍵結　20

antinode　反節點　251

anti-symmetry　非自旋對稱　190

aperture ratio　開口率　284

area ratio grayscale, ARG　面積比例灰階　357

[B]

band bending　能帶彎曲　63

band gap　能隙　21

black body　黑體　48

black body locus　黑體曲線　48

blocking layer, BL　阻隔層　129

buffer layer　緩衝層　63

[C]

capping layer　覆蓋層　286

carbazole　咔唑　80, 194, 196

carrier　載子　54, 193

carrier trapping　載子捕捉　193

Catalytic Chemical Vapor Deposition, Cat-CVD　觸媒式化學氣相沉積　59, 388

charge dissipation method　電荷消散法　26

chemical vapor deposition, CVD　化學氣相沉積法　59, 388

circular polarizers　圓形偏光片　343

color filter　彩色濾光片　337

color rendering index, CRI　演色性指數　313

complementary color　互補色　184

composite hole-transport layer, c-HTL　混合式電洞傳送層　174

conformal coverage　同形覆蓋　388

contact angle　接觸角　377

contrast ratio, CR　對比　5

coumarins　香豆素　19

critical angle　臨界角　238

cross talk　交互干擾　367

current efficiency　電流效率　45

current program　電流編程　356

current-induced quenching　電流誘導淬熄效應　169

cyclic voltammetry, CV　循環伏安法　28

[D]

dark spots　黑點　257

data line　資料線　356

DBR　布拉格鏡面　251, 294, 340

deactivation　鈍化　234

delocalized　定域化　25

dendrimers　樹狀　74

density-functional theory, DFT　密度泛函理論　71

Deposition Scanned Process, DSP　掃描式蒸鍍製程　251, 294, 340

digital driver　數位驅動　355

dipole　偶極　23, 34

distributed Bragg reflectors, DBR　布拉格鏡面　251, 294, 340

donor　施體　206

dopant　摻雜物　22, 120, 172, 308

down conversion　下轉換　324

[E]

EA　電子親和性　75

Electrical Shielding　電遮蔽性　384

Electroluminescence, EL　電激發光　3

electron injection layer, EIL　電子注入層　41

electron transporting layer, ETL　電子傳送層　34

electrophosphorescence　電激發磷光　34, 190

emitting dipole　發光偶極　23, 34

emitting layer, EML　發光層　41

energy-transfer　能量轉移　21

ETM　電子傳導材料　74

excimer　活化雙體　127, 137, 155

exciplex　活化錯合物　137, 198, 320

exciton　激發子　34, 314

exciton confinement layer, ECL　激發子幽禁層　41

exothermic　放熱　195

external quantum efficiency, η_{ext}　外部量子效率　44

extrinsic　非本質　256

[F]

Facing Targets Sputtering　面向雙靶材濺鍍系統　291

ferrocene　二茂鐵　30

fluorene　茀環　67

FOLED　可撓曲式有機發光二極體　5, 301

frame　畫面　358

[G]

gamut　色域　49, 183, 364

Gibbs free energy of formation, ΔG_f　生成自由能　71

grayscale　灰階　353, 357, 358

ground state　基態　21

guest emitter　客發光體　22

[H]

half mirror　半鏡　340

HBL　電洞阻擋層　172

heavy atom　重金屬原子　192

heterocyclic compound　雜環化合物　222

High-Density Inductively Coupled Plasma CVD, HD-ICP-CVD　高密度電感耦合
式電漿源化學氣相沉積　390

hole injection layer, HIL　電洞注入層　41

hole transporting layer, HTL　電洞傳送層　34

HOMO　最高佔有軌域　20

hopping　跳躍式　25

host emitter　主發光體　22

[I]

image burn-in　影像烙印　278

Indium Tin Oxide, ITO　氧化銦錫　59

injection　注入　4, 244

ink-jet　噴墨法　334, 376

in-plane dipole　同平面偶極　233

interference　干涉　240

internal quantum efficiency, η_{int}　內部量子效率　44

intersystem crossing　系間跨越　21, 193

intrinsic　本質　256

inverted OLED　倒置式的 OLED　311

isotropic dipole　等向性偶極　240

[L]

lanthanide　鑭系元素　55

Laser-Induced Thermal Imaging, LITI　雷射熱轉印成像技術　379

LED　發光二極體　2

light-coupling efficiency, η_c　出光率　44

linear source　線性蒸發源　371

Low Temperature poly-silicon, LTPS　低溫多晶矽　347

luminance efficiency, η_L　發光效率　45

luminous power efficiency, η_P　功率效率　45

LUMO　最低未佔有軌域　21

[M]

metal chelates　金屬螯合物　78

metal-to-ligand charge transfer, MLCT　金屬-配位基電荷轉移　202

microcavity　微共振　122, 240, 289, 292

micro-crack　微裂縫　384

microlenses　微透鏡　248

microspheres　微球粒　248

mobility, μ　電荷移動率　26

multiple-beam interference　多光子束干涉　293

MURA　波紋　348

[N]

Negative Sputter Ion Beam technology　負離子束濺鍍技術　60

node　節點　251

nonconformal coverage　非同形覆蓋　388

nondispersive　非分散的　91

[O]

ohmic contact　歐姆接觸　35

oligomer　寡聚物　196

optical length　光學長度　341

Organic Light Emitting Diode, OLED　有機發光二極體　2

oxadiazole　噁唑　74

[P]

parasitic capacitance　寄生電容　356

Passive Matrix　被動式　329

Pauli Exclusion Principle　鮑利不相容原理　187

Pentacene　並五苯　311

Phenanthrolines　二氮菲　83

phosphorescence　磷光　21

phosphorescent sensitizer　磷光增感劑　208

photometry　光度學　44

pillar　分隔柱　367

Pioneer　東北先鋒　6

Plasma Enhance Chemical Vapor Deposition, PECVD　電漿輔助化學氣相沉積　389

PLED　高分子發光二極體　5

polarizers　偏光片　360

polaron　偏極子　25, 174

poly dimethyl silicone resin　PDMS　248

Polyethersulfone　PES　303

Polyethylene naphthalate　PEN　303

Polyethylene terephthalate　PET　301, 379

precharge　預充電　356

protective cap layer, PCL　濺鍍保護層　311

[Q]

quantum well　量子井　245

quarter wave retarder　波長延相器　360

quench　淬熄　121, 169

[R]

radiometry　放射學　44

resonance　共振　20

roll-to-roll　捲軸式　303, 382

[S]

scattering medium　散射層　248

SCLC method　空間電荷限制電流法　26

shadowing effects　陰影效應　258

shaped substrate　形狀化基板　249

singlet excited state, S_n　單重激發態　21

space-charge-limited, SCL　空間電荷限制　35

spin coating　旋轉塗佈　5

spin symmetric　自旋對稱　34, 190

spin-orbit coupling　自旋軌域偶合作用　192

spray pyrolysis　噴霧高溫分解　59

standard calomel electrode, SCE　飽和甘汞電極　30

standing wave　駐波　251

star burst　星狀　66

stilbenes　二苯乙烯　19

storage capacitor, C_s　儲存電容　346

[T]

thermal vacuum evaporation　真空熱蒸鍍法　334

Thin Film Transistor, TFT　薄膜電晶體　284, 311, 346

Time of flight method, TOF　飛行時間法　26

time ratio grayscale, TRG　時間比例灰階　358

transient current method　瞬間電流法　26

transparent conducting oxide, TCO　透明導電氧化物　58

trap　陷阱　37

trapping　捕捉　245

triplet excited state, T_n　三重激發態　21

triplet-triplet annilation　三重態自我毀滅現象　201

tris-chelated　三螯合　210

tunneling　穿隧　63

[U]

UPS　紫外光光電子光譜　32

[V]

voltage program　電壓編程　357

[W]

waveguide mode　波導效應　247

white balance　白平衡　278

wide-angle interference　廣角干涉　292

work function　功函數　39

中文索引

8-羥基喹啉鋁　Alq$_3$　22

〔二畫〕

二茂鐵　ferrocene　30

二苯乙烯　stilbenes　19

二氮菲　Phenanthrolines　83

二氮蒽　Anthrazoline　82

〔三畫〕

三重態自我毀滅現象　triplet-triplet annilation　201

三重激發態　triplet excited state, T$_n$　21

三螯合　tris-chelated　210

下轉換　down conversion　324

干涉　interference　240

〔四畫〕

互補色　complementary color　184

內部量子效率　internal quantum efficiency, η_{int}　44

分隔柱　pillar　367

化學氣相沉積　chemical vapor deposition, CVD　59, 388

反節點　antinode　251

反鍵結　anti-bonding　20

〔五畫〕

主動式　Active Matrix, AMOLED　343

主發光體　host emitter　22

出光率　light-coupling efficiency, η_c　44

功函數　work function　39

功率效率　luminous power efficiency, η_P　45

半鏡　half mirror　340

可撓曲式有機發光二極體　FOLED　5, 301

外部量子效率　external quantum efficiency, η_{ext}　44

布拉格鏡面　distributed Bragg reflectors, DBR　340

本質　intrinsic　256

生成自由能　Gibbs free energy of formation, ΔG_f　71

白平衡　white balance　278

〔六畫〕

交互干擾　cross talk　367

光度學　photometry　44

光學長度　optical length　341

共振　resonance　20

同平面偶極　in-plane dipole　240

同形覆蓋　conformal coverage　388

多光子束干涉　multiple-beam interference　293

有機發光二極體　Organic Light Emitting Diode, OLED　2

灰階　grayscale　353, 357, 358

自旋軌域偶合作用　spin-orbit coupling　192

自旋對稱　spin symmetric　34, 190

色域　gamut　49, 183, 364

〔七畫〕

低溫多晶矽　Low Temperature poly-silicon, LTPS　347

形狀化基板　shaped substrate　249

系間跨越　intersystem crossing　21, 193

〔八畫〕

並五苯　Pentacene　311

定域化　delocalized　25

放射學　radiometry　44

放熱　exothermic　195

東北先鋒　Pioneer　6

注入　injection　4, 36, 244

波長延相器　quarter wave retarder　360

波紋　MURA　348

波導效應　waveguide mode　247

空間電荷限制　space-charge- limited, SCL　26, 35

空間電荷限制電流法　SCLC method　26

金屬-配位基電荷轉移　metal-to-ligand charge transfer, MLCT　202

金屬螯合物　metal chelates　78

阻隔層　blocking layer, BL　129

非分散的　nondispersive　91

非本質　extrinsic　256

非同形覆蓋　nonconformal coverage　388

非自旋對稱　anti-symmetry　190

非晶形　amorphous　26, 347

非晶矽　amorphous silicon, a-Si　347

咔唑　carbazole　80, 194, 196

芴環　fluorene　66

〔九畫〕

客發光體　guest emitter　22

施體　donor　206

星狀　star burst　66

活化錯合物　exciplex　137, 198, 320

活化雙體　excimer　127, 137, 155

穿隧　tunneling　63

負離子束濺鍍技術　Negative Sputter Ion Beam technology　60

重金屬原子　heavy atom　192

面向雙靶材濺鍍系統　Facing Targets Sputtering　291

面積比例灰階　area ratio grayscale, ARG　357

飛行時間法　Time of flight method, TOF　26

香豆素　coumarins　19

〔十畫〕

倒置式的 OLED　inverted OLED　311

振幅　amplitude　360

捕捉　trapping　245

時間比例灰階　time ratio grayscale, TRG　358

氧化銦錫　Indium Tin Oxide, ITO　59

真空熱蒸鍍法　thermal vacuum evaporation　334

能帶彎曲　band bending　63

能量轉移　energy-transfer　22

能隙　band gap　21

高分子發光二極體　PLED　5

高密度電感耦合式電漿源化學氣相沉積　High-Density Inductively Coupled Plasma CVD, HD-ICP-CVD　390

〔十一畫〕

偶極　dipole　22, 33, 71

偏光片　polarizers　360

偏極子　polaron　25, 174

基態　ground state　21

寄生電容　parasitic capacitance　356

密度泛函理論　density-functional theory, DFT　71

彩色濾光片　color filter　337

捲軸式　roll-to-roll　303, 382

接觸角　contact angle　377

掃描式蒸鍍製程　Deposition Scanned Process, DSP　251, 294, 340

旋轉塗佈　spin coating　5

混合式電洞傳送層　composite hole-transport layer, c-HTL　174

淬熄　quench　121, 169

被動式　Passive Matrix, PMOLED　343

透明導電氧化物　transparent conducting oxide, TCO　58

陰影效應　shadowing effects　258

陷阱　trap　37

〔十二畫〕

最低未佔有軌域　LUMO　20

最高佔有軌域　HOMO　20

單重激發態　singlet excited state, S_n　21

循環伏安法　cyclic voltammetry, CV　28

散射層　scattering medium　248

畫面　frame　358

發光二極體　LED　2

發光效率　luminance efficiency, η_L　45

發光偶極　emitting dipole　238

發光層　emitting layer, EML　41

等向性偶極　isotropic dipole　240

紫外光光電子光譜　UPS　32

量子井　quantum well　245

鈍化　deactivation　234

開口率　aperture ratio　284

黑點　dark spots　257

黑體　black body　48, 313

黑體曲線　black body locus　48

〔十三畫〕

圓形偏光片　circular polarizers　360

微共振　microcavity　122, 240, 289, 292

微球粒　microspheres　248

微透鏡　microlenses　248

微裂縫　micro-crack　384

節點　node　251

資料線　data line　356

跳躍式　hopping　25

載子　carrier　54, 193

載子捕捉　carrier trapping　193

雷射熱轉印成像技術　Laser-Induced Thermal Imaging, LITI　379

電子注入層　electron injection layer, EIL　41

電子傳送層　electron transporting layer, ETL　34

電子傳導材料　ETM　74

電子親和性　EA　75

電流效率　current efficiency　45

電流誘導淬熄效應　current-induced quenching　169

電流編程　current program　356

電洞注入層　hole injection layer, HIL　41

電洞阻擋層　HBL　172

電洞傳送層　hole transporting layer, HTL　34

電荷消散法　charge dissipation method　26

電荷移動率　mobility, μ　26

電漿輔助化學氣相沉積　Plasma Enhance Chemical Vapor Deposition, PECVD　289

電遮蔽性　Electrical Shielding　384

電激發光　Electroluminescence, EL　3

電激發磷光　electrophosphorescence　34, 190

電壓編程　voltage program　357

預充電　precharge　356

飽和甘汞電極　standard calomel electrode, SCE　30

〔十四畫〕

寡聚物　oligomer　196

對比　contrast ratio, CR　5

摻雜物　dopant　22, 120

蒽　Anthracene　4

演色性指數　color rendering index, CRI　313

〔十五畫〕

噴墨法　ink-jet　334, 376

噴霧高溫分解　spray pyrolysis　59

增幅　amplification　300

增感劑　phosphorescent sensitizer　208

廣角干涉　wide-angle interference　292

影像烙印　image burn-in　278

數位驅動　digital driver　355

歐姆接觸　ohmic contact　35

線性蒸發源　linear source　371

緩衝層　buffer layer　63

駐波　standing wave　251

〔十六畫〕

噁唑　oxadiazole　74

凝集　aggregate　91

樹狀　dendrimers　74

激發子　exciton　34, 314

激發子幽禁層　exciton confinement layer, ECL　41

鮑利不相容原理　Pauli Exclusion Principle　190

〔十七畫〕

儲存電容　storage capacitor, C_s　346

瞬間電流法　transient current method　26

磷光　phosphorescence　21

臨界角　critical angle　238

薄膜電晶體　Thin Film Transistor, TFT　284, 311, 346

〔十八畫〕

濺鍍保護層　protective cap layer, PCL　311

覆蓋層　capping layer　286

雜環化合物　heterocyclic compound　222

〔十九畫〕

類比驅動　analog driver　355

〔二十畫以上〕

觸媒式化學氣相沉積　Catalytic Chemical Vapor Deposition, Cat-CVD　59, 388

鹼土族金屬　alkaline earth　55

鹼金屬　alkali　55

鑭系元素　lanthanide　55

國家圖書館出版品預行編目資料

OLED：Materials and Devices of Dream Displays
夢幻顯示器：OLED 材料與元件／陳金鑫，黃
孝文合著. --初版. --臺北市：五南, 2007.12
面；　公分
含參考書目
ISBN 978-957-11-5031-4（平裝）
1.光電科學　　2.顯示器
448.68　　　　　　　　　　96022346

5DA1

OLED —夢幻顯示器
Materials and Devices—OLED材料與元件

作　　者－陳金鑫(55.2)　黃孝文(310.4)

發 行 人－楊榮川

總 編 輯－王翠華

主　　編－穆文娟

責任編輯－蔡曉雯

封面設計－簡愷立

出 版 者－五南圖書出版股份有限公司

地　　址：106台北市大安區和平東路二段339號4樓

電　　話：(02)2705-5066　傳　真：(02)2706-6100

網　　址：http://www.wunan.com.tw

電子郵件：wunan@wunan.com.tw

劃撥帳號：01068953

戶　　名：五南圖書出版股份有限公司

台中市駐區辦公室/台中市中區中山路6號

電　　話：(04)2223-0891　傳　真：(04)2223-3549

高雄市駐區辦公室/高雄市新興區中山一路290號

電　　話：(07)2358-702　傳　真：(07)2350-236

法律顧問　元貞聯合法律事務所　張澤平律師

出版日期　2007年12月初版一刷
　　　　　2012年 9 月初版四刷

定　　價　新臺幣720元

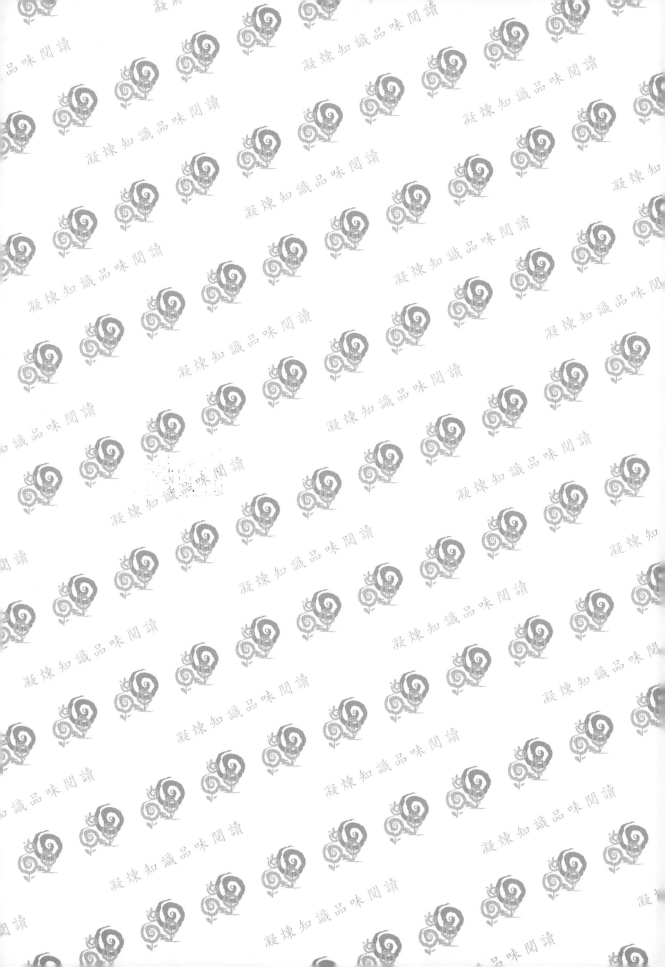